2021年交通运输职业资格考试辅导丛书
(监理工程师)

建设工程合同管理
复习与习题

李治平　主编

人民交通出版社股份有限公司
北　京

内 容 提 要

本书为2021年交通运输职业资格考试辅导丛书(监理工程师)之一,适用于监理工程师职业资格考试《建设工程监理基本理论和相关法规》基础科目。内容包括建设工程合同管理法律制度、建设工程勘察设计招标、建设工程施工招标及工程总承包招标、建设工程材料设备采购招标、建设工程勘察设计合同管理、建设工程施工合同管理、建设工程总承包合同管理、建设工程材料设备采购合同管理、国际工程常用合同条件的习题精练及其答案解析,以及3套工程目标控制模拟试卷及其答案解析。本书涵盖了大量监理考试的考核要点,便于考生临考练兵、查缺补漏。

本书主要供全国监理工程师职业资格考试应考人员复习使用。

图书在版编目(CIP)数据

建设工程合同管理复习与习题 / 李治平主编. — 北京 : 人民交通出版社股份有限公司, 2021.4

ISBN 978-7-114-17176-5

Ⅰ. ①建… Ⅱ. ①李… Ⅲ. ①建筑工程—经济合同—管理—资格考试—自学参考资料 Ⅳ. ①TU723.1

中国版本图书馆CIP数据核字(2021)第051387号

书　　名: 建设工程合同管理　复习与习题
著 作 者: 李治平
责任编辑: 潘艳霞　刘　彤
责任校对: 孙国靖　宋佳时
责任印制: 张　凯
出版发行: 人民交通出版社股份有限公司
地　　址: (100011)北京市朝阳区安定门外外馆斜街3号
网　　址: http://www.ccpcl.com.cn
销售电话: (010)59757973
总 经 销: 人民交通出版社股份有限公司发行部
经　　销: 各地新华书店
印　　刷: 北京市密东印刷有限公司
开　　本: 787×1092　1/16
印　　张: 20.5
字　　数: 486千
版　　次: 2021年4月　第1版
印　　次: 2021年4月　第1次印刷
书　　号: ISBN 978-7-114-17176-5
定　　价: 65.00元

前　言

2020年，住房和城乡建设部、交通运输部、水利部、人力资源社会保障部联合印发的《监理工程师职业资格制度规定》及《监理工程师职业资格考试实施办法》中明确规定，国家设置监理工程师准入类职业资格，纳入国家职业资格目录。

按照监理工程师职业资格制度规定，相关专业人员要获取监理工程师职业资格并注册执业，必须参加全国统一大纲、统一命题、统一组织的监理工程师职业资格考试。

监理工程师职业资格考试设《建设工程监理基本理论和相关法规》《建设工程合同管理》《建设工程目标控制》《建设工程监理案例分析》4个科目。《建设工程监理基本理论和相关法规》《建设工程合同管理》为基础科目，《建设工程目标控制》《建设工程监理案例分析》为专业科目。其中，专业科目分为土木建筑工程、交通运输工程、水利工程3个专业类别，考生在报名时可根据实际工作需要选择。

编者在多年参与监理工程师职业资格考试考前辅导和公路工程监理业务培训的过程中，深深体会到对于边工作、边复习应考的广大专业人员来说，能顺利通过考试并非易事。监理工程师职业资格考试不仅要求应考人员掌握广泛的知识内容，而且还要在充分理解工程监理的基本原理、基本概念、基本技术和基本方法的基础上，对所掌握的知识融会贯通，能灵活处理各类实际问题。

为了帮助广大应考人员系统地复习工程监理理论知识，在较短时间内掌握考试内容，顺利地通过职业资格考试，我们依据《全国监理工程师职业资格考试大纲》(2020年)、相关法律法规、施工技术规范、标准和规程，并紧密围绕2021年全国监理工程师(交通运输工程专业)职业资格考试用书内容，结合监理工程师的工作实际，新编了《建设工程监理基本理论和相关法规　复习与习题》《建设工程合同管理　复习与习题》《交通运输工程目标控制(公路篇)　复习与习题》和《交通运输工程监理案例分析(公路篇)　复习与习题》，作为全国监理工程师职业资格考试辅导用书。前两本适用于监理工程师职业资格考试的基础科目，后两本适用于交通运输工程专业科目。

本考试辅导用书紧扣考试大纲，覆盖了考试大纲所要求的全部知识点，并力求突出重点。同时，本考试辅导用书还编制了大量有针对性的复习题和模拟练习题，并附答案及解析，可帮助应考人员在有限的时间内进行系统复习。借助于本考试辅导用书进行复习后，能够使应考人员达到建立完整监理知识体系、准确理解记忆重点内容、熟练运用答题技巧、正确解答监理考试所涉及的问题。

本书由长安大学公路学院李治平主编，参加编写的还有伏晓东、李翔宇、贺文文等。在本书的编写过程中曾多次听取长安大学公路学院、经管学院、环工学院等多位专家、教授的有益建议和意见，在此表示衷心的感谢。

由于编者水平有限，加之编写时间仓促，书中难免有疏漏和不当之处，敬请广大读者批评指正。

编者

2021 年 3 月

目　录

第一章　建设工程合同管理法律制度

习题精练

一、单项选择题

1. 工程建设活动是通过(　　)这一纽带结成了项目各方之间的供需关系、经济关系和工作关系。

A. 组织　　B. 合同　　C. 管理　　D. 协调

2. 在工程项目建设中(　　)贯穿于工程项目全过程,是工程项目管理的核心。

A. 组织管理　　B. 经济管理　　C. 目标控制　　D. 合同管理

3. 在市场化、法制化不断完善的条件下,(　　)越来越成为建设工程得以顺利实施的依托和保障,并对保护各方合法权益、维护社会经济秩序、推动建筑市场健康发展起着重要作用。

A. 目标控制　　B. 技术管理　　C. 合同管理　　D. 政府监督

4. 开展建设工程项目招标采购的总体策划应首先明确建设工程项目的(　　)。

A. 环境　　B. 风险　　C. 目标　　D. 周期

5. 招标采购阶段的管理任务,首先是应根据项目(　　),对整个项目的采购工作做出总体策划安排。

A. 寿命周期　　B. 风险大小　　C. 目标要求　　D. 组织要求

6. 所谓单价合同,即根据(　　),在合同中明确每项工作内容的单位价格,实际支付时用每项工作实际完成工程量乘以该项工作的单位价格计算出该项工作的应付工程款。

A. 计划工程内容　　B. 估算工程量

C. 工程内容和建设市场供求关系　　D. 计划工程内容和估算工程量

7. 采用单价计价方式的施工合同,在施工工程(　　)方面的风险分配对合同双方均显公平。

A. 工程价款和工程量　　B. 工程内容和工程量

C. 工程质量和工程量　　D. 工程工期和工程价款

8. 单价合同又可分为固定单价合同和可变单价合同两种形式。其中固定单价合同对承包人而言,存在较大的(　　)。

A. 技术风险　　B. 报价风险　　C. 组织风险　　D. 环境风险

9. 采用固定总价计价的施工合同,(　　)几乎承担了工作量及价格变动的全部风险。

A. 建设单位　　B. 施工单位　　C. 监理单位　　D. 设计单位

10. 当工程施工采用总价合同时，施工期限一年左右的项目可考虑采用固定总价合同，以签订合同时的单价和总价为准，物价上涨等风险由(　　)承担。

A. 建设单位　　B. 施工单位　　C. 监理单位　　D. 设计单位

11. 下列关于成本加酬金合同适用性及特点的说法，不正确的是(　　)。

A. 该合同通常仅适用于工程简单，工程技术、结构方案能预先确定，时间特别富裕的项目

B. 该合同通常仅适用于工程复杂，工程技术、结构方案难以预先确定，时间特别紧迫(如抢险救灾)的项目

C. 该合同计价方式可以简化招标、节省时间，不需要等到设计图纸完成后才开始招标和施工，实现设计和施工工作的搭接

D. 采用这种合同，承包人利润有保证，但不利于业主的投资控制

12. 建设工程施工合同签订及履行阶段合同管理的任务不包括(　　)。

A. 组织做好合同评审工作，制定完善的合同管理制度和实施计划

B. 落实细化合同交底工作，及时进行合同跟踪、诊断和纠偏

C. 合理选择适合建设工程特点的合同计价方式，及时签订合同文件

D. 灵活规范应对处理合同变更问题，开发和应用信息化合同管理系统

13. 在建设工程施工合同订立前，合同主体相关各方应采用(　　)等方法完成对合同条件的审查、认定和评估工作。

A. 数值计算、经验分析　　B. 专家评审、经济效益评价

C. 文本分析、风险识别　　D. 关键线路评审、内容清单分析

14. 通过合同评审，保证与合同履行紧密关联的合同条件、技术标准、技术资料、外部环境条件、自身履约能力等条件满足合同履行要求，这称之为合同的(　　)。

A. 合法性、合规性评审　　B. 合理性、可行性评审

C. 严密性、完整性评审　　D. 不确定性、风险性评审

15. 通过合同评审，保证合同内容没有缺项漏项，合同条款没有文字歧义、数据不全、条款冲突等情形，合同组成文件之间没有矛盾。通过招投标方式订立合同的，合同内容还应当符合招标文件和中标人的投标文件的实质性要求和条件。这称之为合同的(　　)

A. 与产品或过程有关要求的评审　　B. 合理性、可行性评审

C. 严密性、完整性评审　　D. 不确定性、风险性评审

16. 建立健全合同管理制度是合同管理的重要任务之一。建设工程施工合同管理制度不包括(　　)。

A. 合同目标管理制度　　B. 合同评审会签制度

C. 合同交底与报告制度　　D. 合同管理机构与人员审查制度

17. 在建设工程施工合同实施过程中，合同相关各方应采用(　　)方法定期进行合同跟踪、诊断和纠偏工作。

A. 相关图　　B. PDCA 循环　　C. 直方图　　D. 网络计划

18. 合同终止前，项目管理机构应进行项目合同管理评价，提出合同总结报告。合同总结报告的重点内容是(　　)。

A. 合同履行效益分析　　B. 违约责任分析
C. 合同管理风险总结　　D. 相关经验和教训总结

19. 一定的社会关系在相应的法律规范的调整下形成的权利义务关系,即为(　　)。
A. 合同关系　B. 劳动关系　C. 行政关系　D. 法律关系

20. 作为合同法律关系主体的自然人必须具备相应的(　　)。
A. 社会信誉和经济实力　　B. 技术能力和抗风险的能力
C. 社会地位和经济实力　　D. 民事权利能力和民事行为能力

21. 按照相关法律规定,法人应具备的条件不包括(　　)。
A. 法人应当依法成立
B. 法人应当有自己的财产或者经费
C. 法人应当有自己的名称、组织机构、住所
D. 法人应当有满足法律规定的社会信誉和技术能力

22. 相关法律规定,法定代表人因执行职务造成他人损害的,由(　　)承担民事责任。
A. 法定代表人　　B. 法人
C. 他人　　D. 法定代表人和法人共同

23. 按照相关法律规定,个人独资企业、合伙企业等为(　　)。
A. 营利法人　B. 非营利法人　C. 非法人组织　D. 特殊法人

24. 按照相关法律规定,合同法律关系的客体不包括(　　)。
A. 物　B. 行为　C. 客观事实　D. 智力成果

25. 合同法律关系的内容是指合同约定和法律规定的合同法律关系主体的(　　)。
A. 社会地位　B. 权利和义务　C. 法定身份　D. 法律关系

26. 能够引起合同法律关系产生、变更和消灭的客观现象和事实,就是(　　)。
A. 法律法规　B. 法律条件　C. 法律事实　D. 法律行为

27. 下列事件,不能够引起合同法律关系产生、变更、消灭的有(　　)。
A. 战争、罢工　　B. 合同一方当事人法定代表人发生变更
C. 雷击引起的火灾　　D. 地震、台风

28. 代理人在代理权限内,以被代理人名义实施的民事法律行为,对(　　)发生效力。
A. 被代理人　B. 代理人　C. 第三人　D. 被代理人和代理人

29. 委托代理授权采用书面形式的,授权委托书应当载明的内容不包括(　　)。
A. 代理人的姓名或者名称　　B. 代理事项
C. 代理费用及支付方式　　D. 权限和期间

30. 在委托代理中,被代理人向代理人所作出的授权行为属于(　　)的法律行为。
A. 单方授权　B. 双方协商　C. 法定授权　D. 免除责任

31. 施工企业与项目经理之间的关系为(　　)。
A. 指定代理关系　B. 法定代理关系　C. 委托代理关系　D. 工作代理关系

32. 就法律关系而言,项目经理为施工企业的(　　)。
A. 被代理人　B. 法定代表人　C. 委托代理人　D. 被委托人

33. 如果被代理人向代理人的授权范围不明确,则应当由(　　)向第三人承担民事责任,

(　　)负连带责任。

A. 代理人;被代理人　　B. 被代理人;代理人

C. 代理人;第三人　　D. 被代理人;第三人

34. 代理人知道或者应当知道代理事项违法仍然实施代理行为,(　　)。

A. 被代理人应当承担责任　　B. 被代理人法定代表人或其应当承担责任

C. 代理人应当承担责任　　D. 被代理人和代理人应当承担连带责任

35. 被代理人知道或者应当知道代理人的代理行为违法未作反对表示的,(　　)。

A. 被代理人应当承担责任　　B. 被代理人和代理人应当承担连带责任

C. 代理人应当承担责任　　D. 被代理人法定代表人或其应当承担责任

36. 工程招标代理的被代理人是(　　)。

A. 承包人　　B. 发包人　　C. 招标代理机构　　D. 行政主管部门

37. 下列代理行为,不构成无权代理的是(　　)。

A. 没有代理权而为的代理行为　　B. 代理权终止后的代理行为

C. 超越代理权限而为的代理行为　　D. 代理人拒绝接受第三人的意思表示

38. 对于无权代理行为,“被代理人”可以根据无权代理行为的后果对自己有利或不利的原则,行使(　　)。

A. 拒绝权或撤销权　　B. 催告权或撤销权

C. 追认权或拒绝权　　D. 抗辩权或代位权

39. 对于无权代理而言,第三人事后知道对方为无权代理的,可以催告被代理人自收到通知之日起(　　)个月内予以追认。

A. 1　　B. 2　　C. 6　　D. 12

40. 建设工程合同中的法律责任属于(　　)。

A. 行政责任　　B. 刑事责任　　C. 民事责任　　D. 行政责任或民事责任

41. 按照相关法律规定,民事责任的承担原则不包括(　　)。

A. 按份责任的承担　　B. 连带责任的承担

C. 按经济实力承担责任　　D. 不可抗力免除承担民事责任

42. 工程监理单位与承包单位串通,为承包单位谋取非法利益,给建设单位造成损失的,(　　)。

A. 监理单位应当承担赔偿责任

B. 监理单位与承包人平均承担赔偿责任

C. 承包人应当承担赔偿责任

D. 监理单位与承包人应当承担连带赔偿责任

43. 建设工程未经竣工验收,发包人擅自使用后,又以使用部分质量不符合约定为由主张权利的,(　　)。

A. 不予支持　　B. 是否支持,取决于承包人的态度

C. 应予支持　　D. 经承包人同意后,予以支持

44. 按照相关法律规定,承包人应当在建设工程的合理使用寿命内对(　　)质量承担民事责任。

A. 设备安装和装修工程　　　　　B. 供热与供冷系统

C. 地基基础工程和主体结构　　　D. 电气管道、给排水管道工程

45. 缺乏资质的单位或者个人借用有资质的建筑施工企业名义签订建设工程施工合同,因出借资质造成的建设工程质量不合格的,应由(　　)承担赔偿责任。

A. 出借方　　B. 借用方　　C. 发包人　　D. 出借方与借用方共同

46. 下列有关担保合同和被担保合同关系的表述中,不正确的是(　　)。

A. 担保合同是被担保合同的从合同　　B. 担保合同是主合同,被担保合同是从合同

C. 主合同无效,从合同也无效　　　　D. 从合同对主合同无任何影响

47.《中华人民共和国担保法》规定的担保方式不包括(　　)。

A. 保证　　B. 留置　　C. 订金　　D. 质押

48. 合同担保方式之一的保证,是指保证人和(　　)约定,当债务人不履行债务时,保证人按照约定履行债务或承担责任的行为。

A. 债权人　　B. 债务人　　C. 第三人　　D. 债权人与债务人

49. 下列有关保证方式的表述中,不正确的是(　　)。

A. 保证的方式有两种,即一般保证和连带责任保证

B. 在具体合同中,保证的方式由当事人约定

C. 合同中,如果当事人对保证的方式没有约定或者约定不明确的,则按照一般保证承担保证责任

D. 合同中,如果当事人对保证的方式没有约定或者约定不明确的,则按照连带责任保证承担保证责任

50. 一般保证的保证人在主合同纠纷未经审判或者仲裁,并就债务人财产依法强制执行仍不能履行债务前,对债权人(　　)承担担保责任。

A. 可以拒绝　　B. 可以部分　　C. 不得拒绝　　D. 按合同约定

51. 下列组织或机构,可以作为建设工程施工合同保证人的是(　　)。

A. 长安大学　　　　B. 西京医院

C. 西安市交通局　　D. 中国建设银行陕西分行

52. 保证合同生效后,保证人就应当在合同规定的保证范围和保证期间承担保证责任。保证担保的范围不包括(　　)。

A. 主债权及利息　　　　B. 债权担保的费用

C. 违约金、损害赔偿金　D. 实现债权的费用

53. 保证合同中当事人对保证担保的范围没有约定或者约定不明确的,保证人应当(　　)。

A. 对全部债务承担责任　　B. 对部分债务承担责任

C. 对合同债务不承担责任　D. 与债权人协商确定应承担的债务责任

54. 一般保证的保证人未约定保证期间的,保证期间为主债务履行期届满之日起(　　)个月。

A. 1　　B. 3　　C. 6　　D. 12

55. 保证期间债权人与债务人协议变更主合同或者债权人许可债务人转让债务的,

(　　),否则保证人不再承担保证责任。

A. 应当通知保证人　　B. 应当取得保证人的书面同意

C. 债权人应与保证人签订确认书　　D. 债务人应与保证人签订确认书

56. 在抵押担保中,抵押物的占有应(　　)。

A. 转移给债权人　　B. 不转移给债权人

C. 部分转移给债权人　　D. 在抵押合同中约定

57. 抵押担保中,以建筑物抵押的,该建筑物占用范围内的建设用地使用权(　　)。

A. 不得抵押　　B. 应由债权人决定能否抵押

C. 一并抵押　　D. 应由债务人决定能否抵押

58. 抵押担保的范围不包括(　　)。

A. 主债权　　B. 订立主合同的费用

C. 利息、违约金、损害赔偿金　　D. 实现抵押权的费用

59. 在抵押担保中,同一财产向两个以上债权人抵押时,以拍卖、变卖抵押财产所得的价款清偿债务的顺序,不正确的是(　　)。

A. 抵押权已登记的先于未登记的受偿

B. 抵押权未登记的,按照债权比例清偿

C. 无论抵押权是否登记,均按照债权比例清偿

D. 抵押权已登记的,按照登记的先后顺序清偿;顺序相同的,按照债权比例清偿

60. 质押是指债务人或者第三人将其动产或财产权利(　　)给债权人占有,用以担保债务履行的一种担保方式。

A. 移交　　B. 不移交　　C. 拍卖　　D. 折价

61. 在质押担保中,质权人在债务履行期届满前,(　　)与出质人约定债务人不履行到期债务时质押财产归债权人所有。

A. 可以　　B. 不得　　C. 可自行决定　　D. 可按主合同规定

62. 留置是指债务人不履行到期债务时,债权人对已经合法占有的债务人的(　　),可以留置不返还占有,并有权就该动产折价或以拍卖、变卖所得的价款优先受偿。

A. 财产　　B. 财产权利　　C. 动产　　D. 不动产

63. 在承揽合同中,定作方逾期不领取其定作物的,承揽方有权将该定作物折价、拍卖、变卖,并从中优先受偿,这种担保即为(　　)。

A. 保证　　B. 留置　　C. 抵押　　D. 质押

64. 在定金担保中,定金的数额应由当事人约定,但不得超过主合同标的额的(　　)。

A. 10%　　B. 15%　　C. 20%　　D. 25%

65. 按照相关法律规定,定金合同从(　　)之日生效。

A. 定金合同订立　　B. 主合同订立　　C. 实际交付定金　　D. 主合同生效

66. 下列有关定金担保效力的表述中,不正确的是(　　)。

A. 债务人履行债务后,定金应当抵作价款或者收回

B. 收受定金的一方不履行约定债务的,应当返还定金

C. 给付定金的一方不履行约定债务的,无权要求返还定金

D. 收受定金的一方不履行约定债务的，应当双倍返还定金

67. 在保证这种担保方式中，保证人必须是(　　)。

A. 主合同中的债权人　　B. 主合同中的债务人

C. 主合同双方当事人之外的第三人　　D. 行政主管部门

68. 投标人应提交规定金额的投标保证金，并作为其投标书的一部分。投标保证金的数额不得超过招标项目估算价的(　　)。

A. 1%　　B. 2%　　C. 3%　　D. 5%

69. 投标保证金在评标结束之后应退还给投标人。招标人最迟应当在书面合同签订后(　　)日内向中标人和未中标的投标人退还投标保证金及银行同期存款利息。

A. 3　　B. 5　　C. 7　　D. 14

70. 下列有关要求承包人提交施工合同履约担保目的的表述中，不正确的是(　　)。

A. 保证施工合同按规定订立

B. 保证施工合同的顺利履行

C. 防止承包人在合同执行过程中违反合同规定或违约

D. 弥补因承包人违约而给发包人造成的经济损失

71. 一般情况下，履约担保金的额度为合同价格的(　　)。

A. 3%　　B. 5%　　C. 10%　　D. 15%

72. 履约银行保函是中标人从银行开具的保函，其额度是合同价格的(　　)。

A. 10%　　B. 15%　　C. 20%　　D. 30%

73. 履约担保书是由保险公司、信托公司、证券公司、实体公司或社会上担保公司出具担保书，担保额度是合同价格的(　　)。

A. 10%　　B. 15%　　C. 20%　　D. 30%

74. 履约保证的有效期限从提交履约保证起，一般情况到(　　)止。

A. 保修期满

B. 颁发保修责任终止证书之日

C. 合同履行终止之日

D. 保修期满并颁发保修责任终止证书后 15 天或 14 天

75. 履约保证金的目的是担保承包人完全履行合同，主要担保(　　)。

A. 承包人不发生违约行为　　B. 合同能按约定的工期履行

C. 发包人实现订立合同的目的　　D. 工期和质量符合合同的约定

76. 保险是一种受法律保护的(　　)的法律制度。

A. 保证债权人实现债权　　B. 保证债务人履行债务

C. 保证合同顺利履行　　D. 分散危险、消化损失

77. 采用《建设工程施工合同(示范文本)》(GF—2017—0201)，应当由(　　)投保建筑工程一切险。

A. 承包人　　B. 发包人

C. 发包人与承包人共同　　D. 行政主管部门

78. 采用国家九部委联合发布的《标准施工招标文件》(2007 年版)，应当由(　　)投保建

筑工程一切险。

A. 发包人　B. 承包人　C. 行政主管部门　D. 发包人与承包人共同

79. 建筑工程一切险的被保险人不包括(　　)。

A. 业主或工程所有人　B. 承包人或者分包商

C. 参与工程监督的行政执法人员　D. 业主聘用的建筑师、工程师及其他专业顾问

80. 建筑工程一切险如果加保第三者责任险,则对下列原因造成的损失和费用,保险人不负责赔偿的有(　　)。

A. 因发生与所保工程直接相关的意外事故引起工地内及邻近区域的第三者人身伤亡、疾病

B. 因发生与所保工程直接相关的意外事故引起工地内及邻近区域的第三者财产损失

C. 因施工人员的过失造成所保工程、材料及工程设备的损害和费用

D. 被保险人因发生与所保工程直接相关的意外事故引起工地内及邻近区域的第三者财产损失而支付的诉讼费用

81. 下列有关建筑施工人员团体意外伤害险及被保险人条件的表述中,不正确的有(　　)。

A. 年满 16 周岁(含 16 周岁)至 65 周岁

B. 能够正常工作或劳动、从事建筑管理或作业

C. 与施工企业建立劳动关系

D. 按被保险人人数投保时,其投保人数必须占约定承保团体人员的 50% 以上,且投保人数不低于 5 人

82. 保险合同管理的主要内容之一就是保险决策。保险决策主要表现在(　　)。

A. 选择风险对策　B. 进行分析评价

C. 是否投保和选择保险人　D. 进行分析预测

二、多项选择题

1. 工程建设活动中合同明确规定了相关各方的(　　)。

A. 责任、权利和义务　B. 工作内容、工作流程

C. 风险分担　D. 内部管理流程

E. 工作要求

2. 建设工程合同管理涵盖(　　)等多个阶段。

A. 招标采购　B. 合同策划　C. 合同签订　D. 合同解释

E. 合同履行

3. 工程招标采购阶段合同管理的任务包括(　　)。

A. 开展建设工程项目招标采购的总体策划

B. 根据标准文本编制招标文件和合同条件

C. 细化项目参建各相关方的合同界面管理

D. 合理选择适合建设工程特点的合同计价方式

E. 依法签订合同、依法履行合同

4. 招标采购阶段的管理应根据整个项目采购工作的总体安排,应用(　　)等方法制定总体采购计划和采购清单。

A. 网络计划　　B. 目标分解结构　　C. 横道图　　D. 直方图

E. 工作分解结构

5. 在进行工程招标采购总体策划时,应以工程项目投资计划中的重要控制日期(如:开工日、竣工日)为关键节点,应用(　　)等方法统筹各项采购任务和时间上的相互衔接。

A. 控制图　　B. 横道图　　C. 直方图　　D. 网络图

E. 相关图

6. 我国工程建设领域推行的各类招标合同示范文本的主要特点包括(　　)。

A. 结构完整　　B. 内容全面　　C. 条款严谨　　D. 权责合理

E. 应用简单

7. 在招标采购和缔约过程中,应考虑选用适合工程项目需要的标准招标文件及合同示范文本。选用标准招标文件及标准合同示范文本的作用包括(　　)。

A. 有利于当事人了解并遵守有关法律法规,确保建设工程招标和合同文件中的各项内容符合法律法规的要求

B. 可以帮助当事人正确拟定招标和合同文件条款,保证各项内容的完整性和准确性,避免缺款漏项,防止出现显失公平的条款,保证交易安全

C. 有助于降低交易成本,提高交易效率,降低合同条款协商和谈判缔约工作的复杂性

D. 有利于当事人履行合同的规范和顺畅,也有利于审计机构、相关行政管理部门对合同的审计和监督

E. 有利于降低合同管理的复杂性,降低或避免合同风险,提高招标采购效益

8. 工程建设项目参建各方之间的合同界面关系包括(　　)。

A. 工作范围界面　　B. 风险界面　　C. 组织界面　　D. 费用界面

E. 技术界面

9. 建设项目管理机构确认工程建设项目参与相关各方的合同界面关系的方法包括(　　)。

A. 文字说明　　B. 清单列举　　C. 图纸标注　　D. 逻辑分析

E. 经验说明

10. 根据计价方式不同,建设工程施工合同可分为(　　)。

A. 单价合同　　B. 总价合同

C. 成本加酬金合同　　D. 混合价格合同

E. 协商价格合同

11. 采用单价计价方式的施工合同,多适用于在发包时施工(　　)的情况。

A. 工程内容尚不能明确确定　　B. 工程量尚不能明确确定

C. 工期尚不能明确确定　　D. 环境条件尚不能明确确定

E. 风险尚不能明确确定

12. 采用单价计价方式的施工合同,其特点包括(　　)等。

A. 需要在施工过程中协调工作内容

B. 需要在施工过程中测量核实完成的工程量

C. 实际应付工程款可能超过估算

D. 控制投资难度较大

E. 施工单位承担的风险远远大于建设单位

13. 固定单价合同一般适合于(　　)的项目。

A. 工期较长

B. 工作内容变化较小

C. 工程量变化幅度较大

D. 工期较短

E. 工程量变化幅度较小

14. 下列有关固定总价合同特点的表述中,正确的是(　　)。

A. 对业主而言,在合同签订时就可以基本确定项目总投资额,有利于投资控制

B. 通过把风险分配给承包人,业主承担的风险较小

C. 合同中也可约定,工程变更超过一定幅度等特殊情况下可以对合同价格进行调整

D. 在合同实施过程中,无论发生何种情况,都不允许对合同价格进行调整

E. 在合同执行过程中,因市场价格波动等原因而使工程所使用的人员、设备、材料成本增加时,可以按照合同约定对合同总价进行相应的调整

15. 下列有关固定总价合同适用范围的表述中,正确的有(　　)。

A. 工程范围和任务明确

B. 工程设计图纸完整详细

C. 施工期较短、价格波动不大

D. 工程范围和任务不明确

E. 承包人了解现场条件、能准确确定工程量及施工计划

16. 下列有关可调总价合同特点的表述中,正确的有(　　)。

A. 在合同执行过程中,因市场价格波动等原因而使工程所使用的人员、设备、材料成本增加时,可以按照合同约定对合同总价进行相应的调整

B. 在合同执行过程中,一般设计变更、工程量变化和其他工程条件变化所引起的费用变化不可以对合同总价进行相应的调整

C. 市场价格变动等风险由业主承担,与固定总价合同相比,在一定程度上降低承包人的风险

D. 对业主而言,突破合同既定价格的风险有所增大

E. 在合同执行过程中,一般设计变更、工程量变化和其他工程条件变化所引起的费用变化可以对合同总价进行相应的调整

17. 下列有关成本加酬金合同特点的表述中,正确的是(　　)。

A. 采用这种合同,承包人利润有保证,价格变化或工程量变化的风险基本都由业主承担

B. 承包人往往缺乏降低成本的激励,还可能通过提高工程成本而增加自身利润,不利于业主的投资控制

C. 采用这种合同,价格变化或工程量变化的风险基本都由业主承担

D. 承包人可通过降低工程成本而增加自身利润,有利于业主的投资控制

E. 成本加酬金合同还可分为成本加固定酬金合同、成本加固定百分比酬金合同、成本加可变酬金合同等形式

18. 在合同订立前,合同主体相关各方应组织做好合同评审工作。合同评审的主要内容包括(　　)。

A. 合法性、合规性评审　　B. 合理性、可行性评审

C. 严密性、完整性评审　　D. 与产品或过程有关要求的评审

E. 经济效益与履行便利性评审

19. 制定合同实施计划是保证合同履行的重要手段。合同实施计划应包括(　　)。

A. 合同实施总体安排　　B. 合同分解与管理策划

C. 合同实施保证体系　　D. 合同实施进度计划

E. 合同实施成本控制计划

20. 在合同履行前,合同各方的相关部门和合同谈判人员应对项目管理机构进行合同交底。合同交底的内容包括(　　)。

A. 合同的主要内容　　B. 合同履行中违约责任

C. 合同实施的主要风险　　D. 合同实施计划及责任分配

E. 合同订立过程中的特殊问题及合同待定问题

21. 建设工程施工合同变更管理工作所涉及的主要事项包括(　　)等。

A. 变更依据与变更范围　　B. 变更管理人员的确定

C. 变更程序　　D. 变更措施的制定和实施

E. 变更的检查和信息反馈

22. 建设工程施工合同变更应当符合的条件包括(　　)。

A. 变更的内容应符合合同约定或者法律法规规定

B. 变更的提出应符合合同约定或者法律法规规定的程序和期限

C. 变更应有利于简化合同管理工作,有利于协调各方的关系

D. 变更应经当事方或其授权人员签字或盖章后实施

E. 变更对合同价格及工期有影响时应调整合同价格和工期

23. 建设工程施工合同履行中的索赔,应符合的条件包括(　　)。

A. 索赔应依据合同约定提出

B. 索赔应经对方当事人确认

C. 索赔应有全面、完整和真实的证据资料

D. 索赔意向通知及索赔报告应按照约定或法定的程序和期限提出

E. 索赔报告应说明索赔理由,提出索赔金额及工期

24. 合同终止前,项目管理机构应进行项目合同管理评价,总结合同订立和执行过程中的经验和教训,提出总结报告。合同总结报告的内容应包括(　　)。

A. 合同订立情况评价　　B. 合同履行情况评价

C. 合同变更情况评价　　D. 合同管理工作评价

E. 对本项目有重大影响的合同条款评价

25. 合同法律关系的构成要素包括(　　)。

A. 合同法律关系主体　　B. 合同法律关系客体

C. 合同法律关系形式　　D. 合同法律关系责任

E. 合同法律关系内容

26. 按照相关法律规定，可以成为合同法律关系主体的有(　　)。

A. 自然人　B. 法人　C. 建筑物　D. 非法人组织

E. 运输工具

27. 根据自然人的年龄和精神健康状况，自然人可划分为(　　)。

A. 完全民事行为能力人　B. 法定民事行为能力人

C. 限制民事行为能力人　D. 无民事行为能力人

E. 指定民事行为能力人

28. 根据相关法律规定，法人可分为(　　)。

A. 营利法人　B. 特别法人　C. 机关法人　D. 社团法人

E. 非营利法人

29. 按照相关法律规定，可以成为合同法律关系客体的有(　　)。

A. 建筑物　B. 建筑设备　C. 建筑材料　D. 自然人

E. 货币

30. 按照相关法律规定，可以成为合同法律关系客体的有(　　)。

A. 勘察活动　B. 施工安装　C. 施工监理　D. 非法人组织

E. 土方开挖

31. 按照相关法律规定，可以成为合同法律关系客体的有(　　)。

A. 知识产权　B. 技术秘密　C. 专利权　D. 法定代表人

E. 工程设计

32. 下列行为，能够引起法律关系发生、变更和消灭的有(　　)。

A. 当事人订立合法有效的合同

B. 建设行政管理部门依法对建设活动进行的管理活动

C. 建设工程合同当事人违约

D. 发生法律效力的法院判决、裁定以及仲裁机构发生法律效力的裁决

E. 建设工程施工合同当事人依法履行合同

33. 下列有关代理特征的表述中，正确的有(　　)。

A. 代理人必须在代理权限范围内实施代理行为

B. 代理人以被代理人的名义实施代理行为

C. 被代理人对代理人不当代理行为不承担民事责任。

D. 被代理人对代理行为承担民事责任

E. 代理人在被代理人的授权范围内独立地表现自己的意志

34. 按照代理权产生的依据不同，可将代理分为(　　)。

A. 法定代理　B. 委托代理　C. 隐名代理　D. 专项代理

E. 指定代理

35. 下列导致委托代理关系终止的原因，正确的有(　　)。

A. 代理期间届满或者代理事务完成

B. 被代理人取消委托或代理人辞去委托

C. 代理人或者被代理人死亡

D. 代理人或者被代理人丧失民事行为能力

E. 作为代理人或者被代理人的法人、非法人组织终止

36. 法律责任中的民事责任包括(　　)。

A. 合同责任　　B. 违约责任　　C. 侵权责任　　D. 行政责任

E. 缔约过失责任

37. 合同订立和履行过程中所产生的合同法律责任通常包括(　　)。

A. 侵权责任　　B. 违约责任　　C. 行政责任　　D. 缔约过失责任

E. 风险责任

38. 按照相关法律规定,承担民事责任的方式主要包括(　　)。

A. 赔礼道歉　　B. 返还财产　　C. 恢复原状　　D. 记过处分

E. 赔偿损失

39. 建设工程施工合同依法生效后,当事人一方不履行合同义务或者履行合同义务不符合约定时,应当承担的违约责任包括(　　)。

A. 继续履行　　B. 支付违约金　　C. 采取补救措施　D. 赔偿损失

E. 解除合同

40. 建设工程施工合同履行中,发包人应当承担过错责任的情形包括(　　)。

A. 提供的设计有缺陷　　B. 拒绝批准承包人的索赔要求

C. 直接指定分包人分包专业工程　　D. 要求承包人实施工程变更

E. 提供或者指定购买的建筑材料、建筑构配件、设备不符合强制性标准

41. 保证合同的内容包括(　　)。

A. 保证的方式　　B. 保证担保的范围及保证的期间

C. 保证责任生效的条件　　D. 债务人履行债务的期限

E. 被保证的主债权种类、数额

42. 下列财产,可以作为抵押物的有(　　)

A. 建设用地使用权　　B. 集体所有的土地使用权

C. 建筑物和其他土地附着物　　D. 生产设备、原材料、半成品、产品

E. 以招标等方式取得的荒地等土地承包经营权

43. 下列财产不得抵押的有(　　)。

A. 土地所有权　　B. 所有权、使用权不明或者有争议的财产

C. 建设用地使用权　　D. 依法被查封、扣押、监管的财产

E. 耕地、宅基地、自留地等集体所有的土地使用权

44. 下列抵押物,应当办理抵押登记的有(　　)。

A. 建筑物和其他土地附着物　　B. 建设用地使用权

C. 正在建造的建筑物　　D. 生产设备、原材料、半成品、产品

E. 以招标、拍卖、公开协商方式取得的荒地等土地承包经营权的土地使用权

45. 下列抵押物,抵押权自抵押合同生效时设立的有(　　)。

A. 交通运输工具　　B. 建筑物和其他土地附着物

C. 正在建造的船舶、航空器　　D. 生产设备、原材料、半成品、产品
E. 正在建造的建筑物

46. 抵押担保中，抵押权实现的情形包括(　　)
A. 债务人不履行到期债务　　B. 债权人的意思表示
C. 发生当事人约定的实现抵押权的情形　　D. 债务人的意思表示
E. 抵押权人与抵押人协商一致

47. 在质押担保中，可以作为质物的有(　　)。
A. 民事权利　　B. 动产　　C. 财产　　D. 不动产
E. 财产权利

48. 按照相关法律规定，质押可分为(　　)。
A. 权利质押　　B. 财产质押　　C. 不动产质押　　D. 动产质押
E. 义务质押

49. 下列财产权利可以质押的有(　　)。
A. 债券　　B. 支票　　C. 现金　　D. 应收账款
E. 可以转让的基金份额、股权

50. 施工投标担保，主要的目的是保证投标人(　　)。
A. 不得无故不参加投标竞争
B. 在递交投标文件后不得撤销投标文件
C. 中标后不得无正当理由不与招标人订立合同
D. 在签订合同时不得向招标人提出附加条件
E. 按照招标文件要求提交履约保证金

51. 按照有关规定，投标保证金的形式包括(　　)。
A. 现金或现金支票　B. 银行保函　　C. 存款单　　D. 保兑支票
E. 银行汇票

52. 按照有关规定，导致投标保证金被没收的情况包括(　　)。
A. 投标人在投标函规定的投标有效期内撤回其投标
B. 中标人在规定期限内无正当理由未能根据规定签订合同
C. 投标人未能根据规定接受对错误的修正
D. 中标人未能根据规定提交履约保证金
E. 投标人在投标截止日期前修改其投标文件

53. 按照有关规定，施工合同履约保证的形式包括(　　)。
A. 履约担保金　　B. 履约银行保函　　C. 履约担保书　　D. 履约定金
E. 履约抵押

54. 发包人有权凭履约保证向银行或者担保公司索取保证金作为赔偿的情形包括(　　)。
A. 施工过程中，承包人中途毁约　　B. 施工过程中，承包人任意中断工程
C. 施工过程中，承包人不按规定施工　　D. 施工过程中，承包人发生工期延误
E. 施工过程中，承包人破产、倒闭

55. 下列有关施工预付款担保的表述中,正确的有(　　)。

A. 预付款担保的金额应当与预付款金额相同

B. 预付款担保的主要形式为银行保函

C. 预付款主要担保工期和质量符合合同的约定

D. 预付款主要作用是保证承包人能够按合同规定进行施工,偿还发包人已支付的全部预付金额

E. 预付款在工程的进展过程中每次结算工程款(中间支付)分次返还时,经发包人出具相应文件后,担保金额也应当随之减少

56. 保险制度上的危险是一种损失发生的不确定性,其不确定性表现为(　　)。

A. 发生与否的不确定性

B. 发生时间的不确定性

C. 危险性质的不确定性

D. 发生后果的不确定性

E. 危险类型的不确定性

57. 保险合同通常可分为(　　)等。

A. 工程保险合同

B. 财产保险合同

C. 第三方保险合同

D. 人身保险合同

E. 疾病保险合同

58. 狭义的工程险主要包括(　　)。

A. 建筑工程一切险

B. 施工机械损坏险

C. 安装工程一切险

D. 第三者责任险

E. 工程货物运输险

59. 下列原因造成保险财产的损失和费用,保险人应负责赔偿的有(　　)。

A. 维修保养或正常检修的费用

B. 自然灾害造成的损失和费用

C. 自然磨损造成的损失和费用

D. 意外事故造成的损失和费用

E. 设计错误引起的损失和费用

60. 下列各项原因造成保险财产的损失和费用,保险人不负责赔偿的有(　　)。

A. 盘点时发现的短缺

B. 意外事故造成的损失和费用

C. 因原材料缺陷或工艺不善造成的损失和费用

D. 自然磨损、内在或潜在缺陷造成的损失和费用

E. 施工用机具、设备、机械装置失灵造成的本身损失

61. 下列有关建筑施工人员团体意外伤害险责任范围的表述中,正确的有(　　)。

A. 团体意外伤害保险合同的保险责任包括身故保险责任和伤残保险责任

B. 被保险人自意外伤害发生之日起 180 日内因该意外事故死亡的,保险人按保险金额给付死亡保险金,本保险合同对该被保险人的保险责任终止

C. 被保险人因遭受意外伤害事故且自该事故发生日起下落不明,后经人民法院宣告死亡的,保险人按保险金额给付身故保险金

D. 被保险人因遭受意外伤害事故,并自事故发生之日起 180 日内因该事故造成保险合同所列残疾程度之一者,保险人按该表所列给付比例乘以保险金额给付残疾保

险金。

E. 任何生物、化学、原子能武器,原子能或核能装置所造成的爆炸、灼伤、污染或辐射造成被保险人身故、残疾的,保险人不承担给付保险金责任

62. 因下列原因造成建筑施工人员团体意外伤害险的被保险人身故、残疾的,保险人不承担给付保险金责任的有(　　)。

A. 被保险人自致伤害或自杀

B. 被保险人妊娠、流产、分娩、疾病、药物过敏

C. 保险人在施工现场及施工指定的生活区域内遭受意外伤害

D. 被保险人未遵医嘱,私自服用、涂用、注射药物

E. 因被保险人挑衅或故意行为而导致的打斗、被袭击或被谋杀

63. 风险转移的方法包括(　　)。

A. 保险转移　　B. 非保险转移　　C. 技术转移　　D. 经济转移

E. 劳动转移

习题答案及解析

一、单项选择题

1. B

【解析】工程建设活动是通过合同这一纽带结成了项目各方之间的供需关系、经济关系和工作关系。

2. D

【解析】合同管理贯穿于工程项目全过程,是工程项目管理的核心,工程建设质量、投资、进度目标设置及其管控,都是以合同为依据确立的,可以说,做好项目就是履行好合同。

3. C

【解析】在市场化、法制化不断完善的大背景下,合同管理越来越成为建设工程得以顺利实施的依托和保障,并对保护各方合法权益、维护社会经济秩序、推动建筑市场健康发展起着重要作用。

4. C

【解析】开展工程招标采购总体策划应明确建设工程项目的目标是什么,实现工程项目目标需要做什么、何时做、如何做的问题。

5. C

【解析】具体而言,首先应根据项目目标要求,对整个项目的采购工作做出总体策划安排,要明确项目需要采购哪些工程、服务和物资。

6. D

【解析】所谓单价合同,就是根据计划工程内容和估算工程量,在合同中明确每项工作内容的单位价格,实际支付时用每项工作实际完成工程量乘以该项工作的单位价格计算出该项工作的应付工程款。

7. A

【解析】由于单价合同是根据工程量实际发生的多少而支付相应的工程款,发生的多则多支付,发生的少则少支付,这使得在施工工程“价”和“量”方面的风险分配对合同双方均显公平。

8. B

【解析】单价合同又可分为固定单价合同和可变单价合同两种形式。固定单价合同在实施过程中通常是不允许调整单价的,施工单位的报价是否准确完整对于其经济利益会产生重大影响。因此,固定单价合同对承包人而言,存在较大的报价风险。

9. B

【解析】总价合同包括固定总价和可调总价两种形式。采用固定总价合同,承包人几乎承担了工作量及价格变动的全部风险,如项目漏报、工作量计算错误、费用价格上涨等,因此,承包人在报价时应对价格变动因素以及不可预见因素做充分的估计。

10. B

【解析】在工程施工承包招标时,施工期限一年左右的项目可考虑采用固定总价合同,以签订合同时的单价和总价为准,物价上涨等风险由承包人承担。因为固定总价合同,在合同执行过程中,因市场价格波动等原因而使工程所使用的人员、设备、材料成本增加时,均不能对合同总价进行相应的调整。对建设周期一年半以上的工程项目,则应考虑施工期间市场价格等的变化,宜采用可调总价合同。

11. A

【解析】成本加酬金合同通常仅适用于工程复杂,工程技术、结构方案难以预先确定,时间特别紧迫(如抢险救灾)的项目。该合同计价方式可以简化招标、节省时间,不需要等到设计图纸完成后才开始招标和施工,实现设计和施工工作的搭接。该合同承包人可能通过提高工程成本而增加自身利润,不利于业主的投资控制。

12. C

【解析】建设工程施工合同签订及履行阶段合同管理的任务主要包括:(1)组织做好合同评审工作;(2)制定完善的合同管理制度和实施计划;(3)落实细化合同交底工作;(4)及时进行合同跟踪、诊断和纠偏;(5)灵活规范应对处理合同变更问题;(6)开发和应用信息化合同管理系统;(7)正确处理合同履行中的索赔和争议;(8)开展合同管理评价与经验教训总结;(9)倡导构建合同各方合作共赢机制。

13. C

【解析】在合同订立前,合同主体相关各方应组织工程管理、经济、技术和法律方面的专业人员进行合同评审,应用文本分析、风险识别等方法完成对合同条件的审查、认定和评估工作。采用招标方式订立合同时,还应对招标文件和投标文件进行审查、认定和评估。

14. C

【解析】在合同订立前,合同主体相关各方应组织做好合同评审工作。合同严密性、完整性评审,即保证与合同履行紧密关联的合同条件、技术标准、技术资料、外部环境条件、自身履约能力等条件满足合同履行要求。

15. A

【解析】合同评审内容之一的"与产品或过程有关要求的评审",即保证合同内容没有缺项漏项,合同条款没有文字歧义、数据不全、条款冲突等情形,合同组成文件之间没有矛盾。通过招投标方式订立合同的,合同内容还应当符合招标文件和中标人的投标文件的实质性要求和条件。

16. D

【解析】合同相关各方应加强合同管理体系和制度建设,做好合同管理机构设置和合同归口管理工作,配备合同管理人员,制定并有效执行合同管理制度。施工合同管理制度包括:合同目标管理制度、合同评审会签制度、合同交底制度、合同报告制度、合同文件资料归档保管制度、合同管理评估和绩效考核制度等。

17. B

【解析】合同相关各方应在合同实施过程中采用 PDCA 循环(计划—执行—检查—处置)方法定期进行合同跟踪、诊断和纠偏工作。合同跟踪、诊断和纠偏主要开展如下工作:(1)对合同实施信息进行全面收集、分类处理,将合同实施情况与合同实施计划进行对比分析,查找合同实施中的偏差;(2)定期对合同实施中出现的偏差进行定性、定量分析,包括原因分析、责任分析以及实施趋势预测,通报合同实施情况及存在的问题;(3)根据合同实施偏差结果制定合同纠偏措施或方案,并与其他相关方沟通协调配合;(4)采用闭环管理的方法对识别出的偏差、问题及其纠偏、改进实施情况进行持续跟踪,直至落实完成。

18. D

【解析】项目管理机构应根据合同总结报告确定项目合同管理改进需求,制定改进措施,进一步完善合同管理制度,并按照规定保存合同总结报告。合同总结报告的重点内容是相关经验和教训总结(即合同订立和执行过程中的经验和教训),应通过总结使成功的经验能够在后续项目中得以分享借鉴;同时,杜绝失败的教训再次发生,避免重复交学费。

19. D

【解析】法律关系是一定的社会关系在相应的法律规范的调整下形成的权利义务关系。法律关系的实质是法律关系主体之间存在的特定权利义务关系。合同法律关系是一种重要的法律关系。

20. D

【解析】自然人是指基于出生而成为民事法律关系主体的有生命的人。作为合同法律关系主体的自然人必须具备相应的民事权利能力和民事行为能力。民事权利能力是民事主体依法享有民事权利和承担民事义务的资格。自然人从出生时起到死亡时止,具有民事权利能力,依法享有民事权利,承担民事义务。民事行为能力是民事主体通过自己的行为取得民事权利和履行民事义务的资格。

21. D

【解析】法人应当依法成立。法人应当有自己的名称、组织机构、住所、财产或者经费。法人成立的具体条件和程序,依照法律、行政法规的规定。设立法人,法律、行政法规规定须经有关机关批准的,依照其规定。

22. B

【解析】依照法律或者法人章程的规定,代表法人从事民事活动的负责人,为法人的法定代表人。法定代表人以法人名义从事的民事活动,其法律后果由法人承受。法定代表人因执行职务造成他人损害的,由法人承担民事责任。法人承担民事责任后,依照法律或者法人章程的规定,可以向有过错的法定代表人追偿。

23. C

【解析】非法人组织是不具有法人资格,但是能够依法以自己的名义从事民事活动的组织。非法人组织包括个人独资企业、合伙企业、不具有法人资格的专业服务机构等。非法人组织应当依照法律的规定登记。设立非法人组织,法律、行政法规规定须经有关机关批准的依照其规定。

24. C

【解析】合同法律关系客体,是指参加合同法律关系的主体享有的权利和承担的义务所共同指向的对象。合同法律关系的客体主要包括物(包括货币)、行为、智力成果。

25. B

【解析】合同法律关系的内容是指合同约定和法律规定的合同法律关系主体的权利和义务。合同法律关系的内容是合同的具体要求,决定了合同法律关系的性质,它是连接主体的纽带。

26. C

【解析】合同法律关系并不是由建设法律规范本身产生的,只有在一定的情况和条件下才能产生、变更和消灭。能够引起合同法律关系产生、变更和消灭的客观现象和事实,就是法律事实。法律事实包括行为和事件。

27. B

【解析】事件是指不以合同法律关系主体的主观意志为转移而发生的,能够引起合同法律关系产生、变更、消灭的客观现象。这些客观事件的出现与否,是当事人无法预见和控制的。事件可分为自然事件和社会事件两种。自然事件是指由于自然现象所引起的客观事实,如地震、台风等。社会事件是指由于社会上发生了不以个人意志为转移的、难以预料的重大事件所形成的客观事实,如战争、罢工、禁运等。无论自然事件还是社会事件,它们的发生都能引起一定的法律后果。即导致合同法律关系的产生或者迫使已经存在的合同法律关系发生变化。

28. A

【解析】代理,是借助他人代本人为意思表示,本人自己享有意思表示后果的法律行为。民事主体可以通过代理人实施民事法律行为。代理人在代理权限内,以被代理人名义实施的民事法律行为,对被代理人发生效力。

29. C

【解析】委托代理关系的产生,需要在代理人与被代理人之间存在基础法律关系,如委托合同关系、合伙合同关系、工作隶属关系等,但只有在被代理人对代理人进行授权后,这种委托代理关系才真正建立。委托代理授权采用书面形式的,授权委托书应当载明代理人的姓名或者名称、代理事项、权限和期间,并由被代理人签名或者盖章。

30. A

【解析】在委托代理中,被代理人所作出的授权行为属于单方的法律行为,仅凭被代理人一方的意思表示,即可以发生授权的法律效力。被代理人有权随时撤销其授权委托。代理人也有权随时辞去所受委托。但代理人辞去委托时,不能给被代理人和善意第三人造成损失否则应负赔偿责任。

31. C

【解析】在工程建设中涉及的代理主要是委托代理,如项目经理作为施工企业的委托代理人、总监理工程师作为监理单位的委托代理人等。

32. C

【解析】项目经理、总监理工程师作为施工企业、监理单位的委托代理人,应当在授权范围或者职权范围内行使代理权,超出授权范围或者职权范围的行为则应当由行为人自己承担。

33. B

【解析】如果被代理人向代理人的授权范围不明确,则应当由被代理人(单位)向第三人承担民事责任,代理人负连带责任,但是代理人的连带责任是在被代理人无法承担责任的基础上承担的。

34. D

【解析】代理人知道或者应当知道代理事项违法仍然实施代理行为,或者被代理人知道或者应当知道代理人的代理行为违法未作反对表示的,被代理人和代理人应当承担连带责任。

35. B

【解析】代理人应当在被代理人的授权范围或者职权范围内行使代理权,超出授权范围或者职权范围的行为则应当由行为人自己承担。如果被代理人向代理人的授权范围不明确,则应当由被代理人(单位)向第三人承担民事责任,代理人负连带责任。代理人知道或应当知道代理事项违法仍然实施代理行为,或者被代理人知道或应当知道代理人的代理行为违法未作反对表示的,被代理人和代理人应当承担连带责任。

36. B

【解析】工程招标代理机构是接受被代理人的委托、为被代理人办理招标事宜的社会组织。工程招标代理的被代理人是发包人,一般是工程项目的所有人或者经营者,即项目法人或通常所称的建设单位。在委托人的授权范围内,招标代理机构从事的代理行为,其法律责任由发包人承担。如果招标代理机构在招标代理过程中有过错行为,招标人则有权根据招标代理合同的约定追究招标代理机构的违约责任。

37. D

【解析】无权代理是指行为人没有代理权而以他人名义进行民事、经济活动。无权代理包括以下三种情况:(1)没有代理权而为的代理行为;(2)超越代理权限而为的代理行为;(3)代理权终止后的代理行为。

38. C

【解析】对于无权代理行为,“被代理人”可以根据无权代理行为的后果对自己有利或不利的原则,行使“追认权”或“拒绝权”。当被代理人行使追认权后,该无权代理行为即转化为合法的代理行为。当被代理人行使拒绝权后,则该无权代理行为即为无效的代理行为。

39. A

【解析】对于无权代理而言,若第三人事后知道对方为无权代理的,可以向"被代理人"行使催告权,也可以撤销此前的行为。相对人(第三人)可以催告被代理人自收到通知之日起一个月内予以追认。被代理人未作表示的,视为拒绝追认。行为人实施的行为被追认前,善意相对人有撤销的权利。撤销应当以通知的方式作出。

40. C

【解析】法律责任中的行政责任和刑事责任,都只能基于法律规定,在合同中不能进行约定。因此,建设工程合同中的法律责任,只能是民事责任,这也是建设工程合同管理的法律基础。

41. C

【解析】民事责任的承担原则包括:(1)按份责任的承担:二人以上依法承担按份责任,能够确定责任大小的,各自承担相应的责任;难以确定责任大小的,平均承担责任。(2)连带责任的承担:二人以上依法承担连带责任的,权利人有权请求部分或者全部连带责任人承担责任。连带责任人的责任份额根据各自责任大小确定;难以确定责任大小的,平均承担责任。实际承担责任超过自己责任份额的连带责任人,有权向其他连带责任人追偿。(3)不可抗力免除承担民事责任:因不可抗力不能履行民事义务的,不承担民事责任。法律另有规定的,依照其规定。

42. D

【解析】工程监理单位不按照委托监理合同的约定履行监理义务,对应当监督检查的项目不检查或者不按照规定检查,给建设单位造成损失的,应当承担相应的赔偿责任。工程监理单位与承包单位串通,为承包单位谋取非法利益,给建设单位造成损失的应当与承包单位承担连带赔偿责任。

43. A

【解析】建设工程未经竣工验收,发包人擅自使用后,又以使用部分质量不符合约定为由主张权利的,不予支持。

44. C

【解析】《建设工程质量管理条例》规定,承包人应当在建设工程的合理使用寿命内对地基基础工程和主体结构质量承担保修责任。换言之,承包人应当在建设工程的合理使用寿命内对地基基础工程和主体结构质量承担民事责任。

45. D

【解析】缺乏资质的单位或者个人借用有资质的建筑施工企业名义签订建设工程施工合同,发包人请求出借方与借用方对建设工程质量不合格等因出借资质造成的损失承担连带赔偿责任的,人民法院应予支持。

46. D

【解析】担保是指当事人根据法律规定或者双方约定,为促使债务人履行债务实现债权人权利的法律制度。担保通常由当事人双方订立担保合同。担保合同是被担保合同的从合同,被担保合同是主合同,主合同无效,从合同也无效。从合同对主合同履行的质量会产生影响。

47. C

【解析】《中华人民共和国担保法》规定的担保方式为保证、抵押、质押、留置和定金。这里需要正确区分定金和订金。定金是一种担保方式，而订金则不是担保，而是一种预付金。

48. A

【解析】保证是指保证人和债权人约定，当债务人不履行债务时，保证人按照约定履行债务或承担责任的行为。保证法律关系至少必须有三方参加，即保证人、被保证人（债务人）和债权人。

49. C

【解析】保证的方式有两种，即一般保证和连带责任保证。在具体合同中，担保方式由当事人约定，如果当事人没有约定或者约定不明确的，则按照连带责任保证承担保证责任。这是对债权人权利的有效保护。

50. A

【解析】保证的方式有两种，即一般保证和连带责任保证。一般保证是指当事人在保证合同中约定，债务人不能履行债务时，由保证人承担责任的保证。一般保证的保证人在主合同纠纷未经审判或者仲裁，并就债务人财产依法强制执行仍不能履行债务前，对债权人可以拒绝承担担保责任。

51. D

【解析】具有代为清偿债务能力的法人、其他组织或者公民，可以作为合同担保的保证人。但是，以下组织不能作为保证人：(1)企业法人的分支机构、职能部门。企业法人的分支机构有法人书面授权的，可以在授权范围内提供保证。(2)国家机关。经国务院批准为使用外国政府或者国际经济组织贷款进行转贷的除外。(3)学校、幼儿园、医院等以公益为目的的事业单位、社会团体。

52. B

【解析】保证合同生效后，保证人就应当在合同规定的保证范围和保证期间承担保证责任。保证担保的范围包括主债权及利息、违约金、损害赔偿金及实现债权的费用。保证合同另有约定的，按照约定。

53. A

【解析】保证合同生效后，保证人就应当在合同规定的保证范围和保证期间承担保证责任。当事人对保证担保的范围没有约定或者约定不明确的，保证人应当对全部债务承担责任。

54. C

【解析】一般保证的保证人未约定保证期间的，保证期间为主债务履行期届满之日起6个月。

55. B

【解析】保证合同生效后，保证人就应当在合同规定的保证范围和保证期间承担保证责任。保证期间债权人与债务人协议变更主合同或者债权人许可债务人转让债务的，应当取得保证人的书面同意，否则保证人不再承担保证责任。保证合同另有约定的按照约定。

56. B

【解析】抵押,是指债务人或者第三人向债权人以不转移占有的方式提供一定的财产作为抵押物,用以担保债务履行的担保方式。

57. C

【解析】以建筑物抵押的,该建筑物占用范围内的建设用地使用权一并抵押。以建设用地使用权抵押的,该土地上的建筑物一并抵押。抵押人未一并抵押的,未抵押财产视为一并抵押。

58. B

【解析】抵押担保的范围包括主债权及利息、违约金、损害赔偿金和实现抵押权的费用。当事人也可以约定抵押担保的范围。

59. C

【解析】同一财产向两个以上债权人抵押的,拍卖、变卖抵押财产所得的价款依照下列规定清偿:(1)抵押权已登记的,按照登记的先后顺序清偿;顺序相同的,按照债权比例清偿;(2)抵押权已登记的先于未登记的受偿;(3)抵押权未登记的,按照债权比例清偿。

60. A

【解析】质押是指债务人或者第三人将其动产或财产权利移交给债权人占有,用以担保债务履行的一种担保方式。

61. B

【解析】质权人在债务履行期届满前,不得与出质人约定债务人不履行到期债务时质押财产归债权人所有。质权自出质人交付质押财产时设立。

62. C

【解析】留置是指债务人不履行到期债务时,债权人对已经合法占有的债务人的动产,可以留置不返还占有,并有权就该动产折价或以拍卖、变卖所得的价款优先受偿。

63. B

【解析】留置是指债务人不履行到期债务时,债权人对已经合法占有的债务人的动产,可以留置不返还占有,并有权就该动产折价或以拍卖、变卖所得的价款优先受偿。债权人留置的动产,应当与债权属于同一法律关系。比如,在承揽合同中,定作方逾期不领取其定作物的,承揽方有权将该定作物折价、拍卖、变卖,并从中优先受偿。

64. C

【解析】定金是指当事人双方为了保证债务的履行,约定由当事人一方先行支付给对方一定数额的货币作为担保。定金的数额由当事人约定,但不得超过主合同标的金额的20%。

65. C

【解析】定金合同要采用书面形式,并在合同中约定交付定金的期限。定金合同从实际交付定金之日生效。

66. B

【解析】按照相关法律规定:债务人履行债务后,定金应当抵作价款或者收回。给付定金的一方不履行约定债务的,无权要求返还定金;收受定金的一方不履行约定债务的,应当双倍返还定金。

67. C

【解析】在工程建设的过程中,保证是最为常用的一种担保方式。保证这种担保方式必须由第三人作为保证人,由于对保证人的信誉要求比较高,工程建设中的保证人往往是银行,也可能是信用较高的其他担保人,如担保公司。这种保证应当采用书面形式。

68. B

【解析】投标人应提交规定金额的投标保证金,并作为其投标书的一部分,数额不得超过招标项目估算价的2%。投标人不按招标文件要求在开标前以有效形式提交投标保证金的,该投标文件将被否决。

69. B

【解析】投标保证金有效期应当与投标有效期一致,投标有效期从提交投标文件的截止之日起算。投标保函或者保证书在评标结束之后应退还给承包人。招标人最迟应当在书面合同签订后5日内向中标人和未中标的投标人退还投标保证金及银行同期存款利息。

70. A

【解析】施工合同的履约保证,是为了保证施工合同的顺利履行而要求承包人提供的担保,以防止承包人在合同执行过程中违反合同规定或违约,并弥补给发包人造成的经济损失。招标投标法第46条规定:"招标文件要求中标人提交履约保证金的,中标人应当提供。"

71. C

【解析】履约保证的形式有履约担保金(又叫履约保证金)、履约银行保函和履约担保书三种。其中,履约担保金可用保兑支票、银行汇票或现金支票,一般情况下额度为合同价格的10%。

72. A

【解析】履约保证的形式有履约担保金(又叫履约保证金)、履约银行保函和履约担保书三种。其中履约银行保函是中标人从银行开具的保函,额度是合同价格的10%。

73. D

【解析】履约保证的形式有履约担保金(又叫履约保证金)、履约银行保函和履约担保书三种。其中履约担保书是由保险公司、信托公司、证券公司、实体公司或社会上担保公司出具担保书,担保额度是合同价格的30%。

74. D

【解析】履约保证的有效期限从提交履约保证起,一般情况到保修期满并颁发保修责任终止证书后15天或14天止。如果工程拖期,不论何种原因,承包人都应与发包人协商,并通知保证人延长保证有效期,防止发包人借故提款。

75. D

【解析】履约保证金的目的是担保人包商完全履行合同,主要担保工期和质量符合合同的约定。承包人顺利履行完毕自己的义务,招标人必须全额返还承包人。履约保证金的功能,在于承包人违约时,赔偿招标人的损失,也即如果承包人违约将丧失收回履约保证金的权利,并且不以此为限。

76. D

【解析】保险是一种受法律保护的分散危险、消化损失的法律制度。保险的目的是分散危险,因此,危险的存在是保险产生的前提。

77. B

【解析】住房和城乡建设部、国家工商行政管理总局发布的《建设工程施工合同(示范文本)》(GF—2017—0201)规定,工程开工前,发包人应当为建设工程办理保险,支付保险费用。因此采用《建设工程施工合同(示范文本)》(GF—2017—0201)应当由发包人投保建筑工程一切险。

78. D

【解析】2007年11月1日国家发展改革委、财政部、建设部等九部委联合发布的《标准施工招标文件》(2007年版),在其通用合同条款中规定,除专用合同条款另有约定外,承包人应以发包人和承包人的共同名义向双方同意的保险人投保建筑工程一切险、安装工程一切险。

79. C

【解析】建筑工程一切险的被保险人则范围较宽,所有在工程进行期间,对该项工程承担一定危险的有关各方(即具有可保利益的各方),均可作为被保险人。被保险人具体包括:(1)业主或工程所有人;(2)承包人或者分包商;(3)技术顾问,包括业主聘用的建筑师、工程师及其他专业顾问。

80. C

【解析】建筑工程一切险如果加保第三者责任险,则保险人对下列原因造成的损失和费用,负责赔偿:(1)在保险期限内,因发生与所保工程直接相关的意外事故引起工地内及邻近区域的第三者人身伤亡、疾病或财产损失;(2)被保险人因上述原因而支付的诉讼费用以及事先经保险人书面同意而支付的其他费用。

81. D

【解析】建筑法规定,鼓励建筑施工企业为从事危险作业的职工办理意外伤害保险,支付保险费。如果施工企业办理意外伤害保险,一般办理团体意外伤害险,即建筑施工人员团体意外伤害险。凡年满16周岁(含16周岁,下同)至65周岁、能够正常工作或劳动、从事建筑管理或作业、并与施工企业建立劳动关系的人员均可作为被保险人。按被保险人人数投保时,其投保人数必须占约定承保团体人员的75%以上,且投保人数不低于5人。

82. C

【解析】保险决策主要表现在两个方面:是否投保和选择保险人。针对工程建设的风险,可以自留也可以转移。当决定对工程建设的风险进行转移时,则需要决策是否投保以及选择保险人。在进行选择保险人决策时,一般至少应当考虑安全、服务、成本这三项因素。

二、多项选择题

1. ABCE

【解析】合同不仅规定了相关各方的责任、权利和义务,还约定了各方的工作内容、工作流程和工作要求,同时也划定了各方的风险分担。

2. ABCE

【解析】建设工程合同管理包括对勘察、设计、材料设备采购、施工承包、设计施工总承包等多种不同类型合同的管理,涵盖招标采购、合同策划、合同签订、合同履行等多个阶段,明确各阶段合同管理的目标任务、掌握并灵活应用适合的合同管理方法，是做好项目管理工作的基本要求。

3. ABCD

【解析】工程招标采购阶段合同管理的任务主要包括：(1)开展建设工程项目招标采购的总体策划；(2)根据标准文本编制招标文件和合同条件；(3)细化项目参建各相关方的合同界面管理；(4)合理选择适合建设工程特点的合同计价方式。

4. BE

【解析】招标采购阶段的管理，首先应根据项目目标要求，对整个项目的采购工作做出总体策划安排，要明确项目需要采购哪些工程、服务和物资。应用目标分解、工作分解结构(WBS)等方法制定总体采购计划和采购清单；在此基础上进行采购标段划分，考虑工程如何划分标段，物资如何进行分批次采购；拟定采购计划安排、采购方式和采购时间安排、采购组织和管理协调工作安排。

5. BD

【解析】在进行工程招标采购总体策划时，应以工程项目投资计划中的重要控制日期(如：开工日、竣工日)为关键节点，应用横道图、网络图等方法统筹各项采购任务和时间上的相互衔接，确定好采购勘察设计服务、施工承包、材料设备的内容和数量，各项采购的顺序和分阶段步骤，做好标段及合同段的合理划分；并确定采用何种采购和招标方式，如：直接采购、询价或议标、公开招标、邀请招标等。还应根据实际情况，确定是由项目单位自行组织采购还是委托采购招标代理机构完成。

6. ABCD

【解析】我国工程建设领域推行招标合同示范文本制度，近年来国务院及地方各级行政管理部门、行业组织颁布了不同系列的招标合同示范文本，如国家发展和改革委员会等九部委联合印发的《标准勘察招标文件》《标准设计招标文件》《标准施工招标文件》《标准材料采购招标文件》《标准设备采购招标文件》，以及《简明标准施工招标文件》《标准设计施工总承包招标文件》等，具有结构完整、内容全面、条款严谨、权责合理的特点，正得到广泛应用。

7. ABCD

【解析】在招标采购和缔约过程中，应考虑选用适合工程项目需要的标准招标文件及合同示范文本。选用标准招标文件及合同示范文本的作用主要在于：(1)有利于当事人了解并遵守有关法律法规，确保建设工程招标和合同文件中的各项内容符合法律法规的要求；(2)可以帮助当事人正确拟定招标和合同文件条款，保证各项内容的完整性和准确性，避免缺款漏项，防止出现显失公平的条款，保证交易安全；(3)有助于降低交易成本，提高交易效率，降低合同条款协商和谈判缔约工作的复杂性；(4)有利于当事人履行合同的规范和顺畅；(5)有利于审计机构、相关行政管理部门对合同的审计和监督；(6)有助于仲裁机构或人民法院裁判纠纷，最大限度维护当事人的合法权益。

8. ABCD

【解析】工程建设项目是由多方参与的复杂系统工程，应通过合同管理有效妥善地协调安排好建设单位、监理单位、勘察设计单位、施工单位、物资供应单位等项目参建各方之间的界面关系，包括工作范围界面、风险界面、组织界面、费用界面、进度界面等。

9. ABC

【解析】建设项目管理机构应有专门的合同界面协调人参与编制或审查招投标文件和合同文件,确认相关各方的合同界面关系,如:土建合同和安装合同之间、安装合同和设备供应合同之间的责任界面和接口对接。可综合采用文字说明、清单列举、图纸标注等方法,使参建各方责任明确、边界划分清楚、衔接严谨,做到工作既不遗漏又不重复,各方均有合同依据可循,避免参与方互相推诿工作内容和责任。

10. ABC

【解析】选择好适合项目特点的合同计价方式是招标采购和合同管理工作的关键,以建设工程施工合同为例,根据计价方式不同,有单价合同、总价合同和成本加酬金合同等。

11. AB

【解析】单价合同的特点是单价优先,多适用于在发包时施工工程内容和工程量尚不能明确确定的情况,发包单位可以在设计工作尚未完成、工程量清单尚未确定、工作内容无须完整详尽约定的情况下就开始施工招标,投标人只需对所列工程内容报出单价,从而缩短招投标时间,利于尽早开工。

12. ABCD

【解析】单价合同,需要在施工过程中协调工作内容、测量核实完成的工程量;且实际应付工程款可能超过估算,控制投资难度较大。合同双方承担的工程风险基本平衡。

13. BDE

【解析】固定单价合同一般适合于工期较短、工作内容和工程量变化幅度不大的项目。与固定单价合同相比,可变单价合同承包人承担价格变动的风险较小。

14. ABC

【解析】固定总价合同对业主而言,在合同签订时就可以基本确定项目总投资额,有利于投资控制;通过把风险分配给承包人,业主承担的风险较小。固定总价合同中也可约定,在工作范围较之合同规定发生变化、工程变更超过一定幅度等特殊情况下可以对合同价格进行调整。

15. ABCE

【解析】固定总价合同一般适用于工程范围和任务明确,工程设计图纸完整详细,承包人了解现场条件、能准确确定工程量及施工计划,施工期较短、价格波动不大的项目。

16. ACDE

【解析】可调总价合同又称变动总价合同。在合同执行过程中,因市场价格波动等原因而使工程所使用的人员、设备、材料成本增加时,可以按照合同约定对合同总价进行相应的调整;一般设计变更、工程量变化和其他工程条件变化所引起的费用变化也可以进行调整。因此,市场价格变动等风险由业主承担,与固定总价合同相比,在一定程度上降低承包人的风险,但对业主而言,突破合同既定价格的风险有所增大。

17. ABE

【解析】成本加酬金合同,也称为成本补偿合同或成本加成合同。采用这种合同,承包人利润有保证,价格变化或工程量变化的风险基本都由业主承担。但承包人往往缺乏降低成本的激励,还可能通过提高工程成本而增加自身利润,不利于业主的投资控制。成本加酬金合同还可分为成本加固定酬金合同、成本加固定百分比酬金合同、成本加可变酬金合同等形式。

18. ABCD

【解析】合同评审主要包括下列内容:(1)合法性、合规性评审:保证合同条款不违反法律、行政法规、地方性法规的强制性规定,不违反国家标准、行业标准、地方标准的强制性条文。(2)合理性、可行性评审:保证合同权利和义务公平合理,不存在对合同条款的重大误解,不存在合同履行障碍。(3)合同严密性、完整性评审:保证与合同履行紧密关联的合同条件、技术标准、技术资料、外部环境条件、自身履约能力等条件满足合同履行要求。(4)与产品或过程有关要求的评审:保证合同内容没有缺项漏项,合同条款没有文字歧义、数据不全、条款冲突等情形,合同组成文件之间没有矛盾。通过招投标方式订立合同的,合同内容还应当符合招标文件和中标人的投标文件的实质性要求和条件。(5)合同风险评估:保证合同履行过程中可能出现的经营风险、法律风险处于可以接受的水平。

19. ABC

【解析】合同实施计划是保证合同履行的重要手段,合同相关各方应根据合同履行的要求编制合同实施计划。合同实施计划应包括:(1)合同实施总体安排;(2)合同分解与管理策划;(3)合同实施保证体系。其中,合同实施保证体系应与其他管理体系协调一致。还应建立合同文件沟通方式、编码系统和文档系统。

20. ACDE

【解析】在合同履行前,需了解掌握合同条款内容,对合同进行仔细研读,进行总体和专题性分析。合同各方的相关部门和合同谈判人员应对项目管理机构进行合同交底,合同交底应包括下列内容:(1)合同的主要内容;(2)合同订立过程中的特殊问题及合同待定问题;(3)合同实施计划及责任分配;(4)合同实施的主要风险;(5)其他应进行交底的合同事项。合同交底可用书面、电子数据、视听资料和口头的形式实施,书面交底的应签署确认书。

21. ACDE

【解析】合同变更管理包括变更依据、变更范围、变更程序、变更措施的制定和实施,以及对变更的检查和信息反馈工作。合同相关各方应按照规定实施合同变更的管理工作,将变更文件和要求传递至相关人员。

22. ABDE

【解析】通常,合同变更应当符合下列条件:(1)变更的内容应符合合同约定或者法律法规规定。变更超过原设计标准或者批准规模时,应由当事方按照规定程序办理变更审批手续。(2)变更或变更异议的提出,应符合合同约定或者法律法规规定的程序和期限。(3)应经当事方或其授权人员签字或盖章后实施。(4)变更对合同价格及工期有影响时调整合同价格和工期。

23. ACDE

【解析】通常,索赔应符合下列条件:(1)索赔应依据合同约定提出。合同没有约定或者约定不明时,按照法律法规规定提出。(2)索赔应有全面、完整和真实的证据资料。(3)索赔意向通知及索赔报告应按照约定或法定的程序和期限提出。(4)索赔报告应说明索赔理由,提出索赔金额及工期。

24. ABDE

【解析】合同终止前，项目管理机构应进行项目合同管理评价，总结合同订立和执行过程中的经验和教训，提出总结报告。并可采用量化考核的方法对合同执行效果进行分项和总体评价。合同总结报告应包括下列内容：(1)合同订立情况评价；(2)合同履行情况评价；(3)合同管理工作评价；(4)对本项目有重大影响的合同条款评价；(5)其他经验和教训等。

25. ABE

【解析】合同法律关系是指由合同法律规范所调整的、在民事流转过程中所产生的权利义务关系。合同法律关系包括合同法律关系主体、合同法律关系客体、合同法律关系内容三个要素。这三要素构成了合同法律关系，缺少其中任何一个要素都不能构成合同法律关系，改变其中的任何一个要素就改变了原来设定的法律关系。

26. ABD

【解析】合同法律关系主体是参加合同法律关系，享有相应权利、承担相应义务的自然人、法人和非法人组织，即为合同当事人。因此，可以成为合同法律关系主体的有自然人、法人、非法人组织。

27. ACD

【解析】根据自然人的年龄和精神健康状况，可以将自然人分为完全民事行为能力人、限制民事行为能力人和无民事行为能力人。十八周岁以上的自然人为成年人。成年人为完全民事行为能力人，可以独立实施民事法律行为。十六周岁以上的未成年人，以自己的劳动收入为主要生活来源的，视为完全民事行为能力人。不满十八周岁的自然人为未成年人。八周岁以上的未成年人为限制民事行为能力人，实施民事法律行为由其法定代理人代理或者经其法定代理人同意、追认，但是可以独立实施纯获利益的民事法律行为或者与其年龄、智力相适应的民事法律行为。不满八周岁的未成年人为无民事行为能力人，由其法定代理人代理实施民事法律行为。不能辨认自己行为的成年人为无民事行为能力人，由其法定代理人代理实施民事法律行为。

28. ABE

【解析】民法总则将法人分为营利法人、非营利法人和特别法人。(1)营利法人：以取得利润并分配给股东等出资人为目的成立的法人。营利法人包括有限责任公司、股份有限公司和其他企业法人等。(2)非营利法人：为公益目的或者其他非营利目的成立，不向出资人、设立人或者会员分配所取得利润的法人，为非营利法人。非营利法人包括事业单位、社会团体、基金会、社会服务机构等。(3)特别法人：机关法人、农村集体经济组织法人、城镇农村的合作经济组织法人、基层群众性自治组织法人，为特别法人。

29. ABCE

【解析】合同法律关系的客体主要包括物(包括货币)、行为、智力成果。这里所说的物，是指可为人们控制并具有经济价值的生产资料和消费资料，可以分为动产和不动产、流通物与限制流通物、特定物与种类物等。如建筑材料、建筑设备、建筑物等都可能成为合同法律关系的客体，如材料设备采购合同的客体即为物。货币作为一般等价物也是法律意义上的物，可以作为合同法律关系的客体，如借款合同等。

30. ABCE

【解析】合同法律关系的客体主要包括物(包括货币)、行为、智力成果。这里所说的行为是指人的有意识的活动。在合同法律关系中,行为多表现为完成一定的工作,如勘察设计、施工监理、施工安装等,这些行为都可以成为合同法律关系的客体。因此,勘察合同、施工合同、工程监理合同等的客体即为行为。另外,行为也可以表现为提供一定的劳务,如绑扎钢筋、土方开挖、抹灰等。

31. ABCE

【解析】合同法律关系的客体主要包括物(包括货币)、行为、智力成果。这里所说的智力成果,是指通过人的智力活动所创造出的精神成果,包括知识产权、技术秘密及在特定情况下的公知技术,如专利权、工程设计等,都有可能成为合同法律关系的客体,如工程设计合同。

32. ABCD

【解析】行为是指法律关系主体有意识的活动,能够引起法律关系发生、变更和消灭的行为包括作为和不作为两种表现形式。行为还可分为合法行为和违法行为。凡符合国家法律规定或为国家法律所认可的行为是合法行为,如:在建设活动中,当事人订立合法有效的合同,会产生建设工程合同关系;建设行政管理部门依法对建设活动进行的管理活动,会产生建设行政管理关系。凡违反国家法律规定的行为是违法行为,如:建设工程合同当事人违约,会导致建设工程合同关系的变更或者消灭。此外,行政行为和发生法律效力的法院判决、裁定以及仲裁机构发生法律效力的裁决等,也是一种法律事实,也能引起法律关系的发生、变更、消灭。

33. ABDE

【解析】代理具有以下特征:(1)代理人必须在代理权限范围内实施代理行为。(2)代理人以被代理人的名义实施代理行为。(3)代理人在被代理人的授权范围内独立地表现自己的意志:它具体表现为代理人有权自行解决他如何向第三人作出意思表示,或者是否接受第三人的意思表示。(4)被代理人对代理行为承担民事责任:被代理人对代理人的代理行为应承担的责任,既包括对代理人在执行代理任务的合法行为承担民事责任,也包括对代理人不当代理行为承担民事责任。

34. AB

【解析】以代理权产生的依据不同,可将代理分为委托代理、法定代理两类。(1)委托代理:是基于被代理人对代理人的委托授权行为而产生的代理,因此又称为意定代理。(2)法定代理:是指根据法律的直接规定而产生的代理。法定代理主要是为维护无民事行为能力或限制民事行为能力人的利益而设立的代理方式。

35. ABCE

【解析】委托代理关系可因下列原因终止:(1)代理期间届满或者代理事务完成;(2)被代理人取消委托或代理人辞去委托;(3)代理人丧失民事行为能力;(4)代理人或者被代理人死亡;(5)作为代理人或者被代理人的法人、非法人组织终止。

36. AC

【解析】民事责任,是指民事主体在民事活动中,因实施了民事违法行为,根据法律规定或者合同约定所承担的对其不利的民事法律后果。民事责任包括合同责任与侵权责任。合同责任包括违约责任与缔约过失责任。

37. BD

【解析】建设工程合同中的法律责任通常是民事责任。民事责任通常包括合同责任与侵权责任。合同责任一般包括违约责任与缔约过失责任。

38. ABCE

【解析】承担民事责任的方式主要有:(1)停止侵害;(2)排除妨碍;(3)消除危险;(4)返还财产;(5)恢复原状;(6)修理、重做、更换;(7)继续履行;(8)赔偿损失;(9)支付违约金;(10)消除影响、恢复名誉;(11)赔礼道歉。承担民事责任的方式,可以单独适用,也可以合并适用。

39. ABCD

【解析】合同当事人承担违约责任的条件包括以下两种:(1)当事人一方不履行合同义务或者履行合同义务不符合约定的,应当承担继续履行、采取补救措施、支付违约金或者赔偿损失等违约责任。只有在当事人一方不履行合同义务或者履行合同义务不符合约定而致使无法实现合同目的时,才会导致合同解除。(2)当事人一方明确表示或者以自己的行为表明不履行合同义务的,对方可以在履行期限届满之前要求其承担违约责任。

40. ACE

【解析】发包人具有下列情形之一,造成建设工程质量缺陷,应当承担过错责任:(1)提供的设计有缺陷;(2)提供或者指定购买的建筑材料、建筑构配件、设备不符合强制性标准;(3)直接指定分包人分包专业工程。当然,承包人有过错的,也应当承担相应的过错责任。

41. ABDE

【解析】保证合同应包括以下内容:(1)被保证的主债权种类、数额;(2)债务人履行债务的期限;(3)保证的方式;(4)保证担保的范围;(5)保证的期间;(6)双方认为需要约定的其他事项。

42. ACDE

【解析】债务人或者第三人提供担保的财产为抵押物。由于抵押物是不转移占有的,因此能够成为抵押物的财产必须具备一定的条件。这类财产轻易不会灭失,且其所有权的转移应当经过一定的程序。下列财产可以作为抵押物:(1)建筑物和其他土地附着物;(2)建设用地使用权;(3)以招标、拍卖、公开协商等方式取得的荒地等土地承包经营权;(4)生产设备、原材料、半成品、产品;(5)正在建造的建筑物、船舶、航空器;(6)交通运输工具;(7)法律、行政法规未禁止抵押的其他财产。

43. ABDE

【解析】下列财产不得抵押:(1)土地所有权;(2)耕地、宅基地、自留地、自留山等集体所有的土地使用权,但法律规定可以抵押的除外;(3)学校、幼儿园、医院等以公益为目的的事业单位、社会团体的教育设施、医疗卫生设施和其他社会公益设施;(4)所有权、使用权不明或者有争议的财产;(5)依法被查封、扣押、监管的财产;(6)依法不得抵押的其他财产。

44. ABCE

【解析】当事人以建筑物和其他土地附着物,建设用地使用权,以招标、拍卖、公开协商等方式取得的荒地等土地承包经营权的土地使用权,正在建造的建筑物抵押的,应当办理抵押登记。抵押权自登记时设立。

45. ACD

【解析】当事人以生产设备、原材料、半成品、产品,交通运输工具,或者正在建造的船舶、航空器抵押的,抵押权自抵押合同生效时设立。

46. AC

【解析】债务人不履行到期债务或者发生当事人约定的实现抵押权的情形,抵押权人可以与抵押人协议以抵押财产折价或者以拍卖、变卖该抵押财产所得的价款优先受偿。协议损害其他债权人利益的,其他债权人可以在知道或者应当知道撤销事由之日起一年内请求人民法院撤销该协议。抵押权人与抵押人未就抵押权实现方式达成协议的,抵押权人可以请求人民法院拍卖、变卖抵押财产。抵押物折价或者拍卖、变卖后,其价款超过债权数额的部分归抵押人所有,不足部分由债务人清偿。

47. BE

【解析】质押担保中,债务人或者第三人将其动产或财产权利移交债权人占有。债务人或者第三人为出质人,债权人为质权人,移交的动产或权利为质物。质权是一种约定的担保物权,以转移占有为特征。

48. AD

【解析】质押担保中,债务人或者第三人将其动产或财产权利移交债权人占有。因此,质押可分为动产质押和权利质押。动产质押是以债务人或者第三人将其动产移交债权人占有为特征。能够用作质押的动产没有限制。权利质押一般是将权利凭证交付质权人的担保。

49. ABDE

【解析】权利质押一般是将权利凭证交付质权人的担保。可以质押的权利包括:(1)汇票、支票、本票;(2)债券、存款单;(3)仓单、提单;(4)可以转让的基金份额、股权;(5)可以转让的注册商标专用权、专利权、著作权等知识产权中的财产权;(6)应收账款;(7)法律、行政法规规定可以出质的其他财产权利。

50. BCDE

【解析】投标保证金是指在招标投标活动中,投标人随投标文件一同递交给招标人的一定形式、一定金额的投标责任担保。其主要保证投标人:(1)在递交投标文件后不得撤销投标文件;(2)中标后不得无正当理由不与招标人订立合同;(3)在签订合同时不得向招标人提出附加条件;(4)按照招标文件要求提交履约保证金。否则,招标人有权不予返还其递交的投标保证金。

51. ABDE

【解析】招标人可以在招标文件中要求投标人提交投标保证金。投标保证金除现金外,可以是银行出具的银行保函、保兑支票、银行汇票或现金支票。

52. ABCD

【解析】下列任何情况发生时,投标保证金将被没收:一是投标人在投标函规定的投标有效期内撤回其投标;二是中标人在规定期限内无正当理由未能根据规定签订合同,或未能根据规定接受对错误的修正;三是中标人根据规定未能提交履约保证金;四是投标人采用不正当的手段骗取中标。

53. ABC

【解析】履约保证的形式有履约担保金(又叫履约保证金)、履约银行保函和履约担保书三种。履约担保金可用保兑支票、银行汇票或现金支票,一般情况下额度为合同价格的10%;履约银行保函是中标人从银行开具的保函,额度是合同价格的10%;履约担保书是由保险公司、信托公司、证券公司、实体公司或社会上担保公司出具担保书,担保额度是合同价格的30%。

54. ABCE

【解析】履约保证的担保责任,主要是担保投标人中标后,将按照合同规定,在工程全过程按期限按质量履行其义务。若发生下列情况,发包人有权凭履约保证向银行或者担保公司索取保证金作为赔偿:(1)施工过程中,承包人中途毁约,或任意中断工程,或不按规定施工;(2)承包人破产,倒闭。

55. ABDE

【解析】建设工程合同签订以后,发包人给承包人一定比例的预付款,但需由承包人的开户银行向发包人出具预付款担保,金额应当与预付款金额相同。预付款担保的主要形式为银行保函。其主要作用是保证承包人能够按合同规定进行施工,偿还发包人已支付的全部预付金额。预付款在工程的进展过程中每次结算工程款(中间支付)分次返还时,经发包人出具相应文件后,担保金额也应当随之减少。如果承包人中途毁约,中止工程,使发包人不能在规定期限内从应付工程款中扣除全部预付款,则发包人作为保函的受益人有权凭预付款担保向银行索赔该保函的担保金额作为补偿。

56. ABD

【解析】保险制度上的危险是一种损失发生的不确定性,其表现为:(1)发生与否的不确定性;(2)发生时间的不确定性;(3)发生后果的不确定性。

57. BD

【解析】保险合同通常可分为两大类:(1)财产保险合同:是以财产及其有关利益为保险标的的保险合同。建筑工程一切险和安装工程一切险即为财产保险合同。(2)人身保险合同:是以人的寿命和身体为保险标的的保险合同。人身意外伤害险即为人身保险合同。人身保险合同中的保险人对人身保险的保险费,不得用诉讼方式要求投保人支付。

58. AC

【解析】工程建设涉及的险种也较多。主要包括:建筑工程一切险(及第三者责任险)、安装工程一切险(及第三者责任险)、机器损坏险、机动车辆险、人身意外伤害险、货物运输险等。但狭义的工程险则是针对工程的保险,只有建筑工程一切险(及第三者责任险)和安装工程一切险(及第三者责任险),其他险种则并非专门针对工程的保险。而且建筑工程一切险和安装工程一切险的保险责任范围和除外责任是相同的。

59. BD

【解析】保险人对下列原因造成的损失和费用负责赔偿:(1)自然灾害,指地震、海啸、雷电、飓风、台风、龙卷风、风暴、暴雨、洪水、水灾、冻灾、冰雹、地崩、山崩、雪崩、火山爆发、地面下陷下沉及其他人力不可抗拒的破坏力强大的自然现象；(2)意外事故，指不可预料的以及被保险人无法控制并造成物质损失或人身伤亡的突发性事件，包括火灾和爆炸。

60. ACDE

【解析】保险人对下列各项原因造成的损失不负责赔偿：(1)设计错误引起的损失和费用；(2)自然磨损、内在或潜在缺陷、物质本身变化、自燃、自热、氧化、锈蚀、渗漏、鼠咬、虫蛀、大气(气候或气温)变化、正常水位变化或其他渐变原因造成的保险财产自身的损失和费用；(3)因原材料缺陷或工艺不善引起的保险财产本身的损失以及为换置、修理或矫正这些缺点错误所支付的费用；(4)非外力引起的机械或电气装置的本身损失，或施工用机具、设备、机械装置失灵造成的本身损失；(5)维修保养或正常检修的费用；(6)档案、文件、账簿、票据、现金、各种有价证券、图表资料及包装物料的损失；(7)盘点时发现的短缺；(8)领有公共运输行驶执照的，或已由其他保险予以保障的车辆、船舶和飞机的损失；(9)除非另有约定，在保险工程开始以前已经存在或形成的位于工地范围内或其周围的属于被保险人的财产的损失；(10)除非另有约定，在本保险单保险期限终止以前，保险财产中已由工程所有人签发完工验收证书或验收合格或实际占有或使用或接受的部分。

61. ABCD

【解析】团体意外伤害保险合同的保险责任一般包括身故保险责任和伤残保险责任。在保险期间内，被保险人从事建筑施工及与建筑施工相关的工作时，或在施工现场及施工指定的生活区域内遭受意外伤害，保险人依下列约定给付保险金，且给付各项保险金之和不超过保险金额：(1)被保险人自意外伤害发生之日起180日内因该事故死亡的，保险人按保险金额给付死亡保险金，本保险合同对该被保险人的保险责任终止。被保险人因遭受意外伤害事故且自该事故发生日起下落不明，后经人民法院宣告死亡的，保险人按保险金额给付身故保险金。但若被保险人被宣告死亡后生还的，保险金受领人应于知道或应当知道被保险人生还后30日内退还保险人给付的身故保险金。(2)被保险人因遭受意外伤害事故，并自事故发生之日起180日内因该事故造成保险合同所列残疾程度之一者，保险人按该表所列给付比例乘以保险金额给付残疾保险金。如第180日治疗仍未结束的，按第180日的身体情况进行残疾鉴定，并据此给付残疾保险金。

62. ABDE

【解析】因下列原因造成被保险人身故、残疾的，保险人不承担给付保险金责任：(1)投保人的故意行为；(2)被保险人自致伤害或自杀，但被保险人自杀时为无民事行为能力人的除外；(3)因被保险人挑衅或故意行为而导致的打斗、被袭击或被谋杀；(4)被保险人妊娠、流产、分娩、疾病、药物过敏；(5)被保险人接受整容手术及其他内、外科手术导致的医疗事故；(6)被保险人未遵医嘱，私自服用、涂用、注射药物；(7)被保险人因遭受意外伤害以外的原因失踪而被法院宣告死亡者；(8)任何生物、化学、原子能武器，原子能或核能装置所造成的爆炸、灼伤、污染或辐射；(9)恐怖袭击。被保险人在下列期间遭受意外伤害导致身故、残疾的，保险人也不承担给付保险金责任：(1)战争、军事行动、暴动或武装叛乱等其他类似情况期间；(2)被保险人从事非法、犯罪活动期间；(3)被保险人醉酒或受毒品、管制药物的影响期间；(4)被保险人酒后驾驶、无有效驾驶证驾驶或驾驶无有效行驶证的机动车或无有效资质操作施工设备期间。

63. AB

【解析】风险转移的方法包括保险风险转移和非保险风险转移。(1)非保险转移是指通过各种合同将本应由自己承担的风险转移给他人,例如:设备租赁、出租等。(2)保险转移是指通过购买保险的办法将风险转移给保险公司或者其他保险机构。

第二章　建设工程勘察设计招标

习 题 精 练

一、单项选择题

1. 对工程项目建设目标的实现以及项目未来的运营、维护和使用起决定性影响的是(　　)。

A. 工程决策规划　B. 工程勘察设计　C. 工程施工建造　D. 工程竣工验收

2. 工程勘察设计招标的标的物是(　　)。

A. 建设工程项目　B. 工程项目勘察设计活动
C. 工程项目勘察设计方案　D. 工程项目勘察设计单位

3. 下列有关设计招标特征的表述中,不正确的是(　　)。

A. 设计招标在开标时,由招标单位的主持人宣读各投标人的投标方案并按报价高低排定标价次序

B. 设计招标在评标时,评标专家更加注重所提供设计的技术先进性、所达到的技术指标、方案的合理性,以及对工程项目投资效果的影响等方面的因素并以此做出综合判断,招标人乐于接受的是物有所值的合理报价,而不是过于追求低报价

C. 设计招标可以根据具体情况,确定投标经济补偿费标准和奖励办法,对未能中标的有效投标人给予费用补偿、对选为优秀设计方案的投标人给予奖励

D. 设计招标人如果要采用未中标人投标文件中的技术方案,应保护其知识产权,征得未中标人的书面同意并给予合理的使用费

4. 按照有关规定,对纳入所规定范围的项目勘察、设计等服务的采购,单项合同估算价在(　　)万元人民币以上的,必须进行招标。

A. 50　B. 100　C. 150　D. 200

5. 国家鼓励建筑工程实行设计总包,实行设计总包的,按照合同约定或经招标人同意,设计单位(　　)的方式将建筑工程非主体部分的设计进行分包。

A. 必须通过招标　B. 可以不通过招标
C. 应根据建设单位授权　D. 拍卖或折价

6. 通常情况下,工程项目设计招标的招标人一般应当将建筑工程的方案设计、初步设计和施工图设计(　　)。

A. 分阶段招标　B. 一并招标
C. 结合施工进行总招标　D. 进行同一阶段内不同内容招标

7. 对建筑工程设计招标，招标人可以根据项目特点和实际需要，选择采用(　　)。

A. 设计方案招标或设计负责人招标　　B. 全过程设计招标或设计团队招标

C. 设计方案招标或设计团队招标　　D. 设计团队招标或设计负责人招标

8. 下列有关工程勘察单位资质类别的表述中，不正确的是(　　)。

A. 工程勘察资质分为工程勘察综合资质、工程勘察专业资质和工程勘察劳务资质

B. 取得工程勘察综合资质的企业，可以承接各专业（海洋工程勘察除外）、各等级工程勘察业务

C. 取得工程勘察专业资质的企业，可以承接相应等级相应专业的工程勘察业务

D. 取得工程勘察劳务资质的企业，可以承接各专业、各等级工程勘察劳务业务

9. 根据规定，工程勘察单位资质类别中，(　　)设甲级、乙级，根据工程性质和技术特点，部分专业可以设丙级。

A. 工程勘察综合资质　　B. 工程勘察专业资质

C. 工程勘察劳务资质　　D. 工程勘察综合资质和专业资质

10. 根据规定，工程勘察单位资质类别中，(　　)只设甲级。

A. 工程勘察专业资质　　B. 工程勘察劳务资质

C. 工程勘察综合资质　　D. 工程勘察综合资质和工程勘察劳务资质

11. 根据规定，工程勘察单位资质类别中，(　　)不分等级。

A. 工程勘察专业资质　　B. 工程勘察劳务资质

C. 工程勘察综合资质　　D. 工程勘察综合资质和工程勘察专业资质

12. 根据有关规定，工程设计单位资质类别中，(　　)只设甲级。

A. 工程设计综合资质　　B. 工程设计行业资质

C. 工程设计专业资质　　D. 工程设计专项资质

13. 根据有关规定，工程设计单位资质类别中，根据工程性质和技术特点，个别(　　)可以设丙级。

A. 行业资质　　B. 专业资质　　C. 专项资质　　D. 行业、专业、专项资质

14. 根据有关规定，工程设计单位资质类别中，(　　)可以设丁级。

A. 水利工程专业资质　　B. 市政工程专业资质

C. 建筑工程专业资质　　D. 公路工程专业资质

15. 工程勘察、设计招标文件是招标人向潜在投标人发出的(　　)。

A. 要约文件　　B. 承诺文件　　C. 要约邀请文件　　D. 合同文件

16. 下列有关工程勘察、设计分包的表述中，不正确的是(　　)。

A. 应遵守招标文件中对分包内容、分包金额和资质要求等限制性条件的规定

B. 工程勘察、设计的分包人应由发包人指定或经发包人同意

C. 除投标文件中规定的非主体、非关键性勘察或设计工作外，其他工作不得分包

D. 中标人应当就分包项目向招标人负责，接受分包的人就分包项目承担连带责任

17. 根据有关规定，工程勘察设计招标文件要求投标人提交投标保证金的，保证金数额一般不超过勘察设计估算费用的(　　)，且最多不超过 10 万元人民币。

A. 1%　　B. 2%　　C. 3%　　D. 5%

18. 招标人对招标文件的澄清应发给所有购买招标文件的投标人，澄清发出的时间距投标截止时间不足(　　)日的，并且澄清内容可能影响投标文件编制的，将相应延长投标截止时间。

A. 5　　B. 10　　C. 15　　D. 20

19. 投标人或者其他利害关系人对招标文件有异议的，应当在投标截止时间(　　)日前，以书面形式提出。招标人将在收到异议之日起(　　)日内作出答复。

A. 3;1　　B. 5;2　　C. 10;3　　D. 15;5

20. 根据规定，工程勘察、设计招标的开标应当在(　　)公开进行，开标由招标人主持并邀请所有投标人参加。

A. 提交投标文件截止时间后　　B. 提交投标文件截止时间的同一时间

C. 招标人与投标人协商确定的时间　　D. 投标人在投标文件中要求的时间

21. 工程勘察设计评标活动应当遵循的原则是(　　)。

A. 公平、公正、公开、诚信　　B. 公平、公正、公开、科学

C. 公平、公正、科学、择优　　D. 公平、公正、廉洁、择优

22. 评标委员会由招标人代表和有关专家组成。评标委员会人数为(　　)人以上单数，其中技术和经济方面的专家不得少于成员总数的(　　)。

A. 5;2/3　　B. 7;2/3　　C. 9;1/3　　D. 11;1/2

23. 评标委员会由招标人代表和有关专家组成。建筑工程设计方案评标时，建筑专业专家不得少于技术和经济方面专家总数的(　　)。

A. 1/2　　B. 1/3　　C. 2/3　　D. 1/4

24. 根据有关规定，建设工程勘察设计评标，通常采用(　　)。

A. 最低评标价法　　B. 综合评估法　　C. 合理低价法　　D. 双信封评价法

25. 根据有关规定，建设工程勘察设计评标通常采用综合评估法。其评标过程通常可分为(　　)两个阶段。

A. 技术评审和施工评审　　B. 技术评审和商务评审

C. 初步评审和详细评审　　D. 人员评审和方案评审

26. 工程勘察设计评标综合评估得分，其分值构成中的投标报价评分因素为(　　)。

A. 投标报价　　B. 评标价　　C. 评标基准价　　D. 投标报价的偏差率

27. 工程勘察设计应按综合评分由高到低的顺序推荐中标候选人，或根据招标人授权直接确定中标人。如综合评分相等时，以(　　)优先。

A. 勘察纲要或设计方案得分高的　　B. 投标报价低的

C. 信誉业绩得分高的　　D. 勘察纲要或设计方案和信誉业绩得分高的

28. 招标人对符合招标文件规定的未中标人的技术成果进行补偿的，应于中标通知书发出后(　　)日内向未中标人支付技术成果经济补偿费。

A. 5　　B. 10　　C. 20　　D. 30

29. 根据有关规定，招标人应在收到评标委员会的评标报告之日起(　　)日内，按照投标人须知前附表规定的公示媒介和期限公示中标候选人，公示期不得少于(　　)日。

A. 5;3　　B. 3;3　　C. 3;5　　D. 5;5

30. 招标人和中标人应当在中标通知书发出之日起(　　)日内,根据招标文件和中标人的投标文件订立书面合同。

A. 21　　B. 28　　C. 30　　D. 35

31. 发出中标通知后,招标人取消中标人的中标资格,其投标保证金不予退还的情形不包括(　　)。

A. 中标人无正当理由拒签合同

B. 在签订合同时向招标人提出附加条件

C. 中标人要求在中标通知书发出之日起第 25 天订立书面合同

D. 不按照招标文件要求提交履约保证金

32. 投标人或者其他利害关系人认为招标投标活动不符合法律、行政法规规定的,可以自知道或者应当知道之日起(　　)日内向有关行政监督部门投诉。

A. 3　　B. 5　　C. 10　　D. 20

二、多项选择题

1. 下列有关工程勘察设计招标特征的表述中,正确的有(　　)。

A. 勘察设计是工程建设项目前期最为重要的工作内容

B. 勘察设计招标是专业服务性质的招标,设计工作对技术要求很高,常常只有数量有限的单位满足要求

C. 勘察设计招标通常只能向潜在投标人提供项目概况、功能要求等工程前期的初步性基础资料

D. 工程建设项目的设计可以按设计工作深度的不同,分期进行招标

E. 设计招标通常是按规定的工程量清单填报报价后算出总价

2. 下列有关工程设计招标特征的表述中,正确的有(　　)。

A. 设计投标报价占项目总投资额的比例不大,但设计方案对工程项目往往更具全局性、长效性和创新性影响

B. 工程设计从前期准备到后续服务跨越的周期长,成果的内容和质量具有较大的不确定性,设计方案的优劣往往需要经过较长时间的检验,不易在短期内准确地量化评判

C. 设计招标可以根据具体情况,确定投标经济补偿费标准和奖励办法,对未能中标的有效投标人给予费用补偿、对选为优秀设计方案的投标人给予奖励

D. 设计招标在开标时由各投标人自己说明投标方案的基本构思和意图,以及其他实质性内容,而不是由招标单位的主持人宣读投标书并按报价高低排定标价次序

E. 设计招标一般都有明确而具体的要求,投标人可以按招标文件中提供的设计要求和详细的设计基础资料编制响应明确的设计投标方案,灵活性较小

3. 按照不同的分类形式,工程勘察设计招标方式包括(　　)。

A. 公开招标和邀请招标　　B. 一次性招标和分阶段招标

C. 设计方案招标和设计团队招标　　D. 补偿性招标和非补偿性招标

E. 传统招标和电子招标

4. 下列有关公开招标特点的表述中，正确的有(　　)。

A. 招标人应通过国家指定的报刊、信息网络或者其他媒体发布招标公告

B. 对参加投标竞争的投标单位的数量没有限制

C. 能体现出公开、公平、公正的招标原则，有利于实现充分竞争

D. 招标人事先难以预计有哪些投标人、投标人的数量有多少

E. 招标人熟悉某些投标人的情况，可以降低合同履行中的违约风险

5. 下列有关邀请招标特点的表述中，正确的有(　　)。

A. 应邀请3个以上具有相应资质、具备承担招标项目勘察设计能力的、资信良好的特定法人或组织参加投标竞争

B. 投标人及投标人的数量事先可以确定

C. 缩短了招投标周期；评标工作量小

D. 能充分体现公开竞争、机会均等的原则

E. 邀请参加投标的单位数量有限，一些符合条件的潜在竞争者可能未能在邀请之列，而漏掉更具优势的单位

6. 根据有关规定，依法必须进行招标的项目可以采用邀请招标的情形包括(　　)。

A. 技术复杂、有特殊技术要求，只有少量潜在投标人可供选择

B. 受自然环境限制，只有少量潜在投标人可供选择

C. 质量标准要求高，建设周期较长

D. 采用公开招标方式的费用占项目合同金额的比例过大

E. 分阶段建设，风险较高，合同金额较大

7. 根据相关法律规定，工程建设项目的勘察设计可以不进行招标的情形包括(　　)。

A. 主要工艺、技术采用不可替代的专利或者专有技术

B. 采购人依法能够自行勘察、设计

C. 技术复杂或专业性强

D. 已通过招标方式选定的特许经营项目投资人依法能够自行勘察、设计

E. 已建成项目需要改、扩建或者技术改造，由其他单位进行设计影响项目功能配套性

8. 根据有关规定，依法必须进行勘察设计招标的工程建设项目，在招标时应当具备的条件包括(　　)。

A. 招标人已经依法成立

B. 项目已经具备相应的施工条件

C. 勘察设计有相应资金或者资金来源已经落实

D. 所必需的勘察设计基础资料已经收集完成

E. 按照国家有关规定需要履行项目审批、核准或备案手续的，已经审批、核准或备案

9. 建设工程勘察和设计招标项目在招标公或投标邀请书中应列明的内容包括(　　)。

A. 招标条件和投标人资格要求　　B. 项目概况与招标范围

C. 招标文件的获取　　D. 技术成果经济补偿

E. 招标项目评标方法与评标标准

10. 在工程项目勘察设计招标文件中，应提出对投标人资质条件、能力和信誉的要求，主要

包括(　　)。

A. 资质要求　　B. 财务要求　　C. 业绩要求　　D. 设计团队人员组成

E. 项目负责人的资格要求

11. 根据有关规定,在对勘察设计投标人资格审查时,要求工程项目勘察设计投标人应提供的资格审查资料主要包括(　　)。

A. 近年财务状况表　　B. 项目勘察设计计划方案

C. 近年完成的类似勘察设计项目情况表　　D. 正在勘察设计和新承接的项目情况表

E. 近年发生的诉讼及仲裁情况表

12. 根据有关规定,工程勘察单位的工程勘察资质可分为(　　)。

A. 工程勘察综合资质　　B. 工程勘察专业资质

C. 工程勘察劳务资质　　D. 工程勘察专项资质

E. 工程勘察行业资质

13. 根据有关规定,工程设计单位的工程设计资质可分为(　　)。

A. 工程设计综合资质　　B. 工程设计行业资质

C. 工程设计专业资质　　D. 工程设计专项资质

E. 工程设计劳务资质

14. 根据有关规定,工程设计单位资质类别中,(　　)设甲级、乙级。

A. 工程设计综合资质　　B. 工程设计行业资质

C. 工程设计专业资质　　D. 工程设计专项资质

E. 工程设计综合资质和工程设计行业资质

15. 下列有关工程设计资质许可范围的表述中,正确的有(　　)。

A. 取得工程设计综合资质的企业,可以承接各行业、各等级的建设工程设计业务

B. 取得工程设计行业资质的企业,可以承接相应行业相应等级的工程设计业务及本行业范围内同级别的相应专业、专项(设计施工一体化资质除外)工程设计业务

C. 取得工程设计专业资质的企业,可以承接本专业相应等级的专业工程设计业务

D. 取得工程设计专项资质的企业,可以承接本专项相应等级的专项工程设计业务

E. 取得工程设计专业资质的企业,可以承接本专业相应等级的专业工程设计业务及同级别的相应专项工程设计业务(设计施工一体化资质除外)

16. 建设工程勘察、设计单位违反规定,超越其资质等级许可范围承揽建设工程勘察、设计业务的,应承担的法律责任包括(　　)。

A. 予以取缔,处以罚款

B. 处合同约定的勘察费、设计费 1 倍以上 2 倍以下的罚款

C. 有违法所得的,予以没收

D. 可以责令停业整顿,降低资质等级

E. 情节严重的,吊销资质证书

17. 发包方违反规定将建设工程勘察、设计业务发包给不具有相应资质等级的建设工程勘察、设计单位的,应承担的法律责任不包括(　　)。

A. 责令改正　　B. 处 30 万元以上 200 万元以下的罚款

C. 予以取缔,处以罚款　　D. 处 50 万元以上 100 万元以下的罚款

18. 根据有关规定,工程勘察设计招标文件的内容包括(　　)。

A. 工程量清单　　B. 评标办法　　C. 合同条款　　D. 投标文件格式

E. 发包人要求

19. “发包人要求”是工程勘察设计招标文件组成之一,其内容包括(　　)。

A. 勘察或设计要求　　B. 适用规范标准

C. 成果文件要求　　D. 勘察人或设计人财产清单

E. 发包人提供的便利条件

20. “发包人要求”内容之一的“勘察或设计要求”一般包括(　　)。

A. 勘察或设计范围及内容　　B. 勘察或设计依据

C. 勘察或设计方案基本要求及内容　　D. 勘察人员和设备要求或设计人员要求

E. 勘察基础资料或设计项目使用功能的要求

21. “发包人要求”内容之一的“成果文件要求”一般应说明(　　)等。

A. 成果文件的组成

B. 成果文件的深度、格式、份数和载体(纸质版、电子版)要求

C. 成果文件的编制说明

D. 设计成果文件的展板、模型沙盘、动画要求

E. 成果文件的其他要求

22. “发包人要求”内容之一的“发包人财产清单”中一般应列明(　　)等。

A. 发包人提供的资料　　B. 发包人提供的设备设施

C. 发包人财产使用要求及退还要求　　D. 发包人提供的办公设备

E. 发包人提供的生活设施

23. “发包人财产清单”中的“发包人提供的资料”包括(　　)。

A. 定位放线的基准点、基准线和基准高程

B. 技术标准、规范

C. 发包人提供的勘察资料(适用于设计招标)

D. 发包人财务报表

E. 发包人取得的有关审批、核准和备案材料

24. 工程勘察服务是勘察人按照合同约定履行的服务。“工程勘察服务”内容包括(　　)。

A. 制订勘察纲要　　B. 进行测绘、勘探、取样和试验等

C. 提供技术交底服务　　D. 查明、分析和评估地质特征和工程条件

E. 编制勘察报告和提供发包人委托的其他服务

25. 工程设计服务是设计人按照合同约定履行的服务。“工程设计服务”包括(　　)。

A. 查明、分析和评估地质特征和工程条件

B. 编制工程量清单

C. 编制设计文件和设计概算、预算

D. 提供技术交底、施工配合等服务

E. 参加竣工验收或发包人委托的其他服务

26. 下列有关工程勘察范围的表述中，正确的有（　　）。

A. 工程勘察范围包括工程范围、阶段范围和工作范围

B. 勘察的“工程范围”指所勘察工程的建设内容

C. 勘察的“阶段范围”包括工程建设程序中的可行性研究勘察、初步勘察、详细勘察、施工勘察等阶段中的一个或多个阶段

D. 勘察的“阶段范围”包括初步设计勘察、技术设计勘察、施工图设计勘察等阶段中的一个或多个阶段

E. 勘察的“工作范围”包括工程测量、岩土工程勘察、岩土工程设计（如有）、提供技术交底、施工配合、参加试车（试运行）、竣工验收和发包人委托的其他服务中的一项或多项工作

27. 下列有关工程设计范围的表述中，正确的有（　　）。

A. 工程设计范围包括工程范围、阶段范围和工作范围

B. 设计的“工程范围”指所设计工程的建设内容

C. 设计的“阶段范围”包括工程建设程序中的方案设计、初步设计、扩大初步（招标）设计、施工图设计等阶段中的一个或多个阶段

D. 设计的“工作范围”包括设计前准备工作、设计过程中各项工作以及编制设计文件工作

E. 设计的“工作范围”包括编制设计文件、编制设计概算、预算、提供技术交底、施工配合、参加试车（试运行）、编制竣工图、竣工验收和发包人委托的其他服务中的一项或多项工作

28. 根据有关规定，工程勘察、设计投标文件应包含的内容有（　　）。

A. 投标函及投标函附录　　B. 勘察或设计费用清单

C. 资格审查资料　　D. 勘察纲要或设计方案

E. 合同条款及格式

29. 工程勘察设计投标文件应当对勘察设计招标文件有关（　　）等实质性内容作出响应。

A. 勘察设计服务期限　　B. 发包人要求

C. 招标范围　　D. 投标有效期

E. 评标方法和标准

30. 根据有关规定，工程勘察设计投标文件中的勘察纲要或设计方案应包含的内容有（　　）。

A. 勘察报告、设计文件主要内容　　B. 勘察设计机构设置及岗位职责

C. 勘察设计说明，勘察、设计方案　　D. 拟投入的勘察设计人员

E. 勘察设计工作重点和难点分析

31. 工程勘察设计投标文件中的勘察设计费用清单一般应包括（　　）。

A. 勘察设计费用分项名称　　B. 勘察设计费用计算依据、过程及公式

C. 勘察设计工程量清单　　D. 勘察设计费用金额

E. 勘察设计投标合计报价

32. 下列有关工程勘察、设计联合体形式投标的表述中,正确的有(　　)。

A. 联合体各方应按招标文件提供的格式签订联合体协议书

B. 联合体协议书应明确联合体牵头人和各方权利义务,并承诺就中标项目向招标人承担连带责任

C. 由同一专业的单位组成的联合体,按照资质等级较低的单位确定资质等级

D. 联合体各方不得再以自己的名义单独或参加其他联合体在本招标项目中投标

E. 联合体的组成必须经发包人同意,或由发包人指定联合体成员单位

33. 下列有关工程勘察设计投标保证金的表述中,正确的有(　　)。

A. 投标人在递交投标文件以后,应按投标人须知前附表规定的金额、形式和规定的投标保证金格式递交投标保证金

B. 投标保证金是投标文件的组成部分之一;投标人不按要求提交投标保证金的,评标委员会将否决其投标

C. 投标人以现金或者支票形式提交的投标保证金,应当从其基本账户转出并在投标文件中附上基本账户开户证明

D. 联合体投标的,其投标保证金可以由牵头人递交,并应符合投标人须知前附表的规定

E. 招标人最迟将在与中标人签订合同后五日内向未中标的投标人和中标人退还投标保证金。投标保证金以现金或者支票形式递交的,还应退还银行同期存款利息

34. 根据有关规定,投标保证金不予退还的情形包括(　　)。

A. 投标人没有在规定的时间内提交投标文件

B. 投标人在投标有效期内撤销投标文件

C. 中标人在收到中标通知书后,无正当理由不与招标人订立合同

D. 在签订合同时向招标人提出附加条件

E. 不按照招标文件要求提交履约保证金

35. 下列有关踏勘现场的表述中,正确的有(　　)。

A. 招标人应按招标文件规定的时间、地点,组织投标人踏勘项目现场

B. 部分投标人未按时参加踏勘现场的,不影响踏勘现场的正常进行

C. 没有按时参加踏勘现场的投标人将失去投标资格

D. 投标人应自理准备和参加投标活动、踏勘现场发生的费用

E. 招标人在踏勘现场中介绍的工程场地和相关的周边环境情况,供投标人在编制投标文件时参考,招标人不对投标人据此作出的判断和决策负责

36. 工程勘察、设计开标评标的主要环节包括(　　)。

A. 发布招标公告、进行资格预审　　B. 接收投标文件、公开开标

C. 组建评标委员会、组织评标　　D. 确定中标人、发出中标通知书

E. 订立合同

37. 工程勘察设计评标中的初步评审包括(　　)。

A. 形式评审　　B. 资格评审　　C. 技术评审　　D. 商务评审

E. 响应性评审

38. 工程勘察设计评标中的初步评审阶段,应进行形式评审。形式评审因素和评审标准主要包括(　　)。

A. 投标人名称是否与营业执照、资质证书一致

B. 联合体投标人是否提交了符合招标文件要求的联合体协议书、明确了联合体牵头人和各方承担的连带责任

C. 投标函及投标函附录是否有法人代表或其委托代理人的签字或加盖单位章

D. 投标文件格式是否符合规定

E. 勘察纲要或设计方案是否符合发包人要求中的实质性要求和条件

39. 工程勘察设计评标中的初步评审阶段,应进行资格评审。资格评审因素和评审标准主要包括(　　)。

A. 投标人营业执照和组织机构代码证　　B. 资质要求;财务要求

C. 投标保证金;投标报价　　D. 业绩要求;信誉要求

E. 项目负责人;其他主要人员

40. 工程勘察设计评标中的初步评审阶段,应进行响应性评审。响应性评审因素和评审标准主要包括(　　)。

A. 投标保证金;投标报价;投标内容

B. 勘察或设计服务期限;质量标准;投标有效期

C. 业绩要求;信誉要求;财务要求

D. 权利义务等是否符合投标人须知的规定

E. 勘察纲要或设计方案是否符合发包人要求中的实质性要求和条件

41. 工程勘察设计评标中的详细评审阶段,评标委员会按招标文件中规定的量化因素和分值进行打分,并计算出综合评估得分。分值构成包括(　　)。

A. 资信业绩　　B. 投标报价　　C. 资质类别　　D. 质量标准

E. 勘察纲要或设计方案

42. 工程勘察设计评标综合评估得分,其分值构成中的资信业绩评分因素包括(　　)。

A. 信誉;类似项目业绩　　B. 机构设置及岗位职责

C. 拟投入的勘察设备　　D. 项目负责人资历和业绩

E. 其他主要人员资历和业绩

43. 工程勘察设计评标综合评估得分,其分值构成中的勘察纲要或设计方案评分因素包括(　　)。

A. 勘察或设计范围及内容;勘察或设计依据及工作目标

B. 项目负责人资历和业绩;拟投入的勘察设备

C. 勘察或设计机构设置及岗位职责

D. 勘察或设计说明和方案;质量、进度、安全、保密等保证措施

E. 勘察或设计工作重点和难点分析以及合理化建议

44. 下列有关工程勘察设计备选投标方案的表述中,正确的有(　　)。

A. 除投标人须知前附表规定允许外,投标人不得递交备选投标方案,否则其投标将被否决

B. 如允许投标人递交备选投标方案,则只有中标人所递交的备选投标方案方可予以考虑
C. 如允许投标人递交备选投标方案,则所有投标人所递交的备选投标方案均应予以考虑
D. 评标委员会认为中标人的备选投标方案优于其按照招标文件要求编制的投标方案的,招标人可以接受该备选投标方案
E. 投标人提供两个或两个以上投标报价,或者在投标文件中提供一个报价,但同时提供两个或两个以上勘察或设计方案的,视为提供备选方案

45. 根据有关规定,评标委员会应当否决投标人投标的情形包括(　　)。
A. 投标文件未按招标文件要求经投标人盖章和单位负责人签字
B. 投标人不符合国家或者招标文件规定的资格条件
C. 以联合体形式投标,且已提交了共同投标协议
D. 投标文件没有对招标文件的实质性要求和条件作出响应
E. 评标委员会认定的投标人以低于成本报价竞标

习题答案及解析

一、单项选择题

1. B

【解析】工程决策规划只是工程项目的设想轮廓,要将该设想通过施工建造变成现实,就需要进行工程勘察设计。因此,勘察、设计工作成果的优劣对项目建设目标的实现以及项目未来的运营、维护和使用有着决定性影响。

2. C

【解析】勘察设计招标的标的物是智力成果,即建设项目勘察、设计方案。以建设工程设计招标为例,设计招标文件要说明工程项目的实施条件、预期达到的技术经济指标、投资限额、进度要求等,投标人则应根据招标文件的要求提出工程项目的设计方案(构思方案、实施计划和报价等),招标人通过评标对各设计方案进行比选,最终确定中标人。

3. A

【解析】(1)在开标形式上,设计招标在开标时由各投标人自己说明投标方案的基本构思和意图及其他实质性内容,而不是由招标单位的主持人宣读投标书并按报价高低排定标价次序。(2)在评标原则上,设计招标在评标时,评标专家更加注重所提供设计的技术先进性、所达到的技术指标、方案的合理性,以及对工程项目投资效果的影响等方面的因素并以此做出综合判断,招标人乐于接受的是物有所值的合理报价,而不是过于追求低报价。(3)在投标经济补偿上,不同于施工和材料设备采购招标,设计招标可以根据具体情况,确定投标经济补偿费标准和奖励办法,对未能中标的有效投标人给予费用补偿、对选为优秀设计方案的投标人给予奖励。(4)在知识产权保护上,设计投标文件的技术方案是设计人员的智力劳动成果的体现,与施工招标相比,设计招标更多地涉及智力成果的知识产权。设计招标人如果要采用未中标人投标

文件中的技术方案,应保护其知识产权,征得未中标人的书面同意并给予合理的使用费。

4. B

【解析】根据国家发展和改革委员会2018年发布的《必须招标的工程项目规定》和《必须招标的基础设施和公用事业项目范围规定》,对纳入所规定范围的项目勘察、设计等服务的采购,单项合同估算价在100万元人民币以上的,必须进行招标。

5. B

【解析】根据住房和城乡建设部2017年发布的《建筑工程设计招标投标管理办法》,国家鼓励建筑工程实行设计总包,实行设计总包的,按照合同约定或经招标人同意,设计单位可以不通过招标的方式将建筑工程非主体部分的设计进行分包。

6. B

【解析】招标人一般应当将建筑工程的方案设计、初步设计和施工图设计一并招标,如确需另行选择设计单位承担初步设计、施工图设计,应当在招标公告或者投标邀请书中明确。

7. C

【解析】根据住房和城乡建设部发布的《建筑工程设计招标投标管理办法》,对建筑工程设计招标,招标人可以根据项目特点和实际需要,选择采用设计方案招标或设计团队招标。(1)设计方案招标,是指主要通过对投标人提交的设计方案进行评审确定中标人。(2)设计团队招标,是指主要通过对投标人拟派设计团队的综合能力进行评审确定中标人。

8. D

【解析】工程勘察资质分为工程勘察综合资质、工程勘察专业资质和工程勘察劳务资质。根据规定,取得工程勘察综合资质的企业,可以承接各专业(海洋工程勘察除外)、各等级工程勘察业务;取得工程勘察专业资质的企业,可以承接相应等级相应专业的工程勘察业务;取得工程勘察劳务资质的企业,可以承接岩土工程治理、工程钻探、凿井等工程勘察劳务业务。

9. B

【解析】工程勘察资质分为工程勘察综合资质、工程勘察专业资质和工程勘察劳务资质。其中,工程勘察专业资质设甲级、乙级,根据工程性质和技术特点,部分专业可以设丙级。

10. C

【解析】工程勘察资质分为工程勘察综合资质、工程勘察专业资质和工程勘察劳务资质。其中,工程勘察综合资质只设甲级。

11. B

【解析】工程勘察资质分为工程勘察综合资质、工程勘察专业资质和工程勘察劳务资质。其中,工程勘察综合资质只设甲级。工程勘察专业资质设甲级、乙级,根据工程性质和技术特点,部分专业可以设丙级;工程勘察劳务资质不分等级。

12. A

【解析】工程设计资质分为工程设计综合资质、工程设计行业资质、工程设计专业资质和工程设计专项资质。其中,工程设计综合资质只设甲级。

13. D

【解析】工程设计资质分为工程设计综合资质、工程设计行业资质、工程设计专业资质和工程设计专项资质。其中,工程设计行业资质、工程设计专业资质、工程设计专项资质设甲级、乙级。根据工程性质和技术特点,个别行业、专业、专项资质可以设丙级,建筑工程专业资质可以设丁级。

14. C

【解析】工程设计资质分为工程设计综合资质、工程设计行业资质、工程设计专业资质和工程设计专项资质。其中,工程设计行业资质、工程设计专业资质、工程设计专项资质设甲级、乙级。根据工程性质和技术特点,个别行业、专业、专项资质可以设丙级,建筑工程专业资质可以设丁级。

15. C

【解析】勘察、设计招标文件是招标人向潜在投标人发出的要约邀请文件,是告知投标人招标项目内容、范围、数量与招标要求、投标资格要求、招标程序规则、投标文件编制与递交要求、评标标准与方法、合同条款与技术标准等招标投标活动主体必须掌握的信息和遵守的依据。招标人应当根据招标项目的特点和需要编制招标文件。

16. B

【解析】工程勘察、设计的投标人如拟在中标后将中标项目的非主体、非关键性勘察或设计工作进行分包,应遵守招标文件中对分包内容、分包金额和资质要求等限制性条件的规定。除投标文件中规定的非主体、非关键性勘察或设计工作外,其他工作不得分包,中标人应当就分包项目向招标人负责,接受分包的人就分包项目承担连带责任。

17. B

【解析】《招标投标法实施条例》及国家发展改革委员会等九部委《工程建设项目勘察设计招标投标办法》规定,招标文件要求投标人提交投标保证金的,保证金数额一般不超过勘察设计估算费用的2%,最多不超过10万元人民币。

18. C

【解析】根据有关规定,投标人对招标文件的内容如有疑问,应按投标人须知前附表规定的时间和形式将提出的问题送达招标人,要求招标人对招标文件予以澄清。招标人对招标文件的澄清应发给所有购买招标文件的投标人,但不指明澄清问题的来源,澄清发出的时间距投标截止时间不足15日的,并且澄清内容可能影响投标文件编制的,将相应延长投标截止时间。

19. C

【解析】根据有关规定,投标人或者其他利害关系人对招标文件有异议的,应当在投标截止时间10日前,以书面形式提出。招标人将在收到异议之日起3日内作出答复;作出答复前,将暂停招标投标活动。

20. B

【解析】工程勘察、设计招标的开标应当在招标文件确定的提交投标文件截止时间的同一时间公开进行,开标由招标人主持并邀请所有投标人参加。投标人对开标有异议的,应当在开标现场提出,招标人应当场作出答复,并制作记录。

21. C

【解析】国家九部委《标准勘察设计招标文件》(2017年版)规定,评标活动应遵循公平、公正、科学和择优的原则。

22. A

【解析】工程勘察、设计评标由评标委员会负责。评标委员会由招标人代表和有关专家组成。评标委员会人数为5人以上单数,其中技术和经济方面的专家不得少于成员总数的2/3。

23. C

【解析】工程勘察、设计评标由评标委员会负责。评标委员会由招标人代表和有关专家组成。其中技术和经济方面的专家不得少于成员总数的2/3。建筑工程设计方案评标时,建筑专业专家不得少于技术和经济方面专家总数的2/3。

24. B

【解析】根据《建设工程勘察设计管理条例》,建设工程勘察设计评标,应当以投标人的业绩信誉和勘察、设计人员的能力以及勘察、设计方案的优劣为依据综合评定,通常采用综合评估法。

25. C

【解析】根据有关规定,建设工程勘察设计评标通常采用综合评估法。评标分为初步评审和详细评审两个阶段:由评标委员会先进行初步评审,对符合条件通过初审的投标文件,按照招标文件中规定的投标商务文件和技术文件的评价内容、因素和具体评分方法进行详细评审。

26. D

【解析】工程勘察设计评标综合评估得分,其分值构成中的投标报价则以偏差率为评分因素并规定相应的评分标准。评标办法中应列明评标基准价的计算方法和投标报价的偏差率计算公式。

27. B

【解析】工程勘察设计应按综合评分由高到低的顺序推荐中标候选人,或根据招标人授权直接确定中标人。如综合评分相等时,以投标报价低的优先;投标报价也相等的,以勘察纲要或设计方案得分高的优先;如果勘察纲要或设计方案得分也相等,则按照评标办法前附表的规定确定中标候选人顺序。

28. D

【解析】根据国家发展改革委员会等九部委联合印发的《标准勘察招标文件》和《标准设计招标文件》,招标人对符合招标文件规定的未中标人的技术成果进行补偿的,招标人将按投标人须知前附表规定的标准给予经济补偿,未中标人在投标文件中声明放弃技术成果经济补偿费的除外。招标人将于中标通知书发出后30日内向未中标人支付技术成果经济补偿费。

29. B

【解析】招标人应在收到评标委员会的评标报告之日起3日内,按照投标人须知前附表规定的公示媒介和期限公示中标候选人,公示期不得少于3日。

30. C

【解析】招标人和中标人应当在中标通知书发出之日起30日内,根据招标文件和中标人的投标文件订立书面合同。联合体中标的,联合体各方应当共同与招标人签订合同,就中标项目向招标人承担连带责任。

31. C

【解析】招标人和中标人应当在中标通知书发出之日起30日内,根据招标文件和中标人的投标文件订立书面合同。发出中标通知后,中标人无正当理由拒签合同,在签订合同时向招标人提出附加条件,或者不按照招标文件要求提交履约保证金的,招标人取消其中标资格,其投标保证金不予退还;给招标人造成的损失超过投标保证金数额的,中标人还应当对超过部分予以赔偿。

32. C

【解析】投标人或者其他利害关系人认为招标投标活动不符合法律、行政法规规定的,可以自知道或者应当知道之日起10日内向有关行政监督部门投诉,投诉应当有明确的请求和必要的证明材料。

二、多项选择题

1. ABCD

【解析】(1)在招标标的物特征上,勘察设计是工程建设项目前期最为重要的工作内容,设计阶段是决定建设项目性能,优化和控制工程质量及工程造价最关键、最有利的阶段,设计成果将对工程建设和项目交付使用后的综合效益起重要作用。(2)在招标工作性质上,勘察设计招标是专业服务性质的招标,设计工作对技术要求高,常常只有数量有限的单位满足要求。(3)在招标条件上,勘察设计招标通常只能向潜在投标人提供项目概况、功能要求等工程前期的初步性基础资料,更多还要依赖投标单位专业设计人员发挥技术专长和创造力,提供智力成果。(4)在招标阶段划分上,工程建设项目的设计可以按设计工作深度的不同,分期进行招标,例如对建设项目的方案设计、初步设计、施工图设计分阶段招标,逐步细化落实设计成果,并强调设计进度计划需要满足总体投资计划及配合施工安装和采购工作的要求。(5)在投标书编制要求上,设计投标首先提出设计构思和初步方案,并论述该方案的优点和实施计划,在此基础上进一步提出报价。而不像施工招标,是按规定的工程量清单填报报价后算出总价。

2. ABCD

【解析】(1)在招标标的物特征上,与施工和材料设备投标报价相比,虽然设计投标报价占项目总投资额的比例不大,但设计方案对工程项目往往更具全局性、长效性和创新性影响。(2)在招标工作性质上,与材料设备采购招标相比,工程设计从前期准备到后续服务跨越的周期长,成果的内容和质量具有较大的不确定性,设计方案的优劣往往需要经过较长时间的检验,不易在短期内准确地量化评判。(3)在招标条件上,勘察设计招标通常只能向潜在投标人提供项目概况、功能要求等工程前期的初步性基础资料,更多还要依赖投标单位专业设计人员发挥技术专长和创造力,提供智力成果;且无具体量化的工作量,灵活性较大。(4)在开标形式上,设计招标在开标时由各投标人自己说明投标方案的基本构思和意图,以及其他实质性内容,而不是由招标单位的主持人宣读投标书并按报价高低排定标价次序。(5)在投标经济补偿上,不同于施工和材料设备采购招标,设计招标可以根据具体情况,确定投标经济补偿费标准和奖励办法,对未能中标的有效投标人给予费用补偿、对选为优秀设计方案的投标人给予奖励。

3. ABCE

【解析】按照不同的分类形式,工程勘察设计招标可分为如下方式:(1)公开招标和邀请招标:建设工程勘察设计发包依法实行招标发包或直接发包,多以公开招标或邀请招标方式择优确定承担单位。(2)一次性招标和分阶段招标:招标人可以依据工程建设项目的不同特点,实行勘察设计一次性总体招标;也可以在保证项目完整性、连续性的前提下,按照技术要求实行分段或分项招标。(3)设计方案招标和设计团队招标:根据住房和城乡建设部发布的《建筑工程设计招标投标管理办法》,对建筑工程设计招标,招标人可以根据项目特点和实际需要,选择采用设计方案招标或设计团队招标。(4)传统招标和电子招标:工程勘察设计招投标可以沿用传统的招投标模式,即发放纸质招标文件,各投标人编纸质投标文件。从发展趋势看,国家鼓励利用信息网络进行电子招标投标,所谓电子招标投标是指以数据电文形式,依托电子招标投标系统完成的全部或者部分招标投标交易活动,数据电文形式与纸质形式的招标投标活动具有同等法律效力。

4. ABCD

【解析】公开招标是招标人通过国家指定的报刊、信息网络或者其他媒体发布招标公告,邀请不特定的法人或者组织投标。公开招标的优点是:所有符合条件的有兴趣的单位均可以参加投标,能体现出公开、公平、公正的招标原则,有利于实现充分竞争。其缺点是:招标人事先难以预计有哪些投标人、投标人的数量有多少;招标人可能不熟悉某些投标人的情况;招标人所期待的投标人可能并未参加投标;招标时间长、招标费用较高。

5. ABCE

【解析】邀请招标是招标人以投标邀请书的方式,邀请3个以上具有相应资质、具备承担招标项目勘察设计能力的、资信良好的特定法人或组织投标。邀请招标的优点是:招标人对所有发出投标邀请书的投标单位的信用和能力均予信任;投标人及投标人的数量事先可以确定;缩短了招投标周期,评标工作量小,招标费用低。其缺点是:由于邀请参加投标的单位数量有限,一些符合条件的潜在竞争者可能未能在邀请之列,而漏掉更具优势的单位;不能充分体现公开竞争、机会均等的原则。

6. ABD

【解析】根据《中华人民共和国招标投标法实施条例》,国有资金占控股或者主导地位的依法必须进行招标的项目,应当公开招标;但有下列情形之一的,可以邀请招标:(1)技术复杂、有特殊技术要求或者受自然环境限制,只有少量潜在投标人可供选择;(2)采用公开招标方式的费用占项目合同金额的比例过大。

7. ABDE

【解析】国家九部委2013年修订的《工程建设项目勘察设计招标投标办法》,按照国家规定需要履行项审批、核准手续的依法必须进行招标的项目,有下列情形之一的,经项目审批、核准部门审批、核准,项目的勘察设计可以不进行招标:(1)涉及国家安全、国家秘密、抢险救灾或者属于利用扶贫资金实行以工代赈、需要使用农民工等特殊情况的,不适宜进行招标;(2)主要工艺、技术采用不可替代的专利或者专有技术,或者其建筑艺术造型有特殊要求;(3)采购人依法能够自行勘察、设计;(4)已通过招标方式选定的特许经营项目投资人依法能够自行勘察、设计;(5)技术复杂或专业性强,能够满足条件的勘察设计单位少于3家,不能形成有效竞争;(6)已建成项目需要改、扩建或者技术改造,由其他单位进行设计影响项目功能配套性;(7)国家规定其他特殊情形。

8. ACDE

【解析】根据现行规定,依法必须进行勘察设计招标的工程建设项目,在招标时应当具备下列条件:(1)招标人已经依法成立;(2)按照国家有关规定需要履行项目审批、核准或备案手续的,已经审批、核准或备案;(3)勘察设计有相应资金或者资金来源已经落实;(4)所必需的勘察设计基础资料已经收集完成;(5)法律法规规定的其他条件。

9. ABCD

【解析】根据国家发展改革委员会等九部委2017年联合印发的《标准勘察招标文件》和《标准设计招标文件》,勘察和设计招标项目在招标公告或投标邀请书中应列明如下内容:(1)招标条件;(2)项目概况与招标范围;(3)投标人资格要求;(4)技术成果经济补偿:对设计招标,应写明本次招标是否对未中标投标人投标文件中的技术成果给予经济补偿;给予经济补偿的,应写明支付经济补偿费的标准;(5)招标文件的获取;(6)投标文件的递交;(7)联系方式;(8)时间。

10. ABCE

【解析】根据国家发展改革委员会等九部委联合印发的《标准勘察招标文件》和《标准设计招标文件》规定,在勘察设计招标文件中,应提出对投标人资质条件、能力和信誉的要求,包括:资质要求、财务要求、业绩要求、信誉要求、项目负责人的资格要求、其他主要人员要求以及其他要求等。

11. ACDE

【解析】工程项目勘察设计投标人具体提供的资格审查资料包括:投标人基本情况表、近年财务状况表、近年完成的类似勘察设计项目情况表、正在勘察设计和新承接的项目情况表、近年发生的诉讼及仲裁情况表、拟委任的主要人员汇总表、拟投入本项目的主要勘察设备表。其中"类似勘察设计项目情况表""正在勘察设计和新承接的项目情况表"中应要求列明:项目名称、项目所在地、发包人名称及地址和电话、合同价格、勘察或设计服务期限、勘察或设计内容、项目负责人、项目描述。

12. ABC

【解析】根据住房和城乡建设部2018年修改后的《建设工程勘察设计资质管理规定》,工程勘察资质分为工程勘察综合资质、工程勘察专业资质和工程勘察劳务资质。

13. ABCD

【解析】根据住房和城乡建设部2018年修改后的《建设工程勘察设计资质管理规定》,工程设计资质分为工程设计综合资质、工程设计行业资质、工程设计专业资质和工程设计专项资质。

14. BCD

【解析】工程设计资质分为工程设计综合资质、工程设计行业资质、工程设计专业资质和工程设计专项资质。其中,工程设计行业资质、工程设计专业资质、工程设计专项资质设甲级、乙级。

15. ABDE

【解析】根据住房和城乡建设部2018年修改后的《建设工程勘察设计资质管理规定》，取得工程设计综合资质的企业，可以承接各行业、各等级的建设工程设计业务；取得工程设计行业资质的企业，可以承接相应行业相应等级的工程设计业务及本行业范围内同级别的相应专业、专项（设计施工一体化资质除外）工程设计业务；取得工程设计专业资质的企业，可以承接本专业相应等级的专业工程设计业务及同级别的相应专项工程设计业务（设计施工一体化资质除外）；取得工程设计专项资质的企业，可以承接本专项相应等级的专项工程设计业务。

16. BCDE

【解析】根据《建设工程勘察设计管理条例》，建设工程勘察、设计单位应当在其资质等级许可的范围内承揽建设工程勘察、设计业务。违反规定的，责令停止违法行为，处合同约定的勘察费、设计费1倍以上2倍以下的罚款，有违法所得的，予以没收；可以责令停业整顿，降低资质等级；情节严重的，吊销资质证书。未取得资质证书承揽工程的，予以取缔，处以罚款；有违法所得的，予以没收。

17. AD

【解析】根据《建设工程勘察设计管理条例》，发包方违反规定将建设工程勘察、设计业务发包给不具有相应资质等级的建设工程勘察、设计单位的，责令改正，处50万元以上100万元以下的罚款。

18. BCDE

【解析】根据国家发展改革委员会等九部委联合印发的《标准勘察招标文件》和《标准设计招标文件》，勘察设计招标文件应当包括下列内容：(1)招标公告或投标邀请书；(2)投标人须知；(3)评标办法；(4)合同条款及格式；(5)发包人要求；(6)投标文件格式；(7)投标人须知前附表规定的其他资料。另外，根据规定招标人对招标文件所做的澄清、修改，也构成招标文件的组成部分。

19. ABCE

【解析】“发包人要求”是勘察设计招标文件中十分重要的内容，应尽可能清晰准确。“发包人要求”通常包括但不限于以下内容：(1)勘察或设计要求；(2)适用规范标准；(3)成果文件要求；(4)发包人财产清单；(5)发包人提供的便利条件；(6)勘察人或设计人需要自备的工作条件；(7)发包人的其他要求。

20. ABDE

【解析】“发包人要求”内容之一的“勘察或设计要求”一般应包括：项目概况（项目名称、建设单位、建设规模项目地理位置、周边环境、树木情况、文物情况、地质地貌、气候及气象条件、道路交通状况、市政情况等）；勘察或设计范围及内容；勘察或设计依据；勘察基础资料或设计项目使用功能的要求；勘察人员和设备要求或设计人员要求；其他要求。

21. ABDE

【解析】在“成果文件要求”中，应说明：成果文件的组成（勘察或设计说明、图纸等）；成果文件的深度、格式、份数和载体（纸质版、电子版）要求；设计成果文件的展板、模型沙盘、动画要求；成果文件的其他要求。

22. ABC

【解析】“发包人财产清单”是“发包人要求”主要内容之一。在“发包人财产清单”中，应列明：发包人提供的资料；发包人提供的设备设施；发包人财产使用要求及退还要求等。

23. ABCE

【解析】“发包人财产清单”中的“发包人提供的资料”包括：(1)施工现场及毗邻区域内的供水、排水、供电、供气、供热、通信、广播电视等地下管线资料，气象和水文观测资料，相邻建筑物和构筑物、地下工程的有关资料，以及其他与建设工程有关的原始资料；(2)定位放线的基准点、基准线和基准高程；(3)发包人取得的有关审批、核准和备案材料，如规划许可证；(4)发包人提供的勘察资料(适用于设计招标)；(5)技术标准、规范；(6)其他资料。

24. ABDE

【解析】工程勘察服务是勘察人按照合同约定履行的服务。“工程勘察服务”包括：(1)制订勘察纲要；(2)进行测绘、勘探、取样和试验等；(3)查明、分析和评估地质特征和工程条件；(4)编制勘察报告和提供发包人委托的其他服务。

25. CDE

【解析】工程设计服务是工程设计人按照合同约定履行的服务。“工程设计服务”包括：(1)编制设计文件和设计概算、预算；(2)提供技术交底、施工配合服务；(3)参加竣工验收或发包人委托的其他服务。

26. ABCE

【解析】工程勘察范围包括工程范围、阶段范围和工作范围。(1)勘察的“工程范围”指所勘察工程的建设内容；(2)勘察的“阶段范围”包括工程建设程序中的可行性研究勘察、初步勘察、详细勘察、施工勘察等阶段中的一个或多个阶段；(3)勘察的“工作范围”包括工程测量、岩土工程勘察、岩土工程设计(如有)、提供技术交底、施工配合、参加试车(试运行)、竣工验收和发包人委托的其他服务中的一项或多项工作。

27. ABCE

【解析】工程设计范围包括工程范围、阶段范围和工作范围。(1)设计的“工程范围”指所设计工程的建设内容；(2)设计的“阶段范围”包括工程建设程序中的方案设计、初步设计、扩大初步(招标)设计、施工图设计等阶段中的一个或多个阶段；(3)设计的“工作范围”包括编制设计文件、编制设计概算、预算、提供技术交底、施工配合、参加试车(试运行)、编制竣工图、竣工验收和发包人委托的其他服务中的一项或多项工作。

28. ABCD

【解析】根据国家发展改革委员会等九部委联合印发的《标准勘察招标文件》和《标准设计招标文件》，工程勘察、设计投标文件应包括如下内容：(1)投标函及投标函附录；(2)法定代表人身份证明或授权委托书；(3)联合体协议书；(4)投标保证金；(5)勘察或设计费用清单；(6)资格审查资料；(7)勘察纲要或设计方案；(8)投标人须知前附表规定的其他资料。

29. ABCD

【解析】投标文件应当对招标文件有关勘察设计服务期限、发包人要求、招标范围、投标有效期等实质性内容作出响应。除投标人须知前附表另有规定外，投标有效期为90日。

30. BCDE

【解析】根据国家发展改革委员会等九部委联合印发《标准勘察招标文件》和《标准设计招标文件》规定勘察纲要或设计方案应包括下列内容:(1)勘察设计工程概况;(2)勘察设计范围及内容;(3)勘察设计依据及工作目标;(4)勘察设计机构设置及岗位职责;(5)勘察设计说明,勘察、设计方案;(6)拟投入的勘察设计人员;(7)勘察设备(适用于勘察投标);(8)勘察设计质量、进度、保密等保证措施;(9)勘察设计安全保证措施;(10)勘察设计工作重点和难点分析;(11)对本工程勘察设计的合理化建议等。

31. ABDE

【解析】投标文件中的勘察设计费用清单一般应包括:勘察设计费用分项名称;计算依据、过程及公式;金额;合计报价等。投标报价应包括国家规定的增值税税金。

32. ABCD

【解析】勘察、设计投标人如采用联合体形式投标,联合体各方应按招标文件提供的格式签订联合体协议书,明确联合体牵头人和各方权利义务,并承诺就中标项目向招标人承担连带责任;由同一专业的单位组成的联合体,按照资质等级较低的单位确定资质等级;联合体各方不得再以自己的名义单独或参加其他联合体在本招标项目中投标,否则相关投标均无效。

33. BCDE

【解析】投标人在递交投标文件的同时,应按投标人须知前附表规定的金额、形式和规定的投标保证金格式递交投标保证金,并作为其投标文件的组成部分。境内投标人以现金或者支票形式提交的投标保证金,应当从其基本账户转出并在投标文件中附上基本账户开户证明。联合体投标的,其投标保证金可以由牵头人递交,并应符合投标人须知前附表的规定。投标人不按要求提交投标保证金的,评标委员会将否决其投标。招标人最迟将在于中标人签订合同后五日内向未中标的投标人和中标人退还投标保证金。投标保证金以现金或者支票形式递交的,还应退还银行同期存款利息。

34. BCDE

【解析】根据有关规定,有下列情形之一的,投标保证金将不予退还:(1)投标人在投标有效期内撤销投标文件;(2)中标人在收到中标通知书后,无正当理由不与招标人订立合同;在签订合同时向招标人提出附加条件,或者不按照招标文件要求提交履约保证金;(3)发生投标人须知前附表规定的其他可以不予退还投标保证金的情形。

35. ABDE

【解析】招标人应按招标文件规定的时间、地点,组织投标人踏勘项目现场,部分投标人未按时参加踏勘现场的,不影响踏勘现场的正常进行。招标人在踏勘现场中介绍的工程场地和相关的周边环境情况,供投标人在编制投标文件时参考,招标人不对投标人据此作出的判断和决策负责。投标人应自理准备和参加投标活动、踏勘现场发生的费用。

36. BCDE

【解析】工程勘察、设计开标评标的主要环节有:接收投标文件、公开开标、组建评标委员会、组织评标、确定中标人、发出中标通知书、订立合同。

37. ABE

【解析】依据国家发展改革委员会等九部委联合印发《标准勘察招标文件》和《标准设

计招标文件》在初步评审阶段,应进行形式评审、资格评审和响应性评审。

38. ABCD

【解析】形式评审因素和评审标准主要包括:审查投标人名称是否与营业执照、资质证书一致;投标函及投标函附录是否有法人代表或其委托代理人的签字或加盖单位章;投标文件格式是否符合规定;联合体投标人是否提交了符合招标文件要求的联合体协议书、明确了联合体牵头人和各方承担的连带责任;是否遵守了除招标文件明确允许提交备选投标方外,投标人不得提交备选投标方案的规定。

39. ABDE

【解析】资格评审因素和评审标准主要包括:审查投标人营业执照和组织机构代码证;资质要求;财务要求;业绩要求;信誉要求;项目负责人;其他主要人员;其他要求;联合体投标人;不存在禁止投标的情形等各项内容是否符合投标人须知的规定。

40. ABDE

【解析】响应性评审因素和评审标准主要包括:审查投标报价;投标内容;勘察或设计服务期限;质量标准;投标有效期;投标保证金;权利义务等是否符合投标人须知的规定;勘察纲要或设计方案是否符合发包人要求中的实质性要求和条件。

41. ABE

【解析】在详细评审阶段,评标委员会按招标文件中规定的量化因素和分值进行打分,并计算出综合评估得分。分值构成(总分100分)包括:(1)资信业绩;(2)勘察纲要或设计方案;(3)投标报价;(4)其他因素。

42. ACDE

【解析】工程勘察设计评标综合得分的分值构成中,资信业绩评分因素包括:信誉;类似项目业绩;项目负责人资历和业绩;其他主要人员资历和业绩;拟投入的勘察设备等。

43. ACDE

【解析】工程勘察设计评标综合评估得分,其分值构成中的勘察纲要或设计方案评分因素包括:勘察或设计范围及内容;依据及工作目标;机构设置及岗位职责;勘察或设计说明和方案;质量、进度、安全、保密等保证措施;工作重点和难点分析;合理化建议等。

44. ABDE

【解析】根据国家发展改革委员会等九部委联合印发《标准勘察招标文件》和《标准设计招标文件》规定除投标人须知前附表规定允许外,投标人不得递交备选投标方案,否则其投标将被否决。如允许投标人递交备选投标方案,只有中标人所递交的备选投标方案方可予以考虑。评标委员会认为中标人的备选投标方案优于其按照招标文件要求编制的投标方案的,招标人可以接受该备选投标方案。投标人提供两个或两个以上投标报价,或者在投标文件中提供一个报价,但同时提供两个或两个以上勘察或设计方案的,视为提供备选方案。

45. ABDE

【解析】工程勘察、设计投标文件应当对招标文件的实质性要求和条件作出满足性或更有利于招标人的响应,否则,投标人的投标将被否决。根据住房和城乡建设部《建筑工程设计招标投标管理办法》,有下列情形之一的,评标委员会应当否决其投标:(1)投标文件未按招标文件要求经投标人盖章和单位负责人签字;(2)投标联合体没有提交共同投标协议;(3)投标人不符合国家或者招标文件规定的资格条件;(4)同一投标人提交两个以上不同的投标文件或者投标报价,但招标文件要求提交备选投标的除外;(5)投标文件没有对招标文件的实质性要求和条件作出响应;(6)投标人有串通投标、弄虚作假、行贿等违法行为;(7)法律法规规定的其他应当否决投标的情形。另外,评标委员会发现投标人的报价明显低于其他投标报价,使得其投标报价可能低于其个别成本的,应当要求该投标人作出书面说明并提供相应的证明材料,投标人不能合理说明或者不能提供相应证明材料的,评标委员会应当认定该投标人以低于成本报价竞标,并否决其投标。

第三章　建设工程施工招标及工程总承包招标

习 题 精 练

一、单项选择题

1. 按照竞争的开放程度不同，施工招标可分为(　　)两种方式。

A. 一次性招标和分阶段招标　　B. 施工方案招标和施工团队招标

C. 公开招标和邀请招标　　D. 补偿性招标和非补偿性招标

2. 下列有关工程量清单或标底的表述中，不正确的是(　　)。

A. 工程量清单是载明建设工程分部分项工程项目、措施项目、其他项目的名称和相应数量以及规费、税金项目等内容的明细清单

B. 标底是由招标人组织专门人员为准备招标的工程计算出的一个合理的基本价格

C. 标底不等于工程的概(预)算，也不等于合同价格

D. 工程量清单是投标人为计算合理投标报价而组织有关人员编制的

3. 对于依法必须进行公开招标的项目的资格预审公告，应当在(　　)依法指定的媒介发布。

A. 招标人　　B. 行业主管部门

C. 招投标监督部门　　D. 国务院发展改革部门

4. 根据有关规定，招标人给潜在投标人准备资格预审申请文件的时间应不少于(　　)日。

A. 3　　B. 5　　C. 7　　D. 9

5. 申请人对资格预审文件有异议，应当在递交资格预审申请文件截止时间(　　)日前向招标人提出。招标人应当自收到异议之日起(　　)日内做出答复。

A. 2;2　　B. 3;3　　C. 3;2　　D. 2;3

6. 招标人对已发出的资格预审文件进行必要的澄清或者修改可能影响资格预审申请文件编制的，招标人应当在提交资格预审申请文件截止时间至少(　　)日前，以书面形式通知所有获取资格预审文件的潜在投标人。

A. 1　　B. 2　　C. 3　　D. 5

7. 国有资金占控股或者主导地位的依法必须进行招标的项目，投标资格审查委员会由招标人(招标代理机构)熟悉相关业务的代表和不少于成员总数(　　)的技术、经济等专家组成，成员人数为(　　)人以上单数。

A. 1/3;7　　B. 2/3;5　　C. 1/2;9　　D. 2/3;7

8. 组织投标人踏勘现场的时间一般应在投标截止时间(　　)日前及投标预备会召开前进行。

A. 5　　B. 10　　C. 15　　D. 20

9. 踏勘现场后涉及对招标文件进行澄清修改的,招标人应当在招标文件要求提交投标文件的截止时间至少(　　)日前以书面形式通知所有招标文件收受人。

A. 5　　B. 10　　C. 15　　D. 20

10. 招标人组织投标预备会的时间一般应在投标截止时间(　　)日以前进行。

A. 5　　B. 10　　C. 15　　D. 20

11. 根据有关规定,施工招标评标委员会成员人数为(　　)人以上单数,其中技术、经济等方面的专家不得少于成员总数的(　　)。

A. 5;2/3　　B. 5;1/2　　C. 7;2/3　　D. 9;1/2

12. 根据有关规定,施工招标中的开标应由(　　)主持,并邀请所有递交投标文件的投标人参加。

A. 招标人　　B. 投标人代表　　C. 行业主管部门　　D. 招投标监督部门

13. 根据有关规定,开标时,由(　　)检查投标文件的密封情况

A. 招标人或者其推选的代表　　B. 投标人或者其推选的代表

C. 行业主管部门的代表　　D. 招投标监督部门的代表

14. 确定中标人后,招标人应在(　　)以书面形式向中标人发出中标通知书。

A. 投标有效期内　　B. 投标有效期结束后

C. 招投标监督部门规定的时间内　　D. 行业主管部门规定的时间内

15. 招标人在招标文件规定的投标有效期内以书面形式向中标人发出中标通知书对(　　)具有法律约束力。

A. 招标人　　B. 中标人

C. 招标人和中标人　　D. 未中标的投标人

16. 下列有关施工合同履约担保的表述中,不正确的是(　　)。

A. 在签订合同前,中标人应按招标文件中规定的金额、担保形式和履约担保格式向招标人提交履约担保

B. 联合体中标的,其履约担保由牵头人递交,并应符合招标文件规定的金额、担保形式和招标文件规定的履约担保格式要求

C. 中标人不能按招标文件要求提交履约担保的,视为放弃中标,其投标保证金不予退还

D. 在签订合同后,中标人应按招标文件中规定的金额、担保形式和履约担保格式向招标人提交履约担保

17. 根据有关规定,招标人和中标人应当在投标有效期内以及中标通知书发出之日起(　　)日之内,根据招标文件和中标人的投标文件订立书面合同。

A. 15　　B. 28　　C. 30　　D. 42

18. 施工投标资格预审和资格后审的主要区别是(　　)。

A. 审查的内容不同　　B. 审查的时间不同

C. 审查的标准不同　　D. 审查的程序不同

19. 下列有关资格预审和资格后审适用性的表述中,不正确的是(　　)。

A. 通常情况下,资格预审多用于公开招标,资格后审多用于邀请招标

B. 一般情况下,资格预审比较适合于具有单件性特点,且技术难度较大或投标文件编制费用较高,或潜在投标人数量较多的招标项目

C. 资格后审适合于潜在投标人数量不多的通用性、标准化项目

D. 资格预审和资格后审的主要区别是对投标人资格审查的时间和程序不同

20. 下列有关施工投标资格审查办法中的合格制审查法的说法中,不正确的是(　　)。

A. 凡符合资格预审文件规定的初步审查标准和详细审查标准的申请人均通过资格预审,取得投标人资格

B. 合格制审查法比较公平公正,有利于招标人获得最优方案

C. 合格制审查法可能会出现投标人数量多,从而增加招标成本

D. 合格制审查法通过资格预审的申请人不超过资格预审须知说明的数量

21. 下列有关合格制审查法审查程序的说法中,不正确的是(　　)。

A. 合格制审查程序为:初步审查—详细审查—资格预审申请文件的澄清

B. 初步审查是指审查委员会依据资格预审文件规定的初步审查标准,对资格预审申请文件进行初步审查。只要有一项因素不符合审查标准的,就不能通过资格预审

C. 详细审查是指审查委员会依据资格预审文件规定的详细评审标准,对通过初步审查的资格预审申请文件进行详细审查。有一项因素不符合审查标准的,不能通过资格预审

D. 在审查过程中,审查委员会可以用书面形式要求申请人对所提交的资格预审申请文件中不明确的内容进行必要的澄清或说明。招标人和审查委员会也可接受申请人主动提出的澄清或说明

22. 施工投标资格审查办法可分为有限数量制和合格制。二者的主要区别为(　　)。

A. 审查标准完全不同

B. 有限数量制需要进行打分量化,合格制则不需要

C. 审查程序完全不同

D. 有限数量制不需要进行打分量化,合格制则需要

23. 最低评标价法是以(　　)为基数,考量其他因素形成评审价格,对投标文件进行评价的一种评标方法。

A. 投标报价　　B. 评标价　　C. 投标基准价　　D. 投标价平均值

24. 采用最低评标价法评标时,按照经评审的投标价由低到高的顺序推荐中标候选人。经评审的投标价相等时,(　　)的优先。

A. 投标报价低　　B. 投标报价高

C. 投标价偏差率低　　D. 投标价偏差率高

25. 采用最低评标价法评标时,首先按照初步评审标准对投标文件进行初步评审,然后依据详细评审标准对通过初步审查的投标文件进行价格折算,确定其(　　)。

A. 评标基准价格　　B. 评审价格　　C. 中标价格　　D. 投标修正价格

26. 施工招标采用最低评标价法评标时，评标委员会依据评标办法中详细评审标准规定的量化因素和标准进行价格折算，计算出(　　)，并编制价格比较一览表。

A. 综合得分　　B. 评标基准价　　C. 评标价得分　　D. 评标价

27. 施工招标采用最低评标价法评标的，在详细评审时评标委员会发现投标人的报价明显低于其他投标报价，使得其投标报价可能低于其成本的，应当要求该投标人做出书面说明并提供相应的证明材料。投标人不能合理说明或者不能提供相应证明材料的，则(　　)。

A. 评标委员会应要求投标人修正其投标报价

B. 评标委员会应要求招标人提出处理意见

C. 评标委员会应重新评审其投标文件

D. 由评标委员会认定该投标人以低于成本报价竞标，否决其投标

28. 采用综合评估法评标时，对通过初步评审的投标文件，评标委员会按评标办法规定的量化因素和分值进行打分，并计算出(　　)。

A. 评标价　　B. 评标基准价　　C. 评标价得分　　D. 综合评估得分

29. 下列有关投标报价偏差率的计算公式，正确的是(　　)。

A. 偏差率 = 100% ×(投标人报价 − 评标价)/评标基准价

B. 偏差率 = 100% ×(投标人报价 − 评标基准价)/评标价

C. 偏差率 = 100% ×(投标人报价 − 评标基准价)/评标基准价

D. 偏差率 = 100% ×(评标价 − 评标基准价)/投标人报价

30. 工程施工招标采用综合评估法评标，在详细评审阶段，评标委员会按评标办法规定的评审因素和分值对施工组织设计、项目管理机构、投标报价和其他评分因素计算出的得分分别是A、B、C、D，则投标人的综合评估得分为(　　)。

A. A + B + C + D　　B. (A + B + C + D)/评标价得分

C. (A + B + C + D)/4　　D. (A + B + C + D)/评标基准价得分

31. 国家九部委颁布的《标准设计施工总承包招标文件》其组成包括(　　)。

A. 封面格式和三卷五章内容　　B. 封面格式和三卷六章内容

C. 封面格式和三卷七章内容　　D. 封面格式和两卷六章内容

32.《标准设计施工总承包招标文件》规定，投标人的项目经理应当具备(　　)注册执业资格。

A. 工程设计类　　B. 工程施工类或者工程咨询类

C. 工程施工类　　D. 工程设计类或者工程施工类

二、多项选择题

1. 国务院有关行业主管部门编制的行业标准施工招标资格预审文件和招标人编制的施工招标资格预审文件，应不加修改地引用国家发展改革委等九部委联合发布《标准施工招标资格预审文件》中的(　　)。

A. 资格预审公告　　B. 申请人须知(申请人须知前附表除外)

C. 资格审查方法　　D. 资格审查办法(资格审查办法前附表除外)

E. 资格预审申请文件

2. 国务院有关行业主管部门编制的行业标准施工招标文件和招标人编制的施工招标文件,应不加修改地引用国家发展改革委等九部委联合发布《标准施工招标文件》中的(　　)。

A. 招标公告(投标邀请书)

B. “投标人须知”(投标人须知前附表和其他附表除外)

C. “评标办法”(评标办法前附表除外)

D. 合同条款及格式

E. 工程量清单

3. 下列有关公开招标特点的表述中,正确的有(　　)。

A. 凡具备相应资质符合招标条件的法人或组织,不受地域和行业限制均可申请投标

B. 招标人可以在较广的范围内选择中标人,投标竞争激烈

C. 由于对投标人以往的业绩和履约能力比较了解,减少了合同履行过程中承包方违约的风险

D. 有利于将工程项目的建设交予可靠的中标人实施并取得有竞争性的报价

E. 由于申请投标人较多,一般要设置资格预审程序,而且评标的工作量也较大,所需招标时间长,费用高

4. 下列有关邀请招标特点的表述中,正确的有(　　)。

A. 邀请参加投标竞争的法人或组织的数目以 5 ~7 家为宜,但不应少于 3 家

B. 不需要发布招标公告和设置资格预审程序,节约费用和节省时间

C. 由于对投标人以往的业绩和履约能力比较了解,减少了合同履行过程中承包方违约的风险

D. 不要求在投标书内报送表明投标人资质能力的有关证明材料

E. 由于邀请的范围较小选择面窄,可能排斥了某些在技术或报价上有竞争实力的潜在投标人,因此投标竞争的激烈程度相对较小

5. 国家九部委颁布的《标准施工招标文件》的组成包括(　　)。

A. 投标资格审查办法

B. 投标人须知、评标办法

C. 合同条款及格式

D. 工程量清单、投标文件格式

E. 技术标准和要求、图纸

6. 国家九部委颁布的《简明标准施工招标文件》主要适用于(　　)。

A. 依法必须进行招标的工程建设项目

B. 工期不超过 6 个月、技术相对简单的小型项目

C. 工期不超过 12 个月、且设计和施工是由同一承包人承担的小型项目

D. 工期不超过 12 个月、技术相对简单且设计和施工是由同一承包人承担的小型项目

E. 工期不超过 12 个月、技术相对简单且设计和施工不是由同一承包人承担的小型项目

7. 施工招标准备工作包括(　　)。

A. 成立招标机构及备案

B. 编制招标文件

C. 编制工程量清单或标底

D. 发布招标公告或投标邀请书

E. 组织投标资格审查

8. 施工招标人是法人的,应当具备的条件包括(　　)。

A. 依法成立　　B. 有必要的财产或者经费

C. 有自己的名称、组织机构和场所　　D. 有相应的专业人员

E. 具有民事行为能力，且能够依法独立享有民事权力和承担民事义务

9. 招标人自行组织招标应具备的条件包括(　　)。

A. 有组织招标活动的营业场所和相应的资金

B. 具有与招标项目规模和复杂程度相适应的技术、经济等方面的专业人员

C. 具有编制招标文件和组织评标的能力

D. 具有从事施工招标评标活动的技术、经济等方面的专家

E. 具有确定中标人并与之订立施工合同的能力

10. 根据有关规定，招标代理机构应当具备的条件包括(　　)。

A. 具备独立的法人资格

B. 有从事招标代理业务的营业场所和相应资金

C. 具有相应的招标代理资质

D. 有能够编制招标文件和组织评标的相应专业力量

E. 具有确定中标人并与之订立施工合同的能力

11. 招标人向建设行政主管部门办理申请招标手续。招标备案文件应说明(　　)。

A. 招标工作范围　　B. 招标方式

C. 评标方法及评标结果　　D. 对投标人的资质要求

E. 自行招标还是委托代理招标

12. 根据有关规定，施工招标文件包括(　　)。

A. 资格预审申请文件格式　　B. 投标人须知

C. 评标办法　　D. 合同条款及格式

E. 投标文件格式

13. 下列有关招标公告或投标邀请书作用与适用性的表述中，正确的有(　　)。

A. 招标公告或投标邀请书的作用是相同的，都是让潜在投标人获得招标信息，以便进行项目筛选，确定是否参与竞争

B. 招标公告或投标邀请书可适用于同一施工招标方式

C. 招标公告适用于进行资格预审的公开招标

D. 投标邀请书适用于进行资格后审的邀请招标

E. 招标公告或投标邀请书的内容基本相同

14. 下列有关现场踏勘的表述中，正确的有(　　)。

A. 招标人按招标公告规定的时间、地点组织投标人踏勘项目现场

B. 投标人承担自己踏勘现场发生的费用

C. 除招标人的原因外，投标人自行负责在踏勘现场中所发生的人员伤亡和财产损失

D. 招标人在踏勘现场中介绍的工程场地和相关的周边环境情况，供投标人在编制投标文件时参考，招标人不对投标人据此做出的判断和决策负责

E. 投标人未参加招标人组织的现场踏勘，则无权参与项目投标竞争

15. 下列有关投标预备会的表述中，正确的有(　　)。

A. 招标人应按投标人须知说明的时间和地点召开投标预备会,澄清投标人提出的问题
B. 投标人应在招标公告规定的时间前,以书面形式将提出的问题送达招标人,以便招标人在会议期间澄清
C. 投标预备会后,招标人在招标公告规定的时间内,将对投标人所提问题的澄清,以书面方式通知所有购买招标文件的潜在投标人
D. 招标人对投标人所提问题的澄清内容为招标文件的组成部分
E. 招标人对投标人所提问题的澄清内容应包含所提问题的投标单位、时间等

16. 招标人收到投标文件后应当签收。签收人要记录投标文件的（　　）。
A. 递交的日期　　B. 递交的地点　　C. 标识状况　　D. 装订状况
E. 密封状况

17. 下列有关施工招标评标委员会的表述中,正确的有(　　)。
A. 评标委员会成员名单一般应于开标前确定
B. 评标委员会成员名单在中标结果确定前应当保密
C. 评标委员会由招标人或其委托的招标代理机构熟悉相关业务的代表,以及有关技术、经济等方面的专家组成
D. 评标委员会中的专家成员应当由招标人从依法组建的评标专家库中直接确定
E. 评标委员会应由招标人依法组建

18. 下列施工招标项目,评标委员会中的专家成员由招标人从依法组建的专家库中直接确定的有(　　)。
A. 一般招标项目　　B. 技术复杂、专业性强的招标项目
C. 自然环境条件复杂的招标项目　　D. 国家有特殊要求的招标项目
E. 质量要求高、施工周期长的招标项目

19. 根据有关规定,施工评标委员会中的评标专家应满足的条件包括(　　)。
A. 从事相关专业领域工作满 10 年　　B. 具有高级职称或者同等专业水平
C. 熟悉有关招标投标的法律法规　　D. 具有与招标项目相关的实践经验
E. 能够认真、公正、诚实、廉洁地履行职责

20. 根据有关规定,评标委员会成员应当回避的情形包括(　　)。
A. 投标人或者投标人主要负责人的近亲属
B. 项目主管部门或者行政监督部门的人员
C. 项目设计团队的主要人员
D. 与投标人有经济利益关系,可能影响对投标公正评审的
E. 曾因在招标、评标以及其他与招标投标有关活动中从事违法行为而受过行政处罚或刑事处罚的

21. 根据有关规定,建设工程施工招标的评标办法包括(　　)。
A. 经评审的最低投标价法　　B. 综合评估法
C. 技术评分合理标价法　　D. 综合评分法
E. 双信封评标法

22. 根据有关规定,确定中标人的方式包括(　　)。

A. 招标人可以授权评标委员会直接确定中标人
B. 招标人委托的公证机构直接确定中标人
C. 行业主管部门根据评标委员会推荐的中标候选人确定中标人
D. 招投标监督机构根据评标委员会提交的评标报告确定中标人
E. 招标人依据评标委员会推荐的中标候选人确定中标人

23. 根据有关规定,应当依法重新招标的情形包括(　　)。
A. 投标截止时间止,投标人少于3个的　B. 招标人认为有必要的
C. 行业主管部门指令的　D. 经评标委员会评审后否决所有投标的
E. 招投标监督部门指令的

24. 国家九部委颁布的《标准施工招标资格预审文件》的组成包括(　　)。
A. 资格预审公告　B. 申请人须知
C. 资格审查方法　D. 资格审查办法
E. 资格预审申请文件

25. 下列有关施工投标资格审查方法的表述中,正确的有(　　)。
A. 资格审查分为资格预审和资格后审两种
B. 对于公开招标的项目,实行资格预审
C. 对于邀请招标的项目,实行资格后审
D. 资格预审和资格后审不同时使用,二者审查的时间是不同的
E. 资格预审和资格后审不同时使用,二者审查的内容是不同的

26. 施工投标资格审查办法包括(　　)。
A. 合格制审查法　B. 技术能力审查法
C. 有限数量制审查法　D. 商务条件审查法
E. 响应性条件审查法

27. 根据有关规定,施工投标资格预审申请文件的内容包括(　　)。
A. 法定代表人身份证明或授权委托书　B. 申请人基本情况表
C. 投标人须知　D. 近年完成的类似项目情况表
E. 近年发生的诉讼及仲裁情况

28. 施工招标人对投标申请人的资格要求主要包括(　　)。
A. 申请人的资质　B. 申请人的业绩与信誉
C. 投标联合体要求　D. 投标标段
E. 申请人的主要人员

29. 施工投标资格审查办法中的合格制审查法其初步审查因素一般包括(　　)。
A. 申请人的名称　B. 申请函的签字盖章
C. 申请文件的格式　D. 申请人的营业执照
E. 资格预审申请文件的证明材料

30. 施工投标资格审查办法中的合格制审查法其详细审查因素一般包括(　　)。
A. 申请人的营业执照　B. 安全生产许可证
C. 资质等级　D. 财务状况、类似项目业绩、信誉

E. 资格预审申请文件的证明材料

31. 通过资格预审的投标申请人除应满足资格预审文件的初步审查标准和详细审查标准外，还不得存在下列情形(　　)中的任何一种情形。

A. 不按审查委员会要求提供澄清或说明

B. 为项目前期准备提供设计或咨询服务(设计施工总承包除外)

C. 为招标人具备独立法人资格的附属机构

D. 为本项目的监理人、代建人等

E. 最近三年内有骗取中标或严重违约或重大工程质量问题

32. 当采用有限数量制资格审查法时，其量化打分的评分因素包括(　　)。

A. 财务状况　　B. 认证体系

C. 类似项目业绩、信誉　　D. 项目经理的业绩

E. 资质类别及等级

33. 下列有关有限数量制资格审查法的说法中，正确的有(　　)。

A. 审查标准包括初步审查标准和详细审查标准

B. 审查程序包括初步审查、详细审查、预审申请文件澄清

C. 有限数量制的选择，是招标人基于潜在投标人的多少以及通过资格审查的投标人的数量进行限制

D. 通过详细审查的申请人不少于3个且没有超过规定数量的，均通过资格预审，不再进行评分

E. 审查标准包括技术审查标准和商务审查标准

34. 建设工程施工招标，通常采用的评标方法包括(　　)。

A. 固定标价评分法　　B. 最低评标价法

C. 合理低价法　　D. 综合评估法

E. 技术评分合理标价法

35. 适用于采用最低评标价法评标的工程施工项目包括(　　)。

A. 工程规模较小、技术含量较低的项目

B. 技术特别复杂的项目

C. 具有通用技术、性能标准的项目

D. 招标人对其技术、性能有专门要求的招标项目

E. 招标人对其技术、性能标准没有特殊要求的项目

36. 工程施工招标采用最低评标价法评标时，其评审标准包括(　　)。

A. 初步评审标准　　B. 详细评审标准

C. 技术评审标准　　D. 资格评审标准

E. 商务评审标准

37. 工程施工招标采用最低评标价法评标时，其初步评审标准包括(　　)。

A. 形式评审标准　　B. 资格评审标准

C. 响应性评审标准　　D. 技术评审标准

E. 施工组织设计和项目管理机构评审标准

38. 工程施工招标采用最低评标价法评标时，其形式评审标准中的评审因素包括(　　)。

A. 投标人的名称　　B. 投标函的签字盖章

C. 投标文件的格式　　D. 投标人的资质证书

E. 投标报价的唯一性

39. 工程施工招标采用最低评标价法评标时，其资格评审标准中的评审因素包括(　　)。

A. 营业执照、资质等级　　B. 财务状况

C. 安全生产许可证　　D. 投标保证金

E. 类似项目业绩、信誉

40. 施工招标采用最低评标价法评标时，其响应性评审标准中的评审因素包括(　　)。

A. 资质等级　　B. 工期、工程质量

C. 投标保证金　　D. 投标有效期

E. 技术标准和要求

41. 施工招标采用最低评标价法评标时，其施工组织设计和项目管理机构评审标准中的评审因素包括(　　)。

A. 施工方案与技术措施　　B. 质量管理体系与措施

C. 安全管理体系与措施　　D. 工程进度计划与措施

E. 技术标准和要求

42. 施工招标采用最低评标价法评标时，其详细评审标准中的评审因素包括(　　)。

A. 单价遗漏　　B. 资源配备计划　　C. 付款条件　　D. 合理化建议

E. 投标报价的合理性

43. 施工招标采用最低评标价法评标时，在初步评审过程中若投标报价有算术错误的，评标委员会对投标报价进行修正应遵循的原则有(　　)。

A. 当单价与数量相乘不等于合价时，以合价为准修正单价

B. 投标文件中的大写金额与小写金额不一致的，以大写金额为准

C. 当各子目的合价累计不等于总价时，应以总价为准修正合价累计

D. 总价金额与依据单价计算出的结果不一致的，以单价金额为准修正总价，但单价金额小数点有明显错误的除外

E. 投标文件中的大写金额与小写金额不一致的，以小写金额为准

44. 下列有关施工投标文件的澄清和补正的说法中，正确的有(　　)。

A. 在评标过程中，评标委员会可以书面形式要求投标人对所提交的投标文件中不明确的内容进行书面澄清或说明，或者对细微偏差进行补正

B. 评标委员会不接受投标人主动提出的澄清、说明或补正

C. 投标人的书面澄清、说明和补正不得改变投标文件的实质性内容

D. 投标人的书面澄清、说明和补正不构成投标文件的组成部分

E. 评标委员会对投标人提交的澄清、说明或补正有疑问的，可以要求投标人进一步澄清、说明或补正，直至满足评标委员会的要求

45. 施工招标评标方法之一的综合评估法是综合衡量(　　)等各项因素对招标文件的满足程度，按照统一的标准(分值或货币)量化后进行比较的方法。

A. 价格　　B. 技术　　C. 商务　　D. 业绩
E. 信誉

46. 施工招标评标采用综合评估法时,其评审标准与评审因素不包括(　　)。
A. 形式评审因素和评审标准　　B. 资格评审因素和评审标准
C. 响应性评审因素和评审标准　　D. 投标报价评审因素和评审标准
E. 施工组织设计评审因素和评审标准

47. 工程施工招标采用综合评估法评标时,其初步评审标准包括(　　)。
A. 形式评审标准　　B. 资格评审标准
C. 响应性评审标准　　D. 投标报价评审标准
E. 施工组织设计和项目管理机构评审标准

48. 工程施工招标采用综合评估法评标时,其评分因素包括(　　)。
A. 资格条件　　B. 施工组织设计　　C. 投标报价　　D. 项目管理机构
E. 投标文件格式

49. 工程施工招标采用综合评估法评标时,其初步评审工作内容主要包括(　　)。
A. 依据规定的评审标准对投标文件进行初步评审
B. 按规定的量化因素和分值进行打分,并计算出综合评估得分
C. 对投标报价中存在的算术错误,按规定的原则进行修正
D. 对投标人明显不合理的过低报价,要求该投标人做出书面说明并提供相应的证明材料
E. 对投标文件中不明确的内容,要求投标人进行澄清、说明和补正

50.《标准设计施工总承包招标文件》的内容组成包括(　　)。
A. 投标人须知　　B. 工程量清单
C. 合同条款及格式　　D. 发包人要求
E. 发包人提供的资料

51.《标准设计施工总承包招标文件》在投标人须知中提出了有关设计工作方面的要求,主要包括(　　)。
A. 质量标准　　B. 投标人资格要求　　C. 设计成果补偿　　D. 价格清单
E. 施工建议

52.《标准设计施工总承包招标文件》规定,承包人应按规定的格式和要求填写价格清单。价格清单包括(　　)。
A. 勘察设计费清单　　B. 安全与环保费清单
C. 建筑安装工程费清单　　D. 技术服务费清单
E. 投标报价汇总表

53.《标准设计施工总承包招标文件》规定,进行资格预审的资格审查资料中的“近年完成的类似设计施工总承包项目情况表”应附(　　)等文件的复印件。
A. 接收投标文件的签收单　　B. 中标通知书
C. 合同协议书　　D. 工程量清单
E. 工程接收证书

54. 根据有关规定,工程设计施工总承包招标的评标办法包括(　　)。

A. 技术方案评标法　　B. 技术评分合理标价法

C. 综合评估法　　D. 设计与施工分别评标法

E. 经评审的最低投标价法

55.《标准设计施工总承包招标文件》中的评标办法前附表在设计方面增加了与设计有关的内容,主要包括(　　)。

A. 投标人的资质类别及等级需符合投标人须知相应规定

B. 关于设计负责人的资格评审标准需符合投标人须知相应规定

C. 资信业绩评分标准增加了设计负责人业绩

D. 增加设计部分评审标准

E. 增加了相关服务评审标准

56.《标准设计施工总承包招标文件》中发包人要求的内容包括(　　)。

A. 功能要求　　B. 工程范围　　C. 技术要求　　D. 文件要求

E. 投标报价要求

习题答案及解析

一、单项选择题

1. C

【解析】按照竞争的开放程度不同,施工招标可分为公开招标和邀请招标两种方式。为了保障建筑市场的公开公平竞争,通常应采用公开招标。对于技术复杂、有特殊要求或者受自然环境限制,只有少量潜在投标人可供选择或采用公开招标方式的费用占项目合同金额的比例过大,可以进行邀请招标。

2. D

【解析】(1)工程量清单是载明建设工程分部分项工程项目、措施项目、其他项目的名称和相应数量以及规费、税金项目等内容的明细清单。工程量清单是由招标人组织有关人员编制的。(2)标底是由招标人组织专门人员为准备招标的工程计算出的一个合理的基本价格。它不等于工程的概(预)算,也不等于合同价格。标底是招标人的绝密资料,在开标前不能向任何无关人员泄露。

3. D

【解析】公开招标的项目,应当发布资格预审公告。对于依法必须进行招标的项目的资格预审公告,应当在国务院发展改革部门依法指定的媒介发布。

4. B

【解析】招标人应当按照资格预审公告规定的时间、地点发售资格预审文件。给潜在投标人准备资格预审申请文件的时间应不少于5日。

5. D

【解析】申请人对资格预审文件有异议,应当在递交资格预审申请文件截止时间2日前向招标人提出。招标人应当自收到异议之日起3日内做出答复;做出答复前,应当暂停实施招标投标的下一步程序。

6. C

【解析】招标人可以对已发出的资格预审文件进行必要的澄清或者修改。澄清或者修改的内容可能影响资格预审申请文件编制的,招标人应当在提交资格预审申请文件截止时间至少3日前,以书面形式通知所有获取资格预审文件的潜在投标人;不足3日的,招标人应当顺延提交资格预审申请文件的截止时间。

7. B

【解析】国有资金占控股或者主导地位的依法必须进行招标的项目,招标人应当组建资格审查委员会审查资格预审申请文件。资格审查委员会由招标人(招标代理机构)熟悉相关业务的代表和不少于成员总数2/3的技术、经济等专家组成,成员人数为5人以上单数。其他项目由招标人自行组织资格审查。

8. C

【解析】考虑到在踏勘现场后投标人有可能对招标文件部分条款进行质疑,组织投标人踏勘现场的时间一般应在投标截止时间15日前及投标预备会召开前进行。

9. C

【解析】踏勘现场后涉及对招标文件进行澄清修改的,招标人应当在招标文件要求提交投标文件的截止时间至少15日前以书面形式通知所有招标文件收受人。

10. C

【解析】考虑到投标预备会后需要将招标文件的澄清、补充和修改书面通知所有潜在投标人,组织投标预备会的时间一般应在投标截止时间15日以前进行。

11. A

【解析】评标委员会由招标人或其委托的招标代理机构熟悉相关业务的代表,以及有关技术、经济等方面的专家组成,成员人数为5人以上单数,其中技术、经济等方面的专家不得少于成员总数的2/3。

12. A

【解析】根据招标投标法规定,开标应在招标文件规定的递交投标文件截止时间的同一时间开标,开标地点应是招标文件规定的地点。开标应由招标人或招标代理机构主持,并邀请所有投标人的法定代表人或其委托代理人参加。

13. B

【解析】开标时,由投标人或者其推选的代表检查投标文件的密封情况,也可以由招标人委托的公证机构检查并公证等。

14. A

【解析】确定中标人后,招标人在招标文件规定的投标有效期内以书面形式向中标人发出中标通知书,同时将中标结果通知未中标的投标人。

15. C

【解析】中标通知书是施工合同文件的组成部分,因此它对施工合同双方都具有法律约束力,即对招标人和中标人具有法律约束力。

16. D

【解析】(1)在签订合同前,中标人应按招标文件中规定的金额、担保形式和履约担保格式向招标人提交履约担保。联合体中标的,其履约担保由牵头人递交,并应符合招标文件规定的金额、担保形式和招标文件规定的履约担保格式要求。(2)中标人不能按招标文件要求提交履约担保的,视为放弃中标,其投标保证金不予退还,给招标人造成的损失超过投标保证金数额的,中标人还应当对超过部分予以赔偿。

17. C

【解析】招标人和中标人应当在投标有效期内以及中标通知书发出之日起30日之内,根据招标文件和中标人的投标文件订立书面合同。(1)中标人无正当理由拒签合同的,招标人取消其中标资格,其投标保证金不予退还;给招标人造成的损失超过投标保证金数额的,中标人还应当对超过部分予以赔偿。(2)发出中标通知书后,招标人无正当理由拒签合同的,招标人向中标人退还投标保证金;给中标人造成损失的,还应当赔偿损失。

18. B

【解析】资格预审和资格后审不同时使用,两者主要区别在于审查的时间是不同的。资格预审是在投标前对投标人资格进行审查,而资格后审则是在开标后对投标人资格进行审查。除此以外,两者在审查的内容、标准、程序以及其他方面基本相同。

19. D

【解析】一般情况下,资格预审比较适合于具有单件性特点,且技术难度较大或投标文件编制费用较高,或潜在投标人数量较多的招标项目;资格后审适合于潜在投标人数量不多的通用性、标准化项目。通常情况下,资格预审多用于公开招标,资格后审多用于邀请招标。资格预审和资格后审不同时使用,两者审查的时间不同,但审查的内容、标准、程序等相同。

20. D

【解析】合格制审查法是指凡符合资格预审文件规定的初步审查标准和详细审查标准的申请人均通过资格预审,取得投标人资格。合格制比较公平公正,有利于招标人获得最优方案;但可能会出现人数多,增加招标成本。

21. D

【解析】合格制审查程序:(1)初步审查:审查委员会依据资格预审文件规定的初步审查标准,对资格预审申请文件进行初步审查。只要有一项因素不符合审查标准的,就不能通过资格预审。(2)详细审查:审查委员会依据资格预审文件规定的详细评审标准,对通过初步审查的资格预审申请文件进行详细审查。有一项因素不符合审查标准的,不能通过资格预审。(3)资格预审申请文件的澄清:在审查过程中,审查委员会可以用书面形式要求申请人对所提交的资格预审申请文件中不明确的内容进行必要的澄清或说明。申请人的澄清和说明内容属于资格预审申请文件的组成部分。招标人和审查委员会不接受申请人主动提出的澄清或说明。

22. B

【解析】有限数量制和合格制的选择,是招标人基于潜在投标人的多少以及是否需要对通过资格审查的投标人的数量进行限制。因此在审查标准及审查程序上,二者并无本质或重要区别,都是需要进行初步审查和详细审查。二者不同就在于有限数量制需要进行打分量化。对于有限数量制，当通过详细审查的申请人数量超过规定数量的，审查委员会依据招标文件中的评分标准进行评分，按得分由高到低的顺序进行排序，进而确定通过资格审查的投标人。

23. A

【解析】最低评标价法是以投标报价为基数，考量其他因素形成评审价格，对投标文件进行评价的一种评标方法。

24. A

【解析】采用最低评标价法评标时，评标委员会对满足招标文件实质要求的投标文件，根据详细评审标准规定的量化因素及量化标准进行价格折算，按照经评审的投标价由低到高的顺序推荐中标候选人，或根据招标人授权直接确定中标人，但投标报价低于其成本的除外，并且中标人的投标应当能够满足招标文件的实质性要求。经评审的投标价相等时，投标报价低的优先，投标报价也相等的，由招标人自行确定。

25. B

【解析】最低评标价法的基本步骤：首先按照初步评审标准对投标文件进行初步评审，然后依据详细评审标准对通过初步审查的投标文件进行价格折算，确定其评审价格（即评标价），再按照由低到高的顺序推荐 1 ~ 3 名中标候选人或根据招标人的授权直接确定中标人。

26. D

【解析】在详细评审时，对通过初步评审的投标文件，评标委员会依据评标办法中详细评审标准规定的量化因素和标准进行价格折算，计算出评标价，并编制价格比较一览表。

27. D

【解析】评标委员会发现投标人的报价明显低于其他投标报价，或者在设有标底时明显低于标底，使得其投标报价可能低于其成本的，应当要求该投标人做出书面说明并提供相应的证明材料。投标人不能合理说明或者不能提供相应证明材料的，由评标委员会认定该投标人以低于成本报价竞标，否决其投标。

28. D

【解析】评标委员会对满足招标文件实质性要求的投标文件，按照评标办法所列的分值构成与评分标准规定的评分标准进行打分，计算出综合评估得分，并按得分由高到低顺序推荐中标候选人，或根据招标人授权直接确定中标人，但投标报价低于其成本的除外。综合评分相等时，以投标报价低的优先；投标报价也相等的，由招标人自行确定。

29. C

【解析】投标报价偏差率计算公式：偏差率 = 100% ×（投标人报价 − 评标基准价）/评标基准价

30. A

【解析】(1)评标委员会按规定的量化因素和分值进行打分：按评标办法规定的评审因素和分值对施工组织设计、项目管理机构、投标报价和其他评分因素分别计算出得分为 A、B、C、D。(2)评分分值计算保留小数点后两位，小数点后第三位“四舍五入”。(3)投标人得分 = A + B + C + D。

31. C

【解析】《标准设计施工总承包招标文件》包括封面格式和三卷七章内容，其中，第一卷包括第一章至第四章，涉及招标公告（投标邀请书）、投标人须知、评标办法、合同条款及格式等内容；第二卷由第五章发包人要求和第六章发包人提供的资料组成；第三卷由第七章投标文件格式组成。《标准设计施工总承包招标文件》适用于设计施工一体化总承包招标。

32. D

【解析】《标准设计施工总承包招标文件》在投标人须知中提出了有关设计工作方面的要求。其中包括投标人资格要求，它规定：投标人的项目经理应当具备工程设计类或者工程施工类注册执业资格，设计负责人应当具备工程设计类注册执业资格。

二、多项选择题

1. BD

【解析】根据九部委《标准施工招标资格预审文件》，国务院有关行业主管部门可根据《标准施工招标资格预审文件》并结合本行业施工招标特点和管理需要，编制行业标准施工招标资格预审文件。行业标准施工招标资格预审文件和招标人编制的施工招标资格预审文件，应不加修改地引用《标准施工招标资格预审文件》中的"申请人须知"（申请人须知前附表除外）、"资格审查办法"（资格审查办法前附表除外）。

2. BC

【解析】根据九部委《标准施工招标资格预审文件》和《标准施工招标文件》（2007年国家发展改革委第56号令），国务院有关行业主管部门可根据《标准施工招标文件》并结合本行业施工招标特点和管理需要，编制行业标准施工招标文件。行业标准施工招标文件和招标人编制的施工招标文件，应不加修改地引用《标准施工招标文件》中的"投标人须知"（投标人须知前附表和其他附表除外）、"评标办法"（评标办法前附表除外）。

3. ABDE

【解析】招标人通过新闻媒体发布招标公告，凡具备相应资质符合招标条件的法人或组织，不受地域和行业限制均可申请投标。公开招标的优点是，招标人可以在较广的范围内选择中标人，投标竞争激烈，有利于将工程项目的建设交予可靠的中标人实施并取得有竞争性的报价。但其缺点是，由于申请投标人较多，一般要设置资格预审程序，而且评标的工作量也较大，所需招标时间长，费用高。

4. ABCE

【解析】招标人向预先选择的若干具备相应资质、符合招标条件的法人或组织发出邀请函，将招标工程的概况、工作范围和实施条件等作出简要说明，邀请他们参加投标竞争。邀请对象的数目以5～7家为宜，但不应少于3家。被邀请人同意参加投标后，从招标人处获取招标文件，按规定要求进行投标报价。邀请招标的优点是，不需要发布招标公告和设置资格预审程序，节约费用和节省时间；由于对投标人以往的业绩和履约能力比较了解，减少了合同履行过程中承包方违约的风险。为了体现公平竞争和便于招标人选择综合能力最强的投标人中标，仍要求在投标书内报送表明投标人资质能力的有关证明材料，作为评标时的评审内容之一（通常称为资格后审）。邀请招标的缺点是，由于邀请的范围较小选择面窄，可能排斥了某些在技术或报价上有竞争实力的潜在投标人,因此投标竞争的激烈程度相对较小。

5. BCDE

【解析】《标准施工招标文件》包括封面格式和四卷八章内容,其中,第一卷包括第一章至第五章,涉及招标公告(投标邀请书)、投标人须知、评标办法、合同条款及格式、工程量清单等内容;第二卷由第六章图纸组成;第三卷由第七章技术标准和要求组成;第四卷由第八章投标文件格式组成。

6. AE

【解析】《简明标准施工招标文件》共分招标公告(或投标邀请书)、投标人须知、评标办法、合同条款及格式、工程量清单、图纸、技术标准和要求、投标文件格式八章。适用于依法必须进行招标的工程建设项目,工期不超过12个月、技术相对简单且设计和施工不是由同一承包人承担的小型项目。

7. ABCD

【解析】施工招标准备工作包括成立招标机构及备案、编制招标文件、编制工程量清单或标底、确定招标方式和发布招标公告(或投标邀请书)。这些准备工作应相互协调,有序实施。

8. ABCE

【解析】建设工程招标人是提出招标项目,发出招标邀约要求的法人或其他组织。招标人是法人的,应当依法成立,有必要的财产或者经费,有自己的名称、组织机构和场所,具有民事行为能力,且能够依法独立享有民事权力和承担民事义务的机构,包括企业、事业、政府、机关社会团体法人。

9. BC

【解析】招标人如具有与招标项目规模和复杂程度相适应的技术、经济等方面的专业人员,具有编制招标文件和组织评标的能力的,可自行组织招标。

10. BD

【解析】招标投标法第13条规定,“招标代理机构应当具备下列资格条件:有从事招标代理业务的营业场所和相应资金,有能够编制招标文件和组织评标的相应专业力量。”

11. ABDE

【解析】招标人向建设行政主管部门办理申请招标手续。招标备案文件应说明:招标工作范围;招标方式;计划工期。对投标人的资质要求:招标项目的前期准备工作的完成情况;自行招标还是委托代理招标等内容。

12. BCDE

【解析】招标文件是投标人编制投标文件和报价的依据,因此,应包括招标项目的所有实质性要求和条件。施工招标文件包括下列内容:(1)招标公告或投标邀请书;(2)投标人须知;(3)评标办法;(4)合同条款及格式;(5)工程量清单;(6)图纸;(7)技术标准和要求;(8)投标文件格式;(9)投标人须知前附表规定的其他材料。此外,招标人对招标文件的澄清、修改,也构成招标文件的组成部分。

13. ACDE

【解析】招标公告或投标邀请书的作用是让潜在投标人获得招标信息,以便进行项目筛选，确定是否参与竞争。招标公告或投标邀请书分别适用于不同的施工招标方式。(1)招标公告：招标公告适用于进行资格预审的公开招标。招标公告内容包括：招标条件、项目概况与招标范围、投标人资格要求、招标文件的获取、投标文件的递交、发布公告的媒介和联系方式等。(2)投标邀请书：投标邀请书适用于进行资格后审的邀请招标。邀请书内容包括：招标条件、项目概况与招标范围、投标人资格要求、招标文件的获取、投标文件的递交、确认和联系方式等。

14. ABCD

【解析】现场踏勘是指招标人组织投标人对项目的实施现场的经济、地理、地质、气候等客观条件和环境进行的现场调查。投标人应自行决定是否参加现场踏勘。《标准施工招标文件》中规定：(1)招标人按招标公告规定的时间、地点组织投标人踏勘项目现场。(2)投标人承担自己踏勘现场发生的费用。(3)除招标人的原因外，投标人自行负责在踏勘现场中所发生的人员伤亡和财产损失。(4)招标人在踏勘现场中介绍的工程场地和相关的周边环境情况，供投标人在编制投标文件时参考，招标人不对投标人据此做出的判断和决策负责。

15. ABCD

【解析】投标预备会是招标人组织召开的目的在于澄清招标文件中的疑问，解答投标人对招标件和勘察现场中所提出的疑问或问题的会议。《标准施工招标文件》中规定：(1)招标人按投标人须知说明的时间和地点召开投标预备会，澄清投标人提出的问题。(2)投标人应在招标公告规定的时间前，以书面形式将提出的问题送达招标人，以便招标人在会议期间澄清。(3)投标预备会后，招标人在招标公告规定的时间内，将对投标人所提问题的澄清，以书面方式通知所有购买招标文件的潜在投标人。该澄清内容为招标文件的组成部分。另外应注意，参加投标竞争的投标人及其投标人的数量在开标之前是保密的。因此，澄清书中不应包含所提问题的投标单位。

16. ABE

【解析】招标人收到投标文件后应当签收。签收人要记录投标文件递交的日期和地点以及密封状况。签收人签名后应将所有递交的投标文件妥善保存。

17. ABCE

【解析】评标委员会成员名单一般应于开标前确定。评标委员会成员名单在中标结果确定前应当保密。评标委员会由招标人或其委托的招标代理机构熟悉相关业务的代表，以及有关技术、经济等方面的专家组成。评标委员会的专家成员应当从依法组建的专家库，采取随机抽取或者直接确定的方式确定评标专家。

18. BD

【解析】评标委员会的专家成员应当从依法组建的专家库，采取随机抽取或者直接确定的方式确定评标专家。一般项目，可以采取随机抽取的方式；技术复杂、专业性强或者国家有特殊要求的招标项目，采取随机抽取方式确定的专家难以保证胜任的，可以由招标人直接确定。

19. BCDE

【解析】评标专家应从事相关专业领域工作满八年并具有高级职称或者同等专业水平，并且熟悉有关招标投标的法律法规，具有与招标项目相关的实践经验，能够认真、公正、诚实、廉洁地履行职责。

20. ABDE

【解析】评标委员会成员有下列情形之一的,应当回避:(1)投标人或者投标人主要负责人的近亲属;(2)项目主管部门或者行政监督部门的人员;(3)与投标人有经济利益关系,可能影响对投标公正评审的;(4)曾因在招标、评标以及其他与招标投标有关活动中从事违法行为而受过行政处罚或刑事处罚的。

21. AB

【解析】国家九部委颁布的《标准施工招标文件》规定,评标办法分为经评审的最低投标价法和综合评估法,供招标人根据项目具体特点和实际需要选择适用。

22. AE

【解析】根据招标投标法规定,招标人可以授权评标委员会直接确定中标人,也可以依据评标委员会推荐的中标候选人确定中标人。评标委员会一般按照择优的原则推荐1～3名中标候选人。

23. AD

【解析】有下列情形之一的,招标人在分析招标失败的原因并采取相应措施后,应当依法重新招标:(1)投标截止时间止,投标人少于3个的;(2)经评标委员会评审后否决所有投标的。重新招标后投标人仍少于3个或者所有投标被否决的,属于必须审批或核准的工程建设项目,经原审批或核准部门批准后不再进行招标。

24. ABDE

【解析】国家九部委颁布的《标准施工招标资格预审文件》的内容组成包括:(1)资格预审公告;(2)申请人须知;(3)资格审查办法;(4)资格预审申请文件;(5)项目建设概况。

25. ABCD

【解析】资格审查分为资格预审和资格后审两种。(1)资格预审:对于公开招标的项目,实行资格预审。资格预审是指招标人在投标前按照有关规定的程序和要求公布资格预审公告和资格预审文件,对获取资格预审文件并递交资格预审申请文件的申请人组织资格审查,确定合格投标人的方法。(2)资格后审:邀请招标的项目,实行资格后审。资格后审是指开标后由评标委员会对投标人资格进行审查的方法。

26. AC

【解析】资格审查分为合格制和有限数量制两种审查办法,招标人根据项目具体特点和实际需要选择适用。每种办法都包括简明说明、评审因素和标准的附表和正文。附表由招标人根据招标项目具体特点和实际需要编制和填写。正文包括4部分:(1)审查方法;(2)审查标准,包括初步审查标准、详细审查标准,以及评分标准(有限数量制);(3)审查程序包括初步审查、详细审查、资格预审申请文件的澄清,以及评分(有限数量制);(4)审查结果。

27. ABDE

【解析】资格预审申请文件的内容包括:(1)法定代表人身份证明或授权委托书;(2)联合体协议书;(3)申请人基本情况表;(4)近年财务状况;(5)近年完成的类似项目情况表;(6)正在施工的和新承接的项目情况表;(7)近年发生的诉讼及仲裁情况;(8)其他资料。

28. ABCD

【解析】招标人对申请人的资格要求应当限于招标人审查申请人是否具有独立订立合同的能力,是否具有相应的履约能力等。主要包括四个方面:申请人的资质与财务状况、业绩与信誉、投标联合体要求和标段。其中需要注意的是,资质要求由招标人根据项目特点和实际需要,明确提出申请人应具有的最低资质另外,对于联合体的要求主要是明确联合体成员在资质、财务、业绩、信誉等方面应满足的最低要求。

29. ABCE

【解析】合格制审查法的审查标准包括初步审查标准和详细审查标准。其中初步审查标准的审查因素(内容)一般包括:申请人的名称;申请函的签字盖章;申请文件的格式;联合体申请人;资格预审申请文件的证明材料以及其他审查因素等。

30. ABCD

【解析】合格制审查法的审查标准包括初步审查标准和详细审查标准。其中详细审查标准的审查因素(内容)一般包括:申请人的营业执照、安全生产许可证、资质等级、财务状况、类似项目业绩、信誉、项目经理资格以及其他要求等方面的内容。

31. ABDE

【解析】通过资格预审的申请人除应满足资格预审文件的初步审查标准和详细审查标准外,还不得存在下列任何一种情形:(1)不按审查委员会要求提供澄清或说明;(2)为项目前期准备提供设计或咨询服务(设计施工总承包除外);(3)为招标人不具备独立法人资格的附属机构或为本项目提供招标代理;(4)为本项目的监理人、代建人等;(5)最近三年内有骗取中标或严重违约或重大工程质量问题;(6)在资格预审过程中弄虚作假、行贿或有其他违法违规行为等。

32. ABCD

【解析】有限数量制评分标准中的评分因素一般包括财务状况、申请人的类似项目业绩、信誉、认证体系、项目经理的业绩以及其他一些相关因素。审查委员会可以根据实际需要,设定每一项所占的分值及其区间。

33. ABCD

【解析】有限数量制与合格制在审查标准、审查程序以及预审申请文件澄清等方面基本是相同的。其审查标准包括初步审查标准和详细审查标准。审查程序包括初步审查、详细审查、预审申请文件澄清等。对于有限数量制而言,当通过详细审查的申请人不少于3个且没有超过规定数量的,均通过资格预审,不再进行评分。当通过详细审查的申请人数量超过规定数量的,审查委员会依据招标文件中的评分标准进行评分,按得分由高到低的顺序进行排序,进而确定通过资格预审的投标人。

34. BD

【解析】建设工程施工招标,常用的评标方法分为经评审的最低投标价法(简称最低评标价法)和综合评估法两种。

35. ACE

【解析】最低评标价法一般适用于具有通用技术、性能标准或者招标人对其技术、性能标准没有特殊要求的招标项目,或者工程规模较小、技术含量较低的项目。而综合评估法则一般适用于招标人对其技术、性能有专门要求的招标项目。

36. AB

【解析】根据国家九部委颁布的《标准施工招标文件》规定，采用最低评标价法评标时，其评审标准包括初步评审标准和详细评审标准。

37. ABCE

【解析】根据《标准施工招标文件》的规定，采用最低评标价法评标时，其初步评审标准包括：(1)形式评审标准；(2)资格评审标准；(3)响应性评审标准；(4)施工组织设计和项目管理机构评审标准四个方面。

38. ABCE

【解析】形式评审标准中的评审因素一般包括：投标人的名称；投标函的签字盖章；投标文件的格式；联合体投标人；投标报价的唯一性；其他评审因素等。审查、评审标准应当具体明了，具有可操作性。比如投标人名称应当与营业执照、资质证书以及安全生产许可证等一致；投标函签字盖章应当由法定代表人或其委托代理人签字或加盖单位公章等。

39. ABCE

【解析】资格评审标准中的评审因素一般包括营业执照、安全生产许可证、资质等级、财务状况、类似项目业绩、信誉、项目经理、其他要求、联合体投标人等。

40. BCDE

【解析】响应性评审标准中的评审的因素一般包括投标内容、工期、工程质量、投标有效期、投标保证金、权利义务、已标价工程量清单、技术标准和要求等。

41. ABCD

【解析】施工组织设计和项目管理机构评审标准中的评审的因素一般包括施工方案与技术措施、质量管理体系与措施、安全管理体系与措施、环境保护管理体系与措施、工程进度计划与措施、资源配备计划、技术负责人、其他主要成员、施工设备、试验和检测仪器设备等。

42. ACDE

【解析】详细评审标准和评审因素一般包括：单价遗漏；付款条件；算数性错误修正；投标报价的合理性；合理化建议等。

43. BD

【解析】在初步评审过程中，若投标报价有算术错误的，评标委员会按以下原则对投标报价进行修正，修正的价格经投标人书面确认后具有约束力。投标人不接受修正价格的，应当否决该投标人的投标。(1)投标文件中的大写金额与小写金额不一致的，以大写金额为准；(2)总价金额与依据单价计算出的结果不一致的，以单价金额为准修正总价，但单价金额小数点有明显错误的除外。

44. ABCE

【解析】关于投标文件的澄清、说明和补正应注意以下几点：(1)在评标过程中，评标委员会可以书面形式要求投标人对所提交的投标文件中不明确的内容进行书面澄清或说明，或者对细微偏差进行补正。评标委员会不接受投标人主动提出的澄清、说明或补正。(2)澄清、说明和补正不得改变投标文件的实质性内容(算术性错误修正的除外)。投标人的书面澄清、说明和补正属于投标文件的组成部分。(3)评标委员会对投标人提交的澄清、说明或补正有疑问的，可以要求投标人进一步澄清、说明或补正，直至满足评标委员会的要求。

45. ABC

【解析】综合评估法是综合衡量价格、商务、技术等各项因素对招标文件的满足程度，按照统一的标准（分值或货币）量化后进行比较的方法。采用综合评估法，可以将这些因素折算为货币、分数或比例系数等，再做比较。综合评估法一般适用于招标人对招标项目的技术、性能有专门要求的招标项目。

46. DE

【解析】综合评估法的初步评审是依据规定的评审标准对投标文件进行初步评审。有一项不符合评审标准的，则该投标应当予以否决。其评审因素和评审标准包括三部分：①形式评审因素和评审标准；②资格评审因素和评审标准；③响应性评审因素和评审标准。综合评估法的详细评审是按规定的量化因素和分值进行打分，并计算出综合评估得分。其评分因素和评分标准包括：①施工组织设计评分因素和评分标准；②项目管理机构评分因素和评分标准；③投标报价评分因素和评分标准；④其他因素评分标准。

47. ABC

【解析】综合评估法与最低评标价法初步评审标准的评审因素与评审标准等方面基本相同，只是综合评估法初步评审标准包含形式评审标准、资格评审标准和响应性评审标准三部分。二者之间的区别主要在于综合评估法在详细评审阶段需要在评审的基础上按照一定的标准进行分值或货币量化。

48. BCD

【解析】详细评审时，评标委员会根据项目实际情况和需要，将施工组织设计、项目管理机构、投标报价及其他评分因素分配一定的权重或分值及区间。

49. AC

【解析】初步评审的主要工作内容包括：(1)评标委员会依据规定的评审标准对投标文件进行初步评审。有一项不符合评审标准的，则该投标应当予以否决。(2)投标报价有算术错误的，评标委员会按以下原则对投标报价进行修正，修正的价格经投标人书面确认后具有约束力。投标人不接受修正价格的，应当否决该投标人的投标。修正错误的原则与最低评标价法相同。选项 B 和 D 属于详细评审阶段的工作内容。选项 E 则属于投标文件的澄清和补正阶段的内容。

50. ACDE

【解析】《标准设计施工总承包招标文件》包括下列内容：(1)招标公告或投标邀请书；(2)投标人须知；(3)评标办法；(4)合同条款及格式；(5)发包人要求；(6)发包人提供的资料；(7)投标文件格式；(8)投标人须知前附表规定的其他材料。此外，招标人对招标文件的澄清、修改，也构成招标文件的组成部分。

51. ABC

【解析】与《标准施工招标文件》相比较，《标准设计施工总承包招标文件》在投标人须知中提出了有关设计工作方面的要求：(1)质量标准：包括设计要求的质量标准；(2)投标人资格要求：项目经理应当具备工程设计类或者工程施工类注册执业资格，设计负责人应当具备工程设计类注册执业资格；(3)设计成果补偿：招标人对符合招标文件规定的未中标人的设计成果进行补偿的,按投标人须知前附表规定给予补偿,并有权免费使用未中标人设计成果等。

52. ACDE

【解析】价格清单指构成合同文件组成部分的由承包人按规定的格式和要求填写并标明价格的清单,它包括勘察设计费清单、工程设备费清单、必备的备品备件费清单、建筑安装工程费清单、技术服务费清单、暂估价清单、其他费用清单和投标报价汇总表。总承包招标文件编制的价格清单包含的内容与施工合同的投标报价的内容有所不同,总承包招标编制的价格清单还包括有关勘察设计费等内容。

53. BCE

【解析】《标准设计施工总承包招标文件》规定,适用于进行资格预审的资格审查资料,包括"近年完成的类似设计施工总承包项目情况表"应附中标通知书和(或)合同协议书、工程接收证书(工程竣工验收证书)复印件;或"近年完成的类似工程设计项目情况表"应附中标通知书和(或)合同协议书、发包人出具的证明文件;"近年完成的类似施工项目情况表"应附中标通知书和(或)合同协议书、工程接收证书(工程竣工验收证书)复印件。与《标准施工招标文件》相比较,《标准设计施工总承包招标文件》规定的资格审查资料的内容增加了"近年完成的类似设计施工总承包项目和近年完成的类似工程设计项目"等内容。

54. CE

【解析】《标准设计施工总承包招标文件》和《标准施工招标文件》规定的评标办法都包括综合评估法和经评审的最低投标价法两种。

55. BCD

【解析】与《标准施工招标文件》相比较,《标准设计施工总承包招标文件》评标办法前附表在设计方面增加了与设计有关的内容:(1)关于设计负责人的资格评审标准需符合投标人须知相应规定;(2)资信业绩评分标准新增设计负责人业绩;(3)增加设计部分评审标准。

56. ABCD

【解析】发包人要求的主要内容包括:功能要求;工程范围;工艺安排或要求;技术要求;竣工试验和竣工后试验;文件要求;工程项目管理规定;其他要求;发包人要求附件清单。

第四章　建设工程材料设备采购招标

习题精练

一、单项选择题

1. 建设工程材料和设备的采购方式不包括(　　)。

A. 询价选择供货商　　B. 拍卖竞标

C. 直接向供货商订购　　D. 招标选择供货商

2. 下列有关采用询价方式采购材料和设备的说法中,不正确的是(　　)。

A. 询价方式一般用于采购数额不大的建筑材料和标准规格产品

B. 该方式避免了招标采购的复杂性,工作量小、耗时短、交易成本低

C. 该方式避免了供货商之间的报价竞争

D. 该方式存在较大的主观性和随意性

3. 下列有关采用直接订购方式采购建筑材料和设备的说法中,不正确的是(　　)。

A. 该方式多适用于零星采购、应急采购,或只能从一家供应厂商获得,或必须由原供货商提供产品或向原供货商补订的采购

B. 该方式一般用于采购数额不大的建筑材料和标准规格产品

C. 该方式达成交易快,有利于及早交货

D. 该方式采购来源单一,缺少对价格的比选,适用的条件较为特殊

4. 下列有关采用招标投标方式采购建筑材料和设备的说法中,不正确的是(　　)。

A. 该方式是大宗及重要建筑材料和设备采购的最主要方式

B. 该方式有利于规范买卖双方的交易行为、扩大比选范围、实现公开公平竞争

C. 该方式简单易行,工作量小、耗时短、交易成本低

D. 该方式程序复杂、工作量大、周期长,适合于较为充分竞争的市场环境

5. 建设工程项目所需材料设备的采购,按标的物的特点可以分为(　　)两大类。

A. 买卖合同和加工承揽合同　　B. 买卖合同和委托合同

C. 委托合同和加工承揽合同　　D. 建设工程合同和买卖合同

6. 采购大宗建筑材料或通用型批量生产的中小型设备的,招标采购时较多考虑的是(　　)。

A. 投标人的商业信誉　　B. 标的物的规格、性能、主要技术参数

C. 交货期限　　D. 价格因素

7. 订购非批量生产的大型复杂机组设备、特殊用途的大型非标准部件的,招标采购时更多

考虑的是(　　)。

A. 投标人的商业信誉　　B. 投标人的加工制造能力

C. 报价、交货期限和方式　　D. 性价比

8. 下列有关建设工程材料设备采购批次的说法中,不恰当的是(　　)。

A. 应综合考虑工程实际需要的时间、市场供应情况、市场价格变动趋势、建设资金到位和周转计划,合理安排分阶段分批次采购招标工作

B. 同类材料设备可以一次招标分期交货,不同材料设备可以分阶段采购

C. 应保证材料设备到货时间满足工程进度的需要,同时还应考虑交货批次和时间、运输、仓储能力等因素,并尽量减少占用建设资金、降低仓储保管费用

D. 同类材料设备可以分阶段采购,不同材料设备可以一次招标分期交货

9. 对从中国关境内提供的货物,建设工程项目材料设备投标报价方式不包括(　　)。

A. 报出厂价　　B. 投标前已进口货物报仓库交货价

C. 报施工现场交货价　　D. 装运港船上交货价

10. 对从中国关境内提供的货物,招标文件规定由国内供货方(卖方)在其所在地或其他指定的地点将货物交给买方后即完成交货的,则投标人报(　　)。

A. 出厂价　　B. 仓库交货价

C. 施工现场交货价　　D. 装运港船上交货价

11. 对从中国关境内提供的、投标截止时间前已经进口的货物,则投标人可报(　　)。

A. 出厂价　　B. 仓库交货价

C. 施工现场交货价　　D. 装运港船上交货价

12. 对从中国关境内提供的货物,招标文件规定由国内供货方(卖方)负责将货物运至国内施工现场,则投标人报(　　)。

A. 出厂价　　B. 仓库交货价

C. 施工现场交货价　　D. 装运港船上交货价

13. 对从中国关境外提供的货物,招标文件规定国外供货方(卖方)在装运港将货物装上买方指定的船只,即完成交货,则供货方(卖方)报(　　)。

A. FCA 价　　B. FOB 价　　C. CIP 价　　D. CIF 价

14. 对从中国关境外提供的货物,招标文件规定国外供货方(卖方)在指定的地点将货物交给买方指定的承运人,即完成交货,则国外供货方(卖方)报(　　)。

A. FCA 价　　B. FOB 价　　C. CIP 价　　D. CIF 价

15. 对从中国关境外提供的货物,招标文件规定国外供货方(卖方)在指定目的港将货物交给买方指定的承运人,即完成交货,则国外供货方(卖方)报(　　)。

A. FCA 价　　B. FOB 价　　C. CIP 价　　D. CIF 价

16. 对从中国关境外提供的货物,招标文件规定国外供货方(卖方)在指定目的地将货物交给买方指定的承运人,即完成交货,则国外供货方(卖方)报(　　)。

A. CIP 价　　B. FOB 价　　C. FCA 价　　D. CIF 价

17. 依法必须进行招标的货物,自招标文件开始发出之日起至投标人提交投标文件截止之日止,最短不得少于(　　)日。

A. 10　　B. 15　　C. 20　　D. 28

18. 材料采购招标文件中可以要求投标人以自己的名义提交投标保证金。投标保证金一般不得超过项目估算价的(　　)。

A. 1%　　B. 2%　　C. 3%　　D. 5%

19. 材料采购招标文件要求中标人提交履约保证金的,履约保证金不得超过中标合同金额的(　　)。

A. 2%　　B. 5%　　C. 7%　　D. 10%

20. 建设工程材料采购评标中影响中标的主要因素是(　　)。

A. 材料质量标准　　B. 材料使用功能　　C. 售后服务　　D. 投标报价

21. 建设工程材料采购招标采用最低评标价法时,评标委员会以投标价为基础,将评审要素按预定方法换算成相应价格值,增加或减少到报价上形成(　　)。

A. 中标价　　B. 评标基准价　　C. 评标价　　D. 修正后的投标价

22. 建设工程材料采购评标采用最低评标价法时,以规定的交货时间为基础时间,在可接受的交货时间范围内,每超过基础时间一周,其评标价(　　)。

A. 将在投标价的基础上减少招标文件中规定的投标价的某一百分比

B. 将在投标价的基础上增加招标文件中规定的投标价的某一百分比

C. 将在投标价的基础上乘以超过的基础时间价值

D. 将在投标价的基础上除以超过的基础时间价值

23. 建设工程材料采购评标采用最低评标价法时,投标项下的货物应按照招标文件中规定的时间交货。若投标人提前交货,则(　　)。

A. 应适当降低评标价　　B. 不考虑降低评标价

C. 应适当增加评标价　　D. 应否决投标人的投标

24. 某建设工程项目材料采购招标采用最低评标价法评标。材料采购招标文件合同条款中规定预付款为合同总价的 15%,如果投标人在其投标文件中提出预付款需按合同总价的 20% 支付,则(　　)。

A. 评标委员会将否决投标人的投标

B. 可按招标文件规定的年利率计算出合同总价 5% 提前付款后的利息,在评标价中加上这笔金额

C. 可按招标文件规定的年利率计算出合同总价 5% 提前付款后的利息,在评标价中减去这笔金额

D. 评标委员会将要求投标人对此作出澄清、说明

25. 建设工程材料采购招标采用最低评标价法评标的,投标文件中应说明所提供的货物保证达到的性能标准。高于标准性能的,则(　　)。

A. 应降低评标价　　B. 不考虑降低评标价

C. 应增加评标价　　D. 应要求投标人对此作出澄清、说明

26. 建设工程材料采购招标采用最低评标价法评标的,投标文件中应说明所提供的货物保证达到的性能标准。在规定的标准范围内,低于标准性能的,则(　　)

A. 应要求投标人对此作出澄清、说明

B. 评标委员会将否决投标人的投标

C. 每低一个百分点，评标价将增加招标文件中规定的调整金额

D. 每低一个百分点，评标价将减去招标文件中规定的调整金额

27. 下列有关工程设备采购招标及报价的说法中，不正确的是（　　）。

A. 编写招标工作范围时，应注意写明具体采购货物的形式、规格和性能要求、结构要求、结合部位要求、附属设备以及土建工程的限制条件

B. 招标文件应明确规定，是否允许投标人提供可供选择的替代方案，以及可接受的替代方案的范围和要求，以便投标者做出响应

C. 报价分析不仅要考虑设备本体和辅助设备的费用，也要考虑大件运输、安装、调试、专用工具等的费用

D. 报价分析时不必考虑售后维修服务人员培训、备品备件、软件升级等的可获得性和费用

28. 下列关于招标人编制工程设备技术性能指标注意事项的说法中，不正确的是（　　）。

A. 技术性能指标是评价投标文件技术响应性的标准，因此，应明确、全面地规定各项技术性能指标

B. 技术性能指标应具有适当的广泛性；主要技术性能指标不宜过于具体，要有较大的响应幅度，以便更多生产厂家参与投标竞争

C. 招标文件中规定的工艺、材料和设备的标准不得有限制性，应尽可能地采用国家标准

D. 法律法规对设备安全性有特殊要求的，应当符合有关产品质量的强制性国家标准和行业标准

29. 下列有关工程设备招标供货要求中技术性能指标的说法中，不正确的是（　　）。

A. 技术性能指标可以要求或标明某一特定的专利技术、商标、名称、设计、原产地或供应者等

B. 如果必须引用某一供应者的技术规格才能准确或清楚地说明拟招标设备的技术规格时，则应当在参照后面加上“或相当于”的字样

C. 招标文件应对合同设备在考核中应达到的技术性能考核指标进行规定

D. 招标文件可根据合同设备的实际情况，规定可以接受的合同设备的最低技术性能考核指标

30. 机电产品采购招标采用综合评估法评标时，每个投标人的投标文件对评价因素的响应情况构成评价因素响应值，每个评标委员会成员对评价因素响应值的评价结果称为（　　）。

A. 基准评价值　　B. 独立评价值　　C. 加权评价值　　D. 评价值

31. 工程设备采购招标的评标价法是以货币价格作为评价指标的评价方法，依据招标设备标的性质不同，可采用（　　）。

A. 合理标价法　　B. 技术评分合理标价法

C. 最低评标价法　　D. 技术评分最低标价法

二、多项选择题

1. 下列有关建设工程材料设备采购招标内容特点的说法中，正确的有（　　）。

A. 建设工程材料设备的采购类别繁多,包括建筑材料、工具、用具、机械设备、电气设备等,具有采购量大、规格型号多、涉及厂家范围广的特点

B. 材料设备招标采购的货物既可以由供货方自己全部生产或部分生产,也可以由供货方通过各种渠道组织货源完成供货或设备成套

C. 对于既有设备采购又有安装服务的项目,不能将设备和安装分开招标,应采用合并招标

D. 针对不同类型的建设工程发承包模式,可以有不同的物资采购模式

E. 如果采用设备和安装合并招标,可以按照各部分所占的费用比例来确定具体招标类型,通常设备占费用比例大的,可按设备招标,安装工程占费用比例大的,则可按安装工程招标

2. 下列有关材料设备采购标包划分特点的说法中,正确的有(　　)。

A. 材料设备招标(投标)的基本单位是标包,每次招标时,可依据设备材料的性质只发一个标包或分成几个标包同时招标

B. 投标人可以投一个或其中的几个标包,也可以仅对一个标包中的某几项进行投标

C. 投标人可以投一个或其中的几个标包,但不能仅对一个标包中的某几项进行投标

D. 标包的划分要考虑工程实际需要,保证货物质量和供货时间,并有利于吸引多家投标人参加竞争

E. 标包划分时,既要避免标包划分过大,中小供应厂商无法满足供应;又要避免划分过小,缺乏对大型供应厂商的吸引力

3. 对从中国关境外提供的货物,工程项目材料设备采购投标报价方式主要包括(　　)。

A. 报 FOB 价　　B. 报 EXW 价　　C. 报 CIF 价　　D. 报 FCA 价

E. 报 CIP 价

4. 标准材料及标准设备招标分项报价表的内容包括(　　)。

A. 分项名称　　B. 单位、数量　　C. 单价、总价　　D. 货物规格

E. 合计报价

5. 根据商务部对外贸易司(国家机电办)2014 年印发的《机电产品国际招标标准招标文件(试行)》,大中型机电设备投标分项报价表中供货分项类别包含的内容有(　　)。

A. 主机和标准附件　　B. 备品备件、专用工具

C. 安装、调试、检验　　D. 单价和总价

E. 培训、技术服务

6. 建设工程材料招标可以采用的方式包括(　　)。

A. 公开招标　　B. 集中采购招标　　C. 分阶段采购招标D. 邀请招标

E. 询价招标

7. 建设工程项目材料采购招标中,对投标人资格审查的方式有(　　)。

A. 资格论证　　B. 资格预审　　C. 资格评比　　D. 资格后审

E. 资格考察

8. 建设工程材料采购招标,对投标人的资格要求包括(　　)。

A. 具有独立订立合同的能力

B. 在专业技术、设备设施、人员组织、业绩、经验等方面具有设计、制造、质量控制、经营管理的相应资格和能力

C. 具有完善的质量保证体系

D. 具有设计、制造与招标材料相同或相近材料的供货业绩及运行经验

E. 有良好的财务状况和规定的流动资金

9. 国家九部委联合颁发的《标准材料采购招标文件》规定，材料采购招标文件的内容包括(　　)。

A. 评标办法　　B. 合同条款及格式

C. 供货要求　　D. 工程量清单

E. 投标文件格式

10. 建设工程材料采购招标文件中的供货要求应包含(　　)等内容。

A. 材料名称　　B. 规格、数量及单位

C. 交货期、交货地点　　D. 价格构成

E. 质量标准、验收标准和相关服务要求

11. 根据有关规定，建设工程项目材料采购投标文件应包括(　　)等内容。

A. 投标人须知　　B. 商务和技术偏差表

C. 分项报价表　　D. 技术支持资料

E. 相关服务计划

12. 下列有关材料采购投标保证金的说法中，正确的有(　　)。

A. 投标人应当按照招标文件要求的方式和金额，在提交投标文件截止时间后将投标保证金提交给招标人或其委托的招标代理机构

B. 投标保证金可以是招标人认可的银行出具的银行保函、保兑支票、银行汇票、现金支票、现金，也可以是其他合法担保形式

C. 依法必须进行招标的项目的境内投标单位，以现金或者支票形式提交的投标保证金应当从其基本账户转出

D. 投标保证金有效期应当与投标有效期一致

E. 投标保证金是投标文件的组成之一

13. 下列有关材料采购投标响应要求的说法中，正确的有(　　)。

A. 投标文件应当对招标文件的实质性要求和条件作出满足性或更有利于招标人的响应，否则，投标人的投标将被否决

B. 投标人应根据招标文件的要求提供投标材料质量标准的详细描述、技术支持资料及相关服务计划等内容，以对招标文件作出响应

C. 投标文件应对招标文件的要求和条件作出响应，不允许出现商务偏差和技术偏差

D. 投标文件的偏差超出招标文件规定的偏差范围或最高项数的，投标人的投标将被否决

E. 除投标文件的商务和技术偏差表中列明的内容外，视为投标人响应招标文件的全部要求

14. 建设工程材料采购的评标通常可选择的评标方法包括(　　)。

A. 最低评标价法
B. 技术评分合理标价法
C. 综合评估法
D. 合理标价法
E. 技术评标法

15. 建设工程材料采购招标采用综合评估法的，其综合评估得分的分值构成包括(　　)。

A. 商务评分　B. 投标报价评分　C. 技术评分　D. 售后服务评分
E. 其他因素评分

16. 建设工程材料采购招标采用最低评标价法时，主要评审因素除投标价之外还包括(　　)。

A. 运输费用　B. 交货期　C. 产品性能　D. 业绩信誉
E. 售后服务

17. 根据有关规定，建设工程材料采购评标程序主要包括(　　)。

A. 初步评审　B. 材料评审　C. 实物评审　D. 详细评审
E. 综合评审

18. 根据有关规定，建设工程材料采购评标中的初步评审包括(　　)。

A. 形式评审　B. 资格评审　C. 售后服务评审　D. 质量标准评审
E. 响应性评审

19. 建设工程材料采购评标中的形式评审因素包括(　　)。

A. 投标人名称　B. 投标函签字盖章　C. 投标内容　D. 投标文件格式
E. 联合体协议书

20. 建设工程材料采购评标中的资格评审因素包括(　　)。

A. 营业执照和组织机构代码证
B. 资质要求
C. 财务要求
D. 相关服务
E. 业绩与信誉要求

21. 建设工程材料采购评标中的响应性评审因素包括(　　)。

A. 投标报价、投标内容
B. 投标有效期、投标保证金
C. 交货期、质量要求
D. 投标函签字盖章、投标文件格式
E. 投标材料及相关服务

22. 建设工程材料采购评标时，若投标报价有算术错误及其他错误的，评标委员会对投标报价进行修正所应遵循的原则正确的有(　　)。

A. 投标文件中的大写金额与小写金额不一致的，以大写金额为准
B. 总价金额与单价金额不一致的，以总价金额为准，若单价金额小数点有明显错误的，则以单价为准
C. 投标报价为各分项报价金额之和，投标报价与分项报价的合价不一致，应以各分项合价累计数为准，修正投标报价
D. 若分项报价中存在缺漏项，则视为缺漏项价格已包含在其他分项报价之中
E. 总价金额与单价金额不一致的，以单价金额为准，但单价金额小数点有明显错误的除外

23. 建设工程材料采购评标采用最低评标价法时，评标委员会按招标文件规定的评标价格

调整方法进行必要的价格调整,并编制标价比较表,价格调整因素包括(　　)。

A.交货期　　B.售后服务　　C.付款条件　　D.业绩与信誉

E.材料性能

24.建设工程设备采购招标在(　　)等方面的形式要求上与材料采购招标的形式要求基本一致。

A.招标方式　　B.投标人资格要求　　C.投标文件内容　　D.供货要求

E.评标方法

25.根据有关规定,建设工程设备招标的供货要求应包括(　　)。

A.设备名称、规格、数量及单位　　B.交货期、交货地点

C.技术性能指标、检验考核要求　　D.设备单价和总价

E.技术服务和质保期服务要求

26.根据有关规定,机电设备招标的范围除了交付约定的机组设备外,还包括"伴随服务"。"伴随服务"的内容一般包括(　　)。

A.实施或监督所供货物的现场组装和试运行,提供货物组装和维修所需的工具

B.为所供货物的每一适当的单台设备提供详细的操作和维护手册

C.在双方商定的一定期限内对所供货物实施运行或监督或维护或修理

D.在卖方厂家和/或在项目现场就所供货物的组装、试运行、运行、维护和/或修理对买方人员进行培训

E.在质保期内,向买方提供设备维护服务、咨询服务、技术指导与协助以及对出现故障的设备进行修理或更换服务

27.下列有关工程设备采购招标的说法中,正确的有(　　)。

A.对工程成套设备的供应,投标人可以是生产厂家,也可以是工程公司或贸易公司

B.若投标人为工程公司或贸易公司,则必须提供生产厂家同意其在本次投标中提供该货物的正式授权书

C.一个生产厂家对同一品牌同一型号的设备,可委托多个代理商参加投标

D.对大型设备采购招标,对生产厂家应有较高的资质和能力条件的要求,要求其具有相应的制造能力,尤其是制作同类型产品的经验

E.设备采购,尤其是大型成套设备采购,其合同的责任包括产品设计、原材料供应、生产加工、包装运输、到货开箱检验、安装或安装指导、设备调试、启动及试运行、质量保修以及保修期满后的服务等内容

28.建设工程设备采购招标可采用的评标办法包括(　　)。

A.评标价法　　B.技术评分合理标价法

C.合理标价法　　D.综合评估法

E.技术评标法

29.根据有关规定,工程设备采购招标可采用综合评估法进行评标,该方法适用的招标项目包括(　　)。

A.一般工程设备

B.技术含量高、工艺或技术方案复杂的大型设备

C. 工艺或技术方案复杂的成套设备

D. 技术含量低、工艺或技术方案简单的中小型设备

E. 技术含量低、技术方案简单的成套设备

30. 根据《机电产品国际招标标准招标文件(试行)》,机电产品采购招标采用综合评估法评标时,可将招标项目的评价因素分成第一级评价因素和第二级评价因素。其中,第一级评价因素主要包括(　　)。

A. 价格　　B. 商务　　C. 技术　　D. 服务

E. 交货期

31. 机电产品采购招标采用综合评估法评标时,下列有关投标综合评价值计算的说法中,正确的有(　　)。

A. 若招标文件规定先评价后加权,则投标综合评价值等于第一级各评价因素的加权评价值之和

B. 若招标文件规定先加权后评价,则投标综合评价值等于第一级各评价因素的权重评价值之和

C. 评标委员会根据各投标人的投标综合评价值的高低排出名次

D. 综合评价值相同的,将依照第一级评价因素技术、商务、服务、价格的优先次序,根据其评价值高低进行排序

E. 综合评价值最优者为排名第一的中标候选人

32. 工程设备采购招标可采用以设备寿命周期成本为基础的评标价法。该方法适用于采购(　　)等货物。

A. 中小型设备　　B. 生产线　　C. 机电产品　　D. 成套设备

E. 车辆

习题答案及解析

一、单项选择题

1. B

【解析】建设工程材料和设备的采购主要包括询价选择供货商、直接向供货商订购和招标选择供货商三种方式。

2. C

【解析】询价方式一般用于采购数额不大的建筑材料和标准规格产品,由采购方对多家供货商就采购的标的物进行询价,还可通过多轮讨价还价及磋商,经过比较后选择其中一家签订供货合同。该方式避免了招标采购的复杂性,工作量小、耗时短、交易成本低,也在一定程度上进行了供货商之间的报价竞争,但存在较大的主观性和随意性。

3. B

【解析】直接订购方式多适用于零星采购、应急采购,或只能从一家供应厂商获得,或必须由原供货商提供产品或向原供货商补订的采购。该方式达成交易快,有利于及早交货,但

采购来源单一，缺少对价格的比选，适用的条件较为特殊。

4. C

【解析】招标投标则是大宗及重要建筑材料和设备采购的最主要方式，该方式有利于规范买卖双方的交易行为、扩大比选范围、实现公开公平竞争，但程序复杂、工作量大、周期长适合于较为充分竞争的市场环境。

5. A

【解析】建设工程项目所需材料设备的采购，按标的物的特点可以分为买卖合同和加工承揽合同两大类。采购大宗建筑材料或通用型批量生产的中小型设备属于买卖合同。而订购非批量生产的大型复杂机组设备、特殊用途的大型非标准部件则属于加工承揽合同。

6. D

【解析】采购大宗建筑材料或通用型批量生产的中小型设备属于买卖合同。由于标的物的规格、性能、主要技术参数均为通用指标，因此，招标时一般侧重对投标人的商业信誉、报价和交货期限等方面的比较，较多考虑价格因素。

7. D

【解析】订购非批量生产的大型复杂机组设备、特殊用途的大型非标准部件则属于加工承揽合同。中标人承担的工作往往涵盖从生产、交货、安装到调试、保修的全过程，招标时要对投标人的商业信誉、加工制造能力、报价、交货期限和方式、安装（或安装指导）、调试、保修及操作人员培训等各方面条件进行全面比较，更多考虑性价比。

8. D

【解析】项目建设需要大量建筑材料和设备，应综合考虑工程实际需要的时间、市场供应情况、市场价格变动趋势、建设资金到位和周转计划，合理安排分阶段分批次采购招标工作。同类材料设备可以一次招标分期交货，不同材料设备可以分阶段采购。应保证材料设备到货时间满足工程进度的需要，考虑交货批次和时间、运输、仓储能力等因素，并节省占用建设资金、降低仓储保管费用。

9. D

【解析】对从中国关境内提供的货物，根据不同情况，建设工程项目材料设备投标报价方式主要包括以下几种：(1)报出厂价；(2)报仓库交货价；(3)报施工现场交货价。

10. A

【解析】对从中国关境内提供的货物，招标文件规定由国内供货方（卖方）在其所在地或其他指定的地点（如工场、工厂或仓库）将货物交给买方后即完成交货，则投标人报出厂价（EXW价），买方自行承担在卖方所在地受领货物后运至国内施工现场的运输费用和保险费。报出厂价的，该报价除应包括要向中国政府缴纳的增值税和其他税，还应包括货物在制造或组装时使用的部件和原材料是从关境外进口的已交纳或应交纳的全部关税、增值税和其他税。

11. B

【解析】对从中国关境内提供的货物，投标截止时间前已经进口的，则投标人可报仓库交货价。该报价除应包括要向中国政府缴纳的增值税和其他税，还应包括货物在从关境外进口时已交纳或应交纳的全部关税、增值税和其他税。针对该类货物，招标文件中还可规定，由投标人承担货物运至最终目的地的关境内运输、保险和相关服务等其他费用。

12. C

【解析】对从中国关境内提供的货物,招标文件规定由国内供货方(卖方)负责将货物运至国内施工现场,则投标人报施工现场交货价,该报价包含出厂价(EXW 价)加上运至施工现场的内陆运输费和保险费。

13. B

【解析】对从中国关境外提供的货物,招标文件规定国外供货方(卖方)在装运港将货物装上买方指定的船只,即完成交货,则国外供货方(卖方)报 FOB 价(Free on board,装运港船上交货价)。该报价方式,卖方负责办理包括将货物在指定的装船港装上船之前的一切运输事项及运输费用,费用包含在报价中。

14. A

【解析】对从中国关境外提供的货物,招标文件规定国外供货方(卖方)在指定的地点将货物交给买方指定的承运人,即完成交货,则国外供货方(卖方)报 FCA 价(Free Carrier,货交承运人指定地点价)。该报价方式,卖方负责办理将货物在买方指定地点或其他同意的地点交由承运方保管之前的一切运输事项,并承担运输费用,费用包含在报价中。

15. D

【解析】对从中国关境外提供的货物,招标文件规定国外供货方(卖方)在指定目的港将货物交给买方指定的承运人,即完成交货,则国外供货方(卖方)报 CIF 价(指定目的港价)(即 Cost, Insurance and Freight,成本、保险费和海运费)。该报价方式,卖方负责办理租船订舱,并承担将货物装船之前的一切费用,以及海运费和从转运港运至目的港的保险费。

16. A

【解析】对从中国关境外提供的货物,招标文件规定国外供货方(卖方)在指定目的地将货物交给买方指定的承运人,即完成交货,则国外供货方(卖方)报 CIP 价(指定目的地价)(即 Carriage and Insurance Paid to,运费和保险费付至目的地)。该报价方式,卖方负责与承运人签订运输协议,并承担货物运至目的地的运费和保险费。

17. C

【解析】招标投标法规定,招标人应当确定投标人编制投标文件所需的合理时间。依法必须进行招标的货物,自招标文件开始发出之日起至投标人提交投标文件截止之日止,最短不得少于 20 日。

18. B

【解析】招标人可以在材料采购招标文件中要求投标人以自己的名义提交投标保证金。投标保证金一般不得超过项目估算价的 2%,但最高不得超过 80 万元人民币。

19. D

【解析】《招标投标法实施条例》还规定,招标文件要求中标人提交履约保证金的,履约保证金不得超过中标合同金额的 10% 。

20. D

【解析】建设工程材料采购评标要全面比较货物产品的价格、使用功能、质量标准、技术工艺、售后服务等因素,优选性价比高的产品,因此,在满足使用功能和质量标准的条件下,投标报价往往成为影响中标的主要因素。

21. C

【解析】最低评标价法以投标价为基础,将评审要素按预定方法换算成相应价格值,增加或减少到报价上形成评标价。

22. B

【解析】建设工程材料采购评标采用最低评标价法时,投标项下的货物按照招标文件中规定的时间交货。以规定的时间为基础时间,在可接受的交货时间范围内,其交货时间每超过基础时间一周,其评标价将按在投标价的基础上增加招标文件中规定的投标价的某一百分比(如交付货价的0.5%)来考虑。

23. B

【解析】建设工程材料采购评标采用最低评标价法时,投标项下的货物应按照招标文件中规定的时间交货。提前交货不考虑降低评标价,因为提前交货并不能使工程获得收益,还可能增加仓储和保护(保管)费用。

24. B

【解析】材料采购招标文件合同条款中规定了招标人提出的付款计划。如果投标文件对此有偏离但又属招标文件允许的,评标时将按招标文件中规定的利率计算提前支付所产生的利息,并将其计入其评标价中。例如合同条款中规定预付款为合同总价的15%,如果投标人提出预付款需按合同总价的20%支付,则可按招标文件规定的年利率计算出合同总价5%提前付款后的利息,在评标价中加上这笔金额。

25. B

【解析】投标人应响应招标文件中有关材料技术规格中的规定,在其投标文件中说明所提供的货物保证达到的性能。高于标准性能的不考虑降低评标价,因为这可视为投标人为争取中标所采取的技术措施。

26. C

【解析】投标人应响应招标文件中有关材料技术规格中的规定,说明所提供的货物保证达到的性能标准。在规定的标准范围内,低于标准性能的(假设为100%),每低一个百分点,评标价将增加招标文件中规定的调整金额。

27. D

【解析】(1)编写招标工作范围时,应注意写明具体采购货物的形式、规格和性能要求、结构要求、结合部位要求、附属设备以及土建工程的限制条件。还应注意说明供应的主辅机设备、连接部件等与土建工程和其他工程项目的分界面,必要时用图纸细分明确。(2)报价分析不仅要考虑设备本体和辅助设备的费用,也要考虑大件运输、安装、调试、专用工具等的费用;还要考虑售后维修服务人员培训、备品备件、软件升级等的可获得性和费用。(3)招标文件应明确规定,是否允许投标人提供可供选择的替代方案,以及可接受的替代方案的范围和要求,以便投标者做出响应。

28. B

【解析】(1)技术性能指标是评价投标文件技术响应性的标准,因此,应将技术性能指标规定明确、全面,以有助于投标人编制响应性的投标文件,也有助于评标委员会审查、评审和比较投标文件。(2)技术性能指标应具有适当的广泛性,以免在生产制造设备时对普遍使用的工艺材料和设备造成限制;同时,主要技术性能指标还要具体准确,不宜有过大的响应幅度,以免投标报价差异过大,不利于比选。(3)招标文件中规定的工艺、材料和设备的标准不得有限制性,应尽可能地采用国家标准。法律法规对设备安全性有特殊要求的,应当符合有关产品质量的强制性国家标准和行业标准。

29. A

【解析】(1)技术性能指标不得要求或标明某一特定的专利技术、商标、名称、设计、原产地或供应者等,不得含有倾向或者排斥潜在投标人的其他内容。如果必须引用某一供应者的技术规格才能准确或清楚地说明拟招标货物的技术规格时,则应当在参照后面加上"或相当于"的字样。(2)招标文件应对合同设备在考核中应达到的技术性能考核指标进行规定,并可根据合同设备的实际情况,规定可以接受的合同设备的最低技术性能考核指标。

30. B

【解析】机电产品采购招标采用综合评估法评标时,可将招标项目的评价因素分成价格、商务、技术、服务等一级评价因素,并可再将一级评价因素细分为若干二级评价因素。每个投标人的投标文件对各评价因素的响应情况构成该评价因素响应值。每个评标委员会成员对该评价因素响应值的评价结果称为该评价因素的独立评价值,评标委员会对该评价因素响应值的评价结果形成该评价因素的评价值:评价值 = 评标委员会成员的有效独立评价值之和 ÷ 有效评委数。最优的评价因素响应值得最高评价值,该最高评价值称为基准评价值,其余的评价因素响应值将依据其优劣程度获得相应的评价值。根据评价因素的相对重要程度,给出各评价因素的权重,各级评价因素的权重之和等于1。加权后的评价值称为加权评价值:加权评价值 = 评价值 × 权重。

31. C

【解析】评标价法是以货币价格作为评价指标的评价方法,依据招标设备标的性质不同,可采用最低评标价法。

二、多项选择题

1. ABDE

【解析】(1)建设工程材料设备的采购类别繁多,包括建筑材料、工具、用具、机械设备、电气设备等。具有采购量大、规格型号多、涉及厂家范围广的特点。(2)材料设备招标采购的货物既可以由供货方自己全部生产或部分生产,也可以由供货方通过各种渠道组织货源完成供货或设备成套。(3)针对不同类型的建设工程发承包模式,可以有不同的物资采购模式,建设单位应当筹划并明确哪些由业主自行采购,哪些由承包人采购,提前做好具体计划和安排,与施工、安装工作有序配合。(4)对于既有设备采购又有安装服务的项目,可以采用设备和安装分开招标,也可以采用合并招标。如果采用合并招标,可以按照各部分所占的费用比例来确定具体招标类型,通常设备占费用比例大的,可按设备招标,安装工程占费用比例大的,则可按安装工程招标。

2. ACDE

【解析】(1)材料设备招标(投标)的基本单位是标包,每次招标时,可依据设备材料的性质只发一个标包或分成几个标包同时招标。(2)投标人可以投一个或其中的几个标包,但不能仅对一个标包中的某几项进行投标。(3)标包的划分要考虑工程实际需要,保证货物质量和供货时间,并有利于吸引多家投标人参加竞争。(4)既要避免标包划分过大,中小供应厂商无法满足供应;又要避免划分过小,缺乏对大型供应厂商的吸引力。

3. ACDE

【解析】对从中国关境外提供的货物,工程项目材料设备采购投标报价方式主要包括:(1)报 FOB 价或 FCA 价;(2)报 CIF 价或 CIP 价。

4. ABCE

【解析】投标人应按招标文件对“投标文件格式”的要求,在投标函中进行报价并填写分项报价表说明和分项报价表。标准材料及标准设备招标分项报价表的内容包括:(1)分项名称;(2)单位;(3)数量;(4)单价(元);(5)总价(元);(6)合计报价。投标报价为各分项报价金额之和,如投标人在投标截止时间前修改投标函中的投标报价总额,则应同时修改投标文件分项报价表中的相应报价。

5. ABCE

【解析】根据商务部对外贸易司(国家机电办)2014 年印发的《机电产品国际招标标准招标文件(试行)》,投标人应当根据招标文件要求和产品技术要求在分项报价表上列出供货产品清单及分项报价和总价。投标分项报价表的具体内容包括(1)供货分项类别:①主机和标准附件;②备品备件;③专用工具;④安装、调试、检验;⑤培训;⑥技术服务;⑦其他。(2)有关境内供货的,对上述类别内容分别填报如下报价信息:①型号和规格;②数量;③原产地和制造商名称;④单价(注明装运地点);⑤总价;⑥至最终目的地的运费和保险费。(3)有关境外供货的,则应按要求填报如下报价信息:①型号和规格;②数量;③原产地和制造商名称;④FOB/FCA 单价(注明装运港或装运地点);⑤CIF/CIP 单价(注明目的港或目的地);⑥CIF/CIP 总价;⑥至最终目的地的内陆运费和保险费。

6. AD

【解析】建设工程材料招标可以采用公开招标或邀请招标的方式。在招标程序上与勘察设计和施工招标基本相同,但在评标的评审要素和量化比较方法上有所不同。

7. BD

【解析】在建设工程项目货物采购招标中,只有通过资格审查的投标人才能是合格的投标人。资格审查可采用资格预审或资格后审的方式,通过资格审查保证合格的投标人均具备履行合同的能力。

8. ABCD

【解析】通常情况下,对投标人的资格要求主要包括如下方面:(1)具有独立订立合同的能力。(2)在专业技术、设备设施、人员组织、业绩、经验等方面具有设计、制造、质量控制、经营管理的相应资格和能力。(3)具有完善的质量保证体系。(4)业绩良好。具有设计、制造与招标材料相同或相近材料的供货业绩及运行经验。(5)有良好的银行信用和商业信誉等。

9. ABCE

【解析】招标人应根据所采购材料的特点和需要编制招标文件,国家发展改革委员会等九部委联合印发的《标准材料采购招标文件》规定,材料采购招标文件的内容包括:(1)招标公告或投标邀请书;(2)投标人须知;(3)评标办法;(4)合同条款及格式;(5)供货要求;(6)投标文件格式;(7)投标人须知前附表规定的其他资料。

10. ABCE

【解析】根据国家发展改革委员会等九部委联合印发的《标准材料采购招标文件》,建设工程材料采购招标文件中的供货要求应包括:材料名称、规格、数量及单位、交货期、交货地点、质量标准、验收标准和相关服务要求等内容。

11. BCDE

【解析】根据国家发展改革委员会等九部委《标准材料采购招标文件》,材料采购投标文件应包括下列内容:(1)投标函及投标函附录;(2)法定代表人身份证明或授权委托书;(3)联合体协议书;(4)投标保证金;(5)商务和技术偏差表;(6)分项报价表;(7)资格审查资料;(8)投标材料质量标准;(9)技术支持资料;(10)相关服务计划;(11)投标人须知前附表规定的其他资料。

12. BCDE

【解析】投标人应当按照招标文件要求的方式和金额,在提交投标文件截止时间前将投标保证金提交给招标人或其委托的招标代理机构。投标保证金可以是招标人认可的银行出具的银行保函、保兑支票、银行汇票、现金支票、现金,也可以是其他合法担保形式。依法必须进行招标的项目的境内投标单位,以现金或者支票形式提交的投标保证金应当从其基本账户转出。投标保证金有效期应当与投标有效期一致。

13. ABDE

【解析】(1)投标文件应当对招标文件的实质性要求和条件作出满足性或更有利于招标人的响应,否则,投标人的投标将被否决。(2)投标人应根据招标文件的要求提供投标材料质量标准的详细描述、技术支持资料及相关服务计划等内容,以对招标文件作出响应。(3)如果有商务偏差或技术偏差,则投标文件对招标文件的全部偏差,均应在投标文件的商务和技术偏差表中列明,写清投标文件与招标文件存在偏差之处的具体章节及条款号,并对偏差情况予以如实说明。(4)除列明的内容外,视为投标人响应招标文件的全部要求。(5)投标文件的偏差超出招标文件规定的偏差范围或最高项数的,投标将被否决。

14. AC

【解析】根据国家九部委颁布的《标准材料采购招标文件》,材料采购招标的评标通常可选择综合评估法或最低评标价法。

15. ABCE

【解析】采用综合评估法评标时,评标委员会按招标文件中规定的评估指标及其量化因素和分值进行评分,包括投标人的商务评分、投标报价评分、技术评分及其他因素评分,进而计算出综合评估得分。符合招标文件要求且得分最高的投标人推荐为中标候选人。

16. ABCE

【解析】材料采购招标采用最低评标价法时,在投标价之外还需考虑的因素通常包括运输费用、交货期、付款条件、零配件、售后服务、产品性能、生产能力等。针对每位合格的投标人,将上述评审要素(价格调整因素)按预定方法换算成相应价格加到报价上,形成该投标人的评标价。按照评标价由低到高的顺序排列,最低评标价的投标书最优。

17. AD

【解析】与设计和施工评标程序方法类似,建设工程材料采购评标程序也可分为初步评审和详细评审两个阶段。

18. ABE

【解析】根据国家发展改革委员会等九部委《标准材料采购招标文件》,初步评审包括三个方面:(1)形式评审;(2)资格评审;(3)响应性评审。

19. ABDE

【解析】建设工程材料采购评标中的形式评审主要审查投标人名称、投标函签字盖章、投标文件格式、联合体协议书等是否符合招标文件的规定。

20. ABCE

【解析】建设工程材料采购评标中的资格评审主要审查营业执照和组织机构代码证、资质要求、财务要求、业绩要求、信誉要求等是否符合规定。

21. ABCE

【解析】建设工程材料采购评标中的响应性评审主要审查投标报价、投标内容、交货期、质量要求、投标有效期、投标保证金、权利义务、投标材料及相关服务等是否符合规定。

22. ACDE

【解析】投标报价有算术错误及其他错误的,评标委员会按以下原则对投标报价进行修正,并要求投标人书面澄清确认。投标人拒不澄清确认的,评标委员会应当否决其投标:(1)投标文件中的大写金额与小写金额不一致的,以大写金额为准。(2)总价金额与单价金额不一致的,以单价金额为准,但单价金额小数点有明显错误的除外。(3)投标报价为各分项报价金额之和,投标报价与分项报价的合价不一致,应以各分项合价累计数为准,修正投标报价。(4)如果分项报价中存在缺漏项,则视为缺漏项价格已包含在其他分项报价之中。

23. ABCE

【解析】建设工程材料采购评标采用最低评标价法时,评标委员会按招标文件规定的评标价格调整方法进行必要的价格调整,并编制标价比较表。价格调整因素包括:运输费用、保险费用、交货期、付款条件、零配件、售后服务(其他辅助服务)、材料(产品)性能、生产能力等。

24. ABC

【解析】建设工程设备采购在招标方式、投标人资格要求、招标文件编制、投标文件内容、投标保证金和投标响应等方面的形式要求上与建设工程材料采购招标的形式要求基本一致,在供货要求和评标方法上既有与材料采购招标的相通之处,也有其自身的工作内容和特点。

25. ABCE

【解析】根据国家发展改革委员会等九部委联合印发的《标准设备采购招标文件》,建设工程设备招标的供货要求应包括:设备名称、规格、数量及单位、交货期、交货地点、技术性能指标、检验考核要求、技术服务和质保期服务要求等。不仅涉及合同设备的制造、运输,还涉及技术资料、安装、调试、考核、验收、技术服务及质量保证等。

26. ABCD

【解析】根据商务部颁发的《机电产品国际招标标准招标文件(试行)》的规定,机电设备招标的范围除了交付约定的机组设备外，还包括“伴随服务”，即根据合同规定卖方承担与供货有关的辅助服务，如运输、保险、安装、调试、提供技术援助、培训和合同中规定卖方应承担的义务。伴随服务一般包括以下内容：(1)实施或监督所供货物的现场组装和试运行。(2)提供货物组装和维修所需的工具。(3)为所供货物的每一适当的单台设备提供详细的操作和维护手册。(4)在双方商定的一定期限内对所供货物实施运行或监督或维护或修理，但该服务并不能免除卖方在合同保证期内所承担的义务。(5)在卖方厂家和/或在项目现场就所供货物的组装、试运行、运行、维护和/或修理对买方人员进行培训。选项E为质保期服务。

27. ABDE

【解析】(1)对工程成套设备的供应，投标人可以是生产厂家，也可以是工程公司或贸易公司。为了保证设备供应并按期交货，如工程公司或贸易公司为投标人，必须提供生产厂家同意其在本次投标中提供该货物的正式授权书。一个生产厂家对同一品牌同一型号的材料和设备，仅能委托一个代理商参加投标。(2)对大型设备采购招标，由于产品设计和制造的难度及复杂性，对生产厂家应有较高的资质和能力条件的要求，须具有相应的制造能力，尤其是制作同类型产品的经验，以确保标的物能够保质保量、按期交货。(3)与通用材料的采购相比较，设备采购，尤其是大型成套设备采购，买卖双方权利和义务关系涉及的内容多、期限较长。合同的责任包括产品设计、原材料供应、生产加工、包装运输、到货开箱检验、安装或安装指导、设备调试、启动及试运行、质量保修以及保修期满后的服务等内容，应针对不同阶段设定明确要求。

28. AD

【解析】与材料采购招标的评标类似，建设工程设备采购的评标也可采用综合评估法或评标价法。

29. BC

【解析】商务部印发的《机电产品国际招标标准招标文件(试行)》，既适用于国际招标，也适用于国内招标，根据该文件，在招标文件中可规定采用综合评估法进行评标，该方法适用面广，可用于技术含量高、工艺或技术方案复杂的大型或成套设备等招标项目。

30. ABCD

【解析】根据《机电产品国际招标标准招标文件(试行)》，机电产品采购招标采用综合评估法评标时，可将招标项目的评价因素分成价格、商务、技术、服务等第一级评价因素，并可再将第一级评价因素细分为若干第二级评价因素。选项E是第一级评价因素商务因素的第二级评价因素。

31. ABCE

【解析】(1)若规定先评价后加权，则投标综合评价值等于第一级各评价因素的加权评价值之和。若规定先加权后评价，则投标综合评价值等于第一级各评价因素的权重评价值之和。(2)评标委员会根据投标综合评价值的高低排出名次。综合评价值相同的，将依照第一级评价因素价格、技术、商务、服务的优先次序，根据其评价值高低进行排序。综合评价值最优者为排名第一的中标候选人。

32. BDE

【解析】工程设备采购招标可采用以设备寿命周期成本为基础的评标价法，该方法适用于采购生产线、成套设备、车辆等运行期内各种费用较高的货物。

第五章　建设工程勘察设计合同管理

习 题 精 练

一、单项选择题

1. 建设工程勘察合同文本适用的范围是(　　)。

A. 房屋建筑工程勘察项目

B. 与工程建设有关的勘察项目

C. 市政工程勘察项目

D. 依法必须招标的与工程建设有关的勘察项目

2. 下列有关勘察合同条款的说法中,不正确的是(　　)

A. 勘察合同文本合同条款包括通用合同条款和专用合同条款

B. 当通用合同条款明确规定可以作出不同约定时,则专用合同条款可对通用合同条款进行补充、细化

C. 专用合同条款对通用合同条款的补充和细化的内容不得与通用合同条款相抵触,否则抵触内容无效

D. 通用合同条款与专用合同条款分别适用于不同的情况,两者之间没有关系

3. 根据建设工程勘察合同文本,下列解释合同文件的优先顺序正确的是(　　)。

A. ①合同协议书;②通用合同条款;③勘察纲要;④发包人要求

B. ①中标通知书;②发包人要求;③勘察纲要;④专用合同条款

C. ①投标函及投标函附录;②通用合同条款;③发包人要求;④勘察纲要

D. ①合同协议书;②发包人要求;③勘察纲要;④通用合同条款

4. 根据建设工程勘察合同文本,下列合同文件对某一问题的规定不一致,则应以(　　)的解释为优先。

A. 发包人要求　　　　B. 勘察纲要

C. 专用合同条款　　　　D. 投标函及投标函附录

5. 发包人和勘察人的法定代表人或其委托代理人在合同协议书上签字并盖单位章后,(　　)。

A. 合同订立　　B. 合同成立　　C. 合同履行　　D. 合同生效

6. 建设工程勘察合同履约保证金的担保有效期自发包人与勘察人签订的合同生效之日起至发包人签收最后一批勘察成果文件之日起(　　)日后失效。

A. 21　　B. 28　　C. 35　　D. 42

7. 建设工程勘察合同当事人包括发包人和勘察人。发包人通常可能是(　　)。

A. 工程建设项目的建设单位

B. 工程建设项目的监理单位

C. 工程总承包单位

D. 工程建设项目的建设单位或者工程总承包单位

8. 建设工程勘察合同签订后(　　)天内,发包人应将发包人代表的姓名、职务、联系方式、授权范围和授权期限书面通知勘察人。

A. 7　　B. 14　　C. 21　　D. 28

9. 发包人代表不按合同约定履行职责及义务,导致合同无法继续正常履行的,勘察人有权通知发包人更换发包人代表。发包人收到通知后(　　)天内,应当核实完毕并将处理结果通知勘察人。

A. 3　　B. 5　　C. 7　　D. 9

10. 发包人代表可以授权发包人的其他人员负责执行其指派的一项或多项工作。被授权人员在授权范围内发出的指示视为已得到(　　)的同意。

A. 发包人　　B. 勘察人　　C. 监理人　　D. 发包人代表

11. 下列有关建设工程勘察监理的说法中,不正确的是(　　)。

A. 监理人享有合同约定的权力,其所发出的任何指示应视为已得到发包人的批准

B. 监理人的监理范围、职责权限和总监理工程师信息,应在专用合同条款中指明

C. 未经勘察人批准,监理人无权修改合同

D. 合同约定应由勘察人承担的义务和责任,不因监理人对勘察文件的审查或批准,以及为实施监理作出的指示等职务行为而减轻或解除

12. 发包人应按合同约定向勘察人发出指示,发包人的指示应盖有发包人单位章,并由(　　)签字确认。

A. 发包人法定代表人　　B. 总监理工程师

C. 发包人技术负责人　　D. 发包人代表

13. 工程勘察合同履行中出现紧急情况时,发包人代表或其授权人员可以当场向勘察人发出(　　),勘察人应遵照执行。

A. 口头指示　　B. 正式书面指示

C. 临时书面指示　　D. 终止合同通知

14. 工程勘察合同履行中出现紧急情况时,发包人代表或其授权人员可以当场签发临时书面指示。发包人代表应在临时书面指示发出后(　　)小时内发出书面确认函。

A. 12　　B. 24　　C. 48　　D. 72

15. 工程勘察合同履行中,发包人应在(　　),对勘察人书面提出的事项作出书面答复。

A. 通用合同条款约定的时间内　　B. 24 小时内

C. 专用合同条款约定的时间内　　D. 72 小时内

16. 下列有关工程勘察测绘要求的说法中,不正确的是(　　)。

A. 发包人应在开始勘察前 14 日内,向勘察人提供测量基准点、水准点和书面资料等

B. 勘察人应根据国家测绘基准、测绘系统和工程测量技术规范,按发包人要求的基准

点以及合同工程精度要求,进行测绘

C. 勘察人测绘之前,应当认真核对测绘数据,保证引用数据和原始数据准确无误。测绘工作应由测量人员如实记录,不得补记、涂改或者损坏

D. 工程勘探之前,勘察人应当严格按照勘察方案的孔位坐标,进行测量放线并在实地位置定位,埋设带有编号且不易移动的标志桩进行定位控制

17. 下列有关工程勘察勘探要求的说法中,不正确的是(　　)。

A. 勘察人应当根据勘察目的和岩土特性,按照发包人确定或要求的勘探方法进行勘探

B. 勘察人应当充分考虑勘探方法对于自然环境、周边设施、构筑物、地下管线、架空线的影响,采用切实有效的措施进行防范控制

C. 勘察人应在标定的孔位处进行勘探,不得随意改动位置

D. 勘探方法、勘探机具、勘探记录、取样编录与描述,孔位标记、孔位封闭等事项,应当严格执行规范标准

18. 下列有关工程勘察取样要求的说法中,不正确的是(　　)。

A. 勘察人应当按照相关规定,根据地层特征、取样深度、设备条件和试验项目的不同,合理选用取样方法和取样工具进行取样

B. 取样后的样品应当根据其类别、性质和特点等进行封装、储存和运输

C. 样品搬运之前,宜用数码相机进行现场拍照;样品搬运过程中,应用摄像机进行全过程录像

D. 取样后的样品应当填写和粘贴标签,标签内容包括工程名称、孔号、样品编号、取样深度、样品名称、取样日期、取样人姓名、施工机组等

19. 根据有关规定,建设工程勘察费用实行(　　)。

A. 勘察人申报制度　　B. 计量支付制度

C. 发包人签证制度　　D. 发包人与勘察人共同会签制度

20. 根据工程勘察合同条款规定,发包人应在收到定金或预付款支付申请后(　　)天内,将定金或预付款支付给勘察人。

A. 14　　B. 21　　C. 28　　D. 35

21. 建设工程勘察合同条款规定,勘察服务完成之前,由于不可抗力或其他非勘察人的原因解除合同时,定金(　　)。

A. 应予退还　　B. 应退还一半　　C. 不予退还　　D. 应退还 30%

22. 建设工程勘察合同条款规定,发包人应在收到勘察人提交的中期支付申请后的(　　)天内,将应付款项支付给勘察人。

A. 14　　B. 21　　C. 28　　D. 42

23. 建设工程勘察合同条款规定,合同工作完成后,勘察人可按合同条款约定的份数和期限,向发包人提交勘察费用结算申请,并提供相关证明材料。发包人应在收到费用结算申请后的(　　)天内,将应付款项支付给勘察人。

A. 14　　B. 21　　C. 28　　D. 42

24. 建设工程勘察合同条款规定,勘察人发生违约情况时,发包人可向勘察人发出整改通知,要求其在限定期限内纠正;逾期仍不纠正的,发包人有权(　　)。

A. 要求暂停勘察活动并向勘察人发出暂停勘察的指示

B. 要求勘察人继续整改并向勘察人发出继续整改的通知

C. 变更合同并向勘察人发出变更合同的通知

D. 解除合同并向勘察人发出解除合同通知

25. 根据有关规定,在履行合同过程中,甲方当事人因第三人的原因造成违约的,(　　)。

A. 第三人应当向乙方当事人承担违约责任

B. 甲方当事人应当向乙方当事人承担违约责任

C. 甲方当事人的违约责任可以免除

D. 甲方当事人和第三人应当共同向乙方当事人承担违约责任

26. 建设工程设计合同文本适用范围是(　　)。

A. 房屋建筑工程设计项目

B. 市政工程设计项目

C. 道路工程设计项目

D. 依法必须招标的与工程建设有关的设计项目

27. 下列有关建设工程设计合同文本合同条款的说法中,不正确的是(　　)。

A. 建设工程设计合同文本合同条款包括通用合同条款和专用合同条款

B. 在任何情况下,只要有必要,专用合同条款即可对通用合同条款进行补充、细化

C. 只有通用合同条款明确规定可以作出不同约定时,专用合同条款才可对通用合同条款进行补充、细化

D. 专用合同条款补充和细化的内容不得与通用合同条款相抵触,否则抵触内容无效

28. 下列解释合同文件的优先顺序正确的是(　　)。

A. ①通用合同条款;②中标通知书;③设计方案;④发包人要求

B. ①投标函及投标函附录;②专用合同条款;③发包人要求;④设计方案

C. ①通用合同条款;②专用合同条款;③中标通知书;④发包人要求

D. ①合同协议书;②发包人要求;③专用合同条款;④设计方案

29. 建设工程设计合同文本规定,履约保证金如采用(　　),则应当提供无条件地、不可撤销担保。

A. 现金　　　　B. 银行支票

C. 银行保函　　　　D. 现金 + 支票

30. 建设工程设计合同文本规定,履约担保有效期自发包人与设计人签订的合同生效之日起至发包人签收最后一批设计成果文件之日起(　　)日后失效。

A. 14　　B. 21　　C. 28　　D. 35

31. 建设工程设计合同文本规定,发包人和设计人变更合同时,(　　),担保人承担担保规定的义务不变

A. 若担保人收到该变更的　　　　B. 即使担保人没有收到该变更

C. 在担保人同意后　　　　D. 无论担保人是否收到该变更

32. 建设工程设计合同的发包人通常可能是(　　)。

A. 工程建设项目的建设单位

B. 工程总承包单位

C. 具有相应设计资质的企业法人

D. 工程建设项目的建设单位或者工程总承包单位

33. 根据建设工程设计合同条款,发包人应在合同签订后(　　)天内,将发包人代表的姓名职务、联系方式、授权范围和授权期限书面通知设计人。

A. 7　　B. 14　　C. 21　　D. 28

34. 建设工程设计合同条款规定,发包人应按合同约定向设计人发出指示,发包人的指示应盖有发包人单位章,并由(　　)签字确认

A. 发包人法定代表人　　B. 发包人代表

C. 发包人技术负责人　　D. 发包人代表授权的人员

35. 建设工程设计合同条款规定,设计人应按(　　)的约定指派项目负责人,并在约定的期限内到职。

A. 合同协议书　　B. 中标通知书

C. 投标函　　D. 专用合同条款

36. 建设工程设计合同条款规定,设计人更换项目负责人应事先征得发包人同意,并应在更换(　　)天前将拟更换的项目负责人的姓名和详细资料提交发包人。

A. 7　　B. 14　　C. 21　　D. 28

37. 建设工程设计合同条款规定,设计人的项目负责人(　　)天内不能履行职责的,应事先征得发包人同意,并委派代表代行其职责。

A. 1　　B. 2　　C. 3　　D. 5

38. 建设工程设计合同条款规定,在情况紧急且无法与发包人取得联系时,设计人的项目负责人可采取保证工程和人员生命财产安全的紧急措施,并在采取措施后(　　)小时内向发包人提交书面报告。

A. 12　　B. 24　　C. 36　　D. 48

39. 建设工程设计合同条款规定,设计人为履行合同发出的一切函件均应盖有设计人单位章,并由(　　)签字确认。

A. 设计人的法定代表人　　B. 设计人的项目负责人

C. 设计人的技术负责人　　D. 设计人项目负责人授权的人员

40. 设计人应按照有关规范、标准完成设计工作,并应符合发包人要求。如果各项规范、标准和发包人要求之间对同一内容的描述不一致时,应以(　　)为准。

A. 规范　　B. 标准

C. 发包人要求　　D. 描述更为严格的内容

41. 建设工程设计合同条款规定,基准日之后有新的规范和标准实施的,设计人应向发包人提出遵守新规定的建议。发包人应在收到建议后(　　)天内发出是否遵守新规定的指示。

A. 3　　B. 5　　C. 7　　D. 14

42. 建设工程设计合同条款规定,符合专用合同条款约定的开始设计条件的,发包人应提前(　　)天向设计人发出开始设计通知。

A. 5　　B. 7　　C. 14　　D. 21

43. 建设工程设计合同条款规定,因发包人原因造成合同签订之日起(　　)天内未能发出开始设计通知的,设计人有权提出价格调整要求,或者解除合同。

A. 30　　B. 60　　C. 90　　D. 120

44. 建设工程设计合同条款规定,发包人接收设计文件之后,可以自行或者组织专家会进行审查。发包人对于设计文件的审查期限,自文件接收之日起不应超过(　　)天。

A. 5　　B. 7　　C. 14　　D. 21

45. 建设工程设计合同条款规定,建设工程设计费用实行(　　)制度。

A. 设计人签证　　B. 发包人签证
C. 设计人申报　　D. 第三方签证

46. 建设工程设计合同条款规定,发包人应在收到设计人提交的定金或预付款支付申请后(　　)天内,将定金或预付款支付给设计人。

A. 14　　B. 21　　C. 28　　D. 35

47. 建设工程设计合同条款规定,发包人应在收到设计人提交的中期支付申请后的(　　)天内,将应付款项支付给设计人。

A. 14　　B. 21　　C. 28　　D. 42

48. 建设工程设计合同条款规定,合同工作完成后,设计人可按专用合同条款约定,向发包人提交设计费用结算申请,并提供相关证明材料。发包人应在收到费用结算申请后的(　　)天内,将应付款项支付给设计人。

A. 7　　B. 14　　C. 21　　D. 28

49. 建设工程设计合同条款规定,设计人发生违约情况时,发包人可向设计人发出(　　)通知。

A. 解除合同　　B. 变更合同　　C. 整改　　D. 暂停设计

50. 建设工程设计合同条款规定,发包人发生违约情况时,设计人可向发包人发出(　　)通知,要求其承担责任。

A. 延长周期　　B. 增加费用　　C. 暂停设计　　D. 解除合同

51. 根据有关法律规定,在履行建设工程设计合同过程中,乙方当事人因第三人的原因造成违约的,(　　)。

A. 乙方当事人应当向甲方当事人承担违约责任
B. 第三人应当向甲方当事人承担违约责任
C. 乙方当事人的违约责任可以免除
D. 乙方当事人和第三人共同向甲方当事人承担违约责任

二、多项选择题

1. 建设工程勘察合同文本的构成包括(　　)。

A. 工程量清单　　B. 通用合同条款
C. 专用合同条款　　D. 项目专用合同条款
E. 合同附件格式

2. 建设工程勘察合同文本合同文件的组成包括(　　)。

A. 中标通知书　　　　B. 投标函和投标函附录

C. 发包人要求　　　　D. 勘察费用清单

E. 技术规范

3. 建设工程勘察合同文本合同附件包括(　　)。

A. 合同协议书　　　　B. 中标通知书

C. 投标保证金格式　　　　D. 履约保证金格式

E. 投标函及投标函附录

4. 根据有关规定,建设工程勘察合同的勘察人必须具备的条件包括(　　)。

A. 必须具备法人资格

B. 须持有工商行政管理部门核发的企业法人营业执照并且必须在其核准的经营范围内从事建设活动

C. 必须持有建设行政主管部门颁发的工程勘察资质证书、工程勘察收费资格证书,而且应当在其资质等级许可的范围内承揽建设工程勘察业务

D. 必须有从事相应建设工程勘察业务的人员、设备及设施

E. 必须具有订立工程勘察合同以及履行勘察合同的能力

5. 根据有关规定,订立建设工程勘察合同时应约定的主要内容包括(　　)。

A. 勘察依据　　　　B. 发包人义务

C. 勘察人的一般义务　　　　D. 发包人应向勘察人提供的文件资料

E. 发包人对勘察人的奖励

6. 根据有关规定,建设工程勘察活动的主要依据包括(　　)。

A. 与工程有关的规范、标准、规程　　　　B. 工程基础资料及其他文件

C. 工程勘察合同及补充合同　　　　D. 工程设计和施工需求

E. 施工组织设计及施工方案

7. 订立建设工程勘察合同时应约定发包人向勘察人提供的文件资料。发包人应向勘察人提供的文件资料包括(　　)。

A. 本工程的批准文件(复印件),以及用地(附红线范围)、施工、勘察许可等批件(复印件)

B. 工程勘察任务委托书、技术要求和工作范围的地形图、建筑总平面布置图

C. 勘察工作范围已有的技术资料及工程所需的坐标与高程资料

D. 勘察工作范围地下已有埋藏物的资料(如电力、电信电缆、各种管道、人防设施、洞室等)及具体位置分布图

E. 有关合同文件,包括勘察合同、设计合同、施工合同及监理合同等

8. 建设工程勘察合同中约定的发包人义务包括(　　)。

A. 按合同约定向勘察人发出开始勘察通知

B. 按有关规定办理相关证件和批件

C. 按合同约定向勘察人支付合同价款

D. 按合同约定向勘察人提供勘察资料

E. 组织勘察人向施工单位进行技术交底

9. 建设工程勘察合同中约定的勘察人的一般义务包括(　　)。

A. 依法纳税
B. 完成全部勘察工作
C. 保证勘察作业规范、安全和环保
D. 审查专项施工方案的适用性
E. 避免勘探对公众与他人的利益造成损害

10. 下列有关勘察人指派项目负责人及项目负责人职责的说法中，正确的有(　　)。
A. 勘察人应按合同协议书的约定指派项目负责人，并在约定的期限内到职
B. 勘察人更换项目负责人应事先征得发包人同意，并应在更换 7 天前将拟更换的项目负责人的姓名和详细资料提交发包人
C. 项目负责人 2 天内不能履行职责的，应事先征得发包人同意，并委派代表代行其职责
D. 项目负责人应按合同约定以及发包人要求，负责组织合同工作的实施
E. 在情况紧急且无法与发包人取得联系时，可采取保证工程和人员生命财产安全的紧急措施，并在采取措施后 24 小时内向发包人提交书面报告

11. 下列有关工程勘察的一般要求的说法中，正确的有(　　)。
A. 发包人应当遵守法律和规范标准，不得以任何理由要求勘察人违反法律和工程质量、安全标准进行勘察服务，降低工程质量
B. 勘察人应按照法律规定，以及国家、行业和地方的规范和标准完成勘察工作，并应符合发包人要求
C. 各项规范、标准和发包人要求之间对同一内容的描述不一致时，应以发包人要求为准
D. 勘察人完成勘察工作所应遵守的法律规定，以及国家、行业和地方的规范和标准，均应视为在基准日适用的版本
E. 基准日之后，有新的法律、规范和标准实施的，勘察人应向发包人提出遵守新规定的建议。发包人应在收到建议后 7 天内发出是否遵守新规定的指示

12. 下列有关工程勘察试验要求的说法中，正确的有(　　)。
A. 勘察人应当根据岩土条件和测试方法特点，选用合适的原位测试方法和勘察设备进行原位测试
B. 勘察人应在试验之前按照要求清点样品数目，认定取样质量及数量是否满足试验需要
C. 试验之后应在有效期内保留备样，以备复核试验成果之用
D. 试验报告的格式应当符合 CMA 计量认证体系要求，加盖 CMA 章并由勘察单位项目负责人签字
E. 勘察人的试验室应当通过行业管理部门认可的 CMA 计量认证，具有相应的资格证书、试验人员和试验条件

13. 根据建设工程勘察合同条款的规定，下列工作所需费用应包含在勘察合同价格中的有(　　)
A. 收集资料，踏勘现场

B. 制订勘察纲要，编制勘察文件

C. 进行测绘、勘探、取样、试验

D. 发包人要求勘察人进行的试验检测、专项咨询

E. 农民工工伤保险，国家规定的增值税税金

14. 根据建设工程勘察合同条款规定，合同履行中发生下列情况，属勘察人违约的有(　　)。

A. 勘察文件不符合法律以及合同约定

B. 勘察人未按合同条款约定，向发包人提交中期支付申请

C. 勘察人未按合同计划完成勘察，从而造成工程损失

D. 勘察人无法履行或停止履行合同

E. 勘察人转包、违法分包或者未经发包人同意擅自分包

15. 根据建设工程勘察合同条款规定，合同履行中发生下列情况，属发包人违约的有(　　)。

A. 发包人未按合同约定支付勘察费用

B. 发包人原因造成勘察停止

C. 发包人无法履行或停止履行合同

D. 勘察人发生违约情况时，发包人未向勘察人发出整改通知

E. 发包人不履行合同约定的其他义务

16. 建设工程设计合同文本的构成包括(　　)。

A. 工程量清单　　B. 通用合同条款

C. 专用合同条款　　D. 项目专用合同条款

E. 合同附件格式

17. 建设工程设计合同文本合同文件的组成包括(　　)。

A. 中标通知书　　B. 投标函和投标函附录

C. 发包人要求　　D. 工程量清单

E. 设计方案

18. 建设工程设计合同文本合同附件格式包括(　　)。

A. 合同协议书　　B. 投标保证金格式

C. 设计费用清单　　D. 履约保证金格式

E. 中标通知书

19. 建设工程设计合同的内容所指的建设工程设计范围包括(　　)。

A. 工程范围　　B. 阶段范围

C. 时间范围　　D. 费用范围

E. 工作范围

20. 根据有关规定，建设工程的设计依据包括(　　)。

A. 工程基础资料及其他文件　　B. 设计服务合同及补充合同

C. 工程勘察文件和施工需求　　D. 勘察合同、施工合同

E. 合同履行中与设计服务有关的来往函件

21. 根据建设工程设计合同条款规定，发包人应向设计人提供的文件资料包括(　　)。

A. 基础资料　　B. 勘察报告

C. 设计任务书　　D. 施工组织设计

E. 专项施工方案

22. 建设工程设计合同条款规定的发包人的义务包括(　　)。

A. 发出开始设计通知　　B. 办理相关证件和批件

C. 提供履约担保　　D. 支付合同价款

E. 提供设计资料

23. 建设工程设计合同条款规定的设计人的一般义务包括(　　)。

A. 遵守法律　　B. 依法纳税

C. 完成全部设计工作　　D. 审核专项施工方案

E. 提供设计文件及相关服务

24. 下列关于设计文件要求的说法中,正确的有(　　)。

A. 设计文件的编制应符合法律法规、规范标准的强制性规定和发包人要求,相关设计依据应完整、准确、可靠,设计方案论证充分,计算成果规范可靠,并能够实施

B. 设计服务应当根据法律、规范标准和发包人要求,保证工程的合理使用寿命年限,并在设计文件中予以注明

C. 设计文件的深度应满足本合同相应设计阶段的规定要求,满足发包人的下步工作需要,并应符合国家和行业现行规定

D. 设计文件必须保证工程质量和施工安全等方面的要求,按照有关法律法规规定在设计文件中提出保障施工作业人员安全和预防生产安全事故的措施建议

E. 设计人应对设计文件的正确性和安全性负责,按照有关法律法规规定在设计文件中应对其正确性和安全性做出承诺

25. 下列各项工作所需费用包含在设计合同价格中的有(　　)。

A. 收集资料、踏勘现场　　B. 进行设计、评估、审查

C. 发包人要求设计人进行的专项咨询　　D. 编制设计文件、施工配合

E. 发包人要求设计人进行的试验检测

26. 建设工程设计合同条款规定,设计服务完成之前,由于(　　)的原因解除合同时,定金不予退还。

A. 发包人　　B. 不可抗力

C. 设计人　　D. 与设计人无关的第三方

E. 其他非设计人

27. 根据建设工程设计合同条款约定,合同履行中发生的下列情况,属设计人违约的有(　　)。

A. 设计文件不符合法律以及合同约定

B. 设计人转包、违法分包或者未经发包人同意擅自分包

C. 发包人发生违约情况时,设计人未向发包人发出暂停设计通知

D. 设计人未按合同计划完成设计,从而造成工程损失

E. 设计人无法履行或停止履行合同

28. 根据建设工程设计合同条款约定,合同履行中发生的下列情况,属发包人违约的有

(　　)。

A. 发包人未按合同约定支付设计费用

B. 发包人原因造成设计停止

C. 设计人发生违约情况时,发包人未向设计人发出整改通知

D. 发包人无法履行或停止履行合同

E. 发包人不履行合同约定的其他义务

习题答案及解析

1. D

【解析】九部委勘察合同文本适用于依法必须招标的与工程建设有关的勘察项目。九部委勘察合同文本有一项说明:房屋建筑和市政工程等工程勘察项目招标可以使用《建设工程勘察合同(示范文本)》(GF—2016—0203)。

2. D

【解析】(1)通用合同条款与专用合同条款是一整体,它们互相解释,互为说明。(2)“专用合同条款”可对“通用合同条款”进行补充、细化,但除“通用合同条款”明确规定可以作出不同约定外,“专用合同条款”补充和细化的内容不得与“通用合同条款”相抵触,否则抵触内容无效。

3. C

【解析】根据建设工程勘察合同文本,组成合同的各项文件应互相解释,互为说明。除专用合同条款另有约定外,解释合同文件的优先顺序如下:(1)合同协议书;(2)中标通知书;(3)投标函及投标函附录;(4)专用合同条款;(5)通用合同条款;(6)发包人要求;(7)勘察费用清单;(8)勘察纲要;(9)其他合同文件。

4. D

【解析】根据建设工程勘察合同文本,解释合同文件的优先顺序如下:(1)合同协议书;(2)中标通知书;(3)投标函及投标函附录;(4)专用合同条款;(5)通用合同条款;(6)发包人要求;(7)勘察费用清单;(8)勘察纲要;(9)其他合同文件。

5. D

【解析】除法律另有规定或合同另有约定外,发包人和勘察人的法定代表人或其委托代理人在合同协议书上签字并盖单位章后,合同生效。顺便说明一下,合同成立是合同生效的前提条件,有的合同其成立和生效是同一时间,而有的合同其成立和生效则不是同一时间。对于本题而言,选项D是最恰当合理的。如本题为多项选择题,则选项B、D均正确。

6. B

【解析】勘察合同履约保证金格式要求,如采用银行保函,应当提供无条件地、不可撤销担保。履约保证金的担保有效期自发包人与勘察人签订的合同生效之日起至发包人签收最后一批勘察成果文件之日起28日后失效。

7. D

【解析】建设工程勘察合同当事人包括发包人和勘察人。发包人通常可能是工程建设

项目的建设单位或者工程总承包单位。

8. B

【解析】除专用合同条款另有约定外，发包人应在合同签订后 14 天内，将发包人代表的姓名、职务、联系方式、授权范围和授权期限书面通知勘察人，由发包人代表在其授权范围和授权期限内，代表发包人行使权利、履行义务和处理合同履行中的具体事宜。发包人代表在授权范围内的行为由发包人承担法律责任。

9. C

【解析】勘察合同条款规定：发包人代表违反法律法规、违背职业道德守则或者不按合同约定履行职责及义务，导致合同无法继续正常履行的，勘察人有权通知发包人更换发包人代表。发包人收到通知后 7 天内，应当核实完毕并将处理结果通知勘察人。

10. D

【解析】勘察合同条款规定，发包人代表可以授权发包人的其他人员负责执行其指派的一项或多项工作。发包人代表应将被授权人员的姓名及其授权范围通知勘察人。被授权人员在授权范围内发出的指示视为已得到发包人代表的同意，与发包人代表发出的指示具有同等效力。

11. C

【解析】发包人可以根据工程建设需要确定是否委托监理人进行勘察监理。如果委托监理，则监理人享有合同约定的权力，其所发出的任何指示应视为已得到发包人的批准。监理人的监理范围、职责权限和总监理工程师信息，应在专用合同条款中指明。未经发包人批准，监理人无权修改合同。合同约定应由勘察人承担的义务和责任，不因监理人对勘察文件的审查或批准，以及为实施监理作出的指示等职务行为而减轻或解除。勘察人与监理人没有委托关系，监理人的行为不需要勘察人的批准或同意。

12. D

【解析】勘察合同条款规定：发包人应按合同约定向勘察人发出指示，发包人的指示应盖有发包人单位章，并由发包人代表签字确认。勘察人收到发包人作出的指示后应遵照执行。

13. C

【解析】勘察合同条款规定：在紧急情况下，发包人代表或其授权人员可以当场签发临时书面指示，勘察人应遵照执行。

14. B

【解析】勘察合同条款规定：在紧急情况下，发包人代表或其授权人员可以当场签发临时书面指示，勘察人应遵照执行。发包人代表应在临时书面指示发出后 24 小时内发出书面确认函，逾期未发出书面确认函的，该临时书面指示应被视为发包人的正式指示。

15. C

【解析】发包人应在专用合同条款约定的时间之内，对勘察人书面提出的事项作出书面答复；逾期没有做出答复的，视为已获得发包人的批准。

16. A

【解析】工程勘察测绘要求如下：(1) 除专用合同条款另有约定外，发包人应在开始勘察前7日内,向勘察人提供测量基准点、水准点和书面资料等;勘察人应根据国家测绘基准、测绘系统和工程测量技术规范,按发包人要求的基准点以及合同工程精度要求,进行测绘。(2)勘察人测绘之前,应当认真核对测绘数据,保证引用数据和原始数据准确无误测绘工作应由测量人员如实记录,不得补记、涂改或者损坏。(3)工程勘探之前,勘察人应当严格按照勘察方案的孔位坐标,进行测量放线并在实地位置定位,埋设带有编号且不易移动的标志桩进行定位控制。

17. A

【解析】工程勘察中的勘探要求如下:(1)勘察人应当根据勘察目的和岩土特性,合理选择钻探、井探、槽探、洞探和地球物理勘探等勘探方法。(2)勘察人应当充分考虑勘探方法对于自然环境、周边设施、建构筑物、地下管线、架空线和其他物体的影响,采用切实有效的措施进行防范控制,不得造成损坏或中断运行。(3)勘察人应在标定的孔位处进行勘探,不得随意改动位置。勘探方法、勘探机具、勘探记录、取样编录与描述,孔位标记、孔位封闭等事项,应当严格执行规范标准,按实填写勘探报表和勘探日志。(4)勘探工作完成后,勘察人应当按照规范要求及时封孔,并将封孔记录整理存档。勘察人应通知发包人、行政主管部门及使用维护单位进行现场验收。验收通过之后如果发生沉陷,勘察人应当及时进行二次封孔和现场验收。

18. C

【解析】工程勘察中的取样要求如下:(1)勘察人应当按照勘探取样规范规程中的相关规定,根据地层特征、取样深度、设备条件和试验项目的不同,合理选用取样方法和取样工具进行取样,包括并不限于土样、水样、岩芯等。(2)取样后的样品应当根据其类别、性质和特点等进行封装、储存和运输。样品搬运之前,宜用数码相机进行现场拍照;运输途中应当采用柔软材料充填、尽量避免振动和阳光曝晒;装卸之时尽量轻拿轻放,以免样品损坏。(3)取样后的样品应当填写和粘贴标签,标签内容包括并不限于工程名称、孔号、样品编号、取样深度、样品名称、取样日期、取样人姓名、施工机组等。

19. C

【解析】勘察费用实行发包人签证制度,即勘察人完成勘察项目后通知发包人进行验收,通过验收后由发包人代表对实施的勘察项目、数量、质量和实施时间签字确认,以此作为计算勘察费用的依据之一。

20. C

【解析】建设工程勘察合同条款规定,定金或预付款应专用于本工程的勘察。发包人应在收到定金或预付款支付申请后28天内,将定金或预付款支付给勘察人;勘察人应当提供等额的增值税发票。

21. C

【解析】建设工程勘察合同条款规定,勘察服务完成之前,由于不可抗力或其他非勘察人的原因解除合同时,定金不予退还。

22. C

【解析】建设工程勘察合同条款规定,勘察人应按合同条款约定的格式及份数,向发包人提交中期支付申请,并附相应的支持性证明文件。发包人应在收到中期支付申请后的28天内,将应付款项支付给勘察人;勘察人应当提供等额的增值税发票。发包人未能在前述时间内完成审批或不予答复的,视为发包人同意中期支付申请。发包人不按期支付的,按专用合同条款的约定支付逾期付款违约金。

23. C

【解析】建设工程勘察合同条款规定,合同工作完成后,勘察人可按专用合同条款约定的份数和期限,向发包人提交勘察费用结算申请,并提供相关证明材料。发包人应在收到费用结算申请后的28天内,将应付款项支付给勘察人;勘察人应当提供等额的增值税发票。发包人未能在前述时间内完成审批或不予答复的,视为发包人同意费用结算申请。发包人不按期支付的,按专用合同条款的约定支付逾期付款违约金。发包人对费用结算申请内容有异议的,有权要求勘察人进行修正和提供补充资料,由勘察人重新提交。

24. D

【解析】建设工程勘察合同条款规定,勘察人发生违约情况时,发包人可向勘察人发出整改通知,要求其在限定期限内纠正;逾期仍不纠正的,发包人有权解除合同并向勘察人发出解除合同通知。勘察人应当承担由于违约所造成的费用增加、周期延误和发包人损失等。

25. B

【解析】根据合同法规定,在履行合同过程中,一方当事人因第三人的原因造成违约的,应当向对方当事人承担违约责任。一方当事人和第三人之间的纠纷,依照法律规定或者按照约定解决。

26. D

【解析】九部委设计合同文本适用于依法必须招标的与工程建设有关的设计项目。九部委设计合同文本有一项说明:房屋建筑和市政工程等工程设计项目招标可以使用《建设工程设计合同示范文本(房屋建筑工程)》(GF—2015—0209)、《建设工程设计合同示范文本(专业建设工程)》(GF—2015—0210)。

27. B

【解析】建设工程设计合同文本合同条款包括通用合同条款和专用合同条款。

"专用合同条款"可对"通用合同条款"进行补充、细化,但除"通用合同条款"明确规定可以作出不同约定外。"专用合同条款"补充和细化的内容不得与"通用合同条款"相抵触,否则抵触内容无效。

28. B

【解析】组成合同的各项文件应互相解释,互为说明。除专用合同条款另有约定外,解释合同文件的优先顺序如下:(1)合同协议书;(2)中标通知书;(3)投标函及投标函附录;(4)专用合同条款;(5)通用合同条款;(6)发包人要求;(7)设计费用清单;(8)设计方案;(9)其他合同文件。

29. C

【解析】国家九部委设计合同文本履约保证金格式要求,如采用银行保函,应当提供无条件地、不可撤销担保。

30. C

【解析】建设工程设计合同文本规定,履约担保有效期自发包人与设计人签订的合同生效之日起至发包人签收最后一批设计成果文件之日起28日后失效。

31. D

【解析】建设工程设计合同文本规定,发包人和设计人变更合同时,无论担保人是否收到该变更,担保人承担担保规定的义务不变。

32. D

【解析】建设工程设计合同当事人包括发包人和设计人。发包人通常也是工程建设项目的业主(建设单位)或者项目管理部门(如工程总承包单位)。承包人则是设计人,设计人须为具有相应设计资质的企业法人。

33. B

【解析】除专用合同条款另有约定外,发包人应在合同签订后14天内,将发包人代表的姓名职务、联系方式、授权范围和授权期限书面通知设计人,由发包人代表在其授权范围和授权期限内,代表发包人行使权利、履行义务和处理合同履行中的具体事宜。发包人代表在授权范围内的行为由发包人承担法律责任。

34. B

【解析】发包人应按合同约定向设计人发出指示,发包人的指示应盖有发包人单位章,并由发包人代表签字确认。

35. A

【解析】建设工程设计合同条款规定,设计人应按合同协议书的约定指派项目负责人,并在约定的期限内到职。项目负责人应按合同约定以及发包人要求,负责组织合同工作的实施。

36. B

【解析】建设工程设计合同条款规定,设计人更换项目负责人应事先征得发包人同意,并应在更换14天前将拟更换的项目负责人的姓名和详细资料提交发包人。

37. B

【解析】建设工程设计合同条款规定,项目负责人2天内不能履行职责的,应事先征得发包人同意,并委派代表代行其职责。

38. B

【解析】设计人委派的项目负责人应按合同约定以及发包人要求,负责组织合同工作的实施。在情况紧急且无法与发包人取得联系时,设计人的项目负责人可采取保证工程和人员生命财产安全的紧急措施,并在采取措施后24小时内向发包人提交书面报告。

39. B

【解析】建设工程设计合同条款规定,设计人为履行合同发出的一切函件均应盖有设计人单位章,并由设计人的项目负责人签字确认。

40. D

【解析】设计人应按照法律规定,以及国家、行业和地方的规范和标准完成设计工作,并应符合发包人要求。各项规范、标准和发包人要求之间如对同一内容的描述不一致时,应以描述更为严格的内容为准。

41. C

【解析】除专用合同条款另有约定外,设计人完成设计工作所应遵守的法律规定,以及国家、行业和地方的规范和标准,均应视为在基准日适用的版本。基准日之后,前述版本发生重大变化,或者有新的法律,以及国家、行业和地方的规范和标准实施的,设计人应向发包人提出遵守新规定的建议。发包人应在收到建议后7天内发出是否遵守新规定的指示。

42. B

【解析】符合专用合同条款约定的开始设计条件的,发包人应提前7天向设计人发出开始设计通知。设计服务期限自开始设计通知中载明的开始设计日期起计算。

43. C

【解析】除专用合同条款另有约定外,因发包人原因造成合同签订之日起90天内未能发出开始设计通知的,设计人有权提出价格调整要求,或者解除合同。发包人应当承担由此增加的费用和(或)周期延误。

44. C

【解析】发包人接收设计文件之后,可以自行或者组织专家会进行审查,设计人应当给予配合。发包人对于设计文件的审查期限,自文件接收之日起不应超过14天。发包人逾期未做出审查结论且未提出异议的,视为设计人的设计文件已经通过发包人审查。

45. B

【解析】建设工程设计费用实行发包人签证制度,即设计人完成设计项目后通知发包人进行验收,通过验收后由发包人代表对实施的设计项目、数量、质量和实施时间签字确认,以此作为计算设计费用的依据之一。

46. C

【解析】建设工程设计合同条款规定,定金或预付款应专用于本工程的设计。发包人应在收到定金或预付款支付申请后28天内,将定金或预付款支付给设计人;设计人应当提供等额的增值税发票。

47. C

【解析】设计人应按合同条款约定,向发包人提交中期支付申请,并附相应的支持性证明文件。发包人应在收到中期支付申请后的28天内,将应付款项支付给设计人;设计人应当提供等额的增值税发票。发包人未能在前述时间内完成审批或不予答复的,视为发包人同意中期支付申请。

48. D

【解析】合同工作完成后,设计人可按专用合同条款约定的份数和期限,向发包人提交设计费用结算申请,并提供相关证明材料。发包人应在收到费用结算申请后的28天内,将应付款项支付给设计人;设计人应当提供等额的增值税发票。发包人未能在前述时间内完成审批或不予答复的,视为发包人同意费用结算申请。发包人不按期支付的,按专用合同条款的约定支付逾期付款违约金。

49. C

【解析】工程设计合同履行中设计人发生违约情况时,发包人可向设计人发出整改通知,要求其在限定期限内纠正;逾期仍不纠正的,发包人有权解除合同并向设计人发出解除合同通知。设计人应当承担由于违约所造成的费用增加、周期延误和发包人损失等。

50. C

【解析】发包人发生违约情况时，设计人可向发包人发出暂停设计通知，要求其在限定期限内纠正；逾期仍不纠正的，设计人有权解除合同并向发包人发出解除合同通知。发包人应当承担由于违约所造成的费用增加、周期延误和设计人损失等。

51. A

【解析】根据合同法规定，在履行合同过程中，乙方当事人因第三人的原因造成违约的，应当向对方当事人承担违约责任。乙方当事人和第三人之间的纠纷，依照法律规定或者按照约定解决。

二、多项选择题

1. BCE

【解析】2017年9月4日国家发展改革委会同工业和信息化部、住房和城乡建设部、交通运输部、水利部、商务部、国家新闻出版广电总局、国家铁路局、中国民用航空局，发布了《标准勘察招标文件》，其中，包含有合同条款。工程实践中，通常以该《标准勘察招标文件》为依据，介绍建设工程勘察合同的内容，并将该合同文本简称为九部委勘察合同文本。九部委勘察合同文本由通用合同条款、专用合同条款和合同附件格式构成。

2. ABCD

【解析】九部委勘察合同文本合同文件组成包括：合同协议书、中标通知书、投标函和投标函附录、专用合同条款、通用合同条款、发包人要求、勘察费用清单、勘察纲要，以及其他构成合同组成部分的文件。

3. AD

【解析】九部委勘察合同文本合同附件包括合同协议书和履约保证金格式。

4. ABC

【解析】根据国家相关法律规定，作为建设工程勘察合同的一方当事人，勘察人必须具备以下条件：(1)必须具备法人资格。(2)须持有工商行政管理部门核发的企业法人营业执照，并且必须在其核准的经营范围内从事建设活动。(3)必须持有建设行政主管部门颁发的工程勘察资质证书、工程勘察收费资格证书，而且应当在其资质等级许可的范围内承揽建设工程勘察业务。事实上，选项D包含在选项C中，选项E则包含在选项A中。

5. ABCD

【解析】订立建设工程勘察合同时应约定的主要内容包括：(1)勘察依据；(2)发包人应向勘察人提供的文件资料；(3)发包人义务；(4)勘察人的一般义务。

6. ABCD

【解析】除专用合同条款另有约定外，工程的勘察依据如下：(1)适用的法律、行政法规及部门规章；(2)与工程有关的规范、标准、规程；(3)工程基础资料及其他文件；(4)本勘察合同及补充合同；(5)本工程设计和施工需求；(6)合同履行中与勘察服务有关的来往函件；(7)其他勘察依据。

7. ABCD

【解析】发包人应及时向勘察人提供下列文件资料，并对其准确性、可靠性负责，通常包括:(1)本工程的批准文件(复印件),以及用地(附红线范围)、施工、勘察许可等批件(复印件)。(2)工程勘察任务委托书、技术要求和工作范围的地形图、建筑总平面布置图。(3)勘察工作范围已有的技术资料及工程所需的坐标与高程资料。(4)勘察工作范围地下已有埋藏物的资料(如电力、电信电缆、各种管道、人防设施、洞室等)及具体位置分布图。(5)其他必要相关资料。如果发包人不能提供上述资料,一项或多项由勘察人收集时,订立合同时应予以明确,发包人需向勘察人支付相应费用。

8. ABCD

【解析】建设工程勘察合同中约定的发包人义务包括:(1)遵守法律。发包人在履行合同过程中应遵守法律,并保证勘察人免于承担因发包人违反法律而引起的任何责任。(2)发出开始勘察通知。发包人应按约定向勘察人发出开始勘察通知。(3)办理证件和批件。法律规定和(或)合同约定由发包人负责办理的工程建设项目必须履行的各类审批、核准或备案手续,发包人应当按时办理,勘察人应给予必要的协助。(4)支付合同价款。发包人应按合同约定向勘察人及时支付合同价款。(5)提供勘察资料。发包人应按约定向勘察人提供勘察资料。(6)其他义务。发包人应履行合同约定的其他义务。

9. ABCE

【解析】建设工程勘察合同中约定的勘察人的一般义务包括:(1)遵守法律。(2)依法纳税。(3)完成全部勘察工作。(4)保证勘察作业规范、安全和环保。(5)避免勘探对公众与他人的利益造成损害。(6)其他义务。

10. ACDE

【解析】(1)项目负责人的指派:勘察人应按合同协议书的约定指派项目负责人,并在约定的期限内到职。勘察人更换项目负责人应事先征得发包人同意,并应在更换14天前将拟更换的项目负责人的姓名和详细资料提交发包人。项目负责人2天内不能履行职责的,应事先征得发包人同意,并委派代表代行其职责。(2)项目负责人的职责:项目负责人应按合同约定以及发包人要求,负责组织合同工作的实施。在情况紧急且无法与发包人取得联系时,可采取保证工程和人员生命财产安全的紧急措施,并在采取措施后24小时内向发包人提交书面报告。

11. ABDE

【解析】(1)发包人应当遵守法律和规范标准,不得以任何理由要求勘察人违反法律和工程质量、安全标准进行勘察服务,降低工程质量。(2)勘察人应按照法律规定,以及国家、行业和地方的规范和标准完成勘察工作,并应符合发包人要求。(3)各项规范、标准和发包人要求之间对同一内容的描述不一致时,应以描述更为严格的内容为准。(4)除专用合同条款另有约定外,勘察人完成勘察工作所应遵守的法律规定,以及国家、行业和地方的规范和标准,均应视为在基准日适用的版本。(5)基准日之后,前述版本发生重大变化,或者有新的法律,以及国家、行业和地方的规范和标准实施的,勘察人应向发包人提出遵守新规定的建议。发包人应在收到建议后7天内发出是否遵守新规定的指示。

12. ABCE

【解析】工程勘察试验要求如下:(1)勘察人应当根据岩土条件和测试方法特点,选用合适的原位测试方法和勘察设备进行原位测试。原位测试成果应与室内试验数据进行对比分析,检验其可靠性。(2)勘察人的试验室应当通过行业管理部门认可的CMA计量认证,具有相应的资格证书、试验人员和试验条件，否则应当委托第三方试验室进行室内试验。(3)勘察人应在试验之前按照要求清点样品数目，认定取样质量及数量是否满足试验需要；勘察设备应当检定合格，性能参数满足试验要求，严格按照规范标准的相应规定进行试验操作；试验之后应在有效期内保留备样，以备复核试验成果之用，并按规范标准规定处理余土和废液，符合环境保护、健康卫生等要求。(4)试验报告的格式应当符合CMA计量认证体系要求，加盖CMA章并由试验负责人签字确认；试验负责人应当通过计量认证考核，并由项目负责人授权许可。

13. ABCE

【解析】除专用合同条款另有约定外，合同价格应当包括收集资料，踏勘现场，制订勘察纲要，进行测绘、勘探、取样、试验、测试、分析、评估、配合审查等，编制勘察文件，设计施工配合，青苗和园林绿化补偿，占地补偿，扰民及民扰，占道施工，安全防护、文明施工环境保护，农民工工伤保险等全部费用和国家规定的增值税税金。发包人要求勘察人进行外出考察、试验检测、专项咨询或专家评审时，相应费用不含在合同价格之中，由发包人另行支付。

14. ACDE

【解析】建设工程勘察合同条款规定：合同履行中发生下列情况之一的，属勘察人违约：(1)勘察文件不符合法律以及合同约定；(2)勘察人转包、违法分包或者未经发包人同意擅自分包；(3)勘察人未按合同计划完成勘察，从而造成工程损失；(4)勘察人无法履行或停止履行合同；(5)勘察人不履行合同约定的其他义务。

15. ABCE

【解析】建设工程勘察合同条款约定，合同履行中发生下列情况之一的，属发包人违约：(1)发包人未按合同约定支付勘察费用；(2)发包人原因造成勘察停止；(3)发包人无法履行或停止履行合同；(4)发包人不履行合同约定的其他义务。发包人发生违约情况时，勘察人可向发包人发出暂停勘察通知，要求其在限定期限内纠正；逾期仍不纠正的，勘察人有权解除合同并向发包人发出解除合同通知。发包人应当承担由于违约所造成的费用增加、周期延误和勘察人损失等。

16. BCE

【解析】2017年9月4日国家发展改革委会同工业和信息化部、住房和城乡建设部、交通运输部、水利部、商务部、国家新闻出版广电总局、国家铁路局、中国民用航空局，发布了《标准设计招标文件》，其中，包含有合同条款。工程实践中，通常以该《标准设计招标文件》为依据，介绍建设工程设计合同的内容，并将该合同文本简称为九部委设计合同文本。九部委设计合同文本由通用合同条款、专用合同条款和合同附件格式构成。

17. ABCE

【解析】建设工程设计合同文本合同文件的组成包括：合同协议书、中标通知书、投标函和投标函附录、专用合同条款、通用合同条款、发包人要求、设计费用清单、设计方案，以及其他构成合同组成部分的文件。

18. AD

【解析】九部委设计合同文本合同附件格式包括合同协议书和履约保证金格式。设计人按中标通知书规定的时间与发包人签订合同协议书。发包人和设计人的法定代表人或其委托代理人在合同协议书上签字并盖单位章后，合同生效。

19. ABE

【解析】建设工程设计合同的内容所指的建设工程设计范围,包括工程范围、阶段范围和工作范围,具体设计范围应当根据三者之间的关联内容进行确定。

20. ABCE

【解析】除专用合同条款另有约定外,工程的设计依据如下:(1)适用的法律、行政法规及部门规章;(2)与工程有关的规范、标准、规程;(3)工程基础资料及其他文件;(4)本设计服务合同及补充合同;(5)本工程勘察文件和施工需求;(6)合同履行中与设计服务有关的来往函件;(7)其他设计依据。

21. ABC

【解析】按专用合同条款约定,发包人应向设计人提供的文件资料包括基础资料、勘察报告、设计任务书等,发包人应按约定的数量和期限交给设计人。

22. ABDE

【解析】建设工程设计合同条款规定的发包人的义务包括:(1)遵守法律;(2)发出开始设计通知;(3)办理证件和批件;(4)支付合同价款;(5)提供设计资料;(6)其他义务。

23. ABCE

【解析】建设工程设计合同条款规定的设计人的一般义务包括:(1)遵守法律;(2)依法纳税;(3)完成全部设计工作;(4)提供设计文件及相关服务;(5)设计人应履行合同约定的其他义务。

24. ABCD

【解析】设计文件要求如下:(1)设计文件的编制应符合法律法规、规范标准的强制性规定和发包人要求,相关设计依据应完整、准确、可靠,设计方案论证充分,计算成果规范可靠,并能够实施。(2)设计服务应当根据法律、规范标准和发包人要求,保证工程的合理使用寿命年限,并在设计文件中予以注明。(3)设计文件的深度应满足本合同相应设计阶段的规定要求,满足发包人的下步工作需要,并应符合国家和行业现行规定。(4)设计文件必须保证工程质量和施工安全等方面的要求,按照有关法律法规规定在设计文件中提出保障施工作业人员安全和预防生产安全事故的措施建议。

25. ABD

【解析】(1)合同价格应当包括收集资料,踏勘现场,进行设计、评估、审查等,编制设计文件,施工配合等全部费用和国家规定的增值税税金。(2)发包人要求设计人进行外出考察、试验检测、专项咨询或专家评审时,相应费用不含在合同价格之中,由发包人另行支付。

26. ABDE

【解析】建设工程设计合同条款规定,设计服务完成之前,由于不可抗力或其他非设计人的原因解除合同时,定金不予退还。

27. ABDE

【解析】合同履行中发生下列情况之一的,属设计人违约:(1)设计文件不符合法律以及合同约定;(2)设计人转包、违法分包或者未经发包人同意擅自分包;(3)设计人未按合同计划完成设计,从而造成工程损失;(4)设计人无法履行或停止履行合同;(5)设计人不履行合同约定的其他义务。

28. ABDE

【解析】合同履行中发生下列情况之一的,属发包人违约:(1)发包人未按合同约定支付设计费用;(2)发包人原因造成设计停止;(3)发包人无法履行或停止履行合同;(4)发包人不履行合同约定的其他义务。

第六章　建设工程施工合同管理

习 题 精 练

一、单项选择题

1. 国家九部委联合颁发的《标准施工招标文件》一般适用于(　　)。
   A. 规模较小、技术简单的工程项目施工招标
   B. 技术简单、工期较短的工程项目施工招标
   C. 一般的工程项目,且设计和施工是由同一承包人承担的工程施工招标
   D. 一定规模以上,且设计和施工不是由同一承包人承担的工程施工招标
2. 国家九部委在2012年颁发的《简明标准施工招标文件》的适用范围是(　　)。
   A. 一定规模以上,且设计和施工不是由同一承包人承担的工程施工招标
   B. 中小规模的,且设计和施工是由同一承包人承担的工程施工招标
   C. 工期不超过12个月、技术相对简单、且设计和施工不是由同一承包人承担的小型项目施工招标
   D. 工期不超过12个月、技术相对简单、且设计和施工是由同一承包人承担的小型项目施工招标
3. 下列有关行业标准施工合同的说法中,不正确的是(　　)。
   A. 各行业编制的标准施工合同应不加修改地引用《标准施工招标文件》中的"通用合同条款"
   B. 各行业编制的标准施工招标文件中的"专用合同条款"可结合施工项目的具体特点,对标准的"通用合同条款"进行补充、细化和修改
   C. 除"通用合同条款"明确"专用合同条款"可做出不同约定外,"专用合同条款"对"通用合同条款"补充和细化的内容不得与"通用合同条款"的规定相抵触,否则抵触内容无效
   D. "专用合同条款"和"通用合同条款"是一个整体,它们应互相解释、互为说明
4. 标准施工合同的通用条款的组成包括(　　)。
   A. 20条,共计108款　　B. 17条,共计69款
   C. 24条,共计131款　　D. 72条,共计194款
5. 标准施工合同文本根据通用条款的规定,在专用条款中针对(　　)做出了应用的参考说明。
   A. 18条36款　　B. 22条50款　　C. 12条24款　　D. 23条52款

6. 施工合同组成文件中唯一需要发包人和承包人同时签字盖章的是(　　)。

A. 中标通知书　　B. 投标函　　C. 合同协议书　　D. 工程量清单

7. 标准施工合同要求中标人提供的履约担保的形式为(　　),并给出了该担保的标准格式。

A. 银行汇票　　B. 银行保函　　C. 保兑支票　　D. 现金

8. 标准施工合同规定的履约保函的担保期限自发包人和承包人签订合同之日起,至(　　)止。

A. 承包人提交工程交工验收申请之日　　B. 工程通过竣工验收之日

C. 签发工程移交证书之日　　D. 工程缺陷责任期满之日

9. 标准施工合同规定的履约保函的担保方式为(　　)。

A. 有条件担保　　B. 无条件担保　　C. 无限担保　　D. 有限担保

10. 标准施工合同履约担保格式中,担保人承诺在符合担保赔偿条件时,在收到被担保人书面提出的在担保金额内的赔偿要求后,在(　　)天内无条件支付。

A. 5　　B. 7　　C. 14　　D. 21

11. 下列有关标准施工合同规定的预付款担保的说法中,不正确的是(　　)。

A. 预付款担保采用银行保函形式

B. 担保方式采用有条件担保方式

C. 担保期限自预付款支付给承包人起生效,至发包人签发的进度付款支付证书说明已完全扣清预付款止

D. 担保金额与预付款或剩余预付款的金额相等

12. 下列有关简明施工合同特点的说法中,不正确的是(　　)。

A. 简明施工合同适用于工期在 12 个月内的中小工程施工

B. 简明施工合同是对标准施工合同简化的文本

C. 适用于简明施工合同的工程通常由承包人负责材料和设备的供应

D. 简明施工合同通用条款包括 17 条共计共 69 款

13. 标准施工合同通用条款规定,监理人未能按合同约定发出指示、指示延误或指示错误而导致承包人施工成本增加和(或)工期延误,由(　　)承担赔偿责任。

A. 监理人　　B. 发包人和承包人共同

C. 发包人　　D. 监理人和发包人共同

14. 监理人对承包人提交的专项施工方案的审查批准,(　　)减轻或解除承包人承担的施工安全的义务和责任。

A. 可以　　B. 发包人同意后可以

C. 不可以　　D. 承包人申请后可以

15. 根据标准施工合同通用条款规定,下列解释合同的优先次序正确的是(　　)。

A. ①通用合同条款;②投标函;③技术标准和要求;④合同协议书

B. ①合同协议书;②已标价的工程量清单;③专用合同条款;④投标函

C. ①合同协议书;②技术标准和要求;③专用合同条款;④中标通知书

D. ①合同协议书;②投标函;③专用合同条款;④技术标准和要求

16. 组成施工合同的各文件中出现含义或内容的矛盾时，根据合同文件优先解释的顺序为(　　)。

A. 由发包人来解释合同文件之间的歧义

B. 由承包人来解释合同文件之间的歧义

C. 由发包人和承包人共同来解释文件之间的歧义

D. 总监理工程师应与发包人和承包人进行协商，尽量达成一致。不能达成一致时，总监理工程师应认真研究后审慎确定

17. 中标通知书中写明的投标人的中标价应是(　　)。

A. 该投标人的原始投标报价

B. 在评标过程中量化调整后得到的该投标人的评标价

C. 在评标过程中计算得到的该投标人的评标基准价

D. 在评标过程中对投标人原始投标报价的计算或书写错误进行修正后，作为该投标人评标的基准价格

18. 下列有关投标函及投标函附录的说法中，不正确的是(　　)。

A. 投标函是投标人置于投标文件首页的保证中标后与发包人签订合同、按照要求提供履约担保、按期完成施工任务的承诺文件

B. 投标函附录是投标函内承诺部分主要内容的细化，包括项目经理的人选、工期、缺陷责任期、分包的工程部位、公式法调价的基数和系数等的具体说明

C. 投标函及投标函附录等同于投标书及其附件，是指整个投标文件

D. 投标函及投标函附录是施工合同文件的组成部分

19. 根据合同文件规定，下列有关中标人的投标文件的说法中，正确的是(　　)。

A. 投标文件中的所有内容在订立合同后允许进行修改或调整

B. 投标文件中的部分内容在订立合同后允许进行修改或调整

C. 投标文件中的所有内容在订立合同后不允许进行修改或调整

D. 投标文件中的部分内容在经发包人同意后在订立合同后允许进行修改或调整

20. 下列有关标准施工合同及施工图纸的说法中，不正确的是(　　)。

A. 标准施工合同适用于发包人提供设计图纸，承包人负责施工的建设项目

B. 订立合同时必须明确约定发包人一次性提供施工图纸的期限和数量

C. 如果承包人有专利技术且有相应的设计资质，可能约定由承包人完成部分施工图设计

D. 如果约定由承包人完成部分施工图设计，此时订立合同时应明确约定承包人的设计范围，提交设计文件的期限、数量，以及监理人签发图纸修改的期限等

21. 根据标准施工合同条款的规定，异常恶劣的气候条件属于(　　)的责任。

A. 承包人　　B. 发包人

C. 发包人和承包人共同　　D. 担保人

22. 根据标准施工合同条款的规定，不利气候条件对施工的影响属于(　　)应承担的风险。

A. 承包人　　B. 发包人

C. 发包人和承包人共同　　D. 担保人

23. 标准施工合同通用条款规定的基准日期是指投标截止时间前(　　)天的日期。

A. 14　　B. 21　　C. 28　　D. 35

24. 标准施工合同通用条款规定,承包人以基准日期前的市场价格编制工程报价,长期合同中调价公式中的可调因素价格指数来源于(　　)。

A. 基准日期前的市场价格　　B. 基准日的价格

C. 承包人市场调查的价格　　D. 发包人确定的价格

25. 标准施工合同通用条款规定,基准日期后,因法律法规、规范标准等的变化,导致承包人在合同履行中所需要的工程成本发生约定以外的增减时,(　　)。

A. 不应调整合同价款

B. 由监理人确定是否调整合同价款

C. 应调整合同价款

D. 由发包人与监理人协商是否调整合同价款

26. 施工合同履行期间市场价格浮动对施工成本造成的影响是否允许调整合同价格,要视(　　)来决定。

A. 价格浮动的幅度　　B. 价格浮动的绝对值

C. 合同工期的长短　　D. 对施工成本造成影响的程度

27. 工期在12个月以内的施工合同在其履行期间通常(　　)市场价格变化调整合同价款。

A. 应考虑　　B. 由发包人决定是否考虑

C. 不考虑　　D. 由发包人与监理人协商是否考虑

28. 工期在12个月以上的施工合同在其履行期间通常(　　)市场价格变化调整合同价款。

A. 应考虑　　B. 由发包人决定是否考虑

C. 不考虑　　D. 由发包人与监理人协商是否考虑

29. 针对工期在12个月以上的施工合同,标准施工合同通用条款规定用公式法调价,该调整价格的方法适用于(　　)。

A. 工程量清单中所有支付项目的工程款

B. 工程量清单中发包人确定的支付项目的工程款

C. 工程量清单中按单价支付部分的工程款

D. 工程量清单中按总价支付部分的工程款

30. 针对工期在12个月以上的施工合同,标准施工合同通用条款规定用公式法调价。其给出的调价公式中的各可调因子的现行价格指数,是指约定的付款证书相关周期最后一天的前(　　)天的各可调因子的价格指数。

A. 28　　B. 35　　C. 42　　D. 49

31. 针对工期在12个月以上的施工合同,标准施工合同通用条款规定用公式法调价。其给出的调价公式中的各可调因子的基本价格指数,是指(　　)的各可调因子的价格指数。

A. 基准日期前28天　　B. 基准日期

C. 价格调整之日　　D. 承包人提交中期支付申请之日

32. 针对工期在12个月以上的施工合同,标准施工合同通用条款规定用公式法调价。价格调整公式中的各可调因子、定值和变值权重,以及基本价格指数及其来源在(　　)中约定。

A. 合同协议书　　B. 中标通知书

C. 投标函附录　　D. 专用合同条款

33. 针对工期在12个月以上的施工合同,标准施工合同通用条款规定用公式法调价。价格调整公式中的价格指数应首先采用(　　)。

A. 发包人提供的价格指数

B. 承包人根据市场调查得到的价格指数

C. 工程项目所在地有关行政管理部门提供的价格指数

D. 监理人根据市场分析论证得到的价格指数

34. 标准施工合同通用条款规定由(　　)负责办理建筑工程一切险、安装工程一切险和第三者责任保险,并承担办理保险的费用。

A. 发包人　　B. 承包人　　C. 监理人　　D. 行政管理部门

35. 如果一个建设工程项目的施工采用平行发包的方式,此时由(　　)投保工程保险和第三者责任保险为宜。

A. 发包人　　B. 承包人　　C. 监理人　　D. 行政管理部门

36. 标准施工合同通用条款规定,无论是由承包人还是发包人办理工程保险和第三者责任保险,均必须以(　　)名义投保。

A. 发包人　　B. 承包人

C. 监理人　　D. 发包人和承包人的共同

37. 如果投保工程一切险的保险金额少于工程实际价值,工程受到保险事件的损害时,不能从保险公司获得实际损失的全额赔偿,则损失赔偿的不足部分按合同相应条款的约定由(　　)负责补偿。

A. 发包人　　B. 承包人

C. 发包人和承包人共同　　D. 该事件的风险责任方

38. 如果投保工程一切险的保险金额少于工程实际价值,保险金不足以赔偿损失时,永久工程损失的差额应由(　　)补偿。

A. 承包人　　B. 发包人

C. 发包人和承包人共同　　D. 行政管理部门

39. 通常情况下,进场材料和工程设备保险应由(　　)负责办理相应的保险。

A. 发包人　　B. 承包人

C. 材料和工程设备的采购方　　D. 发包人和承包人共同

40. 发包人应按合同专用条款约定及时向承包人提供施工场地范围内地下管线和地下设施等有关资料,并保证资料的真实、准确、完整。承包人据此做出的判断、推论的后果应由(　　)承担责任。

A. 发包人　　B. 承包人

C. 监理人　　D. 发包人和承包人共同

41. 标准施工合同条款规定，(　　)应组织设计单位对提供的施工图纸和设计文件进行交底。

A. 监理人　　B. 发包人

C. 行政管理部门　　D. 质量监督机构

42. 标准施工合同条款规定，(　　)负责修建、维修、养护和管理施工所需的临时道路，以及为开始施工所需的临时工程和必要的设施，满足开工的要求。

A. 发包人　　B. 承包人

C. 发包人和承包人共同　　D. 行政管理部门

43. 标准施工合同条款规定，(　　)应依据测量基准点、基准线和水准点及其书面资料等，根据工程测量技术规范以及合同中对工程精度的要求，测设施工控制网。

A. 发包人　　B. 监理人　　C. 承包人　　D. 设计单位

44. 监理人应对承包人提交的施工进度计划进行审查。经监理人批准的施工进度计划称为(　　)。

A. 实施性进度计划　　B. 合同进度计划

C. 形象进度计划　　D. 目标性进度计划

45. 当施工进度受到非承包人责任原因的干扰后，判定是否应给承包人顺延合同工期的主要依据是(　　)。

A. 施工组织设计　　B. 专项施工方案

C. 施工工艺　　D. 合同进度计划

46. 监理人向承包人发出开工通知的条件为(　　)。

A. 承包人的开工准备工作已完成

B. 承包人的开工准备工作已完成且临近约定的开工日期

C. 发包人的开工前期工作已完成

D. 发包人的开工前期工作已完成且临近约定的开工日期

47. 如果发包人开工前的配合工作已完成且约定的开工日期已届至，但承包人的开工准备还不满足开工条件，(　　)发出开工指示。

A. 监理人仍应按时　　B. 监理人应延迟

C. 发包人决定是否按时　　D. 发包人与承包人协商是否按时

48. 标准施工合同条款规定，监理人征得发包人同意后，应在开工日期(　　)天前向承包人发出开工通知，合同工期自开工通知中载明的开工日起计算。

A. 5　　B. 7　　C. 14　　D. 21

49. 标准施工合同条款规定，合同工期自(　　)起计算。

A. 施工合同生效之日　　B. 承包人提交开工报审表之日

C. 开工通知中载明的开工日　　D. 监理人发出开工通知之日

50. 根据有关法律规定，建设工程开工通知发出后，尚不具备开工条件的，则开工日期为(　　)。

A. 开工通知载明的开工日期　　B. 开工条件具备的时间

C. 发包人确定的时间　　D. 实际进场施工时间

51. 根据有关法律规定,因承包人原因导致开工时间推迟的,则开工日期为(　　)。

A. 实际进场施工时间　　B. 开工通知载明的时间

C. 开工条件具备的时间　　D. 发包人确定的时间

52. 根据相关法律规定,在监理人发出开工通知之前,承包人经发包人同意已经实际进场施工的,则开工日期为(　　)。

A. 开工通知载明的时间　　B. 发包人同意进场施工的时间

C. 监理人发出开工通知的时间　　D. 实际进场施工的时间

53. 合同工期,是指承包人在(　　)内承诺完成合同工程的时间期限,以及按照合同条款通过变更和索赔程序应给予顺延工期的时间之和。

A. 合同协议书　　B. 投标函

C. 施工进度计划　　D. 中标通知书

54. 在建设工程施工合同管理中,用于判定承包人是否按期竣工的标准是(　　)。

A. 施工进度计划　　B. 合同工期

C. 施工组织设计　　D. 专项施工方案

55. 承包人施工期是从监理人发出的开工通知中写明的开工日起算,至(　　)止。

A. 颁发工程接收证书之日　　B. 工程接收证书中写明的实际竣工日

C. 承包人提交竣工验收申请之日　　D. 竣工验收开始之日

56. 在建设工程施工合同管理中,通常用(　　)与合同工期比较,用以判定是提前竣工还是延误竣工。

A. 合同有效期限　　B. 合同履行期限

C. 合同工程施工期限　　D. 履约担保期限

57. 建设工程缺陷责任期从工程接收证书中写明的(　　)开始起算,期限视具体工程的性质和使用条件的不同在专用条款内约定。

A. 颁发工程接收证书之日　　B. 竣工日

C. 承包人提交竣工验收申请之日　　D. 竣工验收开始之日

58. 建设工程缺陷责任期内工程运行期间出现的工程缺陷,(　　)应负责修复,直到检验合格为止。

A. 发包人　　B. 发包人和承包人共同

C. 承包人　　D. 工程运营管理人

59. 建设工程缺陷责任期内工程运行期间出现的工程缺陷,承包人应负责修复,直到检验合格为止。修复工程缺陷的费用(　　)。

A. 由承包人承担　　B. 由发包人和承包人共同承担

C. 以缺陷原因的责任划分　　D. 由发包人承担

60. 下列有关建设工程缺陷责任期的说法中,不正确的是(　　)。

A. 承包人责任原因产生的较大缺陷或损坏,致使工程不能按原定目标使用,经修复后需要再行检验或试验时,发包人有权要求延长该部分工程的缺陷责任期

B. 影响工程正常运行的有缺陷工程或部位,在修复检验合格日前已经过的时间归于无效,重新计算缺陷责任期

C. 包括延长时间在内的缺陷责任期最长时间不得超过 2 年

D. 缺陷责任期从颁发工程接收证书之日开始起算,期限视具体工程的性质和使用条件的不同在专用条款内约定

61. 标准施工合同条款规定,建设工程的保修期自(　　)起算。

A. 颁发缺陷责任期终止证书之日　　B. 实际竣工日

C. 颁发工程接收证书之日　　D. 缺陷责任期终止之日

62. 根据有关规定,承包人对保修期内出现的不属于其责任原因的工程缺陷,(　　)。

A. 承包人承担修复义务

B. 承包人不承担修复义务

C. 由监理人决定承包人是否承担修复义务

D. 由发包人与承包人协商承包人是否承担修复义务

63. 标准施工合同通用条款规定,不论何种原因造成工程的实际进度与合同进度计划不符时,(　　)。

A. 均应修订合同进度计划

B. 应由发包人决定是否需要修订合同进度计划

C. 应由监理人决定是否需要修订合同进度计划

D. 应由承包人决定是否需要修订合同进度计划

64. 下列有关合同进度计划修订的说法中,不正确的有(　　)。

A. 不论何种原因造成工程的实际进度与合同进度计划不符,均应修订合同进度计划

B. 承包人可以主动向监理人提交修订合同进度计划的申请报告

C. 监理人可以向承包人发出修订合同进度计划的指示

D. 监理人应在专用合同条款约定的时间内对修订后的合同进度计划予以批复,在批复前应取得发包人同意

65. 因发包人提供图纸延误导致的工期延误,承包人可以获得(　　)。

A. 工期顺延　　B. 工期顺延和费用补偿

C. 费用加利润补偿　　D. 工期顺延和(或)费用加利润补偿

66. 标准施工合同通用条款规定,出现专用合同条款约定的异常恶劣气候条件导致工期延误,承包人可以获得(　　)。

A. 费用补偿　　B. 延长工期

C. 利润补偿　　D. 延长工期和费用补偿

67. 某建设工程土方填筑工程的施工中,因连续降雨导致停工 15 天,其中 6 天的降雨强度超过专用条款约定的异常恶劣气候条件的标准,则承包人可以获得延长合同工期(　　)天。

A. 15　　B. 6　　C. 9　　D. 0

68. 某建设工程土方填筑工程的施工因异常恶劣气候条件导致停工 8 天,则承包人(　　)获得合同工期的顺延。

A. 有权　　B. 无权　　C. 不一定能　　D. 一定能

69. 当工程具备复工条件时,监理人应立即向承包人发出复工通知,承包人收到复工通知后,应在指示的期限内复工。因发包人原因无法按时复工时,承包人有权要求(　　)。

A. 延长工期

B. 延长工期和增加费用

C. 增加费用

D. 延长工期和(或)增加费用,并支付合理利润

70. 建设工程施工过程中,发生合同条款约定的紧急情况下的暂停施工,承包人可先暂停施工并及时向监理人提出暂停施工的书面请求。监理人应在接到书面请求后的(　　)小时内予以答复,逾期未答复视为同意承包人的暂停施工请求。

A. 12　　B. 24　　C. 48　　D. 72

71. 因发包人原因造成工程质量达不到合同约定验收标准,发包人应承担由于承包人返工造成的(　　)。

A. 费用增加

B. 费用增加和工期延误

C. 工期延误

D. 费用增加和(或)工期延误,并支付承包人合理利润

72. 承包人应对施工工艺进行全过程的质量检查和检验,认真执行"三检"制度。这里所指的"三检"制度是指(　　)。

A. 承包人检查、发包人检查和监理人检查制度

B. 施工人员检查、施工班组检查和项目部检查制度

C. 自检、互检和工序交叉检查制度

D. 施工班组检查、项目部检查和公司检查制度

73. 监理人对承包人的试验和检验结果有疑问,或为查清承包人试验和检验成果的可靠性要求承包人重新试验和检验时,该试验和检验应由(　　)进行。

A. 承包人　　B. 发包人

C. 监理人　　D. 监理人与承包人共同

74. 监理人对承包人的试验和检验结果有疑问时,可要求承包人重新试验和检验,由此增加的费用和(或)工期延误(　　)。

A. 应由承包人承担　　B. 应由承包人和发包人共同承担

C. 应由发包人承担　　D. 应根据重新试验和检验结果确定责任方

75. 监理人要求承包人重新试验和检验的结果证明该项材料、工程设备或工程的质量不符合合同要求,由此增加的费用和(或)工期延误由(　　)承担。

A. 发包人　　B. 承包人

C. 监理人　　D. 发包人和承包人共同

76. 监理人要求承包人重新试验和检验的结果证明该项材料、工程设备或工程的质量符合合同要求,由此增加的费用和(或)工期延误以及承包人的利润损失应由(　　)承担。

A. 发包人　　B. 承包人

C. 监理人　　D. 发包人和承包人共同

77. 监理人对已覆盖的隐蔽工程部位质量有疑问时,可要求承包人重新检验,承包人应遵照执行。由此增加的费用和(或)工期延误以及承包人利润损失(　　)。

A. 由发包人承担　　B. 由发包人和承包人共同承担

C. 由承包人承担　　D. 应根据重新检验结果确定责任方

78. 监理人对已覆盖的隐蔽工程质量有疑问时,可要求承包人重新检验,承包人应遵照执行。经检验证明该工程质量符合合同要求,则由此增加的费用和(或)工期延误以及承包人合理利润应由(　　)承担。

A. 发包人　　B. 承包人

C. 监理人　　D. 发包人和承包人共同

79. 对发包人提供的材料和工程设备,发包人应按照监理人与合同双方当事人商定的交货日期,向承包人提交材料和工程设备,并在到货(　　)天前通知承包人。

A. 3　　B. 5　　C. 7　　D. 14

80. 对发包人提供的材料和工程设备,由(　　)在约定的时间内,在交货地点进行验收。

A. 承包人　　B. 承包人会同发包人

C. 监理人　　D. 承包人会同监理人

81. 对发包人提供的材料和工程设备验收后,由(　　)负责接收、保管和施工现场内的二次搬运所发生的费用。

A. 发包人　　B. 发包人和监理人共同

C. 发包人和承包人共同　　D. 承包人

82. 对发包人提供的材料和工程设备,发包人要求向承包人提前交货的,承包人(　　)拒绝。

A. 不得　　B. 在经监理人同意后不得

C. 在经监理人同意后可以　　D. 可以

83. 发包人提供的材料和工程设备的规格、数量或质量不符合合同要求时,发包人应承担由此增加的(　　)。

A. 费用

B. 费用和工期延误

C. 工期延误

D. 费用和(或)工期延误,并向承包人支付合理利润

84. (　　)是指签订合同时合同协议书中写明的,包括了暂列金额、暂估价的合同总金额,即中标价。

A. 评标价　　B. 合同价格

C. 签约合同价　　D. 暂估价

85. (　　)是指承包人按合同约定完成了包括缺陷责任期内的全部承包工作后,发包人应付给承包人的金额。

A. 签约合同价　　B. 中标价

C. 合同价格　　D. 修正合同价

86. (　　)是写在协议书和中标通知书内的固定数额,作为结算价款的基数。

A. 合同价格　　B. 暂估价

C. 暂列金额　　D. 签约合同价

87.(　　)是承包人最终完成全部施工和保修义务后应得的全部合同价款。

A.签约合同价　　B.中标价

C.合同价格　　D.付款合同价

88.(　　)指发包人在工程量清单中给出的,用于支付必然发生但暂时不能确定价格的材料、设备以及专业工程的金额。

A.暂列金额　　B.质量保证金

C.暂估价　　D.计日工金额

89.暂估价内的工程材料、设备或专业工程施工,属于依法必须招标的项目,其最终价格的确定方法是(　　)。

A.按招标的中标价确定　　B.承包人提供,监理人确认

C.由监理人进行估价确定　　D.由监理人与发包人协商确定

90.暂估价内的工程材料、设备未达到必须招标的规模或标准时,材料和设备由承包人负责提供,其最终价格的确定方法是(　　)。

A.发包人确定　　B.监理人与发包人协商确定

C.承包人提供相应票据,监理人确认　　D.承包人确定

91.暂估价内的专业工程施工未达到必须招标的规模或标准时,合同履行中其最终价格的确定方法是(　　)。

A.发包人确定　　B.承包人确定

C.监理人估价确定　　D.发包人与承包人协商确定

92.(　　)指已标价工程量清单中所列的一笔款项,用于在签订协议书时尚未确定或不可预见变更的施工及其所需材料、工程设备、服务等的金额,包括以计日工方式支付的款项。

A.暂估价金额　　B.计日工金额

C.暂列金额　　D.变更准备金额

93.(　　)是在招标投标阶段暂时不能合理确定价格,但合同履行阶段必然发生,发包人一定予以支付的款项。

A.暂列金额　　B.计日工金额

C.暂估价　　D.预付款

94.(　　)指招标投标阶段已经确定价格,监理人在合同履行阶段根据工程实际情况指示承包人完成相关工作后给予支付的款项。

A.暂列金额　　B.计日工金额

C.暂估价　　D.预付款

95.(　　)指履行合同所发生的或将要发生的不计利润的所有合理开支,包括管理费和应分摊的其他费用。

A.成本　　B.费用

C.支出　　D.收益

96.按照标准施工合同通用条款约定,导致承包人增加开支的事件如果属于发包人也无法合理预见和克服的情况,应给予承包人补偿的原则是(　　)。

A.不应补偿费用　　B.应补偿费用但不计利润

C. 应补偿部分费用　　D. 应补偿费用和合理利润

97. 按照标准施工合同通用条款约定,导致承包人增加开支的事件若属于发包人应予控制而未做好的情况,应给予承包人补偿的原则是(　　)。

A. 不应补偿费用　　B. 应补偿费用但不计利润
C. 应补偿费用　　D. 应补偿费用和合理利润

98. 按照有关规定,发包人应按照合同约定方式预留质量保证金,质量保证金总预留比例不得高于工程价款结算总额的(　　)。

A. 1%　　B. 2%　　C. 3%　　D. 5%

99. 在缺陷责任期满颁发缺陷责任终止证书后,承包人申请到期应返还质量保证金的金额,发包人应在(　　)天内核实承包人是否完成缺陷修复责任。如无异议,发包人应当在核实后将剩余质量保证金返还承包人。

A. 5　　B. 7　　C. 14　　D. 21

100. 市场价格浮动引起的合同价格调整,通用条款规定用公式法调价。公式法调价适用于(　　)。

A. 工程量清单中所有支付部分　　B. 工程量清单中单价支付部分
C. 工程量清单中总价支付部分　　D. 不包括在工程量清单内的支付部分

101. 市场价格浮动引起的合同价格调整,通用条款规定用公式法调价。在每次支付工程进度款用调价公式计算调整差额时,如果得不到现行价格指数,其处理方法是(　　)。

A. 可用上次价格指数计算,并在以后的付款中不再对此进行调整
B. 可暂用上次价格指数计算,并在以后的付款中再按实际价格指数进行调整
C. 可用发包人给定的价格指数计算,并在以后的付款中不再进行调整
D. 可暂用前三次价格指数平均值计算,并在以后的付款中再按实际价格指数进行调整

102. 市场价格浮动引起的合同价格调整,通用条款规定用公式法调价。在合同履行过程中,由于变更导致合同中调价公式约定的权重变得不合理时,由(　　)进行调整。

A. 发包人　　B. 监理人
C. 行政管理部门　　D. 监理人与承包人和发包人协商后

103. 市场价格浮动引起的合同价格调整,通用条款规定用公式法调价。在合同履行过程中,因非承包人原因导致工期顺延,原定竣工日后的支付过程中,通用条款给定的调价公式(　　)。

A. 继续有效　　B. 由行政管理部门决定是否有效
C. 无效　　D. 无效,并由发包人给出新的调价公式

104. 市场价格浮动引起的合同价格调整,通用条款规定用公式法调价。因承包人原因未在约定的工期内竣工,后续支付时应采用原约定竣工日与实际支付日的两个价格指数中(　　)作为支付计算的价格指数。

A. 原约定竣工日价格指数　　B. 较高的一个
C. 较低的一个　　D. 实际支付日价格指数

105. 按照标准施工合同通用条款规定,基准日后,因法律、法规变化导致承包人的施工费

用发生增减变化时,对合同价款进行调整的方式是(　　)。

A. 行业主管部门直接确定调整额　　B. 承包人直接提出调整额

C. 发包人直接确定调整额　　D. 监理人商定或确定

106. 根据标准施工合同通用条款的规定,工程量清单内的单价子目的计量周期是(　　)。

A. 按月计量

B. 监理人根据工程实际进度情况确定的周期

C. 按季度计量

D. 已批准承包人的支付分解报告确定的周期

107. 标准施工合同通用条款规定,监理人应在收到承包人提交的工程量报表后的(　　)天内对承包人实际完成的工程量进行复核。

A. 3　　B. 5　　C. 7　　D. 14

108. 在对承包人提交的工程量报表进行复核时,监理人对数量有异议的,(　　)。

A. 可要求承包人重新进行计量

B. 可要求承包人提供补充计量资料

C. 可要求发包人进行计量

D. 可要求承包人进行共同复核和抽样复测

109. 工程量清单中的总价子目的计量和支付应以总价为基础,(　　)。

A. 并考虑市场价格浮动的调整

B. 不考虑市场价格浮动的调整

C. 按照现场计量的结果,并考虑市场价格浮动的调整

D. 并考虑市场价格浮动和法规变化的调整

110. 根据标准施工合同通用条款规定,除变更外,工程量清单中总价子目表中标明的工程量是(　　)。

A. 估算工程量　　B. 形象工程量

C. 发包人确定的工程量　　D. 用于结算的工程量

111. 监理人在收到承包人进度付款申请单以及相应的支持性证明文件后的(　　)天内完成核查,提出发包人到期应支付给承包人的金额以及相应的支持性材料。

A. 7　　B. 14　　C. 21　　D. 28

112. 标准施工合同通用条款规定,监理人向承包人出具的进度付款证书,(　　)。

A. 应视为监理人已同意、批准或接受了承包人完成的该部分工作

B. 不应视为监理人已同意、批准或接受了承包人完成的该部分工作

C. 应视为是对承包人完成该部分工作的数量、质量及价值的最终确认

D. 应视为承包人对完成该部分工作的价值已无权提出修正要求

113. 监理人向承包人出具进度付款证书的,发包人应在监理人收到进度付款申请单后的(　　)天内,将进度应付款支付给承包人。

A. 14　　B. 21　　C. 28　　D. 35

114. 工程或工程的任何部分对土地的占用所造成的第三者财产损失应由(　　)负责

赔偿。

A. 承包人　　B. 行业行政主管部门

C. 发包人　　D. 发包人和承包人共同

115. 承包人应按合同约定的安全工作内容,编制(　　)报送监理人审批。

A. 专项施工方案　　B. 施工安全措施计划

C. 灾害应急预案　　D. 施工安全操作规程

116. 标准施工其他通用条款规定,因采取合同未约定的安全作业环境及安全施工措施增加的费用,(　　)。

A. 由发包人直接支付

B. 由承包人承担

C. 由监理人按商定或确定方式予以补偿

D. 由行业行政主管部门承担

117. 建设工程施工过程中发生安全事故时,承包人应立即通知监理人,监理人应立即通知(　　)。

A. 发包人　　B. 国家安全生产主管部门

C. 行业安全生产主管部门　　D. 本监理单位负责人

118. 工程事故发生后,(　　)应立即组织人员和设备进行紧急抢救和抢修,减少人员伤亡和财产损失,防止事故扩大。

A. 承包人　　B. 发包人和承包人

C. 发包人　　D. 发包人和监理人

119. 工程事故发生后,(　　)应按国家有关规定,及时如实地向有关部门报告事故发生的情况,以及正在采取的紧急措施。

A. 承包人　　B. 发包人和承包人

C. 发包人　　D. 发包人和监理人

120. 施工过程中发生的监理人直接指示的变更属于(　　)。

A. 可能发生的变更　　B. 需要征求承包人同意后实施的变更

C. 必须实施的变更　　D. 承包人提出合理化建议产生的变更

121. 施工过程中可能发生导致变更的情况时,监理人应首先向承包人发出(　　)。

A. 变更指示　　B. 变更建议

C. 变更意向书　　D. 变更征询书

122. 对于可能发生的变更,承包人收到监理人的变更意向书后,如果同意实施该变更,则向监理人提出书面(　　)。

A. 变更建议书　　B. 变更通知

C. 变更告知书　　D. 变更接受书

123. 承包人收到监理人按合同约定发出的图纸和文件,经检查认为其中存在属于变更范围的情形,可向监理人提出书面变更建议。变更建议应阐明(　　)。

A. 要求变更的依据,并附必要的图纸和说明

B. 要求变更的必要性、合理性

C. 要求变更的工期、变更费用

D. 要求变更的可行性、操作性，并附必要的图纸和说明

124. 监理人收到承包人的书面变更建议后，应与发包人共同研究，确认存在变更的，应在收到承包人书面建议后的(　　)天内做出变更指示。

A. 7　　B. 14　　C. 21　　D. 28

125. 标准施工合同通用条款规定，承包人应在收到变更指示或变更意向书后的(　　)天内，向监理人提交变更报价书。

A. 7　　B. 14　　C. 21　　D. 28

126. 标准施工合同通用条款规定，承包人应在收到变更指示或变更意向书后的 14 天内，向监理人提交变更报价书。变更报价书应详细开列(　　)。

A. 变更工作的内容及价格，并附必要的施工图纸

B. 变更工作的内容、依据及价格组成，并附必要的施工方法说明

C. 变更工作的价格组成及其依据，并附必要的施工方法说明和有关图纸

D. 变更工作的内容、变更工期及价格，并附必要的施工图纸

127. 标准施工合同通用条款规定，监理人收到承包人变更报价书后的(　　)天内，根据合同约定的估价原则，商定或确定变更价格。

A. 21　　B. 7　　C. 14　　D. 28

128. 按照标准施工合同通用条款的约定，下列有关变更估价原则的说法中，不恰当的是(　　)。

A. 已标价工程量清单中有适用于变更工作的子目，采用该子目的单价计算变更费用

B. 已标价工程量清单中无适用于变更工作的子目，但有类似子目，可在合理范围内参照类似子目的单价，由监理人商定或确定变更工作的单价

C. 已标价工程量清单中无适用或类似子目的单价，可按照成本加利润的原则，由监理人商定或确定变更工作的单价

D. 已标价工程量清单中无适用或类似子目的单价，可由承包人与发包人重新谈判确定变更工作的单价，并签订补充协议

129. 按照标准施工合同通用条款的约定，不利物质条件属于(　　)应承担的风险。

A. 承包人　　B. 发包人

C. 监理人　　D. 发包人和承包人共同

130. 根据标准施工合同通用条款的规定，施工过程中承包人遇到不利物质条件时，应(　　)。

A. 暂停施工，并通知监理人

B. 通知监理人

C. 通知发包人

D. 采取适应不利物质条件的合理措施继续施工，并通知监理人

131. 标准施工合同通用条款规定，合同一方当事人遇到不可抗力事件，使其履行合同义务受到阻碍时，应立即通知(　　)，书面说明不可抗力和受阻碍的详细情况，并提供必要的证明。

A. 合同另一方当事人　　B. 行政主管部门

C. 监理人行政主管部门　　D. 合同另一方当事人和监理人

132. 如果施工过程中所发生的不可抗力的影响持续时间较长，遭遇不可抗力的合同一方当事人应(　　)，说明不可抗力和履行合同受阻的情况。

A. 及时通知合同另一方当事人

B. 及时通知监理人

C. 及时通知行业行政主管部门

D. 及时向合同另一方当事人和监理人提交中间报告

133. 施工过程中发生的不可抗力造成永久工程，包括已运至施工场地的材料和工程设备的损害，以及因工程损害造成的第三者人员伤亡和财产损失由(　　)承担。

A. 承包人　　B. 发包人

C. 行业主管部门　　D. 发包人和承包人共同

134. 施工过程中发生的不可抗力造成的承包人设备的损坏由(　　)承担。

A. 发包人　　B. 监理人

C. 承包人　　D. 发包人和承包人共同

135. 施工过程中发生的不可抗力造成的承包人人员伤亡、财产损失及其相关费用由(　　)承担。

A. 发包人　　B. 承包人

C. 监理人　　D. 发包人和承包人共同

136. 施工过程中发生的不可抗力造成的承包人的停工损失由(　　)承担。

A. 承包人　　B. 监理人

C. 发包人　　D. 发包人和承包人共同

137. 施工过程中发生的不可抗力造成的清理现场、修复损坏工程的费用由(　　)承担。

A. 承包人　　B. 监理人

C. 发包人　　D. 发包人和承包人共同

138. 施工过程中发生的不可抗力造成工程不能按期竣工的，(　　)。

A. 不应延长工期　　B. 承包人应支付逾期竣工违约金

C. 应合理延长工期　　D. 发包人可以免除承包人的违约责任

139. 合同一方当事人因不可抗力导致不可能继续履行合同义务时，应当(　　)。

A. 及时与另一方合同当事人协商采取相应措施消除不可抗力的影响

B. 及时通知监理人，请求监理人发出进一步指示以便采取行动

C. 及时通知另一方合同当事人解除合同

D. 及时通知行业行政主管部门

140. 因不可抗力合同解除后，已经订货的材料、设备由订货方负责退货或解除订货合同，不能退还的货款和因退货、解除订货合同发生的费用，由(　　)承担。

A. 遭遇不可抗力的一方当事人

B. 承包人

C. 承担不可抗力风险责任的一方当事人

D. 发包人

141. 承包人应在引起索赔事件发生后的(　　)天内,向监理人递交索赔意向通知书,并说明发生索赔事件的事由。

A. 7　　B. 14　　C. 21　　D. 28

142. 在引起索赔事件发生后的28天内承包人未发出索赔意向通知书的,(　　)。

A. 承包人应向监理人提交索赔证据资料

B. 承包人应向监理人提交索赔通知书

C. 承包人请求监理人发出指示

D. 承包人丧失要求追加付款和(或)延长工期的权利

143. 标准施工合同条通用条款规定,承包人应在发出索赔意向通知书后(　　)天内,向监理人递交正式的索赔通知书。

A. 14　　B. 21　　C. 28　　D. 35

144. 标准施工合同通用条款规定,在索赔事件影响结束后的(　　)天内,承包人应向监理人递交最终索赔通知书。

A. 14　　B. 21　　C. 28　　D. 35

145. 监理人应在收到承包人提交的索赔通知书或有关索赔的进一步证明材料后的(　　)天内,将索赔处理结果答复承包人。

A. 21　　B. 28　　C. 35　　D. 42

146. 标准施工合同通用条款规定,承包人接受索赔处理结果,发包人应在做出索赔处理结果答复后(　　)天内完成赔付。

A. 21　　B. 28　　C. 35　　D. 42

147. 承包人提交的最终结清申请单中,只限于提出(　　)发生的索赔。

A. 施工阶段

B. 竣工验收阶段

C. 缺陷责任期阶段及其以后

D. 施工阶段以后

148. 标准施工合同通用条款规定,承包人提出索赔的期限至(　　)时终止。

A. 颁发工程接收证书　　B. 承包人接受最终结清证书

C. 承包人提交最终结清申请单　　D. 颁发缺陷责任期终止证书

149. 施工合同规定由发包人提供的材料和工程设备,发包人要求向承包人提前交货,承包人不得拒绝,但承包人有权要求发包人补偿(　　)。

A. 工期　　B. 费用　　C. 利润　　D. 工期和费用

150. 标准施工合同通用条款规定,发包人应对其提供的测量基准点、基准线和水准点及其书面资料的真实性、准确性和完整性负责。发包人提供上述基准资料导致承包人测量放线工作的返工或造成工程损失的,承包人有权要求发包人补偿(　　)。

A. 增加的费用　　B. 延误的工期和增加的费用

C. 增加的费用和合理利润　　D. 增加的费用、延误的工期和合理利润

151. 施工合同履行期间因发包人提供图纸延误,或未按合同约定及时支付进度款而导致

工期延误的,承包人有权要求发包人补偿(　　)。

A. 延误的工期　　B. 延误的工期和增加的费用

C. 增加的费用和合理利润　　D. 增加的费用、延误的工期和合理利润

152. 施工合同履行期间由于出现专用合同条款约定的异常恶劣气候条件导致的工期延误,承包人有权要求发包人补偿(　　)。

A. 延误的工期　　B. 增加的费用

C. 合理利润　　D. 增加的费用和延误的工期

153. 施工合同履行期间由于发包人原因引起的暂停施工造成工期延误的,承包人有权要求发包人补偿(　　)。

A. 延误的工期

B. 增加的费用和利润

C. 增加的费用

D. 延误的工期和增加的费用,并支付合理利润

154. 暂停施工后,监理人应与合同双方当事人协商,采取措施消除暂停施工的影响。当工程具备复工条件时,监理人应立即向承包人发出复工通知。因发包人原因无法按时复工的,承包人有权要求发包人补偿(　　)。

A. 延误的工期

B. 延误的工期和增加的费用

C. 合理利润

D. 延误的工期和增加的费用,并支付合理利润

155. 因发包人原因造成工程质量达不到合同约定验收标准的,发包人应承担由于承包人返工造成的(　　)。

A. 费用增加

B. 工期延误

C. 合理利润

D. 费用增加和工期延误,并支付合理利润

156. 承包人按合同规定覆盖工程隐蔽部位后,监理人对质量有疑问的,可要求承包人对已覆盖的部位揭开重新检验。经检验证明该隐蔽工程质量符合合同要求的,承包人有权要求发包人补偿(　　)。

A. 费用增加

B. 工期延误

C. 合理利润

D. 费用增加和工期延误,并支付合理利润

157. 施工合同履行期间由于发包人提供的材料或工程设备不合格造成的工程不合格,监理人要求承包人采取措施补救,此种情况下,承包人有权要求发包人补偿(　　)。

A. 增加的费用

B. 延误的工期和增加的费用

C. 合理利润

D. 增加的费用和延误的工期,并支付合理利润

158. 监理人对承包人的试验和检验结果有疑问而要求承包人重新试验和检验,重新试验和检验的结果证明该项材料、工程设备或工程的质量符合合同要求,此种情况下,承包人有权要求发包人补偿(　　)。

A. 增加的费用

B. 延误的工期和增加的费用

C. 合理利润

D. 增加的费用和延误的工期,并支付合理利润

159. 建设工程施工合同履行期间由于建筑市场人工、材料和工程设备价格波动而导致工程费用明显增加,此种情况下,承包人有权要求发包人补偿(　　)。

A. 增加的费用　　B. 合理利润

C. 延误的工期　　D. 增加的费用和合理利润

160. 基准日后,因法规变化导致承包人在履行合同中所需要的工程费用发生明显增加时,承包人有权要求发包人补偿(　　)。

A. 增加的费用　　B. 合理利润

C. 延误的工期　　D. 增加的费用和合理利润

161. 标准施工合同通用条款规定,发包人在全部工程竣工前,使用已接收的单位工程导致承包人费用增加的,承包人有权要求发包人补偿(　　)。

A. 增加的费用

B. 延误的工期和增加的费用

C. 合理利润

D. 增加的费用和延误的工期,并支付合理利润

162. 标准施工合同通用条款规定,由于发包人的原因导致工程或工程设备试运行失败的,承包人应当采取措施保证试运行合格,发包人应承担(　　)。

A. 由此产生的费用　　B. 由此延误的时间

C. 合理利润　　D. 由此产生的费用,并支付承包人合理利润

163. 建设工程施工合同履行期间由于发包人违约而导致承包人暂停施工,此种情况下,承包人有权要求发包人补偿(　　)。

A. 增加的费用

B. 延误的工期和增加的费用

C. 合理利润

D. 增加的费用和延误的工期,并支付合理利润

164. 因发包人索赔而导致缺陷责任期的延长,则延长缺陷责任期的通知应在(　　)提出。

A. 颁发工程接收证书前

B. 颁发缺陷责任期终止证书后

C. 最终结清证书生效后

D. 缺陷责任期届满前

165. 在履行合同过程中发生承包人无法继续履行或明确表示不履行或实质上已停止履行

合同的情况时，发包人可通知承包人(　　)。

A. 在指定的期限内改正

B. 立即暂停施工

C. 继续履行合同义务

D. 立即解除合同，并按有关法律处理

166. 在施工合同履行过程中发生承包人使用不合格材料或工程设备，工程质量达不到标准要求，又拒绝清除不合格工程的违约情况时，监理人应(　　)。

A. 向承包人发出暂停施工的指示

B. 向承包人发出整改通知，要求其在指定的期限内改正

C. 通知承包人按合同进度计划的要求组织施工

D. 通知承包人立即解除合同，并按有关法律处理

167. 在施工合同履行过程中发生承包人违反合同规定的违约情况时，监理人应向承包人发出整改通知。监理人发出整改通知 28 天后，承包人仍不纠正违约行为的，发包人可向承包人发出(　　)的通知。

A. 暂停施工

B. 继续履行合同义务

C. 解除合同

D. 继续纠正违约行为

168. 因承包人违约可导致发包人解除合同。合同解除后，发包人因继续完成该工程的需要，(　　)承包人在现场的材料、设备和临时设施。

A. 无权扣留使用

B. 有权扣留使用

C. 有权没收

D. 无权没收

169. 建设工程施工合同履行过程中，因承包人违约解除合同的，发包人(　　)承包人将其为实施合同而签订的材料和设备的订货协议或任何服务协议转让给发包人。

A. 有权要求

B. 无权要求

C. 可以请求

D. 授权

170. 在建设工程施工合同履行过程中，发生发包人无法继续履行或明确表示不履行或实质上已停止履行合同的违约情况时，承包人可(　　)。

A. 向发包人发出通知，要求发包人采取有效措施纠正违约行为

B. 书面通知发包人暂停施工

C. 书面通知发包人继续履行合同义务

D. 书面通知发包人解除合同

171. 施工合同履行过程中，发生除了发包人不履行合同义务或无力履行合同义务以外的其他违约情况时，承包人可(　　)。

A. 向发包人发出通知，要求发包人采取有效措施纠正违约行为

B. 书面通知发包人暂停施工

C. 书面通知发包人继续履行合同义务

D. 书面通知发包人解除合同

172. 施工合同履行过程中，发包人收到承包人发出的要求其采取措施纠正违约行为的通知后 28 天内仍不履行合同义务，承包人有权(　　)，并通知监理人。

A. 暂停施工

B. 解除合同

C. 要求发包人继续履行合同

D. 要求发包人退还质量保证金

173. 施工合同履行过程中,发包人收到承包人发出的要求其采取措施纠正违约行为通知后的(　　)天内仍不履行合同义务,承包人有权暂停施工。承包人暂停施工(　　)天后,发包人仍不纠正违约行为,承包人可向发包人发出解除合同通知。

A. 14;7　　B. 21;14　　C. 28;28　　D. 35;21

174. 下列有关单位工程验收的说法中,不正确的是(　　)。

A. 验收合格后,由监理人向承包人出具经发包人签认的单位工程验收证书

B. 已签发单位工程接收证书的单位工程由发包人负责照管

C. 合同工程全部完工前不可进行单位工程的验收和移交

D. 单位工程的验收成果和结论作为全部工程竣工验收申请报告的附件

175. 在施工期运行中发现工程或工程设备损坏或存在缺陷时,由承包人进行修复,所需费用由(　　)承担。

A. 发包人　　B. 发包人和承包人共同

C. 承包人　　D. 损坏或缺陷的责任方

176. 承包人应按专用合同条款约定进行工程及工程设备试运行,并负责提供试运行所需的人员、器材和必要的条件,全部试运行的费用由(　　)承担。

A. 发包人　　B. 工程接收管理单位

C. 发包人和承包人共同　　D. 承包人

177. 标准施工合同通用条款规定,监理人审查竣工验收申请报告后认为工程尚不具备竣工验收条件时,应在收到竣工验收申请报告后的(　　)天内通知承包人。

A. 7　　B. 14　　C. 21　　D. 28

178. 标准施工合同通用条款规定,监理人审查承包人提交的竣工验收申请报告后认为已具备竣工验收条件,应在收到竣工验收申请报告后的(　　)天内提请发包人进行工程竣工验收。

A. 14　　B. 21　　C. 28　　D. 35

179. 标准施工合同通用条款规定,竣工验收合格,监理人应在收到竣工验收申请报告后的(　　)天内,向承包人出具经发包人签认的工程接收证书。

A. 35　　B. 42　　C. 49　　D. 56

180. 标准施工合同通用条款规定,工程实际竣工日期为(　　)。

A. 提交竣工验收申请报告之日　　B. 竣工验收合格之日

C. 颁发工程接收证书之日　　D. 缺陷责任期终止之日

181. 标准施工合同通用条款规定,竣工验收基本合格但提出了需要整修和完善要求时,监理人应指示承包人限期修好,(　　)。

A. 承包人应重新提交竣工验收申请报告

B. 并缓发工程接收证书

C. 并重新进行竣工验收

D. 向承包人出具经发包人签认的工程接收证书

182. 标准施工合同通用条款规定,竣工验收不合格时,监理人应按照验收意见发出指示,承包人按监理人的指示在完成不合格工程的返工重做或补救工作后,(　　)。

A. 监理人应向承包人出具经发包人签认的工程接收证书

B. 承包人应重新提交竣工验收申请报告

C. 承包人应申请颁发工程接收证书

D. 监理人应组织进行不合格工程返工的验收

183. 标准施工合同通用条款规定,监理人审查承包人提交的竣工验收申请报告后认为工程已具备竣工验收条件,并已提请发包人进行工程验收。发包人在收到承包人竣工验收申请报告(　　)天后未进行验收,视为验收合格。

A. 35　　B. 42　　C. 49　　D. 56

184. 按照有关法律规定,承包人已经提交工程竣工验收申请报告,发包人拖延验收的,则该工程的竣工日期为(　　)。

A. 竣工验收合格之日　　B. 实际进行竣工验收之日

C. 承包人提交竣工验收申请报告之日　　D. 监理人商定或确定之日

185. 标准施工合同通用条款规定,在(　　)后,承包人应按专用合同条款约定的份数和期限向监理人提交竣工付款申请单,并提供相关证明材料。

A. 提交竣工验收申请报告　　B. 竣工验收合格

C. 工程接收证书颁发　　D. 缺陷责任期结束

186. 标准施工合同通用条款规定,监理人在收到承包人提交的竣工付款申请单后的(　　)天内完成核查,将核定的合同价格和结算尾款金额提交发包人审核并抄送承包人。

A. 7　　B. 14　　C. 21　　D. 28

187. 标准施工合同通用条款规定,监理人在规定时间内完成对竣工付款申请单的核查,并将核定的合同价格和结算尾款金额提交发包人审核。发包人应在收到后(　　)天内审核完毕并由监理人向承包人出具经发包人签认的竣工付款证书。

A. 14　　B. 21　　C. 28　　D. 35

188. 标准施工合同通用条款规定,发包人应在监理人出具竣工付款证书后的(　　)天内,将应支付款支付给承包人。

A. 21　　B. 7　　C. 28　　D. 14

189. 标准施工合同通用条款规定,(　　)后,承包人应对施工场地进行清理,直至监理人检验合格为止。

A. 竣工验收合格　　B. 提交竣工验收申请报告

C. 工程接收证书颁发　　D. 缺陷责任期满

190. 标准施工合同通用条款规定,缺陷责任期自(　　)起计算。

A. 颁发工程接收证书之日　　B. 实际竣工日期

C. 竣工验收合格之日　　D. 竣工验收开始之日

191. 标准施工合同通用条款规定,缺陷责任期满,包括延长的期限终止后(　　)天内,由监理人向承包人出具经发包人签认的缺陷责任期终止证书。

A. 7　　B. 14　　C. 21　　D. 28

192. 颁发缺陷责任期终止证书,意味着承包人已按合同约定完成了(　　)的义务。

A. 施工

B. 施工、竣工和缺陷修复责任

C. 施工、竣工

D. 施工、竣工、缺陷修复责任和质量保修责任

193. 标准施工合同通用条款规定,(　　)后,承包人按专用合同条款约定的份数和期限向监理人提交最终结清申请单。

A. 工程接收证书颁发　　B. 工程竣工验收合格

C. 缺陷责任期满　　D. 缺陷责任期终止证书签发

194. 标准施工合同通用条款规定,监理人收到承包人提交的最终结清申请单后的(　　)天内,提出发包人应支付给承包人的价款送发包人审核并抄送承包人。

A. 14　　B. 21　　C. 28　　D. 35

195. 标准施工合同通用条款规定,发包人应在监理人出具最终结清证书后的(　　)天内,将应支付款支付给承包人。

A. 28　　B. 21　　C. 14　　D. 35

196. 承包人收到(　　)后最终结清单生效。

A. 提交最终结清申请单

B. 监理人出具的经发包人签认的最终结清证书

C. 缺陷责任期终止证书

D. 发包人最终支付款

197. (　　)即表明合同终止,承包人不再拥有索赔的权利。

A. 颁发缺陷责任期终止证书　　B. 颁发工程接收证书

C. 最终结清单生效　　D. 缺陷责任期满

二、多项选择题

1. 标准施工合同的组成包括(　　)。

A. 中标通知书　　B. 投标人须知

C. 通用合同条款　　D. 专用合同条款

E. 合同附件格式

2. 施工合同标准文本合同附件格式包括(　　)。

A. 合同协议书　　B. 投标函及投标函附录

C. 投标担保　　D. 履约担保

E. 预付款担保

3. 招标工程项目订立合同时需要在合同协议书中明确填写的内容包括(　　)。

A. 发包人和承包人的名称　　B. 施工的工程或标段、合同工期

C. 质量标准、签约合同价　　D. 项目经理的人选

E. 项目总监理工程师人选

4. 下列有关监理人的说法中，正确的有（　　）。

A. 监理人是受委托人的委托，依照法律、规范标准和监理合同等，对建设工程勘察、设计或施工等阶段进行质量控制、进度控制、投资控制、合同管理、信息管理、组织协调和安全监理的法人或其他组织

B. 监理人既属于发包人一方的人员，但又不同于发包人的雇员

C. 监理人的一切行为均应遵照发包人的指示，其工作的目标应是尽力维护发包人的利益

D. 除合同另有约定外，承包人只从总监理工程师或被授权的监理人员处取得指示

E. 监理人应居于施工合同履行管理的核心地位

5. 下列有关监理人合同管理职责的说法中，正确的有（　　）。

A. 在发包人授权范围内，负责发出指示、检查施工质量、控制进度等现场管理工作

B. 在发包人授权范围内独立处理合同履行过程中的有关事项，行使通用条款规定的，以及具体施工合同专用条款中说明的权力

C. 承包人收到监理人发出的任何指示，视为已得到发包人的批准，应遵照执行

D. 在合同规定的权限范围内，独立处理或决定有关事项，如单价的合理调整、变更估价、索赔等

E. 监理人在授权范围内独立工作，因此，如果监理人的指示错误或失误给承包人造成损失，则由监理人负责赔偿

6. 下列有关监理人合同管理地位的说法中，正确的有（　　）。

A. 除合同另有约定外，承包人只从总监理工程师或被授权的监理人员处取得指示

B. 发包人对施工工程的任何想法或要求应通过监理人的协调指令来实现；承包人对工程的各种问题或建议应首先提交监理人，由监理人审查后再通知发包人

C. 总监理工程师提出的方案或发出的指示是最终不可改变的

D. 总监理工程师在协调处理合同履行过程中的有关事项时，应首先与发包人协商达成一致后，再通知承包人

E. 总监理工程师在与合同当事人协商处理合同履行过程中的有关事项时，如不能达成一致，则由总监理工程师认真研究审慎确定

7. 标准施工合同文件的组成包括（　　）。

A. 投标人须知　　B. 中标通知书

C. 投标函及投标函附录　　D. 已标价的工程量清单

E. 技术标准和要求

8. 中标通知书是招标人接受中标人的书面承诺文件，应具体写明的内容包括（　　）。

A. 施工标段　　B. 中标价和工期

C. 工程质量标准　　D. 履约保证金

E. 中标人的项目经理名称

9. 通常情况下，订立建设工程施工合同时需要明确的内容包括（　　）。

A. 施工现场范围和施工临时占地　　B. 发包人提供图纸的期限和数量

C. 发包人违约的情形　　D. 异常恶劣的气候条件范围

E. 物价浮动的合同价格调整

10. 按照有关规定，承包人应在开工前编制施工实施计划。施工实施计划主要包括（ ）。

A. 施工组织设计　　B. 专项施工方案

C. 环境保护措施计划　　D. 安全技术措施计划

E. 质量管理体系

11. 按照《建设工程安全生产管理条例》规定，下列工程应编制专项施工方案的有（ ）。

A. 深基坑工程　　B. 地下暗挖工程

C. 路基填筑工程　　D. 高大模板工程

E. 高空作业工程

12. 根据有关规定，下列工程专项施工方案需经专家论证审查的有（ ）。

A. 深基坑工程　　B. 高空作业工程

C. 地下暗挖工程　　D. 大爆破工程

E. 高大模板工程

13. 标准施工合同条款规定，承包人应在合同约定的期限内提交工程质量保证措施文件，包括（ ）。

A. 质量检查机构的组织和岗位责任

B. 专职质量检查人员的组成

C. 质量检查人员的资质要求

D. 质量检查程序和实施细则

E. 试验检测仪器设备使用说明

14. 承包人的施工前期准备工作满足开工条件后，向监理人提交工程开工报审表。开工报审表应详细说明（ ）等的落实情况。

A. 施工道路　　B. 临时设施

C. 材料设备　　D. 安全环保措施

E. 施工人员

15. 根据有关规定，监理人应对承包人报送的施工实施方案进行审查，审查的内容包括（ ）。

A. 施工组织设计　　B. 专项施工方案

C. 质量管理体系　　D. 环境保护措施

E. 安全保证措施

16. 经监理人批准的施工进度计划称为合同进度计划。合同进度计划是控制合同工程进度的依据，对（ ）有约束力。

A. 发包人　　B. 承包人

C. 监理人　　D. 设计人

E. 勘察人

17. 下列原因导致的工期延误，承包人可以获得工期顺延和（或）费用加利润补偿的情况包括（ ）。

A. 增加合同工作内容

B. 提供图纸延误

C. 因发包人原因导致的暂停施工

D. 异常恶劣的气候条件

E. 改变合同中任何一项工作的质量要求

18. 根据标准施工合同通用条款的规定，下列原因引起的暂停施工，承包人有权要求发包人延长工期和(或)增加费用，并支付合理利润的有(　　)。

A. 施工过程中出现设计缺陷导致停工等待变更的图纸

B. 发包人采购的材料未能按时到货致使停工待料

C. 土方填筑工程施工中天降中雨，为保证施工质量监理人指示暂停施工

D. 发包人为执行政府行政管理部门的指示而要求暂停施工

E. 监理人为协调工程整体进度而指示暂停施工

19. 如果发包人根据实际情况向承包人提出提前竣工要求，应与承包人通过协商达成提前竣工协议作为合同文件的组成部分。协议的内容应包括(　　)。

A. 提前竣工的原因或理由

B. 承包人修订进度计划及为保证工程质量和安全采取的赶工措施

C. 发包人应提供的条件；所需追加的合同价款

D. 提前竣工给发包人带来利益和给承包人造成损失的分析

E. 提前竣工给发包人带来效益应给承包人的奖励

20. 按照标准施工合同通用条款约定，签订建设工程施工合同时签约合同价内尚不确定的款项主要包括(　　)。

A. 质量保证金　　B. 暂估价　　C. 预付款　　D. 暂列金额

E. 索赔金额

21. 下列有关暂估价和暂列金额区别的说法中，正确的有(　　)。

A. 暂估价属于包括在签约合同价内的金额，而暂列金额则不属于包括在签约合同价内的金额

B. 暂估价在招标投标阶段暂时不能合理确定价格，而暂列金额则在招标投标阶段已经确定价格

C. 暂估价在合同履行阶段必然发生，而暂列金额则在合同履行阶段不一定发生

D. 暂估价是发包人一定予以支付的款项，而暂列金额则不一定予以支付

E. 暂估价能够获得全部支付，而暂列金额则不一定能够全部获得支付

22. 质量保证金从承包人每期应获得的工程进度付款中，扣除(　　)等项金额后的款额为基数，按专用条款约定的比例扣留本期的质量保证金。

A. 预付款的支付　　B. 预付款的扣回

C. 暂估价的支付　　D. 计日工的支付

E. 因物价浮动对合同价格的调整

23. 质量保证金用于约束承包人在(　　)，均必须按照合同要求对施工的质量和数量承担约定的责任。

A. 施工准备阶段　　B. 施工阶段

C. 竣工阶段　　D. 缺陷责任期内

E. 保修期内

24. 按照标准施工合同通用条款的约定，外部原因引起的合同价格调整的情况包括(　　)。

A. 发包人责任造成工期延误　　B. 市场物价浮动

C. 承包人责任造成的暂停施工　　D. 不可抗力造成的工期延误

E. 法律法规的变化

25. 市场价格浮动引起的合同价格调整，通用条款规定用公式法调价。下列有关调价公式应用的说法中，正确的有(　　)。

A. 公式法调价适用于工程量清单中单价支付部分和总价支付部分

B. 在每次支付工程进度款计算调整差额时，如果得不到现行价格指数，可暂用上次价格指数计算，并在以后的付款中再按实际价格指数进行调整

C. 由于变更导致合同中调价公式约定的权重变得不合理时，由监理人与承包人和发包人协商后进行调整

D. 因非承包人原因导致工期顺延，原定竣工日后的支付过程中，调价公式继续有效

E. 因承包人原因未在约定的工期内竣工，后续支付时应采用原约定竣工日与实际支付日的两个价格指数中较低的一个作为支付计算的价格指数

26. 按照标准施工合同通用条款规定，承包人应在每个付款周期末，按监理人批准的格式和专用条款约定的份数，向监理提交进度付款申请单。进度付款申请单的内容包括(　　)。

A. 截至本次付款周期末已实施工程的价款

B. 变更金额；索赔金额

C. 本次应支付的预付款和扣减的返还预付款；本次扣减的质量保证金

D. 本次扣减的履约保证金

E. 根据合同应增加和扣减的其他金额

27. 按照标准施工合同通用条款的约定，施工过程中出现的变更包括(　　)。

A. 发包人指示的变更　　B. 承包人申请的变更

C. 监理人指示的变更　　D. 合同约定的变更

E. 行业行政主管部门指示的变更

28. 标准施工合同通用条款规定的变更范围和内容包括(　　)。

A. 取消合同中任何一项工作，且被取消的工作转由发包人或其他人实施

B. 改变合同中任何一项工作的质量或其他特性

C. 改变合同工程的基线、高程、位置或尺寸

D. 改变合同中任何一项工作的施工时间或改变已批准的施工工艺或顺序

E. 为完成工程需要追加的额外工作

29. 施工过程中监理人指示的变更根据情况可以进一步划分为(　　)。

A. 监理人直接指示的变更　　B. 监理人与发包人协商后确定的变更

C. 承包人申请的变更　　D. 通过与承包人协商后确定的变更

E. 承包人要求的变更

30. 施工过程中承包人提出的变更通常包括(　　)。

A. 承包人建议的变更　　B. 承包人要求的变更
C. 承包人违约的变更　　D. 承包人行为的变更
E. 承包人实际的变更

31. 承包人对发包人提供的图纸、技术要求以及其他方面,提出了可能降低合同价格、缩短工期或者提高工程经济效益的合理化建议,均应以书面形式提交监理人。合理化建议书的内容应包括(　　)。

A. 建议工作的详细说明　　B. 进度计划和效益
C. 与其他工作的协调　　D. 承包人对收益的分成
E. 设计文件

32. 建设工程施工过程中发生的下列事件中,属于不可抗力事件的有(　　)。

A. 地震、海啸　　B. 水灾、洪水
C. 瘟疫　　D. 承包人人员内部罢工
E. 暴动、战争

33. 根据标准施工合同通用条款的约定,下列有关不可抗力风险责任分担的说法中,正确的有(　　)。

A. 永久工程,包括已运至施工场地的材料和工程设备的损害,以及因工程损害造成的第三者人员伤亡和财产损失由发包人和承包人共同承担
B. 承包人设备的损坏由承包人承担
C. 发包人和承包人各自承担其人员伤亡和其他财产损失及其相关费用
D. 停工损失由承包人承担,但停工期间应监理人要求照管工程和清理、修复工程的金额由发包人承担
E. 不能按期竣工的,应合理延长工期,承包人无须支付逾期竣工违约金

34. 下列有关承包人提出索赔程序的说法中,正确的有(　　)。

A. 承包人应在引起索赔事件发生后 28 天内,向监理人递交索赔意向通知书,并说明发生索赔事件的事由
B. 承包人应在发出索赔意向通知书后 28 天内,向监理人递交正式的索赔通知书
C. 承包人应在引起索赔事件发生后 28 天内,向监理人递交索赔申请报告
D. 对于具有持续影响的索赔事件,承包人应按合理时间间隔陆续递交延续的索赔通知,说明连续影响的实际情况和记录
E. 在索赔事件影响结束后 28 天内,承包人应向监理人递交最终索赔通知书

35. 监理人收到承包人提交的索赔通知书后,应及时(　　)。

A. 审查索赔意向通知书的内容　　B. 审查索赔通知书的内容
C. 寻找有关索赔的证据资料　　D. 确定追加的付款和(或)延长的工期
E. 查验承包人的记录和证明材料

36. 标准施工合同通用条款规定,承包人接受了竣工付款证书后,应被认为已无权再提出在(　　)所发生的任何索赔。

A. 施工阶段　　B. 竣工阶段
C. 缺陷责任期阶段　　D. 国家验收阶段

E. 保修阶段

37. 建设工程施工合同履行期间施工现场挖掘出唐代的文物古迹,承包人按文物行政部门要求立即暂停施工,并采取有效合理的保护措施。此种情况下,承包人有权要求发包人补偿(　　)。

A. 工期　B. 费用　C. 利润　D. 费用和利润

E. 工期和利润

38. 建设工程施工合同履行期间由于监理人未能按合同约定发出指示、指示延误或指示错误而导致工期延误,此种情况下,承包人有权要求发包人补偿(　　)。

A. 工期　B. 费用

C. 利润　D. 费用和利润

E. 工期和利润

39. 建设工程施工合同履行期间承包人遇到不利物质条件后采取适应不利物质条件的合理措施继续施工,并及时通知了监理人。监理人没有发出任何指示,此种情况下,承包人有权要求发包人补偿(　　)。

A. 工期　B. 费用

C. 利润　D. 费用和利润

E. 工期和利润

40. 标准施工合同通用条款规定,发包人提供的材料或工程设备不符合合同要求的,承包人有权拒绝,并可要求发包人更换,此种情况下,承包人有权要求发包人补偿(　　)。

A. 工期　B. 费用

C. 利润　D. 费用和利润

E. 工期和利润

41. 发包人提出的索赔通常包括(　　)。

A. 承包人应承担责任的赔偿扣款　B. 合同工期的延长

C. 合同履约担保的损失赔偿　D. 缺陷责任期的延长

E. 质量保证金的扣除

42. 建设工程施工合同履行过程中发生的下列情况属于承包人违约的有(　　)。

A. 私自将合同的全部或部分权利转让给其他人,私自将合同的全部或部分义务转移给其他人

B. 未经监理人批准,私自将已按合同约定进入施工场地的施工设备、临时设施或材料撤离施工场地

C. 因发包人原因导致工程暂停施工,承包人未能按照合同约定提交索赔通知书

D. 使用不合格材料或工程设备,工程质量达不到标准要求,又拒绝清除不合格工程

E. 未能按合同进度计划及时完成合同约定的工作,已造成或预期造成工期延误

43. 下列有关承包人违约导致合同解除后结算的说法中,正确的有(　　)。

A. 监理人应商定或确定承包人实际完成工作的价值,以及承包人已提供的材料、施工设备、工程设备和临时工程等的价值

B. 发包人应暂停对承包人的一切付款,查清各项付款和已扣款金额,包括承包人应支

付的违约金

C. 发包人应按合同的约定向承包人索赔由于解除合同给发包人造成的损失

D. 合同双方确认相关往来款项后，发包人出具最终结清付款证书，结清全部合同款项

E. 发包人和承包人未能就解除合同后的结清达成一致，由发包人确定应结清的全部合同款项

44. 在施工合同履行过程中发生的下列情况，属于发包人违约的有(　　)。

A. 发包人未能按合同约定支付预付款或合同价款，或拖延、拒绝批准付款申请和支付凭证，导致付款延误

B. 发包人原因造成停工

C. 监理人无正当理由没有在约定期限内发出复工指示，导致承包人无法复工

D. 发包人未能按合同约定向承包人索赔由于承包人违约解除合同而给发包人造成的损失

E. 发包人无法继续履行或明确表示不履行或实质上已停止履行合同

45. 合同工程全部完工前可进行单位工程验收和移交的情况包括(　　)。

A. 专用合同条款内约定了某些单位工程分部移交

B. 承包人违约导致合同解除

C. 发包人在全部工程竣工前需要使用已经竣工的单位工程

D. 承包人提出单位工程提前验收的建议，并经发包人同意

E. 发包人要求合同工程提前完工

46. 标准施工合同通用条款规定，承包人向监理人报送竣工验收申请报告的条件包括(　　)。

A. 已按合同约定的内容和份数备齐了符合要求的竣工资料

B. 已按监理人的要求编制了在缺陷责任期内完成的尾工(甩项)工程和缺陷修补工作清单以及相应施工计划

C. 承包人已基本完成合同范围内的工程以及有关工作

D. 监理人要求提交的竣工验收资料清单

E. 监理人要求在竣工验收前应完成的其他工作

47. 合同工程最终结清的内容包括(　　)等。

A. 质量保证金的返还

B. 缺陷责任期内修复非承包人缺陷责任的工作

C. 缺陷责任期内涉及的索赔

D. 竣工验收不合格工程修复的工作

E. 竣工付款

习题答案及解析

1. D

【解析】国家发展和改革委员会、财政部、建设部、铁道部、交通部、信息产业部、水利

部、民用航空总局、广播电影电视总局九部委联合颁发的适用于一定规模以上,且设计和施工不是由同一承包人承担的工程施工招标的《标准施工招标文件》(2007年版)(以下简称“标准施工合同”或“施工合同标准文本”)中包括合同条款与合同附件格式。也就是说,标准施工合同适用于一定规模以上,而且发包人提供设计图纸,承包人负责施工的建设项目。

2. C

【解析】国家九部委在2012年颁发了适用于工期不超过12个月、技术相对简单、且设计和施工不是由同一承包人承担的小型项目施工招标的《简明标准施工招标文件》(2012版)(以下简称“简明施工合同”),其中包括合同条款及格式。

3. B

【解析】按照国家九部委联合颁布的《标准施工招标资格预审文件》和《标准施工招标文件》暂行规定要求:(1)各行业编制的标准施工合同应不加修改地引用《标准施工招标文件》中的“通用合同条款”,即标准施工合同和简明施工合同的通用条款广泛适用于各类建设工程。(2)各行业编制的标准施工招标文件中的“专用合同条款”可结合施工项目的具体特点,对标准的“通用合同条款”进行补充、细化。(3)除“通用合同条款”明确“专用合同条款”可做出不同约定外,补充和细化的内容不得与“通用合同条款”的规定相抵触,否则抵触内容无效。

4. C

【解析】九部委标准施工合同的通用条款包括24条,标题分别为:一般约定,发包人义务,监理人,承包人,材料和工程设备,施工设备和临时设施,交通运输,测量放线,施工安全、治安保卫和环境保护,进度计划,开工和竣工,暂停施工,工程质量,试验和检验,变更,价格调整,计量与支付,竣工验收,缺陷责任与保修责任,保险,不可抗力,违约,索赔,争议的解决。共计131款。

5. B

【解析】为了便于行业主管部门或招标人编制招标文件和拟定合同,标准施工合同文本根据通用条款的规定,在专用条款中针对22条50款做出了应用的参考说明。

6. C

【解析】合同协议书是合同组成文件中唯一需要发包人和承包人同时签字盖章的法律文书,因此标准施工合同中规定了合同协议书的应用格式。

7. B

【解析】标准施工合同要求履约担保采用保函的形式,并给出了履约保函的标准格式。

8. C

【解析】标准施工合同规定的履约保函的担保期限自发包人和承包人签订合同之日起,至签发工程移交证书之日止。标准施工合同没有采用国际招标工程或使用世界银行贷款建设工程的担保期限至缺陷责任期满止的规定,即担保人对承包人保修期内履行合同义务的行为不承担担保责任。

9. B

【解析】标准施工合同规定的履约保函的担保方式,采用无条件担保方式,即持有履约保函的发包人认为承包人有严重违约情况时,即可凭保函向担保人要求予以赔偿,无须承包人确认。

10. B

【解析】标准施工合同履约担保格式中，担保人承诺“在本担保有效期内，因承包人违反合同约定的义务给你方造成经济损失时，我方在收到你方以书面形式提出的在担保金额内的赔偿要求后，在7天内无条件支付”。

11. B

【解析】标准施工合同规定的预付款担保采用银行保函形式，主要特点为：(1)担保方式。担保方式也是采用无条件担保形式。(2)担保期限。担保期限自预付款支付给承包人起生效，至发包人签发的进度付款支付证书说明已完全扣清预付款止。(3)担保金额。担保金额尽管在预付款担保书内填写的数额与合同约定的预付款数额一致，但与履约担保不同，当发包人在工程进度款支付中已扣除部分预付款后，担保金额相应递减。保函格式中明确说明：“本保函的担保金额，在任何时候不应超过预付款金额减去发包人按合同约定在向承包人签发的进度付款证书中扣除的金额”。即保持担保金额与剩余预付款的金额相等原则。

12. C

【解析】由于简明施工合同适用于工期在12个月内的中小工程施工，是对标准施工合同简化的文本，通常由发包人负责材料和设备的供应，承包人仅承担施工义务，因此合同条款较少。简明施工合同通用条款包括17条共计69款。其中各条的标题分别为：一般约定，发包人义务，监理人，承包人，施工控制网，工期，工程质量，试验和检验，变更，计量与支付，竣工验收，缺陷责任与保修责任，保险，不可抗力，违约，索赔，争议的解决。各条中与标准施工合同对应条款规定的管理程序和合同责任相同。

13. C

【解析】通用条款明确规定：(1)监理人给承包人发出的指示，承包人应遵照执行。(2)监理人未能按合同约定发出指示、指示延误或指示错误而导致承包人施工成本增加和(或)工期延误，由发包人承担赔偿责任。

14. C

【解析】标准施工合同通用条款明确规定：(1)监理人无权免除或变更合同约定的发包人和承包人权利、义务和责任。(2)由于监理人不是合同当事人，因此合同约定应由承包人承担的义务和责任，不因监理人对承包人提交文件的审查或批准，对工程、材料和设备的检查和检验，以及为实施监理做出的指示等职务行为而减轻或解除。

15. D

【解析】组成合同的各文件中出现含义或内容的矛盾时，合同文件优先解释的顺序如下：(1)合同协议书；(2)中标通知书；(3)投标函及投标函附录；(4)专用合同条款；(5)通用合同条款；(6)技术标准和要求；(7)图纸；(8)已标价的工程量清单；(9)其他合同文件，即经合同当事人双方确认构成合同的其他文件。

16. D

【解析】标准施工合同条款中未明确由谁来解释文件之间的歧义，但可以结合监理工程师职责中的规定，总监理工程师应与发包人和承包人进行协商，尽量达成一致。不能达成一致时，总监理工程师应认真研究后审慎确定。

17. D

【解析】中标价应是在评标过程中对报价的计算或书写错误进行修正后,作为该投标人评标的基准价格。

18. C

【解析】(1)标准施工合同文件组成中的投标函,是投标人置于投标文件首页的保证中标后与发包人签订合同、按照要求提供履约担保、按期完成施工任务的承诺文件。(2)投标函附录是投标函内承诺部分主要内容的细化,包括项目经理的人选、工期、缺陷责任期、分包的工程部位、公式法调价的基数和系数等的具体说明。因此承包人的承诺文件(投标函及投标函附录)作为合同组成部分,不同于投标书及其附近,并非指整个投标文件。

19. B

【解析】承包人的承诺文件(投标函及投标函附录)作为合同组成部分,不同于投标书及其附近,并非指整个投标文件。也就是说投标文件中的部分内容在订立合同后允许进行修改或调整,如对于投标文件中的施工组织设计,施工前应进行修改或调整,从而编制更为详尽的施工组织设计、进度计划等。

20. B

【解析】(1)标准施工合同适用于发包人提供设计图纸,承包人负责施工的建设项目。由于初步设计完成后即可进行招标,因此订立合同时必须明确约定发包人陆续提供施工图纸的期限和数量。(2)如果承包人有专利技术且有相应的设计资质,可能约定由承包人完成部分施工图设计。此时也应明确承包人的设计范围,提交设计文件的期限、数量,以及监理人签发图纸修改的期限等。

21. B

【解析】施工过程中遇到不利于施工的气候条件直接影响施工效率,甚至被迫停工。气候条件对施工的影响是合同管理中一个比较复杂的问题,根据标准施工合同条款的规定,“异常恶劣的气候条件”属于发包人的责任。

22. A

【解析】根据标准施工合同条款的规定,“不利气候条件”对施工的影响则属于承包人应承担的风险,因此应当根据项目所在地的气候特点,在专用条款中明确界定不利于施工的气候和异常恶劣的气候条件之间的界限,以明确合同双方对气候变化影响施工的风险责任。

23. C

【解析】标准施工合同通用条款规定的基准日期指投标截止时间前28天的日期。规定基准日期的作用是划分该日期后由于政策法规的变化或市场物价浮动对合同价格影响的责任。承包人投标阶段在基准日后不再进行此方面的调研,进入编制投标文件阶段。

24. B

【解析】标准施工合同通用条款规定:承包人以基准日期前的市场价格编制工程报价,长期合同中调价公式中的可调因素价格指数来源于基准日的价格。

25. C

【解析】标准施工合同通用条款规定:基准日期后,因法律法规、规范标准等的变化,导致承包人在合同履行中所需要的工程成本发生约定以外的增减时,相应调整合同价款。

26. C

【解析】施工合同履行期间市场价格浮动对施工成本造成的影响是否允许调整合同价格,要视合同工期的长短来决定。

27. C

【解析】简明施工合同规定:工期在12个月以内的施工合同的通用条款通常不设调价条款,承包人在投标报价中合理考虑市场价格变化对施工成本的影响,合同履行期间不考虑市场价格变化调整合同价款。

28. A

【解析】按照标准施工合同条款的规定,工期在12个月以上的施工合同,由于承包人在投标阶段不可能合理预测一年以后的市场价格变化,因此应设有调价条款,由发包人和承包人共同分担市场价格变化的风险。合同履行期间应考虑市场价格变化调整合同价款。

29. C

【解析】针对工期在12个月以上的施工合同,标准施工合同通用条款规定用公式法调价,但调整价格的方法仅适用于工程量清单中按单价支付部分的工程款,总价支付部分不考虑物价浮动对合同价格的调整。

30. C

【解析】针对工期在12个月以上的施工合同,标准施工合同通用条款规定用公式法调价。其给出的调价公式中的各可调因子的现行价格指数,是指约定的付款证书相关周期最后一天的前42天的各可调因子的价格指数。

31. B

【解析】针对工期在12个月以上的施工合同,标准施工合同通用条款规定用公式法调价。其给出的调价公式中的各可调因子的基本价格指数,是指基准日期的各可调因子的价格指数。

32. C

【解析】针对工期在12个月以上的施工合同,标准施工合同通用条款规定用公式法调价。价格调整公式中的各可调因子、定值和变值权重,以及基本价格指数及其来源在投标函附录价格指数和权重表中约定,以基准日的价格为准,因此应在合同调价条款中予以明确。

33. C

【解析】标准施工合同通用条款规定的价格调整公式中的价格指数应首先采用工程项目所在地有关行政管理部门提供的价格指数,缺乏上述价格指数时,也可采用有关部门提供的价格代替。

34. B

【解析】标准施工合同和简明施工合同的通用条款中考虑到承包人是工程施工的最直接责任人,因此均规定由承包人负责办理“建筑工程一切险”“安装工程一切险”和“第三者责任保险”,并承担办理保险的费用。具体的投保内容、保险金额、保险费率、保险期限等有关内容在专用条款中约定。

35. A

【解析】如果一个建设工程项目的施工采用平行发包的方式分别交由多个承包人施

工，由几家承包人分别投保的话，有可能产生重复投保或漏保，此时由发包人投保为宜。双方可在专用条款中约定，由发包人办理工程保险和第三者责任保险。

36. D

【解析】标准施工合同通用条款规定，无论是由承包人还是发包人办理工程险和第三者责任保险，均必须以发包人和承包人的共同名义投保，以保障双方均有出现保险范围内的损失时，可从保险公司获得赔偿。

37. D

【解析】标准施工合同条款规定，如果投保工程一切险的保险金额少于工程实际价值，工程受到保险事件的损害时，不能从保险公司获得实际损失的全额赔偿，则损失赔偿的不足部分按合同相应条款的约定由该事件的风险责任方负责补偿。

38. B

【解析】标准施工合同要求在专用条款具体约定保险金不足以赔偿损失时，承包人和发包人承担的责任。如永久工程损失的差额由发包人补偿，临时工程、施工设备等损失由承包人负责。

39. C

【解析】由当事人双方具体约定，在专用条款内写明。通常情况下，应是谁采购的材料和工程设备，由谁办理相应的保险。

40. B

【解析】发包人应按专用条款约定及时向承包人提供施工场地范围内地下管线和地下设施等有关资料。地下管线包括供水、排水、供电、供气、供热、通信、广播电视等的埋设位置，以及地下水文、地质等资料。发包人应保证资料的真实、准确、完整，但不对承包人据此判断、推论错误导致编制施工方案的后果承担责任。

41. B

【解析】标准施工合同条款规定，发包人应根据合同进度计划，组织设计单位向承包人和监理人对提供的施工图纸和设计文件进行交底，以便承包人制订施工方案和编制施工组织设计。

42. B

【解析】标准施工合同条款规定，承包人应负责修建、维修、养护和管理施工所需的临时道路，以及为开始施工所需的临时工程和必要的设施，满足开工的要求。

43. C

【解析】标准施工合同条款规定，承包人依据监理人提供的测量基准点、基准线和水准点及其书面资料，根据国家测绘基准、测绘系统和工程测量技术规范以及合同中对工程精度的要求，测设施工控制网，并将施工控制网点的资料报送监理人审批。承包人在施工过程中负责管理施工控制网点，对丢失或损坏的施工控制网点应及时修复，并在工程竣工后将施工控制网点移交发包人。

44. B

【解析】监理人应对承包人的施工组织设计中的进度计划进行审查。监理人审查后，应在专用条款约定的期限内，批复或提出修改意见，否则该进度计划视为已得到批准。经监理人批准的施工进度计划称为“合同进度计划”。

45. D

【解析】合同进度计划的作用主要表现在两个方面:首先它是控制合同工程进度的依据。合同进度计划的另一重要作用是,施工进度受到非承包人责任原因的干扰后,判定是否应给承包人顺延合同工期的主要依据。

46. D

【解析】当发包人的开工前期工作已完成且临近约定的开工日期时,应委托监理人按专用条款约定的时间向承包人发出开工通知。以下两种情况需注意:(1)如果约定的开工已届至但发包人应完成的开工配合义务尚未完成(如现场移交延误),由于监理人不能按时发出开工通知,则要顺延合同工期并赔偿承包人的相应损失。(2)如果发包人开工前的配合工作已完成且约定的开工日期已届至,但承包人的开工准备还不满足开工条件,监理人仍应按时发出开工的指示,合同工期不予顺延。

47. A

【解析】如果发包人开工前的配合工作已完成且约定的开工日期已届至,但承包人的开工准备还不满足开工条件,监理人仍应按时发出开工的指示,合同工期不予顺延。

48. B

【解析】标准施工合同条款规定,监理人征得发包人同意后,应在开工日期7天前向承包人发出开工通知,合同工期自开工通知中载明的开工日起计算。

49. C

【解析】当发包人的开工前期工作已完成且临近约定的开工日期时,应委托监理人按专用条款约定的时间向承包人发出开工通知。合同工期自开工通知中载明的开工日起计算。

50. B

【解析】《最高人民法院关于审理建设工程施工合同纠纷案件适用法律问题的解释(二)》(法释〔2018〕20号)规定,当事人对建设工程开工日期有争议的,人民法院应当分别按照以下情形予以认定:开工日期为发包人或者监理人发出的开工通知载明的开工日期;开工通知发出后,尚不具备开工条件的,以开工条件具备的时间为开工日期;因承包人原因导致开工时间推迟的,以开工通知载明的时间为开工日期。

51. B

【解析】《最高人民法院关于审理建设工程施工合同纠纷案件适用法律问题的解释(二)》(法释〔2018〕20号)规定,建设工程开工日期为发包人或者监理人发出的开工通知载明的开工日期。因承包人原因导致开工时间推迟的,以开工通知载明的时间为开工日期。

52. D

【解析】《最高人民法院关于审理建设工程施工合同纠纷案件适用法律问题的解释(二)》(法释〔2018〕20号)规定,承包人经发包人同意已经实际进场施工的,以实际进场施工时间为开工日期。

53. B

【解析】“合同工期”是指承包人在投标函内承诺完成合同工程的时间期限,以及按照合同条款通过变更和索赔程序应给予顺延工期的时间之和。

54. B

【解析】合同工期,是指承包人在投标函内承诺完成合同工程的时间期限,以及按照合同条款通过变更和索赔程序应给予顺延工期的时间之和。合同工期是用于判定承包人是否按期竣工的标准。

55. B

【解析】承包人施工期是从监理人发出的开工通知中写明的开工日起算,至工程接收证书中写明的实际竣工日止。

56. C

【解析】在建设工程施工合同管理中,以施工期与合同工期比较,判定是提前竣工还是延误竣工。延误竣工承包人承担拖期赔偿责任,提前竣工是否应获得奖励需视专用条款中是否有约定。

57. B

【解析】缺陷责任期从工程接收证书中写明的竣工日开始起算,期限视具体工程的性质和使用条件的不同在专用条款内约定(一般为1年)。对于合同内约定有分部移交的单位工程,按提前验收的该单位工程接收证书中确定的竣工日为准,起算时间相应提前。

58. C

【解析】由于承包人拥有施工技术、设备和施工经验,缺陷责任期内工程运行期间出现的工程缺陷,承包人应负责修复,直到检验合格为止。

59. C

【解析】按照标准施工合同条款规定,修复工程缺陷的费用以缺陷原因的责任划分,经查验属于发包人原因造成的缺陷,承包人修复后可获得查验、修复的费用及合理利润。如果承包人不能在合理时间内修复缺陷,发包人可以自行修复或委托其他人修复,修复费用由缺陷原因的责任方承担。

60. D

【解析】(1)缺陷责任期从工程接收证书中写明的竣工日开始起算,期限视具体工程的性质和使用条件的不同在专用条款内约定(一般为1年)。(2)承包人责任原因产生的较大缺陷或损坏,致使工程不能按原定目标使用,经修复后需要再行检验或试验时,发包人有权要求延长该部分工程或设备的缺陷责任期。(3)影响工程正常运行的有缺陷工程或部位,在修复检验合格日前已经过的时间归于无效,重新计算缺陷责任期,但包括延长时间在内的缺陷责任期最长时间不得超过2年。

61. B

【解析】标准施工合同条款规定,保修期自实际竣工日起算。发包人和承包人按照有关法律、法规的规定,在专用条款内约定工程质量保修范围、期限和责任。对于提前验收的单位工程,起算时间相应提前。

62. B

【解析】根据有关规定,承包人对保修期内出现的属于其责任原因的工程缺陷,承担修复义务。换句话说,承包人对保修期内出现的不属于其责任原因的工程缺陷,不承担修复义务。

63. A

【解析】标准施工合同通用条款规定,不论何种原因造成工程的实际进度与合同进度计划不符,包括实际进度超前或滞后于计划进度,均应修订合同进度计划,以使进度计划具有实际的管理和控制作用。

64. D

【解析】当合同进度计划需修订时,(1)承包人可以主动向监理人提交修订合同进度计划的申请报告,并附有关措施和相关资料,报监理人审批;(2)监理人也可以向承包人发出修订合同进度计划的指示,承包人应按该指示修订合同进度计划后报监理人审批;(3)如果修订的合同进度计划对竣工时间有较大影响或需要补偿额超过监理人独立确定的范围时,在批复前应取得发包人同意。

65. D

【解析】标准施工合同通用条款中明确规定,由于发包人迟延提供材料、工程设备或变更交货地点,因发包人原因导致的暂停施工,提供图纸延误,未按合同约定及时支付预付款、进度款,发包人造成工期延误的其他原因导致的延误,承包人有权获得工期顺延和(或)费用加利润补偿。

66. B

【解析】按照通用条款的规定,出现专用合同条款约定的异常恶劣气候条件导致工期延误,承包人有权要求发包人延长工期。

67. B

【解析】监理人处理气候条件对施工进度造成不利影响的事件时,应首先注意正确区分气候条件对施工进度影响的责任,判明因气候条件对施工进度产生影响的持续期间内,属于异常恶劣气候条件有多少天。如土方填筑工程的施工中,因连续降雨导致停工 15 天,其中 6 天的降雨强度超过专用条款约定的标准构成延长合同工期的条件,而其余 9 天的停工或施工效率降低的损失属于承包人应承担的不利气候条件风险。

68. C

【解析】监理人处理气候条件对施工进度造成不利影响的事件时,还应注意异常恶劣气候条件导致的停工是否影响总工期。如果异常恶劣气候条件导致的停工是进度计划中的关键工作,则承包人有权获得合同工期的顺延。如果被迫暂停施工的工作不在关键线路上且总时差多于停工天数,不必顺延合同工期,但对施工成本的增加可以获得补偿。

69. D

【解析】不论由于何种原因引起的暂停施工,监理人应与发包人和承包人协商,采取有效措施积极消除暂停施工的影响。当工程具备复工条件时,监理人应立即向承包人发出复工通知,承包人收到复工通知后,应在指示的期限内复工。承包人无故拖延和拒绝复工,由此增加的费用和工期延误由承包人承担。因发包人原因无法按时复工时,承包人有权要求延长工期和(或)增加费用,并支付合理利润。

70. B

【解析】标准施工合同通用条款规定,由于发包人的原因发生暂停施工的紧急情况,且监理人未及时下达暂停施工指示,承包人可先暂停施工并及时向监理人提出暂停施工的书面请求。监理人应在接到书面请求后的24小时内予以答复,逾期未答复视为同意承包人的暂停施工请求。

71. D

【解析】标准施工合同通用条款规定:(1)因承包人原因造成工程质量达不到合同约定验收标准,监理人有权要求承包人返工直至符合合同要求为止,由此造成的费用增加和(或)工期延误由承包人承担。(2)因发包人原因造成工程质量达不到合同约定验收标准,发包人应承担由于承包人返工造成的费用增加和(或)工期延误,并支付承包人合理利润。

72. C

【解析】承包人应对施工工艺进行全过程的质量检查和检验,认真执行自检、互检和工序交叉检查制度。

73. D

【解析】标准施工合同通用条款规定,监理人对承包人的试验和检验结果有疑问,或为查清承包人试验和检验成果的可靠性要求承包人重新试验和检验时,由监理人与承包人共同进行。

74. D

【解析】监理人对承包人的试验和检验结果有疑问,或为查清承包人试验和检验成果的可靠性要求承包人重新试验和检验时,由监理人与承包人共同进行。重新试验和检验的结果证明该项材料、工程设备或工程的质量不符合合同要求,由此增加的费用和(或)工期延误由承包人承担;重新试验和检验结果证明符合合同要求,由发包人承担由此增加的费用和(或)工期延误,并支付承包人合理利润。

75. B

【解析】标准施工合同通用条款规定,监理人要求承包人重新试验和检验的结果证明该项材料、工程设备或工程的质量不符合合同要求,由此增加的费用和(或)工期延误由承包人承担。

76. A

【解析】标准施工合同通用条款规定,监理人要求承包人重新试验和检验结果证明该项材料、工程设备或工程的质量符合合同要求,由发包人承担由此增加的费用和(或)工期延误,并支付承包人合理利润。

77. D

【解析】监理人对已覆盖的隐蔽工程质量有疑问时,可要求承包人对已覆盖的部位进行钻孔探测或揭开重新检验,承包人应遵照执行,并在检验后重新覆盖恢复原状。经检验证明工程质量符合合同要求,由发包人承担由此增加的费用和(或)工期延误,并支付承包人合理利润;经检验证明工程质量不符合合同要求,由此增加的费用和(或)工期延误由承包人承担。

78. A

【解析】标准施工合同通用条款规定,监理人对已覆盖的隐蔽工程质量有疑问时,可要求承包人对已覆盖的部位进行钻孔探测或揭开重新检验,承包人应遵照执行,并在检验后重新覆盖恢复原状。经检验证明工程质量符合合同要求,由发包人承担由此增加的费用和(或)工期延误,并支付承包人合理利润。

79. C

【解析】对发包人提供的材料和工程设备,承包人应根据合同进度计划的安排,向监理人报送要求发包人交货的日期计划。发包人应按照监理人与合同双方当事人商定的交货日期,向承包人提交材料和工程设备,并在到货7天前通知承包人。

80. D

【解析】对发包人提供的材料和工程设备,承包人会同监理人在约定的时间内,在交货地点共同进行验收。

81. D

【解析】发包人提供的材料和工程设备验收后,由承包人负责接收、保管和施工现场内的二次搬运所发生的费用。

82. A

【解析】对发包人提供的材料和工程设备,发包人要求向承包人提前交货的,承包人不得拒绝,但发包人应承担承包人由此增加的保管费用。

83. D

【解析】发包人提供的材料和工程设备的规格、数量或质量不符合合同要求,或由于发包人原因发生交货日期延误及交货地点变更等情况时,发包人应承担由此增加的费用和(或)工期延误,并向承包人支付合理利润。

84. C

【解析】签约合同价是指签订合同时合同协议书中写明的,包括了暂列金额、暂估价的合同总金额,即中标价。

85. C

【解析】合同价格是指承包人按合同约定完成了包括缺陷责任期内的全部承包工作后,发包人应付给承包人的金额。合同价格即承包人完成施工、竣工、保修全部义务后的工程结算总价,包括履行合同过程中按合同约定进行的变更、价款调整、通过索赔应予补偿的金额。

86. D

【解析】签约合同价是写在协议书和中标通知书内的固定数额,作为结算价款的基数。在履行合同过程中无论是否发生变更、价格调整、索赔等,签约合同价均保持不变。

87. C

【解析】合同价格是承包人最终完成全部施工和保修义务后应得的全部合同价款,包括施工过程中按照合同相关条款的约定,在签约合同价基础上应给承包人补偿或扣减的费用之和。因此只有在最终结算时,合同价格的具体金额才可以确定。

88. C

【解析】暂估价是指发包人在工程量清单中给出的,用于支付必然发生但暂时不能确定价格的材料、设备以及专业工程的金额。该笔款项属于签约合同价的组成部分,合同履行阶段一定发生,但招标阶段由于局部设计深度不够,质量标准尚未最终确定,投标时市场价格差异较大等原因,要求承包人按暂估价格报价部分,合同履行阶段再最终确定该部分的合同价格金额。

89. A

【解析】暂估价内的工程材料、设备或专业工程施工,属于依法必须招标的项目,施工过程中由发包人和承包人以招标的方式选择供应商或分包人,按招标的中标价确定其最终价格。

90. C

【解析】暂估价内的工程材料、设备未达到必须招标的规模或标准时,材料和设备由承包人负责提供,经监理人确认相应的价格或金额。

91. C

【解析】暂估价内的专业工程施工未达到必须招标的规模或标准时,专业工程施工的价格由监理人根据合同条款中约定的变更估价原则进行估价确定。

92. C

【解析】根据标准施工合同通用条款规定,暂列金额指已标价工程量清单中所列的一笔款项,用于在签订协议书时尚未确定或不可预见变更的施工及其所需材料、工程设备、服务等的金额,包括以计日工方式支付的款项。

93. C

【解析】按照标准施工合同通用条款约定,暂估价是包括在签约合同价内的,在招标投标阶段暂时不能合理确定价格,但合同履行阶段必然发生,发包人一定予以支付的款项。

94. A

【解析】按照标准施工合同通用条款约定,暂列金额指包括在签约合同价内的,招标投标阶段已经确定价格,监理人在合同履行阶段根据工程实际情况指示承包人完成相关工作后给予支付的款项。签约合同价内约定的暂列金额可能全部使用或部分使用,因此承包人不一定能够全部获得支付。

95. B

【解析】通用条款内对费用的定义为履行合同所发生的或将要发生的不计利润的所有合理开支,包括管理费和应分摊的其他费用。

96. B

【解析】通用条款中很多涉及应给予承包人补偿的事件,其补偿的原则是:(1)导致承包人增加开支的事件如果属于发包人也无法合理预见和克服的情况,应补偿费用但不计利润;(2)若属于发包人应予控制而未做好的情况,如因图纸资料错误导致的施工放线返工,则应补偿费用和合理利润。

97. D

【解析】非承包人原因导致承包人增加开支的补偿原则是:(1)导致承包人增加开支的事件如果属于发包人也无法合理预见和克服的情况,如施工现场挖掘出文物古迹导致暂停施工,应补偿费用但不计利润;(2)若属于发包人应予控制而未做好的情况,如因图纸资料错误导致的施工放线返工,则应补偿费用和合理利润。

98. C

【解析】住房和城乡建设部、财政部联合颁发的《建设工程质量保证金管理办法》(建质〔2017〕138号)规定,发包人应按照合同约定方式预留保证金,保证金总预留比例不得高于工程价款结算总额的3%。合同约定由承包人以银行保函替代预留保证金的保函金额不得高于工程价款结算总额的3%。

99. C

【解析】监理人在缺陷责任期满颁发缺陷责任终止证书后，承包人向发包人申请到期应返还承包人质量保证金的金额，发包人应在14天内会同承包人按照合同约定的内容核实承包人是否完成缺陷修复责任。如无异议，发包人应当在核实后将剩余质量保证金返还承包人。如果约定的缺陷责任期满时，承包人还没有完成全部缺陷修复或部分单位工程延长的缺陷责任期尚未到期，发包人有权扣留与未履行缺陷责任剩余工作所需金额相应的质量保证金。

100. B

【解析】施工工期12个月以上的工程，应考虑市场价格浮动对合同价格的影响，由发包人和承包人分担市场价格变化的风险。通用条款规定用公式法调价，但仅适用于工程量清单中单价支付部分。

101. B

【解析】市场价格浮动引起的合同价格调整，通用条款规定用公式法调价。在调价公式的应用中应遵循的基本原则之一是：在每次支付工程进度款计算调整差额时，如果得不到现行价格指数，可暂用上次价格指数计算，并在以后的付款中再按实际价格指数进行调整。

102. D

【解析】市场价格浮动引起的合同价格调整，通用条款规定用公式法调价。在合同履行过程中，由于变更导致合同中调价公式约定的权重变得不合理时，由监理人与承包人和发包人协商后进行调整。

103. A

【解析】市场价格浮动引起的合同价格调整，通用条款规定用公式法调价。在合同履行过程中，因非承包人原因导致工期顺延，原定竣工日后的支付过程中，通用条款给定的调价公式继续有效。

104. C

【解析】市场价格浮动引起的合同价格调整，通用条款规定用公式法调价。在调价公式应用中应遵循的基本原则是：因承包人原因未在约定的工期内竣工，后续支付时应采用原约定竣工日与实际支付日的两个价格指数中，较低的一个作为支付计算的价格指数。

105. D

【解析】标准施工合同通用条款规定，基准日后，因法律、法规变化导致承包人的施工费用发生增减变化时，监理人根据法律、国家或省、自治区、直辖市有关部门的规定，监理人采用商定或确定的方式对合同价款进行调整。

106. A

【解析】工程量清单或报价单内承包工作的内容，既包括单价支付的项目，也可能有总价支付部分，如设备安装工程的施工。单价支付与总价支付的项目在计量和付款中有较大区别。单价子目已完成工程量按月计量；总价子目的计量周期按已批准承包人的支付分解报告确定。

107. C

【解析】标准施工合同通用条款规定，承包人对已完成的工程进行计量后，应向监理人提交进度付款申请单、已完成工程量报表和有关计量资料。监理人应在收到承包人提交的工程量报表后的7天内进行复核,监理人未在约定时间内复核,承包人提交的工程量报表中的工程量视为承包人实际完成的工程量,据此计算工程价款。

108. D

【解析】监理人对承包人提交的工程量报表中的数量有异议或监理人认为有必要时,可要求承包人进行共同复核和抽样复测。承包人应协助监理人进行复核,并按监理人要求提供补充计量资料。承包人未按监理人要求参加复核,监理人单方复核或修正的工程量作为承包人实际完成的工程量。

109. B

【解析】总价子目的计量和支付应以总价为基础,不考虑市场价格浮动的调整。承包人实际完成的工程量,是进行工程目标管理和控制进度支付的依据。总价子目通常不进行现场计量,只进行图纸计量。

110. D

【解析】除变更外,总价子目表中标明的工程量是用于结算的工程量,通常不进行现场计量,只进行图纸计量。

111. B

【解析】标准施工合同通用条款规定,监理人在收到承包人进度付款申请单以及相应的支持性证明文件后的14天内完成核查,提出发包人到期应支付给承包人的金额以及相应的支持性材料。经发包人审查同意后,由监理人向承包人出具经发包人签认的进度付款证书。监理人有权扣发承包人未能按照合同要求履行任何工作或义务的相应金额,如扣除质量不合格部分的工程款等。

112. B

【解析】通用条款规定,监理人出具的进度付款证书,不应视为监理人已同意、批准或接受了承包人完成的该部分工作,在对以往历次已签发的进度付款证书进行汇总和复核中发现错、漏或重复的,监理人有权予以修正,承包人也有权提出修正申请。经双方复核同意的修正,应在本次进度付款中支付或扣除。

113. C

【解析】标准施工合同通用条款规定,监理人在收到承包人进度付款申请单以及相应的支持性证明文件后的14天内完成核查,提出发包人到期应支付给承包人的金额以及相应的支持性材料。经发包人审查同意后,由监理人向承包人出具经发包人签认的进度付款证书。发包人应在监理人收到进度付款申请单后的28天内,将进度应付款支付给承包人。发包人不按期支付,按专用合同条款的约定支付逾期付款违约金。

114. C

【解析】发包人应负责赔偿工程或工程的任何部分对土地的占用所造成的第三者财产损失,以及负责赔偿由于发包人原因在施工场地及其毗邻地带造成的第三者人身伤亡和财产损失。

115. B

【解析】承包人应按合同约定的安全工作内容,编制施工安全措施计划报送监理人审批。按监理人的指示制订应对灾害的紧急预案,报送监理人审批。严格按照国家安全标准制定施工安全操作规程。对危险性较大的分部分项工程编制专项施工方案。

116. C

【解析】合同约定的安全作业环境及安全施工措施所需费用已包括在相关工作的合同价格中;因采取合同未约定的安全作业环境及安全施工措施增加的费用,由监理人按商定或确定方式予以补偿。

117. A

【解析】施工过程中发生安全事故时,承包人应立即通知监理人,监理人应立即通知发包人。

118. B

【解析】工程事故发生后,发包人和承包人应立即组织人员和设备进行紧急抢救和抢修,减少人员伤亡和财产损失,防止事故扩大,并保护事故现场。需要移动现场物品时,应做出标记和书面记录,妥善保管有关证据。

119. B

【解析】工程事故发生后,发包人和承包人应按国家有关规定,及时如实地向有关部门报告事故发生的情况,以及正在采取的紧急措施。

120. C

【解析】监理人指示的变更可进一步分为:(1)监理人直接指示的变更:此类变更属于必须实施的变更,如按照发包人的要求提高质量标准、设计错误需要进行的设计修改、协调施工中的交叉干扰等情况。此时无须征求承包人意见,监理人经过发包人同意后发出变更指示要求承包人完成变更工作。(2)与承包人协商后确定的变更:此类情况属于可能发生的变更,与承包人协商后再确定是否实施变更,如增加承包范围外的某项新增工作或改变合同文件中的要求等。

121. C

【解析】施工过程中可能发生导致变更的情况时,监理人与承包人协商后再确定是否实施变更。此时,监理人首先向承包人发出变更意向书,说明变更的具体内容、完成变更的时间要求等,并附必要的图纸和相关资料。

122. A

【解析】对于可能发生的变更:(1)监理人首先向承包人发出变更意向书,说明变更的具体内容、完成变更的时间要求等,并附必要的图纸和相关资料。(2)承包人收到监理人的变更意向书后,如果同意实施变更,则向监理人提出书面变更建议。建议书的内容包括拟实施变更工作的计划、措施、竣工时间等内容的实施方案以及费用和(或)工期要求。若承包人收到监理人的变更意向书后认为难以实施此项变更也应立即通知监理人,说明原因并附详细依据,如不具备实施变更项目的施工资质、无相应的施工机具等原因或其他理由。(3)监理人审查承包人的建议书。如果承包人根据变更意向书要求提交的变更实施方案可行并经发包人同意后,监理人发出变更指示。如果承包人不同意变更,监理人与承包人和发包人协商后确定撤销、改变或不改变变更意向书。

123. A

【解析】承包人收到监理人按合同约定发出的图纸和文件,经检查认为其中存在属于变更范围的情形,如提高了工程质量标准、增加工作内容、工程的位置或尺寸发生变化等,可向监理人提出书面变更建议。变更建议应阐明要求变更的依据,并附必要的图纸和说明。

124. B

【解析】监理人收到承包人的书面变更建议后,应与发包人共同研究,确认存在变更的,应在收到承包人书面建议后的14天内做出变更指示。经研究后不同意作为变更的,由监理人书面答复承包人。

125. B

【解析】标准施工合同通用条款规定,承包人应在收到变更指示或变更意向书后的14天内,向监理人提交变更报价书,详细开列变更工作的价格组成及其依据,并附必要的施工方法说明和有关图纸。变更工作如果影响工期,承包人应提出调整工期的具体细节。

126. C

【解析】标准施工合同通用条款规定,变更报价书应详细开列变更工作的价格组成及其依据,并附必要的施工方法说明和有关图纸。变更工作如果影响工期,承包人应提出调整工期的具体细节。

127. C

【解析】标准施工合同通用条款规定,监理人收到承包人变更报价书后的14天内,根据合同约定的估价原则,商定或确定变更价格。

128. D

【解析】标准施工合同通用条款规定的变更估价的原则包括:(1)已标价工程量清单中有适用于变更工作的子目,采用该子目的单价计算变更费用;(2)已标价工程量清单中无适用于变更工作的子目,但有类似子目,可在合理范围内参照类似子目的单价,由监理人商定或确定变更工作的单价;(3)已标价工程量清单中无适用或类似子目的单价,可按照成本加利润的原则,由监理人商定或确定变更工作的单价。

129. B

【解析】不利物质条件属于发包人应承担的风险,指承包人在施工场地遇到的不可预见的自然物质条件、非自然的物质障碍和污染物,包括地下和水文条件,但不包括气候条件。

130. D

【解析】承包人遇到不利物质条件时,应采取适应不利物质条件的合理措施继续施工,并通知监理人。监理人应当及时发出指示,构成变更的,按变更对待。如果监理人没有发出指示,承包人因采取合理措施而增加的费用和工期延误,仍由发包人承担。

131. D

【解析】合同一方当事人遇到不可抗力事件,使其履行合同义务受到阻碍时,应立即通知合同另一方当事人和监理人,书面说明不可抗力和受阻碍的详细情况,并提供必要的证明。不可抗力发生后,发包人和承包人均应采取措施尽量避免和减少损失的扩大,任何一方没有采取有效措施导致损失扩大的,应对扩大的损失承担责任。

132. D

【解析】如果不可抗力的影响持续时间较长,遭遇不可抗力的合同一方当事人应及时向合同另一方当事人和监理人提交中间报告,说明不可抗力和履行合同受阻的情况,并于不可抗力事件结束后28天内提交最终报告及有关资料。

133. B

【解析】通用条款规定,不可抗力造成永久工程,包括已运至施工场地的材料和工程设备的损害,以及因工程损害造成的第三者人员伤亡和财产损失由发包人承担。

134. C

【解析】通用条款规定,不可抗力造成的承包人设备的损坏由承包人承担。

135. B

【解析】通用条款规定,不可抗力造成的有关人员伤亡、财产损失及相关费用由各自单位承担,就是说发包人和承包人各自承担其人员伤亡和其他财产损失及其相关费用。

136. A

【解析】通用条款规定,不可抗力造成的承包人的停工损失、设备损坏、人员伤亡、财产损失等由承包人承担。

137. C

【解析】通用条款规定,因不可抗力导致的停工,停工期间应监理人要求照管工程和清理、修复工程的金额由发包人承担。

138. C

【解析】通用条款规定,不可抗力导致工程不能按期竣工的,应合理延长工期,承包人无须支付逾期竣工违约金。发包人要求赶工的,承包人应采取赶工措施,赶工费用由发包人承担。

139. C

【解析】合同一方当事人因不可抗力导致不可能继续履行合同义务时,应当及时通知对方解除合同。合同解除后,承包人应撤离施工场地。

140. D

【解析】因不可抗力合同解除后,已经订货的材料、设备由订货方负责退货或解除订货合同,不能退还的货款和因退货、解除订货合同发生的费用,由发包人承担,因未及时退货造成的损失由责任方承担。合同解除后的付款,监理人与当事人双方协商后确定。

141. D

【解析】承包人根据合同认为有权得到追加付款和(或)延长工期时,应按规定程序向发包人提出索赔。承包人应在引起索赔事件发生后的28天内,向监理人递交索赔意向通知书,并说发生索赔事件的事由。承包人未在前述28天内发出索赔意向通知书,丧失要求追加付款和(或)延长工期的权利。

142. D

【解析】承包人应在引起索赔事件发生后的28天内,向监理人递交索赔意向通知书,并说明发生索赔事件的事由。承包人未在前述28天内发出索赔意向通知书,丧失要求追加付款和(或)延长工期的权利。

143. C

【解析】标准施工合同通用条款规定,承包人应在发出索赔意向通知书后28天内,向监理人递交正式的索赔通知书,详细说明索赔理由以及要求追加的付款金额和(或)延长的工期,并附必要的记录和证明材料。

144. C

【解析】标准施工合同通用条款规定,在索赔事件影响结束后的28天内,承包人应向监理人递交最终索赔通知书,说明最终要求索赔的追加付款金额和延长的工期,并附必要的记录和证明材料。

145. D

【解析】监理人首先应争取通过与发包人和承包人协商达成索赔处理的一致意见,如果分歧较大,再单独确定追加的付款和(或)延长的工期。监理人应在收到索赔通知书或有关索赔的进一步证明材料后的42天内,将索赔处理结果答复承包人。

146. B

【解析】标准施工合同通用条款规定,收到索赔处理结果后,承包人接受索赔处理结果的,发包人应在做出索赔处理结果答复后28天内完成赔付。承包人不接受索赔处理结果的,按合同争议解决。

147. C

【解析】缺陷责任期终止证书签发后,承包人提交的最终结清申请单中,只限于提出工程接收证书颁发后发生的索赔,即只限于提出缺陷责任期阶段及其以后发生的索赔。

148. B

【解析】缺陷责任期终止证书签发后,承包人提交的最终结清申请单中,只限于提出工程接收证书颁发后发生的索赔。提出索赔的期限至承包人接受最终结清证书时终止,即合同终止后承包人就失去索赔的权利。

149. B

【解析】标准施工合同通用条款5.2.4规定,发包人要求向承包人提前交货的,承包人不得拒绝,但发包人应承担承包人由此增加的费用。

150. D

【解析】标准施工合同通用条款8.3规定,发包人应对其提供的测量基准点、基准线和水准点及其书面资料的真实性、准确性和完整性负责。发包人提供上述基准资料导致承包人测量放线工作的返工或造成工程损失的,发包人应当承担由此增加的费用和(或)工期延误,并向承包人支付合理利润。

151. D

【解析】标准施工合同通用条款11.1规定,在履行合同过程中,由于发包人的下列原因造成工期延误的,承包人有权要求发包人延长工期和(或)增加费用,并支付合理利润:(1)增加合同工作内容;(2)改变合同中任何一项工作的质量或其他特性;(3)发包人迟延提供材料、工程设备或变更交货地点的;(4)因发包人原因导致的暂停施工;(5)提供图纸延误;(6)未按合同约定及时支付预付款、进度款;(7)发包人造成工期延误的其他原因。

152. A

【解析】标准施工合同通用条款11.4规定,由于出现专用合同条款约定的异常恶劣气候条件导致的工期延误,承包人有权要求发包人延长工期。

153. D

【解析】标准施工合同通用条款 12.2 规定,由于发包人原因引起的暂停施工造成工期延误的,承包人有权要求发包人延长工期和增加费用,并支付合理利润。

154. D

【解析】标准施工合同通用条款 12.4 规定,暂停施工后,监理人应与合同双方当事人协商,采取措施消除暂停施工的影响。当工程具备复工条件时,监理人应立即向承包人发出复工通知。因发包人原因无法按时复工的,承包人有权要求发包人延长工期和增加费用,并支付合理利润。

155. D

【解析】标准施工合同通用条款 13.1.3 规定,因发包人原因造成工程质量达不到合同约定验收标准的,发包人应承担由于承包人返工造成的费用增加和工期延误,并支付合理利润。

156. D

【解析】标准施工合同通用条款 13.5.3 规定,承包人按合同规定覆盖工程隐蔽部位后,监理人对质量有疑问的,可要求承包人对已覆盖的部位揭开重新检验。经检验证明该隐蔽工程质量符合合同要求的,承包人有权要求发包人承担由此增加的费用和(或)工期延误,并支付合理利润。

157. D

【解析】标准施工合同通用条款 13.6.2 规定,由于发包人提供的材料或工程设备不合格造成的工程不合格,需要承包人采取措施补救的,发包人应承担由此增加的费用和工期延误,并支付合理利润。

158. D

【解析】标准施工合同通用条款 13.6.2 规定,监理人对承包人的试验和检验结果有疑问的,或为查清承包人试验和检验成果的可靠性要求承包人重新试验和检验的,可按合同约定由监理人与承包人共同进行。重新试验和检验的结果证明该项材料、工程设备或工程的质量不符合合同要求的,由此增加的费用和(或)工期延误由承包人承担;重新试验和检验的结果证明该项材料、工程设备或工程的质量符合合同要求的,由发包人承担由此增加的费用和(或)工期延误,并支付承包人合理利润。

159. A

【解析】标准施工合同通用条款 16.1 规定,因人工、材料和工程设备等价格波动影响合同价格时,根据投标函附录中的价格指数和权重表约定的数据,按给出的公式计算差额并调整合同价格。换句话说,在此种情况下,承包人有权要求发包人补偿因物价波动而导致增加的费用。

160. A

【解析】标准施工合同通用条款 16.2 规定,基准日后,因法律变化导致承包人在履行合同中所需要的工程费用发生除第 16.6 款约定的物价波动以外的增减时,监理人应根据法律、国家或省(自治区、直辖市)有关部门的规定,按第 3.5 款商定或确定需调整的合同价款。换句话说,在此种情况下,承包人有权要求发包人补偿因法律变化而导致增加的费用。

161. D

【解析】标准施工合同通用条款 18.4.2 规定,发包人在全部工程竣工前,使用已接收的单位工程导致承包人费用增加的,发包人应承担由此增加的费用和(或)工期延误,并支付承包人合理利润。

162. D

【解析】标准施工合同通用条款 18.6.2 规定,由于发包人的原因导致工程或工程设备试运行失败的,承包人应当采取措施保证试运行合格,发包人应承担由此产生的费用,并支付承包人合理利润。

163. D

【解析】标准施工合同通用条款 22.2.2 规定,发包人发生合同约定的违约情况时,承包人可向发包人发出通知,要求发包人采取有效措施纠正违约行为。发包人收到承包人通知后 28 天内仍不履行合同义务,承包人有权暂停施工,并通知监理人,发包人应承担由此增加的费用和(或)工期延误,并支付承包人合理利润。

164. D

【解析】发包人提出索赔的期限和对承包人的要求相同,即颁发工程接收证书后,不能再对施工期间的事件索赔;最终结清证书生效后,不能再就缺陷责任期内的事件索赔,因此延长缺陷责任期的通知应在缺陷责任期届满前提出。

165. D

【解析】标准施工合同通用条款 22.1.2 规定,在履行合同过程中发生承包人无法继续履行或明确表示不履行或实质上已停止履行合同的违约情况时,发包人可通知承包人立即解除合同,并按有关法律处理。

166. B

【解析】标准施工合同通用条款 22.1.2 规定,对于承包人违反合同规定的违约情况,监理人应向承包人发出整改通知,要求其在指定的期限内改正。承包人应承担其违约所引起的费用增加和(或)工期延误。监理人发出整改通知 28 天后,承包人仍不纠正违约行为,发包人可向承包人发出解除合同通知。

167. C

【解析】在施工合同履行过程中发生承包人违反合同规定的违约情况时,监理人应向承包人发出整改通知,要求其在指定的期限内改正。监理人发出整改通知 28 天后,承包人仍不纠正违约行为,发包人可向承包人发出解除合同通知。

168. B

【解析】因承包人违约解除合同后,发包人可派员进驻施工场地,另行组织人员或委托其他承包人施工。发包人因继续完成该工程的需要,有权扣留使用承包人在现场的材料、设备和临时设施。这种扣留不是没收,只是为了后续工程能够尽快顺利开始。发包人的扣留行为不免除承包人应承担的违约责任,也不影响发包人根据合同约定享有的索赔权利。

169. A

【解析】标准施工合同通用条款 22.1.5 规定,因承包人违约解除合同的,发包人有权要求承包人将其为实施合同而签订的材料和设备的订货协议或任何服务协议转让给发包人,并在解除合同后的14天内,依法办理转让手续。

170. D

【解析】标准施工合同通用条款22.2.3规定,在合同履行过程中发生发包人无法继续履行或明确表示不履行或实质上已停止履行合同的违约情况时,承包人可书面通知发包人解除合同。

171. A

【解析】标准施工合同通用条款22.2.2规定,施工合同履行过程中发生除发包人不履行合同义务或无力履行合同义务以外的其他违约情况时,承包人可向发包人发出通知,要求发包人采取有效措施纠正违约行为。

172. A

【解析】标准施工合同通用条款22.2.2规定,发包人发生除不履行合同义务或无力履行合同义务以外的违约情况时,承包人向发包人发出通知,要求发包人采取有效措施纠正违约行为。发包人收到承包人通知后的28天内仍不履行合同义务,承包人有权暂停施工,并通知监理人,发包人应承担由此增加的费用和(或)工期延误,并支付承包人合理利润。

173. C

【解析】标准施工合同通用条款22.2.3规定,施工合同履行过程中,发包人收到承包人发出的要求其采取措施纠正违约行为通知后的28天内仍不履行合同义务,承包人有权暂停施工。承包人暂停施工28天后,发包人仍不纠正违约行为的,承包人可向发包人发出解除合同通知。但承包人的这一行为不免除发包人应承担的违约责任,也不影响承包人根据合同约定享有的索赔权利。

174. C

【解析】合同工程全部完工前可进行单位工程验收和移交。验收合格后,由监理人向承包人出具经发包人签认的单位工程验收证书。单位工程的验收成果和结论作为全部工程竣工验收申请报告的附件。移交后的单位工程由发包人负责照管。如果发包人在全部工程竣工前,使用已接收的单位工程运行影响了承包人的后续施工,发包人应承担由此增加的费用和(或)工期延误,并支付承包人合理利润。

175. D

【解析】施工期运行是指合同工程尚未全部竣工,其中某项或某几项单位工程已竣工或工程设备安装完毕,根据专用合同条款约定,需要投入施工期运行的,经发包人验收合格,证明能确保安全后,才能在施工期投入运行。施工期运行中发现工程或工程设备损坏或存在缺陷时,由承包人进行修复,并按照损坏或缺陷原因由责任方承担相应的费用。

176. D

【解析】标准施工合同通用条款18.6规定,除专用合同条款另有约定外,承包人应按专用合同条款约定进行工程及工程设备试运行,负责提供试运行所需的人员、器材和必要的条件,并承担全部试运行费用。

177. D

【解析】标准施工合同通用条款规定,监理人审查竣工验收申请报告的各项内容,认为工程尚不具备竣工验收条件时,应在收到竣工验收申请报告后的28天内通知承包人,指出在颁发接收证书前承包人还需进行的工作内容。承包人完成监理人通知的全部工作内容后，应再次提交竣工验收申请报告，直至监理人同意为止。

178. C

【解析】标准施工合同通用条款规定，监理人审查承包人提交的竣工验收申请报告后认为工程已具备竣工验收条件，应在收到竣工验收申请报告后的28天内提请发包人进行工程验收。

179. D

【解析】标准施工合同通用条款规定，竣工验收合格，监理人应在收到竣工验收申请报告后的56天内，向承包人出具经发包人签认的工程接收证书。以承包人提交竣工验收申请报告的日期为实际竣工日期并在工程接收证书中写明。实际竣工日用以计算施工期限，与合同工期对照判定承包人是提前竣工还是延误竣工。

180. A

【解析】标准施工合同通用条款规定，以承包人提交竣工验收申请报告的日期为实际竣工日期并在工程接收证书中写明。

181. B

【解析】标准施工合同通用条款规定，竣工验收基本合格但提出了需要整修和完善要求时，监理人应指示承包人限期修好，并缓发工程接收证书。经监理人复查整修和完善工作达到了要求，再签发工程接收证书，竣工日仍为承包人提交竣工验收申请报告的日期。

182. B

【解析】标准施工合同通用条款规定，竣工验收不合格，监理人应按照验收意见发出指示，要求承包人对不合格工程认真返工重做或进行补救处理，并承担由此产生的费用。承包人在完成不合格工程的返工重做或补救工作后，应重新提交竣工验收申请报告。重新验收如果合格，则工程接收证书中注明的实际竣工日，应为承包人重新提交竣工验收申请报告的日期。

183. D

【解析】监理人审查承包人提交的竣工验收申请报告后认为工程已具备竣工验收条件，应在收到竣工验收申请报告后的28天内提请发包人进行工程验收。发包人在收到承包人竣工验收申请报告56天后未进行验收，视为验收合格。实际竣工日期以提交竣工验收申请报告的日期为准，但发包人由于不可抗力不能进行验收的情况除外。

184. C

【解析】《最高人民法院关于审理建设工程施工合同纠纷案件适用法律问题的解释》（法释〔2004〕14号）规定，当事人对建设工程实际竣工日期有争议的，按照以下情形分别处理：(1)建设工程经竣工验收合格的，以竣工验收合格之日为竣工日期；(2)承包人已经提交竣工验收报告，发包人拖延验收的，以承包人提交验收报告之日为竣工日期；(3)建设工程未经竣工验收，发包人擅自使用的，以转移占有建设工程之日为竣工日期。

185. C

【解析】工程进度款的分期支付是阶段性的临时支付，因此在工程接收证书颁发后，承包人应按专用合同条款约定的份数和期限向监理人提交竣工付款申请单，并提供相关证明材料。付款申请单应说明竣工结算的合同总价、发包人已支付承包人的工程价款、应扣留的质量保证金、应支付的竣工付款金额。

186. B

【解析】监理人在收到承包人提交的竣工付款申请单后的14天内完成核查,将核定的合同价格和结算尾款金额提交发包人审核并抄送承包人。监理人未在约定时间内核查,又未提出具体意见的,视为承包人提交的竣工付款申请单已经监理人核查同意。

187. A

【解析】标准施工合同通用条款规定,监理人在规定时间内完成对竣工付款申请单的核查,并将核定的合同价格和结算尾款金额提交发包人审核。发包人应在收到后14天内审核完毕并由监理人向承包人出具经发包人签认的竣工付款证书。发包人未在约定时间内审核又未提出具体意见,监理人提出发包人到期应支付给承包人的结算尾款视为已经发包人同意。

188. D

【解析】发包人应在监理人出具竣工付款证书后的14天内,将应支付款支付给承包人。不按期支付,还应加付逾期付款的违约金。如果承包人对发包人签认的竣工付款证书有异议,发包人可出具竣工付款申请单中承包人已同意部分的临时付款证书,存在争议的部分,按合同约定的争议条款处理。

189. C

【解析】标准施工合同通用条款规定,工程接收证书颁发后,承包人应对施工场地进行清理,直至监理人检验合格为止。

190. B

【解析】标准施工合同通用条款规定,缺陷责任期自实际竣工日期起计算。在全部工程竣工验收前,已经发包人提前验收的单位工程,其缺陷责任期的起算日期相应提前。

191. B

【解析】标准施工合同通用条款规定,缺陷责任期满,包括延长的期限终止后14天内,由监理人向承包人出具经发包人签认的缺陷责任期终止证书,并退还剩余的质量保证金。

192. B

【解析】颁发缺陷责任期终止证书,意味着承包人已按合同约定完成了施工、竣工和缺陷修复责任的义务。

193. D

【解析】标准施工合同通用条款规定,缺陷责任期终止证书签发后,承包人按专用合同条款约定的份数和期限向监理人提交最终结清申请单,并提供缺陷责任期内的索赔、质量保证金应返还的余额等的相关证明材料。如果质量保证金不足以抵减发包人损失,承包人还应承担不足部分的赔偿责任。

194. A

【解析】监理人收到承包人提交的最终结清申请单后的14天内,提出发包人应支付给承包人的价款送发包人审核并抄送承包人。发包人应在收到后14天内审核完毕,由监理人向承包人出具经发包人签认的最终结清证书。监理人未在约定时间内核查,又未提出具体意见,视为承包人提交的最终结清申请已经监理人核查同意。发包人未在约定时间内审核又未提出具体意见，监理人提出应支付给承包人的价款视为已经发包人同意。

195. C

【解析】发包人应在监理人出具最终结清证书后的14天内，将应支付款支付给承包人。发包人不按期支付，还需将逾期付款违约金支付给承包人。承包人对最终结清证书有异议，按合同争议处理。

196. D

【解析】承包人收到发包人最终支付款后结清单生效。最终结清单生效即表明合同终止，承包人不再拥有索赔的权利。

197. C

【解析】最终结清单生效即表明合同终止，承包人不再拥有索赔的权利。如果发包人未按时支付最终结清款，承包人仍可就此事项进行索赔。

二、多项选择题

1. CDE

【解析】国家九部委标准施工合同由通用合同条款、专用合同条款和合同附件格式组成。

2. ADE

【解析】标准施工合同中给出的合同附件格式，是订立合同时采用的规范化文件，包括合同协议书、履约担保和预付款担保三个文件的应用格式。

3. ABCD

【解析】合同协议书除了明确规定对当事人双方有约束力的合同组成文件外，具体招标工程项目订立合同时需要在合同协议书中明确填写的内容仅包括：发包人和承包人的名称、施工的工程或标段、签约合同价、合同工期、质量标准和项目经理的人选。

4. ABDE

【解析】九部委标准招标文件和《建设工程监理规范》（GB/T 50319—2013）中对监理人的定义是："受委托人的委托，依照法律、规范标准和监理合同等，对建设工程勘察、设计或施工等阶段进行质量、进度、投资控制，并实施合同管理、信息管理、组织协调和安全监理的法人或其他组织"。监理人既属于发包人一方的人员，但又不同于发包人的雇员，即不是一切行为均遵照发包人的指示，而是在授权范围内独立工作，以保障工程按期、按质、按量完成发包人的最大利益为管理目标，依据合同条款的约定，公平合理地处理合同履行过程中的有关管理事项。按照标准施工合同通用条款对监理人的相关规定，监理人居于施工合同履行管理的核心地位。除合同另有约定外，承包人只从总监理工程师或被授权的监理人员处取得指示。

5. ABCD

【解析】监理人受发包人委托对施工合同的履行进行管理。监理人的职责主要表现在以下几个方面：（1）在发包人授权范围内，负责发出指示、检查施工质量、控制进度等现场管理工作。（2）在发包人授权范围内独立处理合同履行过程中的有关事项，行使通用条款规定的，以及具体施工合同专用条款中说明的权力。（3）承包人收到监理人发出的任何指示，视为已得到发包人的批准，应遵照执行。（4）在合同规定的权限范围内，独立处理或决定有关事项，如单价的合理调整、变更估价、索赔等。选项 E 是错误的。因为监理人是发包人的委托人，因此监理人的指示错误或失误给承包人造成损失，由发包人负责赔偿。

6. ABE

【解析】按照标准施工合同通用条款对监理人的相关规定，监理人居于施工合同履行管理的核心地位。这主要体现在以下几点：(1)监理人应按照合同条款的约定，公平合理地处理合同履行过程中涉及的有关事项。(2)除合同另有约定外，承包人只从总监理工程师或被授权的监理人员处取得指示。(3)为了使工程施工顺利开展，避免指令冲突及尽量减少合同争议，发包人对施工工程的任何想法或要求应通过监理人的协调指令来实现；承包人对工程施工的各种问题或建议也首先提交监理人，尽量减少发包人和承包人分别站在各自立场解释合同导致争议。(4)"商定或确定"条款规定，总监理工程师在协调处理合同履行过程中的有关事项时，应首先与合同当事人协商，尽量达成一致。不能达成一致时，总监理工程师应认真研究审慎"确定"后通知当事人双方并附详细依据。由于监理人不是合同当事人，因此对有关问题的处理不用决定，而用确定一词，即表示总监理工程师提出的方案或发出的指示并非最终不可改变，任何一方有不同意见均可按照争议的条款解决，同时体现了监理人独立工作的性质。

7. BCDE

【解析】"合同"是指构成对发包人和承包人履行约定义务过程中，有约束力的全部文件体系的总称。标准施工合同的通用条款中规定，合同的组成文件包括：(1)合同协议书；(2)中标通知书；(3)投标函及投标函附录；(4)专用合同条款；(5)通用合同条款；(6)技术标准和要求；(7)图纸；(8)已标价的工程量清单；(9)其他合同文件，即经合同当事人双方确认构成合同的其他文件。

8. ABCE

【解析】中标通知书是招标人接受中标人的书面承诺文件，具体写明承包的施工标段、中标价、工期、工程质量标准和中标人的项目经理名称。

9. ABDE

【解析】针对具体施工项目的施工合同需要明确约定的内容较多，有些内容招标时已在招标文件的专用条款中作出了规定，另有一些内容还需要在订立合同时明确约定、具体细化。根据以往的工程实践，在订立合同时需要明确细化的内容主要包括：(1)施工现场范围和施工临时占地；(2)发包人提供图纸的期限和数量；(3)发包人提供的材料和工程设备；(4)异常恶劣的气候条件范围；(5)物价浮动的合同价格调整。

10. ACE

【解析】按照标准施工合同条款规定，承包人应在开工前编制施工实施计划。施工实施计划主要包括施工组织设计、质量管理体系、环境保护措施计划等。

11. ABDE

【解析】按照《建设工程安全生产管理条例》规定，在施工组织设计中应针对深基坑工程、地下暗挖工程、高大模板工程、高空作业工程、深水作业工程、大爆破工程的施工编制专项施工方案。

12. ACE

【解析】根据有关规定，对于下列危险性较大的分部分项工程应编制专项施工方案：

深基坑工程、地下暗挖工程、高大模板工程、高空作业工程、深水作业工程、大爆破工程。其中对于前3项危险性较大的分部分项工程的专项施工方案，还需经5人以上专家论证方案的安全性和可靠性。

13. ABD

【解析】标准施工合同条款规定，承包人应在施工场地设置专门的质量检查机构，配备专职质量检查人员，建立完善的质量检查制度。在合同约定的期限内，提交工程质量保证措施文件，包括质量检查机构的组织和岗位责任、专职质检人员的组成、质量检查程序和实施细则等，报送监理人审批。

14. ABCE

【解析】承包人的施工前期准备工作满足开工条件后，向监理人提交工程开工报审表。开工报审表应详细说明按合同进度计划正常施工所需的施工道路、临时设施、材料设备、施工人员等施工组织措施的落实情况以及工程的进度安排。

15. ACD

【解析】监理人对承包人报送的施工实施(计划)方案进行审查。审查的内容包括施工组织设计、质量管理体系、环境保护措施。通过对这些文件认真的审查，批准或要求承包人对不满足合同要求的部分进行修改。

16. ABC

【解析】合同进度计划是控制合同工程进度的依据，对承包人、发包人和监理人均有约束力，不仅要求承包人按计划施工，还要求发包人的材料供应、图纸发放等不应造成施工延误以及监理人应按照计划进行协调管理。

17. ABCE

【解析】标准施工合同通用条款中明确规定，由于发包人原因导致的延误，承包人有权获得工期顺延和(或)费用加利润补偿的情况包括：(1)增加合同工作内容；(2)改变合同中任何一项工作的质量要求或其他特性；(3)发包人迟延提供材料、工程设备或变更交货地点；(4)因发包人原因导致的暂停施工；(5)提供图纸延误；(6)未按合同约定及时支付预付款、进度款；(7)发包人造成工期延误的其他原因。

18. ABDE

【解析】标准施工合同通用条款规定，发包人责任造成的暂停施工，承包人有权要求发包人延长工期和(或)增加费用，并支付合理利润。发包人责任的暂停施工大体可以分为以下几类：(1)发包人未履行合同规定的义务。此类原因较为复杂，包括自身未能尽到管理责任，如发包人采购的材料未能按时到货致使停工待料等；也可能源于第三者责任原因，如施工过程中出现设计缺陷导致停工等待变更的图纸等。(2)不可抗力。不可抗力的停工损失属于发包人应承担的风险，如施工期间发生地震、泥石流等自然灾害导致暂停施工。这类暂停施工，发包人通常只承担工程的损坏或损害以及工期损失，不承担承包人的经济及利润损失的责任。(3)协调管理原因。同时在现场的两个承包人发生施工干扰，监理人从整体协调考虑指示某一承包人暂停施工。(4)行政管理部门的指令。某些特殊情况下可能执行政府行政管理部门的指示，暂停一段时间的施工。如奥运会和世博会期间，为了环境保护的需要，某些在建工程按照政府文件要求暂停施工。选项C中天降中雨是不利气候条件，属于承包人应承担的风险责任。

19. BCE

【解析】如果发包人根据实际情况向承包人提出提前竣工要求，由于涉及合同约定的变更，应与承包人通过协商达成提前竣工协议作为合同文件的组成部分。协议的内容应包括：承包人修订进度计划及为保证工程质量和安全采取的赶工措施；发包人应提供的条件；所需追加的合同价款；提前竣工给发包人带来效益应给承包人的奖励等。专用条款使用说明中建议，奖励金额可为发包人实际效益的20%。

20. BD

【解析】按照标准施工合同通用条款约定，签订建设工程施工合同时签约合同价内尚不确定的款项包括暂估价和暂列金额。

21. BCDE

【解析】暂估价和暂列金额两笔款项均属于包括在签约合同价内的金额，二者的区别表现为：暂估价是在招标投标阶段暂时不能合理确定价格，但合同履行阶段必然发生，发包人一定予以支付的款项；暂列金额则指包括在签约合同价内的，招标投标阶段已经确定价格，监理人在合同履行阶段根据工程实际情况指示承包人完成相关工作后给予支付的款项。签约合同价内约定的暂列金额可能全部使用或部分使用，因此承包人不一定能够全部获得支付。

22. ABE

【解析】按照标准施工合同通用条款规定，质量保证金从第一次支付工程进度款时开始起扣，从承包人本期应获得的工程进度付款中，扣除预付款的支付、扣回以及因物价浮动对合同价格的调整三项金额后的款额为基数，按专用条款约定的比例扣留本期的质量保证金。累计扣留达到约定的总额为止。

23. BCD

【解析】质量保证金用于约束承包人在施工阶段、竣工阶段和缺陷责任期内，均必须按照合同要求对施工的质量和数量承担约定的责任。如果对施工期内承包人修复工程缺陷的费用从工程进度款内扣除，可能影响承包人后期施工的资金周转，因此规定质量保证金从第一次支付工程进度款时起扣。

24. BE

【解析】标准施工合同通用条款约定的外部原因引起的合同价格调整包括市场物价浮动、法律法规的变化。

25. BCDE

【解析】施工工期12个月以上的工程，应考虑市场价格浮动对合同价格的影响，由发包人和承包人分担市场价格变化的风险。通用条款规定用公式法调价，但仅适用于工程量清单中单价支付部分。在调价公式的应用中，有以下几个基本原则：(1)在每次支付工程进度款计算调整差额时，如果得不到现行价格指数，可暂用上次价格指数计算，并在以后的付款中再按实际价格指数进行调整。(2)由于变更导致合同中调价公式约定的权重变得不合理时，由监理人与承包人和发包人协商后进行调整。(3)因非承包人原因导致工期顺延，原定竣工日后的支付过程中，调价公式继续有效。(4)因承包人原因未在约定的工期内竣工，后续支付时应采用原约定竣工日与实际支付日的两个价格指数中较低的一个作为支付计算的价格指数。(5)人工、机械使用费按照国家或省(区、市)建设行政管理部门、行业建设管理部门或其授权的工程造价管理机构发布的人工成本信息、机械台班单价或机械使用费系数进行调整；需要调整价格的材料，以监理人复核后确认的材料单价及数量，作为调整工程合同价格差额的依据。

26. ABCE

【解析】承包人应在每个付款周期末，按监理人批准的格式和专用条款约定的份数，向监理提交进度付款申请单，并附相应的支持性证明文件。通用条款中要求进度付款申请单的内容包括：(1)截至本次付款周期末已实施工程的价款；(2)变更金额；(3)索赔金额；(4)本次应支付的预付款和扣减的返还预付款；(5)本次扣减的质量保证金；(6)根据合同应增加和扣减的其他金额。选项E履约保证金是由保证人(如银行)在担保范围内承担的赔偿金额。

27. BC

【解析】施工过程中出现的变更包括监理人指示的变更和承包人申请的变更两类。监理人可按通用条款约定的变更程序向承包人做出变更指示，承包人应遵照执行。没有监理人的变更指示，承包人不得擅自变更。选项A发包人的变更要求通过监理人指示来体现的。

28. BCDE

【解析】标准施工合同通用条款规定的变更范围和内容包括：(1)取消合同中任何一项工作，但被取消的工作不能转由发包人或其他人实施；(2)改变合同中任何一项工作的质量或其他特性；(3)改变合同工程的基线、高程、位置或尺寸；(4)改变合同中任何一项工作的施工时间或改变已批准的施工工艺或顺序；(5)为完成工程需要追加的额外工作。

29. AD

【解析】监理人指示的变更根据工程施工的实际情况，可以进一步划分为直接指示的变更和通过与承包人协商后确定的变更两种情况。

30. AB

【解析】建设工程施工过程中，承包人提出(申请)的变更可能涉及建议变更和要求变更两类。

31. ABCE

【解析】承包人对发包人提供的图纸、技术要求以及其他方面，提出了可能降低合同价格、缩短工期或者提高工程经济效益的合理化建议，均应以书面形式提交监理人。合理化建议书的内容应包括：建议工作的详细说明、进度计划和效益以及与其他工作的协调等，并附必要的设计文件。监理人与发包人协商是否采纳承包人提出的建议。建议被采纳并构成变更的，监理人向承包人发出变更指示。承包人提出的合理化建议使发包人获得了降低工程造价、缩短工期、提高工程运行效益等实际利益，应按专用合同条款中的约定给予奖励。

32. ABCE

【解析】不可抗力是指承包人和发包人在订立合同时不可预见，在工程施工过程中不可避免发生并不能克服的自然灾害和社会性突发事件，如地震、海啸、瘟疫、水灾、骚乱、暴动、战争和专用合同条款约定的其他情形。

33. BCDE

【解析】通用条款规定，不可抗力造成的损失由发包人和承包人分别承担：(1)永久工程，包括已运至施工场地的材料和工程设备的损害，以及因工程损害造成的第三者人员伤亡和财产损失由发包人承担;(2)承包人设备的损坏由承包人承担;(3)发包人和承包人各自承担其人员伤亡和其他财产损失及其相关费用;(4)停工损失由承包人承担,但停工期间应监理人要求照管工程和清理、修复工程的金额由发包人承担;(5)不能按期竣工的,应合理延长工期,承包人无须支付逾期竣工违约金。发包人要求赶工的,承包人应采取赶工措施,赶工费用由发包人承担。

34. ABDE

【解析】承包人根据合同认为有权得到追加付款和(或)延长工期时,应按规定程序向发包人提出索赔。(1)承包人应在引起索赔事件发生后28天内,向监理人递交索赔意向通知书,并说明发生索赔事件的事由。承包人未在前述28天内发出索赔意向通知书,丧失要求追加付款和(或)延长工期的权利。(2)承包人应在发出索赔意向通知书后28天内,向监理人递交正式的索赔通知书,详细说明索赔理由以及要求追加的付款金额和(或)延长的工期,并附必要的记录和证明材料。(3)对于具有持续影响的索赔事件,承包人应按合理时间间隔陆续递交延续的索赔通知,说明连续影响的实际情况和记录,列出累计的追加付款金额和(或)工期延长天数。(4)在索赔事件影响结束后28天内,承包人应向监理人递交最终索赔通知书,说明最终要求索赔的追加付款金额和延长的工期,并附必要的记录和证明材料。

35. BE

【解析】监理人收到承包人提交的索赔通知书后,应及时审查索赔通知书的内容、查验承包人的记录和证明材料,必要时监理人可要求承包人提交全部原始记录副本。

36. AB

【解析】承包人按合同条款的约定接受了竣工付款证书后,应被认为已无权再提出在合同工程接收证书颁发前所发生的任何索赔。换句话说,承包人接受了经监理人签认的竣工付款证书后,承包人不能再对施工阶段、竣工阶段的事项提出索赔要求。

37. AB

【解析】标准施工合同通用条款1.10.1规定,在施工现场发掘的所有文物、古迹以及具有地质研究或考古价值的其他遗迹、化石、钱币或物品属于国家所有。一旦发现上述文物,承包人应采取有效合理的保护措施,防止任何人员移动或损坏上述物品,并立即报告当地文物行政部门,同时通知监理人。发包人、监理人和承包人应按文物行政部门要求采取妥善保护措施,由此导致费用增加和(或)工期延误由发包人承担。换句话说,此种情况下,承包人有权要求发包人补偿费用和工期损失。

38. AB

【解析】标准施工合同通用条款3.4.5规定,由于监理人未能按合同约定发出指示、指示延误或指示错误而导致承包人费用增加和(或)工期延误的,由发包人承担赔偿责任。换句话说,此种情况下,承包人有权要求发包人补偿费用和工期损失。

39. AB

【解析】标准施工合同通用条款4.11.2规定,承包人遇到不利物质条件时,应采取适应不利物质条件的合理措施继续施工,并及时通知监理人。监理人应及时发出指示,指示构成变更的,按变更条款的约定办理。监理人没有发出指示的,承包人因采取合理措施而增加的费用和(或)工期延误,由发包人承担。换句话说,此种情况下,承包人有权要求发包人补偿增加的费用和延误的工期。

40. AB

【解析】标准施工合同通用条款5.4.3规定,发包人提供的材料或工程设备不符合合同要求的,承包人有权拒绝,并可要求发包人更换,由此增加的费用和(或)工期延误由发包人承担。换句话说,此种情况下,承包人有权要求发包人补偿增加的费用和延误的工期。

41. AD

【解析】发包人的索赔包括承包人应承担责任的赔偿扣款和缺陷责任期的延长。发生索赔事件后,监理人应及时书面通知承包人,详细说明发包人有权得到的索赔金额和(或)延长缺陷责任期的细节和依据。

42. ABDE

【解析】标准施工合同通用条款22.1.1规定,在履行合同过程中发生下列情况属承包人违约:(1)私自将合同的全部或部分权利转让给其他人,私自将合同的全部或部分义务转移给其他人;(2)未经监理人批准,私自将已按合同约定进入施工场地的施工设备、临时设施或材料撤离施工场地;(3)使用不合格材料或工程设备,工程质量达不到标准要求,又拒绝清除不合格工程;(4)未能按合同进度计划及时完成合同约定的工作,已造成或预期造成工期延误;(5)在缺陷责任期内,未能对工程接收证书所列的缺陷清单的内容或缺陷责任期内发生的缺陷进行修复,又拒绝按监理人指示再进行修补;(6)承包人无法继续履行或明确表示不履行或实质上已停止履行合同;(7)承包人不按合同约定履行义务的其他情况。

43. ABCD

【解析】标准施工合同通用条款22.1.4规定:(1)合同解除后,监理人按第3.5款商定或确定承包人实际完成工作的价值,以及承包人已提供的材料、施工设备、工程设备和临时工程等的价值;(2)合同解除后,发包人应暂停对承包人的一切付款,查清各项付款和已扣款金额,包括承包人应支付的违约金;(3)发包人应按合同的约定向承包人索赔由于解除合同给发包人造成的损失;(4)合同双方确认上述往来款项后,发包人出具最终结清付款证书,结清全部合同款项。(5)发包人和承包人未能就解除合同后的结清达成一致,按合同约定解决争议的方法处理。

44. ABCE

【解析】标准施工合同通用条款22.2.1规定,在合同履行过程中发生的下列情况属发包人违约:(1)发包人未能按合同约定支付预付款或合同价款,或拖延、拒绝批准付款申请和支付凭证,导致付款延误;(2)发包人原因造成停工;(3)监理人无正当理由没有在约定期限内发出复工指示,导致承包人无法复工;(4)发包人无法继续履行或明确表示不履行或实质上已停止履行合同;(5)发包人不履行合同约定的其他义务。

45. ACD

【解析】合同工程全部完工前可进行单位工程验收和移交,可能涉及以下三种情况:一是专用条款内约定了某些单位工程分部移交;二是发包人在全部工程竣工前希望使用已经竣工的单位工程,提出单位工程提前移交的要求,以便获得部分工程的运行收益;三是承包人从后续施工管理的角度出发而提出单位工程提前验收的建议,并经发包人同意。

46. ABDE

【解析】标准施工合同通用条款规定，当工程具备以下条件时，承包人可向监理人报送竣工验收申请报告：(1)除监理人同意列入缺陷责任期内完成的尾工(甩项)工程和缺陷修补工作外，承包人的施工已完成合同范围内的全部单位工程以及有关工作，包括合同要求的试验、试运行以及检验和验收均已完成，并符合合同要求；(2)已按合同约定的内容和份数备齐了符合要求的竣工资料；(3)已按监理人的要求编制了在缺陷责任期内完成的尾工(甩项)工程和缺陷修补工作清单以及相应施工计划；(4)监理人要求在竣工验收前应完成的其他工作；(5)监理人要求提交的竣工验收资料清单。

47. ABC

【解析】缺陷责任期终止证书签发后，发包人与承包人进行合同付款的最终结清。结清的内容涉及质量保证金的返还、缺陷责任期内修复非承包人缺陷责任的工作、缺陷责任期内涉及的索赔等。

第七章　建设工程总承包合同管理

习题精练

一、单项选择题

1. 国家九部委颁布的《标准设计施工总承包招标文件》(2012 年版)适用于(　　)。

A. 一定规模以上,且设计和施工不是由同一承包人承担的工程招标

B. 技术简单且设计和施工是由同一承包人承担的小型工程总承包招标

C. 设计施工一体化的总承包招标

D. 建筑工程项目的设计施工总承包招标

2. 设计施工总承包合同的通用条款包括(　　)。

A. 72 条,共计 198 款　　B. 24 条,共计 131 款

C. 24 条,共计 304 款　　D. 17 条,共计 69 款

3. 我国的标准设计施工总承包合同采用(　　)的合同模式,项目建设的预期目标容易实现。

A. 固定工期,不固定费用　　B. 固定工期,固定费用

C. 固定费用,不固定工期　　D. 补偿或不补偿费用两选一

4. 下列有关设计施工总承包合同承包人及其义务的说法中,不正确的是(　　)。

A. 总承包合同的承包人可以是独立承包人,也可以是联合体

B. 总承包合同的承包人只能是独立承包人,联合体不能成为承包人

C. 承包人应按合同的约定承担完成工程项目的设计、招标、采购、施工、试运行和缺陷责任期的质量缺陷修复责任

D. 对于联合体的承包人,合同履行中发包人和监理人仅与联合体牵头人或联合体授权的代表联系,由其负责组织和协调联合体各成员全面履行合同

5. 承包人对总监理工程师授权的监理人员发出的指示有疑问时,可在该指示发出的(　　)小时内向总监理工程师提出书面异议。

A. 12　　B. 24　　C. 36　　D. 48

6. 设计施工总承包合同文件发包人要求中规定的竣工试验采用(　　)。

A. 一阶段试验　　B. 二阶段试验

C. 三阶试验段　　D. 四阶段试验

7. 设计施工总承包合同文件发包人要求中规定的竣工试验第二阶段试验主要是(　　)等。

A. 试验前准备　　　　　　　　　　　　B. 单车试验

C. 联动试车、投料试车　　　　　　　　D. 性能测试

8. 设计施工总承包合同文件中对“发包人要求”的响应文件是(　　)。

A. 投标函及投标函附录　　　　　　　　B. 价格清单

C. 合同协议书　　　　　　　　　　　　D. 承包人建议书

9. 下列有关设计施工总承包合同价格清单的说法中,错误的是(　　)。

A. 价格清单是指承包人按投标文件中规定的格式和要求填写,并标明价格的报价单

B. 价格清单由发包人依据设计图纸的概算量提出工程量清单,经承包人填写单价后计算出完成项目的计划费用

C. 价格清单是承包人完成所提投标方案计算的设计、施工、竣工、试运行、缺陷责任期各阶段的计划费用

D. 清单价格费用的总和为签约合同价

10. 设计施工总承包合同履行过程中承包人完成的设计工作成果和建造完成的建筑物,以及建筑物形象使用收益等其他知识产权均归(　　)享有。

A. 发包人　　　　　　　　　　　　　　B. 承包人

C. 发包人和承包人共同　　　　　　　　D. 合同担保人

11. 设计施工总承包合同规定由发包人负责办理取得出入施工场地的专用和临时道路的通行权,以及取得为工程建设所需修建场外设施的权利,但相关费用由(　　)承担。

A. 发包人　　　　　　　　　　　　　　B. 承包人

C. 发包人和承包人共同　　　　　　　　D. 行业主管部门

12. 订立设计施工总承包合同时,承包人应认真阅读、复核发包人要求,发现错误的,应及时书面通知发包人。发包人应对其中的错误进行修改,发包人对错误的修改,按(　　)对待。

A. 违约　　　　B. 索赔　　　　C. 变更　　　　D. 分包

13. 对于采用无条件补偿条款的设计施工总承包合同而言,承包人经过复核并未发现发包人要求中的错误。合同实施过程中因该错误导致承包人增加了费用和(或)工期延误,则发包人(　　)。

A. 不承担赔偿责任

B. 应承担由此增加的费用

C. 应承担由此增加的费用和(或)工期延误

D. 应承担由此增加的费用和(或)工期延误,并向承包人支付合理利润

14. 对于采用有条件补偿条款的设计施工总承包合同而言,承包人经过复核并未发现发包人要求中引用的原始数据和资料的错误。合同实施过程中因该错误导致承包人增加了费用和(或)工期延误,则发包人(　　)。

A. 不承担赔偿责任

B. 应承担由此增加的费用

C. 应承担由此增加的费用和(或)工期延误

D. 应承担由此增加的费用和(或)工期延误,并向承包人支付合理利润

15. 订立设计施工总承包合同时,承包人如果发现发包人要求违反法律规定,承包人应书

面通知发包人改正。发包人收到通知后不予改正或不作答复,则承包人( )。

A. 应继续履行合同义务　　B. 要求发包人承担违约责任

C. 暂停履行合同义务　　D. 有权拒绝履行合同义务,直至解除合同

16. 标准设计施工总承包合同规定,竣工后试验所必需的电力、设备、燃料、仪器、劳力、材料等由( )提供。

A. 发包人　　B. 承包人

C. 监理人　　D. 行业主管部门

17. 标准设计施工总承包合同规定,承包人应保证其履约担保在( )前一直有效。

A. 承包人提交工程竣工验收申请　　B. 发包人组织竣工验收

C. 发包人颁发工程接收证书　　D. 颁发缺陷责任期终止证书

18. 标准设计施工总承包合同规定,如果由于发包人原因导致工程延期竣工,则承包人( )。

A. 无义务保证履约担保继续有效

B. 有义务保证履约担保继续有效

C. 有权通知发包人终止履约担保

D. 重新提供履约担保

19. 设计施工总承包合同规定,承包人需要变动保险合同条款时,应( )。

A. 事先征得保险人同意,并通知发包人

B. 事先征得发包人同意,并通知监理人

C. 事先征得监理人同意,并通知发包人

D. 事先征得监理人同意,并通知保险人

20. 设计施工总承包合同规定,如果承包人未按合同约定办理设计和工程保险、第三者责任保险,或未能使保险持续有效时,发包人可( )。

A. 通知承包人承担违约责任　　B. 通知承包人暂停合同履行

C. 通知承包人解除合同　　D. 代为办理,所需费用由承包人承担

21. 设计施工总承包合同规定,承包人对发包人所提供的施工场地及毗邻区域内的与建设工程有关的原始资料所做出的解释和推断,应由( )负责。

A. 发包人　　B. 承包人

C. 监理人　　D. 行业主管

22. 设计施工总承包合同规定,符合专用条款约定的开始工作条件时,监理人获得发包人同意后应提前( )天向承包人发出开始工作通知。

A. 3　　B. 5　　C. 7　　D. 9

23. 设计施工总承包合同规定,因发包人原因造成监理人未能在合同签订之日起 90 天内发出开始工作通知,承包人有权提出( )。

A. 价格调整要求　　B. 解除合同

C. 工程变更要求　　D. 价格调整要求,或者解除合同

24. 设计施工总承包合同规定,因发包人原因造成监理人未能在合同签订之日起 90 天内发出开始工作通知,发包人应当承担( )。

A. 由此增加的费用

B. 由此导致的工期延误

C. 由此造成承包人的利润损失

D. 由此增加的费用和(或)工期延误,并向承包人支付合理利润

25. 设计施工总承包合同规定,承包人完成设计工作所应遵守的法律、规范和标准,均应采用(　　)的版本。

A. 基准日适用　　B. 基准日之后适用

C. 发包人规定　　D. 监理人规定

26. 设计施工总承包合同条款规定,基准日之后,有新的法律、规范和标准实施时,发包人或监理人指示遵守新规定的,(　　)。

A. 承包人应重新报价　　B. 按照变更对待,不调整合同价格

C. 承包人可提出分包　　D. 按照变更对待,并调整合同价格

27. 设计施工总承包合同条款规定,承包人的设计应遵守发包人要求和承包人建议书的约定。如果发包人要求中的质量标准高于现行规范规定的标准,应以(　　)为准。

A. 发包人要求　　B. 合同约定

C. 监理人的指示　　D. 承包人建议书

28. 标准设计施工总承包合同规定,设计过程中因发包人原因影响了设计进度,则应(　　)。

A. 要求承包人修正设计进度计划　　B. 按发包人要求办理

C. 按变更对待　　D. 要求承包人加快设计进度

29. 标准设计施工总承包合同规定,自监理人收到承包人的设计文件之日起,对承包人的设计文件审查期限不超过(　　)天。

A. 7　　B. 14　　C. 21　　D. 28

30. 标准设计施工总承包合同规定,如果承包人需要修改已提交的设计文件,或按监理人要求对已提交的设计文件进行修改的,应向监理人提交修改后的设计文件,此时发包人对设计文件的审查期限应(　　)。

A. 重新起算　　B. 由监理人决定

C. 由发包人决定　　D. 由承包人与发包人协商确定

31. 标准设计施工总承包合同条款规定,设计文件需政府有关部门审查或批准的工程,发包人应在审查同意承包人的设计文件后(　　)天内,向政府有关部门报送设计文件,承包人予以协助。

A. 14　　B. 21　　C. 7　　D. 9

32. 设计施工总承包合同规定,设计文件需政府有关部门审查或批准的工程,政府有关部门提出的审查意见需要修改发包人要求文件的,承包人应根据新提出的发包人要求修改设计文件。由此增加的工作量和拖延的时间(　　)。

A. 由承包人承担　　B. 由发包人承担

C. 由政府有关部门承担　　D. 按变更对待

33. 按照设计施工总承包合同条款的规定,在合同履行过程中对合同进度计划进行修订的

条件是:(　　)造成工程的实际进度与合同进度计划不符。

A. 发包人原因　　B. 承包人原因
C. 监理人原因　　D. 不论何种原因

34. 设计施工总承包合同通用条款规定,在履行合同过程中非承包人原因导致合同进度计划工作延误,应给承包人(　　)。

A. 延长工期
B. 延长工期和(或)增加费用
C. 增加费用
D. 延长工期和(或)增加费用,并支付合理利润

35. 按照法律法规的规定,合同约定范围内的工作需国家有关部门审批时,因国家有关部门审批迟延造成费用增加和(或)工期延误,由(　　)承担。

A. 发包人　　B. 承包人
C. 监理人　　D. 国家有关部门

36. 设计施工总承包合同通用条款规定,合同约定工程的某部分按照实际完成的工程量进行支付时,应按照专用条款的约定进行计量和估价,并据此(　　)。

A. 进行变更　　B. 签订补充协议
C. 调整合同价格　　D. 进行分包

37. 设计施工总承包合同通用条款规定,承包人应当在收到经监理人批复的合同进度计划后(　　)天内,将支付分解报告以及形成支付分解报告的支持性资料报监理人审批。

A. 5　　B. 7　　C. 9　　D. 14

38. 设计施工总承包合同拟支付款项中的勘察设计费分解的原则是(　　)。

A. 按照提交勘察设计阶段性成果文件的时间、对应的工作量进行分解
B. 按照勘察设计文件审查通过的时间、对应的工作量进行分解
C. 按照勘察设计工作阶段、对应的工作量进行分解
D. 按照合同进度计划对应的工作量进行分解

39. 设计施工总承包合同拟支付款项中的材料和工程设备费分解原则是(　　)。

A. 分别按进场验收合格的材料和工程设备进行分解
B. 分别按订立采购合同、进场验收合格等阶段进行分解
C. 分别按进场验收合格、安装就位、工程竣工等阶段进行分解
D. 分别按订立采购合同、进场验收合格、安装就位、工程竣工等阶段和专用条款约定的比例进行分解

40. 设计施工总承包合同拟支付款项中的技术服务培训费分解原则是(　　)。

A. 按合同进度计划对应的工作量进行分解
B. 按实际进行的技术服务培训工作量进行分解
C. 按监理人认可的技术服务培训工作量进行分解
D. 按价格清单中的单价,结合合同进度计划对应的工作量进分解

41. 设计施工总承包合同规定,承包人应将其编制的进度付款支付分解报告交监理人。监理人应在收到承包人报送的支付分解报告后(　　)天内给予批复或提出修改意见。

A.7　　B.14　　C.21　　D.28

42.设计施工总承包合同通用条款规定，除专用条款另有约定外，工程进度付款（　　）。

A.按实际完成的工程量进行支付　　B.按合同履行阶段分别支付

C.按月支付　　D.按设计和施工阶段分别支付

43.设计施工总承包合同条款规定，监理人在收到承包人进度付款申请单以及相应的支持性证明文件后的（　　）天内完成审核。

A.7　　B.14　　C.21　　D.28

44.设计施工总承包合同条款规定，承包人进度付款申请单以及相应的支持性证明文件获监理人审核的，发包人最迟应在监理人收到进度付款申请单后的（　　）天内，将进度应付款支付给承包人。

A.7　　B.14　　C.21　　D.28

45.设计施工总承包合同条款规定，若没有（　　）的变更指示，承包人不得擅自变更合同内容。

A.发包人　　B.监理人

C.政府管理部门　　D.发包人和监理人

46.设计施工总承包合同条款规定，在合同履行过程中发包人要求变更时，监理人应首先向承包人发出（　　）。

A.变更意向书　　B.变更建议书

C.变更指示　　D.变更申请书

47.设计施工总承包合同条款规定，承包人收到监理人发出的变更意向书后认为实施该变更可行时，应向监理人提交（　　）。

A.变更估价书　　B.变更同意书

C.变更实施方案　　D.变更工程量清单

48.设计施工总承包合同条款规定，承包人收到监理人的变更意向书后认为难以实施此项变更时，应立即通知监理人，说明原因并附详细依据，此时（　　）。

A.发包人撤销变更意向书

B.监理人撤销变更意向书

C.监理人与发包人协商后撤销变更意向书

D.监理人与承包人和发包人协商后，确定撤销、改变或不改变原变更意向书

49.设计施工总承包合同条款规定，承包人收到监理人按合同约定发给的文件，认为其中存在对“发包人要求”构成变更情形时，可向监理人提出书面（　　）。

A.变更要求　　B.变更意向书

C.变更建议书　　D.变更实施方案

50.设计施工总承包合同条款规定，监理人收到承包人书面变更建议并与发包人共同研究后，确认存在变更时，应在收到承包人书面建议后的（　　）天内做出变更指示。

A.7　　B.14　　C.21　　D.28

51.设计施工总承包合同履行过程中，承包人提交的改变“发包人要求”文件中有关内容的合理化建议书被发包人采纳时即构成（　　）。

A. 变更　　B. 索赔　　C. 延期　　D. 分包

52. 下列有关承包人提出的合理化建议构成变更实施程序的说法中，正确的是（　　）。

A. 承包人提出合理化建议书—监理人与发包人协商采纳该建议—监理人发出变更指示

B. 承包人提出合理化建议书—发包人同意该建议—承包人提出变更要求—监理人发出变更指示

C. 承包人提出变更建议书—监理人审核变更建议—发包人同意该变更—监理人发出变更指示

D. 承包人提出合理化建议书—监理人发出变更指示

53. 设计施工总承包合同通用条款规定，发包人应在知道或应当知道索赔事件发生后（　　）天内，向承包人发出索赔通知，并说明发包人有权扣减的付款和（或）延长缺陷责任期的细节和依据。

A. 7　　B. 14　　C. 21　　D. 28

54. 承包人应在知道或应当知道索赔事件发生后（　　）天内，向监理人递交索赔意向通知书，并说明发生索赔事件的事由。

A. 14　　B. 21　　C. 28　　D. 35

55. 设计施工总承包合同条款规定，承包人未在知道或应当知道索赔事件发生后 28 天内，向监理人递交索赔意向通知书的，则（　　）。

A. 丧失要求追加付款的权利，但工期可予以顺延

B. 工期不予顺延，且承包人无权获得追加付款

C. 工期不予顺延，但承包人可以获得追加付款

D. 无法获得全部索赔金额及延长工期的时间

56. 设计施工总承包合同条款规定，承包人应在发出索赔意向通知书后（　　）天内，向监理人正式递交索赔通知书。

A. 14　　B. 21　　C. 28　　D. 35

57. 设计施工总承包合同条款规定，在索赔事件影响结束后的（　　）天内，承包人应向监理人递交最终索赔通知书，说明最终要求索赔的追加付款金额和延长的工期，并附必要的记录和证明材料。

A. 14　　B. 28　　C. 35　　D. 21

58. 设计施工总承包合同条款规定，承包人按竣工结算条款的约定接受了竣工付款证书后，应被认为已无权再提出在（　　）所发生的任何索赔。

A. 设计期间　　B. 施工期间

C. 整个合同有效期间　　D. 合同工程接收证书颁发前

59. 设计施工总承包合同条款规定，承包人按最终结清条款的约定提交的最终结清申请单中，只限于提出（　　）发生的索赔。

A. 竣工验收期间　　B. 施工期间

C. 工程接收证书颁发后　　D. 施工结束后

60. 设计施工总承包合同条款规定，承包人提出索赔的期限自（　　）时终止。

A. 竣工验收通过　　B. 颁发工程接收证书

C. 接受竣工结算证书　　D. 接受最终结清证书

61. 设计施工总承包合同条款规定承包人提出索赔的程序为(　　)。

A. 承包人提交索赔通知书—承包人提交延续索赔通知书—承包人提交最终索赔通知书

B. 承包人提交索赔通知书—承包人提交索赔证据资料

C. 承包人提交索赔意向通知书—承包人提交索赔通知书—承包人提交延续索赔通知书—承包人提交最终索赔通知书

D. 承包人提交索赔意向通知书—承包人提交索赔通知书—承包人提交索赔证据资料

62. 设计施工总承包合同条款规定,监理人对承包人索赔处理程序为(　　)。

A. 审查索赔通知书的内容—查验索赔记录和证明材料—商定或确定追加的付款和(或)延长的工期—将索赔处理结果答复承包人

B. 审查索赔意向通知书—查验索赔记录和证明材料—确定追加的付款和(或)延长的工期—将索赔处理结果答复承包人

C. 审查索赔通知书的内容—计算索赔数额—书面答复承包人

D. 确认索赔成立—审核审批数额—发出同意索赔通知

63. 设计施工总承包合同条款规定,监理人在收到索赔通知书或有关索赔的进一步证明材料后的(　　)天内不予答复的,视为认可索赔。

A. 28　　B. 35　　C. 42　　D. 49

64. 根据设计施工总承包合同条款的规定,对于索赔处理结果承包人不接受的,则(　　)。

A. 承包人丧失索赔权利　　B. 监理人应重新审查索赔通知书

C. 按合同争议约定执行　　D. 按合同变更处理

65. 设计施工总承包合同条款规定,发包人未能按要求提供有关文件而造成合同进度计划工作延误的,应给承包人(　　)。

A. 延长工期

B. 增加费用

C. 延长工期和(或)增加费用

D. 延长工期和(或)增加费用,并支付合理利润

66. 按照设计施工总承包合同条款的规定,因发包人要求中的错误而造成合同进度计划工作延误的,应给承包人(　　)。

A. 延长工期

B. 增加费用

C. 延长工期和(或)增加费用

D. 延长工期和(或)增加费用,并支付合理利润

67. 按照设计施工总承包合同条款规定,争议评审组对监理人确定的修改而造成合同进度计划工作延误的,应给承包人(　　)。

A. 延长工期

B. 增加费用

C. 延长工期和(或)增加费用

D. 延长工期和(或)增加费用,并支付合理利润

68. 按照设计施工总承包合同条款的规定,合同履行中发生由于承包人原因未能通过竣工试验或竣工后试验的违约情况时,(　　)。

A. 承包人应自费重新进行竣工试验或竣工后试验

B. 发包人重新进行竣工试验或竣工后试验,所需费用由承包人承担

C. 承包人应按照发包人要求中的未能通过竣工(或竣工后)试验的损害进行赔偿。发生延期的,承包人应承担延期责任

D. 按合同约定的数额向发包人支付违约金

69. 按照设计施工总承包合同条款的规定,合同履行过程中发生由于承包人无法继续履行或明确表示不履行或实质上已停止履行合同的违约情况时,发包人可通知承包人(　　)。

A. 采取措施整改　　B. 暂停合同履行

C. 立即解除合同　　D. 暂停费用支付

70. 按照设计施工总承包合同条款的规定,合同履行过程中发生承包人违反禁止转包的合同约定,私自将合同的全部或部分义务转移给其他人的违约情况时,发包人可通知承包人(　　)。

A. 在指定的期限内纠正其违约行为　　B. 立即解除合同

C. 立即暂停合同的履行　　D. 向发包人支付约定的违约金

71. 设计施工总承包合同履行过程中承包人发生违反合同约定使用了不合格材料或工程设备,工程质量达不到标准要求又拒绝清除不合格工程的违约情况时,监理人发出整改通知28天后,承包人仍不纠正违约行为的,发包人有权(　　)。

A. 调整承包人暂停合同的履行

B. 要求承包人支付违约金

C. 解除合同并向承包人发出解除合同通知

D. 要求承包人分包部分工程

72. 设计施工总承包合同履行中由于承包人违约导致合同解除,发包人因继续完成该工程的需要,有权(　　)。

A. 要求承包人撤离工程现场

B. 终止对承包人的一切付款

C. 扣留使用承包人在现场的施工机械设备

D. 扣留使用承包人在现场的材料、设备和临时设施

73. 设计施工总承包合同条款规定,承包人应提前(　　)天将申请竣工试验的通知送达监理人,并按照专用条款约定的份数,向监理人提交竣工记录、暂行操作和维修手册。

A. 7　　B. 14　　C. 21　　D. 28

74. 设计施工总承包合同通用条款规定的竣工试验程序按三阶段进行,其中第一阶段的任务是(　　)。

A. 编制竣工试验操作和维护手册

B. 进行适当的检查和功能性试验

C. 进行竣工试验

D. 进行各种性能测试

75. 设计施工总承包合同条款规定,竣工试验通过后,承包人应(　　)。

A. 提交竣工验收申请报告

B. 提交竣工验收资料清单

C. 按合同约定进行工程及工程设备试运行

D. 提交操作和维护手册

76. 设计施工总承包合同条款规定,经竣工验收合格的工程,监理人经发包人同意后向承包人签发工程接收证书。证书中注明的实际竣工日期,以(　　)的日期为准。

A. 竣工验收通过　　B. 开始进行竣工验收

C. 提交竣工验收申请报告　　D. 进入缺陷责任期

77. 设计施工总承包合同条款规定,缺陷责任期内,(　　)对已接收使用的工程负责日常维护工作。

A. 发包人　　B. 承包人

C. 监理人　　D. 发包人和承包人共同

78. 设计施工总承包合同条款规定,缺陷责任期内任何一项缺陷或损坏修复后,经检查证明其影响了工程或工程设备的使用性能,承包人应(　　),全部费用由责任方承担。

A. 重新进行检查和功能性试验

B. 按监理人指示限期改正

C. 重新进行合同约定的试验和试运行

D. 重新进行各种性能测试

79. 设计施工总承包合同条款规定,承包人不能在合理时间内修复的缺陷,发包人可(　　)。

A. 要求承包人整改

B. 按合同约定的比例扣留质量保证金

C. 要求延长缺陷责任期

D. 自行修复或委托其他人修复,所需费用和利润由缺陷原因的责任方承担

80. 设计施工总承包合同条款规定,缺陷责任期内监理人和承包人应共同查清工程缺陷或损坏的原因,属于发包人原因造成的,发包人应承担(　　)。

A. 修复费用

B. 修复和查验的费用

C. 查验的费用

D. 修复和查验的费用,并支付承包人合理利润

81. 设计施工总承包合同条款规定,在缺陷责任期内由于承包人原因造成某项缺陷或损坏使某项工程或工程设备不能按原定目标使用而需要再次检查、检验和修复时,发包人有权要求(　　)。

A. 承包人限期改正,并承担合同约定的相应责任

B. 按合同约定的比例扣除质量保证金

C. 承包人相应延长缺陷责任期,但缺陷责任期最长不超过2年

D. 解除合同并向承包人发出解除合同的通知

82. 按照设计施工总承包合同条款的规定,对于大型工程,为了检验承包人的设计、设备选型和运行情况等的技术指标是否满足合同的约定,通常在(　　)工程稳定运行一段时间后,在专用条款约定的时间内进行竣工后试验。

A. 竣工验收期间　　B. 竣工验收后

C. 缺陷责任期内　　D. 缺陷责任期结束后

83. 根据设计施工总承包合同条款的规定,竣工后试验应由(　　)进行。

A. 发包人　　B. 承包人　　C. 监理人　　D. 发包人或承包人

84. 设计施工总承包合同通用条款规定,竣工后试验按专用条款的约定由发包人进行的,发包人应将竣工后试验的日期提前(　　)天通知承包人,以便承包人能在该日期出席竣工后试验。

A. 7　　B. 14　　C. 21　　D. 28

85. 设计施工总承包合同条款规定,承包人原因造成某项竣工后试验未能通过,承包人应按照合同约定进行赔偿,或者(　　)。

A. 按合同约定支付违约金,并承担合同约定的相应责任

B. 延长缺陷责任期,并承担合同约定的相应责任

C. 重新进行竣工验收,并承担合同约定的相应责任

D. 承包人提出修复建议,在发包人指示的合理期限内改正,并承担合同约定的相应责任

86. 根据合同条款及相关法律的规定,在合同争议的诸多解决方式中,不能同时采用的是(　　)。

A. 协商和仲裁　　B. 仲裁和争议评审

C. 仲裁和诉讼　　D. 争议评审和诉讼

二、多项选择题

1. 设计施工总承包合同文件的组成包括(　　)。

A. 合同协议书　　B. 通用合同条款

C. 专用合同条款　　D. 工程量清单

E. 投标人须知

2. 对于发包人来说,采用设计施工总承包合同方式的优点包括(　　)。

A. 单一的合同责任　　B. 可以降低建设费用

C. 可以缩短建设周期　　D. 减少设计变更

E. 减少承包人的索赔

3. 下列有关标准设计施工总承包合同优点的说法中,正确的有(　　)。

A. 设计与施工在时间上可以进行合理的搭接,可缩短项目实施的总时间

B. 承包的范围内包括设计、招标、施工、试运行的全部工作内容

C. 在满足招标人要求的前提下可减少设计变更,达到设计与施工的紧密衔接

D. 发包人仅承担签订合同阶段承包人无法合理预见的重大风险

E. 单一的合同责任增加了大量的索赔处理工作,使投资和工期得到保障

4. 设计施工总承包合同方式的缺陷包括(　　)。

A. 设计不一定是最优方案　　B. 建设周期较长

C. 设计变更增多　　D. 承包人的索赔增多

E. 减弱实施阶段发包人对承包人的监督和检查

5. 下列有关工程总承包合同对分包规定的说法中,正确的有(　　)。

A. 承包人不得将其承包的全部工程转包给第三人,也不得将其承包的全部工程肢解后以分包的名义分别转包给第三人

B. 合同履行过程中承包人需要分包的工作,无须征得发包人同意

C. 承包人不得将设计和施工的主体、关键性工作分包给第三人

D. 分包人的资格能力应与其分包工作的标准和规模相适应,其资质能力的材料应经监理人审查

E. 发包人同意分包的工作,承包人应向发包人和监理人提交分包合同副本

6. 下列有关工程总承包合同中监理人及其职责的说法中,正确的有(　　)。

A. 监理人所发出的任何指示应视为已得到发包人的批准

B. 发包人应在发出开始工作通知前将总监理工程师的任命通知承包人

C. 总监理工程师超过 7 天不能履行职责的,应委派代表代行其职责,并通知承包人

D. 总监理工程师可以授权其他监理人员负责执行其指派的一项或多项监理工作

E. 总监理工程师不应将合同约定应由总监理工程师作出决定的权力授权或委托给其他监理人员

7. 设计施工总承包合同文件的组成包括(　　)。

A. 投标函及投标函附录　　B. 投标人须知

C. 发包人要求　　D. 承包人建议书

E. 价格清单

8. 标准设计施工总承包合同规定,发包人要求文件应说明的内容包括(　　)。

A. 功能要求　　B. 工程范围

C. 工艺安排或要求　　D. 费用支付要求

E. 技术要求

9. 设计施工总承包合同文件发包人要求中的功能要求包括(　　)。

A. 工程的目的　　B. 工程规模

C. 性能保证指标　　D. 功能适用范围

E. 产能保证指标

10. 设计施工总承包合同文件发包人要求中的工程范围应说明(　　)等。

A. 承包工作范围　　B. 发包人的配合工作内容

C. 工作界区说明　　D. 技术服务工作范围

E. 培训工作范围

11. 设计施工总承包合同文件发包人要求中规定的承包工作范围包括(　　)。
A. 永久工程的设计、采购、施工范围
B. 临时工程的设计与施工范围
C. 售后服务工作范围
D. 技术服务工作范围
E. 培训工作范围和保修工作范围

12. 设计施工总承包合同文件发包人要求中规定的发包人的配合工作包括(　　)。
A. 提供的场地条件　　B. 提供的现场条件
C. 提供的环境条件　　D. 提供的技术文件
E. 技术服务条件

13. 设计施工总承包合同文件发包人要求中规定的时间要求包括(　　)。
A. 开始施工时间　　B. 进度计划
C. 设计完成时间　　D. 竣工时间
E. 缺陷责任期和其他时间要求

14. 设计施工总承包合同文件发包人要求中规定的技术要求包括(　　)。
A. 设计阶段和设计任务　　B. 设计标准和规范
C. 技术标准和要求　　D. 设计、施工和设备监造、试验
E. 性能保证指标

15. 设计施工总承包合同文件发包人要求中规定的文件要求包括(　　)。
A. 设计文件及其相关审批、核准、备案要求
B. 沟通计划;风险管理计划
C. 施工组织设计;材料、工程设备的供应计划
D. 竣工文件和工程的其他记录
E. 操作和维修手册以及其他承包人文件

16. 设计施工总承包合同文件发包人要求中的工程项目管理规定包括(　　)。
A. 质量要求　　B. 进度要求　　C. 支付　　D. 健康管理
E. 纳税

17. 设计施工总承包合同文件发包人要求中规定的其他要求包括(　　)。
A. 分包　　B. 设备供应商
C. 缺陷责任期的服务要求　　D. 对承包人的主要人员资格要求
E. 对项目业主人员的资格要求

18. 设计施工总承包合同文件组成之一的承包人建议书的内容包括(　　)。
A. 承包人的工程设计方案的说明　　B. 承包人的施工方案的说明
C. 分包方案　　D. 承包人的施工组织设计
E. 对发包人要求中的错误说明

19. 关于设计施工总承包合同承包人文件的下列说法中,正确的有(　　)。
A. 承包人文件是指由承包人根据合同应提交的所有图纸、手册、模型、计算书、软件和其他文件

B. 承包人文件中最主要的是设计文件

C. 专用合同条款内需约定监理人对承包人提交文件应批准的合理期限

D. 不论是监理人批准或视为已批准的承包人文件，按照设计施工总承包合同对承包人义务的规定，均不影响监理人在以后否定该项工作的权力

E. 承包人文件中最主要的是设计文件和施工组织设计文件

20. 设计施工总承包合同中发包人提供的文件，可能包括(　　)。

A. 项目前期工作相关文件　　B. 环境保护的具体要求

C. 气象水文资料　　D. 有关人工、材料、工程设备的价格资料

E. 地质条件资料

21. 在设计施工总承包合同中发包人是否负责提供工程材料和设备，在通用合同条款中给出两种不同供选择的条款，它们分别是(　　)。

A. 由承包人包工包料承包方式，发包人不提供工程材料和设备

B. 发包人负责提供主材料的包工部分包料承包方式

C. 发包人负责提供工程设备的包工部分包料承包方式

D. 发包人负责提供主材料和工程设备的包工部分包料承包方式

E. 发包人负责提供部分材料和部分工程设备的包工部分包料承包方式

22. 设计施工总承包合同中属于暂列金额内支出的项目包括(　　)。

A. 计日工金额　　B. 变更费用

C. 索赔费用　　D. 暂估价金额

E. 分包费用

23. 标准设计施工总承包合同规定承包人应投保的保险包括(　　)。

A. 设计和工程保险　　B. 第三者责任保险

C. 材料运输保险　　D. 人身意外伤害保险

E. 施工设备保险

24. 下列有关合同进度计划修订的说法中，符合设计施工总承包合同条款规定的有(　　)。

A. 不论何种原因造成工程的实际进度与合同进度计划不符时，均可对合同进度计划进行修订

B. 当具备合同进度计划修订的条件时，承包人可以在专用条款约定的期限内向监理人提交修订合同进度计划的申请报告

C. 当具备合同进度计划修订的条件时，监理人可以直接向承包人发出修订合同进度计划的指示

D. 修订后的合同进度计划需报监理人审批

E. 监理人对修订后的合同进度计划的批复无须事先获得发包人的同意

25. 下列有关设计施工总承包合同价格的说法中，正确的有(　　)。

A. 除非专用条款约定合同工程采用固定总价承包的情况外，应以实际完成的工作量作为支付的依据

B. 合同价格包括签约合同价以及按照合同约定进行的调整

C. 合同价格不包括承包人依据法律规定或合同约定应支付的规费和税金

D. 价格清单列出的任何数量仅为估算的工作量，不视为要求承包人实施工程的实际或准确工作量

E. 价格清单中列出的任何工作量和价格数据应仅用于变更和支付的参考资料，而不能用于其他目的

26. 承包人对设计施工总承包合同拟支付的款项进行分解并编制支付分解表应考虑的因素包括（　　）。

A. 价格构成　　B. 费用性质

C. 款项计划发生的时间　　D. 相应工作量

E. 计量和估价的情况

27. 设计施工总承包合同拟支付款项通常可分解为（　　）等。

A. 勘察设计费　　B. 材料和工程设备费

C. 施工工程价款　　D. 技术服务培训费

E. 其他工程价款

28. 下列有关设计施工总承包合同拟支付款项分类和分解原则的说法中，正确的有（　　）。

A. 承包人应根据价格清单的价格构成、费用性质、款项计划发生时间和相应工作量等因素，对拟支付的款项进行分解并编制支付分解表

B. 设计施工总承包合同拟支付款项通常可分解为勘察设计费、材料和工程设备费、施工工程价款、技术服务培训费以及其他工程价款等

C. 勘察设计费按照提交勘察设计阶段性成果文件的时间、对应的工作量进行分解

D. 材料和工程设备费分别按订立采购合同、进场验收合格、安装就位、工程竣工等阶段和专用条款约定的比例进行分解

E. 技术服务培训费按照价格清单中的单价，结合合同进度计划对应的工作量进分解

29. 监理人向承包人发出的变更指示应包括（　　）等。

A. 变更的目的、范围　　B. 变更的内容、工程量

C. 实施变更的进度和技术要求　　D. 变更的有关图纸和文件

E. 变更的估价方法

30. 设计施工总承包合同履行过程中的变更，可能涉及（　　）等情况。

A. 发包人要求变更

B. 政府管理部门要求变更

C. 监理人发给承包人文件中的内容构成变更

D. 承包人要求变更

E. 发包人接受承包人提出的合理化建议

31. 设计施工总承包合同通用条款规定发包人要求变更的程序为（　　）。

A. 监理人发出变更意向书—承包人同意变更时，提交变更实施方案—监理人审查、发

包人同意变更实施方案—监理人发出变更指示

B. 监理人发出变更意向书—承包人不同意变更时，应书面通知监理人，说明原因并附详细依据—监理人与承包人和发包人协商后，确定撤销、改变或不改变原变更意向书

C. 监理人发出变更指示—承包人提出修改建议—发包人同意承包人建议—监理人重新发出变更指示

D. 发包人提出变更要求—监理人发出变更指示

E. 发包人提出变更要求—监理人发出变更咨询书—承包人提出变更建议—监理人发出变更指示

32. 按设计施工总承包合同通用条款规定，监理人发出文件的内容构成变更的，其变更程序为(　　)。

A. 承包人提出书面变更建议—监理人与发包人共同研究，确认存在变更—监理人发出变更指示

B. 承包人提出书面变更建议—监理人与发包人共同研究，不同意变更—监理人书面答复承包人

C. 承包人提出变更要求—监理人发出变更指示

D. 承包人提出变更意向书—发包人同意变更—承包人提出变更建议书—监理人发出变更指示

E. 承包人提出变更意向书—监理人与发包人研究同意该变更—承包人提出变更实施方案

33. 下列有关设计施工总承包合同变更价格确定的说法中，符合合同规定的有(　　)。

A. 监理人应按照合同商定或确定变更价格

B. 承包人提出变更价格，报监理人审批

C. 变更价格应包括合理的利润

D. 发包人提出变更价格，承包人审核同意

E. 确定变更价格时应考虑承包人提出的合理化建议

34. 按照设计施工总承包合同条款的规定，合同履行过程中发生的下列事件造成合同进度计划工作延误的，承包人可同时获得工期、费用和利润补偿的有(　　)。

A. 不可预见物质条件　　B. 发包人原因影响设计进度

C. 发包人提供的材料、设备延误　　D. 行政审批延误

E. 发包人提供的基准资料错误

35. 按照设计施工总承包合同条款的规定，合同履行过程中发生的下列事件造成合同进度计划工作延误的，承包人可同时获得工期、费用和利润补偿的有(　　)。

A. 发包人原因未能按时发出开始工作通知

B. 发包人原因的工期延误

C. 发包人原因造成承包人暂停工作

D. 发包人要求提前交货

E. 发包人原因造成质量不合格

36. 根据设计施工总承包合同条款的规定,下列情形属于承包人违约的有(   )。

A. 承包人的设计、承包人文件、实施和竣工的工程不符合法律以及合同约定

B. 承包人未能按合同进度计划及时完成合同约定的工作,造成工期延误

C. 发生索赔事件后,承包人不提交索赔意向通知书

D. 由于承包人原因未能通过竣工试验或竣工后试验

E. 未经监理人批准,私自将已按合同约定进入施工场地的施工设备、临时设施或材料撤离施工场地

37. 设计施工总承包合同履行中由于承包人违约导致合同解除,发包人发出解除合同通知后,有权(   )。

A. 无偿使用承包人在现场的人员、施工设备和临时设施

B. 暂停对承包人的一切付款,查清各项付款和已扣款金额,包括承包人应支付的违约金

C. 按合同约定向承包人索赔由于解除合同给发包人造成的损失

D. 使用承包人文件和由承包人或以其名义编制的其他设计文件

E. 要求承包人将其为实施合同而签订的材料和设备的订货协议或任何服务协议利益转让给发包人

38. 按照设计施工总承包合同条款的约定,在履行合同过程中发包人违约的情况包括(   )。

A. 发包人未能按合同约定支付价款,或拖延、拒绝批准付款申请和支付凭证,导致付款延误

B. 监理人无正当理由没有在约定期限内发出复工指示,导致承包人无法复工

C. 发包人无法继续履行或明确表示不履行或实质上已停止履行合同

D. 承包人提出变更建议或合理化建议,发包人拒绝采纳

E. 发包人原因造成停工

39. 在履行合同过程中因发包人违约而解除合同的,发包人应在解除合同后 28 天内向承包人支付的款项包括(   )。

A. 承包人发出解除合同通知前所完成工作的价款

B. 承包人为完成工程所发生的,而发包人未支付的金额

C. 承包人为该工程施工订购并已付款的材料、工程设备和其他物品的金额

D. 承包人为完成该工程而可能获得的利润

E. 承包人撤离施工场地以及遣散承包人人员的金额

40. 设计施工总承包合同通用条款规定的工程竣工应满足的条件包括(   )。

A. 除监理人同意列入缺陷责任期内完成的尾工(甩项)工程和缺陷修补工作外,合同范围内的全部区段工程以及有关工作,包括合同要求的试验和竣工试验均已完成,并符合合同要求

B. 已按监理人的要求编制了在缺陷责任期内完成的尾工(甩项)工程和缺陷修补工作清单以及相应施工计划

C. 已按合同约定的内容和份数备齐了符合要求的竣工文件

D. 承包人已向监理人提交了竣工验收申请报告

E. 已按监理人要求提交竣工验收资料清单

41. 设计施工总承包合同通用条款约定的合同争议的解决方式包括(　　)。

A. 协商　　B. 提请争议评审

C. 解除合同　　D. 申请仲裁

E. 提起诉讼

42. 下列有关合同争议解决的说法中,正确的有(　　)。

A. 合同争议的解决方式包括协商、支付违约金、争议评审、仲裁和诉讼

B. 当事人就合同争议协商解决不成、不愿提请争议评审或者不接受争议评审组意见的,可在专用合同条款中约定仲裁或诉讼

C. 在争议评审、仲裁或诉讼过程中,发包人和承包人则不能采用协商的方式解决争议

D. 采用争议评审的,发包人和承包人应在开工日后的 28 天内或在争议发生后,协商成立争议评审组

E. 采用争议评审的,被申请人在收到申请人评审申请报告副本后的 28 天内,向争议评审组提交一份答辩报告,并附证明材料

习题答案及解析

1. C

【解析】2012 年九部委在颁布标准施工合同文件的基础上,颁发了《标准设计施工总承包招标文件》(2012 年版),其中包括"合同条款及格式"(以下简称"设计施工总承包合同")。设计施工总承包合同文件,适用于设计施工一体化的总承包招标。

2. C

【解析】设计施工总承包合同的通用条款包括 24 条,共计 304 款,内容包括:一般约定;发包人义务;监理人;承包人;设计人;材料和工程设备;施工设备和临时设施;交通运输;测量放线;施工安全、治安保卫和环境保护;开始工作和竣工;暂停施工;工程质量;试验和检验;变更;价格调整;合同价格与支付;竣工试验和竣工验收;缺陷责任与保修责任;保险;不可抗力;违约;索赔;争议的解决。

3. D

【解析】工程总承包合同通常采用固定工期、固定费用的承包方式,项目建设的预期目标容易实现。我国的标准设计施工总承包合同,分别给出可以补偿或不补偿两种可供发包人选择的合同模式。

4. B

【解析】(1) 承包人是总承包合同的另一方当事人,按合同的约定承担完成工程项目的设计、招标、采购、施工、试运行和缺陷责任期的质量缺陷修复责任。(2) 对联合体承包人的规定:总承包合同的承包人可以是独立承包人,也可以是联合体。对于联合体的承包人,合同履行过程中发包人和监理人仅与联合体牵头人或联合体授权的代表联系,由其负责组织和协调联合体各成员全面履行合同。联合体协议经发包人确认后已作为合同附件,因此通用条款规

定,履行合同过程中,未经发包人同意,承包人不得擅自改变联合体的组成和修改联合体协议。

5. D

【解析】监理人应按约定向承包人发出指示,监理人的指示应盖有监理人授权的项目管理机构章,并由总监理工程师或总监理工程师约定授权的监理人员签字。承包人对总监理工程师授权的监理人员发出的指示有疑问时,可在该指示发出的48小时内向总监理工程师提出书面异议,总监理工程师应在48小时内对该指示予以确认、更改或撤销。

6. C

【解析】设计施工总承包合同文件发包人要求中规定的竣工试验包括:(1)第一阶段,如对单车试验等的要求,包括试验前准备;(2)第二阶段,如对联动试车、投料试车等的要求,包括人员、设备、材料、燃料电力、消耗品、工具等必要条件;(3)第三阶段,如对性能测试及其他竣工试验的要求,包括产能指标、产品质量标准运营指标、环保指标等。

7. C

【解析】竣工试验包括三个阶段:(1)第一阶段,如对单车试验等的要求,包括试验前准备;(2)第二阶段,如对联动试车、投料试车等的要求,包括人员、设备、材料、燃料电力、消耗品、工具等必要条件;(3)第三阶段,如对性能测试及其他竣工试验的要求,包括产能指标、产品质量标准运营指标、环保指标等。

8. D

【解析】承包人建议书是对“发包人要求”的响应文件,其内容包括承包人的工程设计方案和设备方案的说明;分包方案;对发包人要求中的错误说明等内容。

9. B

【解析】设计施工总承包合同的价格清单,指承包人按投标文件中规定的格式和要求填写,并标明价格的报价单。与施工招标由发包人依据设计图纸的概算量提出工程量清单,经承包人填写单价后计算价格的方式不同。由于由承包人提出设计的初步方案和实施计划,因此价格清单是指承包人完成所提投标方案计算的设计、施工、竣工、试运行、缺陷责任期各阶段的计划费用,清单价格费用的总和为签约合同价。

10. A

【解析】有关设计施工总承包合同的知识产权问题应注意以下三点:(1)承包人完成的设计工作成果和建造完成的建筑物,除署名权以外的著作权以及建筑物形象使用收益等其他知识产权均归发包人享有(专用合同条款另有约定除外)。(2)承包人在投标文件中采用专利技术的,专利技术的使用费包含在投标报价内。(3)承包人在进行设计,以及使用任何材料、承包人设备、工程设备或采用施工工艺时因侵犯专利权或其他知识产权所引起的责任,由承包人自行承担。

11. A

【解析】设计施工总承包合同通用条款对道路通行权和场外设施做出了两种可选用的约定形式:一种是发包人负责办理取得出入施工场地的专用和临时道路的通行权,以及取得为工程建设所需修建场外设施的权利,并承担有关费用;另一种是承包人负责办理并承担费用,因此需在专用条款内明确。

12. C

【解析】承包人应认真阅读、复核设计施工总承包合同文件内容组成中的发包人要求,发现错误的,应及时书面通知发包人。发包人对错误的修改,按变更对待。

13. D

【解析】对于发包人要求中的错误导致承包人受到损失的后果责任,通用条款给出了两种供选择的条款:(1)无条件补偿条款:承包人复核时未发现发包人要求的错误,实施过程中因该错误导致承包人增加了费用和(或)工期延误,发包人应承担由此增加的费用和(或)工期延误,并向承包人支付合理利润。(2)有条件补偿条款:①复核时发现错误:承包人复核时对发现的错误通知发包人后,发包人坚持不做修改的,对确实存在错误造成的损失,应补偿承包人增加的费用和(或)顺延合同工期。②复核时未发现错误:承包人复核时未发现发包人要求中存在错误的,承包人自行承担由此导致增加的费用和(或)工期延误。由于两个条款的承担责任的条件不同,应明确合同采用其中的一个条款。

14. D

【解析】对于采用有条件补偿条款的设计施工总承包合同而言,无论承包人复核时发现与否,由于发包人要求中以下资料的错误,导致承包人增加费用和(或)延误的工期,均由发包人承担,并向承包人支付合理利润:(1)发包人要求中引用的原始数据和资料;(2)对工程或其任何部分的功能要求;(3)对工程的工艺安排或要求;(4)试验和检验标准;(5)除合同另有约定外,承包人无法核实的数据和资料。

15. D

【解析】承包人阅读、复核发包人要求,如果发现其要求违反法律规定,承包人应书面通知发包人,并要求其改正。发包人收到通知后不予改正或不作答复,承包人有权拒绝履行合同义务,直至解除合同。发包人应承担由此引起的承包人的全部损失。

16. A

【解析】竣工后试验是指工程竣工移交后,在缺陷责任期内投入运行期间,对工程的各项功能的技术指标是否达到合同规定要求而进行的试验。由于发包人已接收工程并进入运行期,因此试验所必需的电力、设备、燃料、仪器、劳力、材料等由发包人提供。竣工后试验由谁来进行,通用条款给出两种可供选择的条款:(1)发包人负责竣工后试验;(2)承包人负责竣工后试验。订立合同时应予以明确采用哪个条款。

17. C

【解析】承包人应保证其履约担保在发包人颁发工程接收证书前一直有效。如果合同约定需要进行竣工后试验,承包人应保证其履约担保在竣工后试验通过前一直有效。

18. B

【解析】如果工程延期竣工,承包人有义务保证履约担保继续有效。由于发包人原因导致延期的,继续提供履约担保所需的费用由发包人承担;由于承包人原因导致延期的,继续提供履约担保所需的费用由承包人承担。

19. B

【解析】承包人需要变动保险合同条款时,应事先征得发包人同意,并通知监理人。对于保险人做出的变动,承包人应在收到保险人通知后立即通知发包人和监理人。

20. D

【解析】有关未按约定投保的补救应注意两点：(1)如果承包人未按合同约定办理设计和工程保险、第三者责任保险，或未能使保险持续有效时，发包人可代为办理，所需费用由承包人承担。(2)因承包人未按合同约定办理设计和工程保险、第三者责任保险，导致发包人受到保险范围内事件影响的损害而又不能得到保险人的赔偿时，原应从该项保险得到的保险赔偿金由承包人承担。

21. B

【解析】发包人对提供的施工场地及毗邻区域内的供水、排水、供电、供气、供热、通信、广播电视等地下管线位置的资料，气象和水文观测资料，相邻建筑物和构筑物、地下工程的有关资料，以及其他与建设工程有关的原始资料，承担原始资料错误造成的全部责任。承包人应对其阅读这些有关资料后所做出的解释和推断负责。

22. C

【解析】符合专用条款约定的开始工作条件时，监理人获得发包人同意后应提前7天向承包人发出开始工作通知。合同工期自开始工作通知中载明的开始工作日期起计算。设计施工总承包合同未用开工通知是由于承包人收到开始工作通知后首先开始设计工作。

23. D

【解析】因发包人原因造成监理人未能在合同签订之日起90天内发出开始工作通知，承包人有权提出价格调整要求，或者解除合同。发包人应当承担由此增加的费用和(或)工期延误，并向承包人支付合理利润。

24. D

【解析】因发包人原因造成监理人未能在合同签订之日起90天内发出开始工作通知，发包人应当承担由此增加的费用和(或)工期延误，并向承包人支付合理利润。

25. A

【解析】承包人完成设计工作所应遵守的法律规定，以及国家、行业和地方规范和标准，均应采用基准日适用的版本。

26. D

【解析】基准日之后，规范或标准的版本发生重大变化，或者有新的法律以及国家、行业和地方规范和标准实施时，承包人应向发包人或监理人提出遵守新规定的建议。发包人或监理人应在收到建议后7天内发出是否遵守新规定的指示。发包人或监理人指示遵守新规定后，按照变更对待，采用商定或确定的方式调整合同价格。

27. B

【解析】标准设计施工总承包合同条款规定，承包人的设计应遵守发包人要求和承包人建议书的约定，保证设计质量。如果发包人要求中的质量标准高于现行规范规定的标准，应以合同约定为准。

28. C

【解析】承包人应按照发包人要求，在合同进度计划中专门列出设计进度计划，报发包人批准后执行。设计过程中因发包人原因影响了设计进度，如改变发包人要求文件中的内容或提供的原始基础资料有错误，应按变更对待。

29. C

【解析】承包人的设计文件提交监理人后,发包人应组织设计审查,按照发包人要求文件中约定的范围和内容审查是否满足合同要求。为了不影响后续工作,自监理人收到承包人的设计文件之日起,对承包人的设计文件审查期限不超过 21 天。

30. A

【解析】如果承包人需要修改已提交的设计文件,应立即通知监理人。向监理人提交修改后的设计文件后,审查期重新起算。发包人审查后认为设计文件不符合合同约定,监理人应以书面形式通知承包人,说明不符合要求的具体内容。承包人应根据监理人的书面说明,对承包人文件进行修改后重新报送发包人审查,审查期限重新起算。

31. C

【解析】设计文件需政府有关部门审查或批准的工程,发包人应在审查同意承包人的设计文件后 7 天内,向政府有关部门报送设计文件,承包人予以协助。

32. D

【解析】政府有关部门对设计文件提出的审查意见通常有两种情况:(1)政府有关部门提出的审查意见,不需要修改发包人要求文件,只需完善设计,承包人按审查意见修改设计文件;(2)如果审查提出的意见需要修改发包人要求文件,如某些要求与法律法规相抵触,发包人应重新提出发包人要求文件,承包人根据新提出的发包人要求修改设计文件。由此增加的工作量和拖延的时间按变更对待。

33. D

【解析】设计施工总承包合同条款规定:不论何种原因造成工程的实际进度与合同进度计划不符时,承包人可以在专用条款约定的期限内向监理人提交修订合同进度计划的申请报告,并附有关措施和相关资料,报监理人批准。监理人也可以直接向承包人发出修订合同进度计划的指示,承包人应按该指示修订合同进度计划,报监理人批准。监理人审查并获得发包人同意后,应在专用条款约定的期限内批复。

34. D

【解析】设计施工总承包合同通用条款规定,在履行合同过程中非承包人原因导致合同进度计划工作延误,应给承包人延长工期和(或)增加费用,并支付合理利润。这里指的非承包人原因可能包括发包人原因、监理人原因、客观情况(如不可抗力、异常恶劣的气候条件等)以及政府管理部门的原因等。

35. A

【解析】按照法律法规的规定,合同约定范围内的工作需国家有关部门审批时,发包人、承包人应按照合同约定的职责分工完成行政审批的报送。因国家有关部门审批迟延造成费用增加和(或)工期延误,由发包人承担。

36. C

【解析】本题是关于设计施工总承包合同施工阶段工程款的支付问题。合同约定工程的某部分按照实际完成的工程量进行支付时,应按照专用条款的约定进行计量和估价,并据此调整合同价格。

37. B

【解析】承包人应当在收到经监理人批复的合同进度计划后7天内,将支付分解报告以及形成支付分解报告的支持性资料报监理人审批。

38. A

【解析】设计施工总承包合同拟支付款项中的勘察设计费分解原则是:按照提交勘察设计阶段性成果文件的时间、对应的工作量进行分解。

39. D

【解析】设计施工总承包合同拟支付款项中的材料和工程设备费分解原则是:分别按订立采购合同、进场验收合格、安装就位、工程竣工等阶段和专用条款约定的比例进行分解。

40. D

【解析】设计施工总承包合同拟支付款项中的技术服务培训费分解原则是:按价格清单中的单价,结合合同进度计划对应的工作量进行分解。

41. A

【解析】监理人应当在收到承包人报送的支付分解报告后7天内给予批复或提出修改意见,经监理人批准的支付分解报告为有合同约束力的支付分解表。合同履行过程中,合同进度计划进行修订后,承包人也应对支付分解表做出相应的调整,并报监理人批复。

42. C

【解析】设计施工总承包合同通用条款规定,除专用条款另有约定外,工程进度付款按月支付。

43. B

【解析】监理人在收到承包人进度付款申请单以及相应的支持性证明文件后的14天内完成审核,提出发包人到期应支付给承包人的金额以及相应的支持性材料,经发包人审批同意后,由监理人向承包人出具经发包人签认的进度付款证书。监理人有权核减承包人未能按照合同要求履行任何工作或义务的相应金额。

44. D

【解析】监理人收到承包人进度付款申请单以及相应的支持性证明文件后的14天内完成审核,提出发包人到期应支付给承包人的金额以及相应的支持性材料,经发包人审批同意后,发包人最迟应在监理人收到进度付款申请单后的28天内,将进度应付款支付给承包人。发包人未能在约定时间内完成审批或不予答复,视为发包人同意进度付款申请。发包人不按期支付,按专用条款的约定支付逾期付款违约金。

45. B

【解析】在履行合同过程中,经发包人同意,监理人可按约定的变更程序向承包人做出有关发包人要求改变的变更指示,承包人应遵照执行。合同变更应在合同相应内容实施前提出,否则发包人应承担由此给承包人造成的损失。若没有监理人的变更指示,承包人不得擅自变更合同内容。

46. A

【解析】合同履行过程中,当发包人要求变更时,经发包人同意监理人可向承包人做出有关“发包人要求”改变的变更意向书,说明变更的具体内容和发包人对变更的时间要求,并附必要的相关资料,以及要求承包人提交实施方案。

47. C

【解析】承包人收到监理人发出的变更意向书后认为实施该变更可行时,承包人按照变更意向书的要求,提交包括拟实施变更工作的设计、计划、措施和竣工时间等内容的变更实施方案。发包人同意承包人的变更实施方案后,由监理人发出变更指示。

48. D

【解析】承包人收到监理人的变更意向书后认为难以实施此项变更时,应立即通知监理人,说明原因并附详细依据。监理人与承包人和发包人协商后,确定撤销、改变或不改变原变更意向书。

49. C

【解析】承包人收到监理人按合同约定发给的文件,认为其中存在对"发包人要求"构成变更的情形时,可向监理人提出书面变更建议。建议应阐明要求变更的依据,以及实施该变更工作对合同价款和工期的影响,并附必要的图纸和说明。

50. B

【解析】监理人收到承包人书面变更建议与发包人共同研究后,确认存在变更时,应在收到承包人书面建议后的14天内做出变更指示;不同意作为变更的,应书面答复承包人。

51. A

【解析】履行设计施工总承包合同过程中,承包人可以书面形式向监理人提交改变"发包人要求"文件中有关内容的合理化建议书。合理化建议书的内容应包括建议工作的详细说明、进度计划和效益以及与其他工作的协调等,并附必要的设计文件。监理人应与发包人协商是否采纳承包人的建议。建议被采纳并构成变更,由监理人向承包人发出变更指示。如果接受承包人提出的合理化建议,降低了合同价格、缩短了工期或者提高了工程的经济效益,发包人可依据专用条款中约定给予奖励。

52. A

【解析】设计施工总承包合同条款规定,承包人就有关发包人要求文件提出的合理化建议,经监理人与发包人协商采纳该建议即构成变更,由监理人发出变更指示。

53. D

【解析】发包人应在知道或应当知道索赔事件发生后28天内,向承包人发出索赔通知,并说明发包人有权扣减的付款和(或)延长缺陷责任期的细节和依据。发包人未在前述28天内发出索赔通知的,丧失要求扣减付款和(或)延长缺陷责任期的权利。

54. C

【解析】合同条款规定,承包人应在知道或应当知道索赔事件发生后28天内,向监理人递交索赔意向通知书并说明发生索赔事件的事由。承包人未在前述28天内发出索赔意向通知书的,工期不予顺延,且承包人无权获得追加付款。

55. B

【解析】设计施工总承包合同条款规定,承包人未在知道或应当知道索赔事件发生后28天内,向监理人递交索赔意向通知书的,则丧失索赔的权利,即工期不予顺延,且承包人无权获得追加付款。

56. C

【解析】承包人应在发出索赔意向通知书后 28 天内，向监理人正式递交索赔通知书。索赔通知书应详细说明索赔理由以及要求追加的付款金额和(或)延长的工期，并附必要的记录和证明材料。索赔事件具有连续影响的，承包人应按合理时间间隔继续递交延续索赔通知，说明连续影响的实际情况和记录，列出累计的追加付款金额和(或)工期延长天数。

57. B

【解析】设计施工总承包合同条款规定，在索赔事件影响结束后的 28 天内，承包人应向监理人递交最终索赔通知书，说明最终要求索赔的追加付款金额和延长的工期，并附必要的记录和证明材料。

58. D

【解析】本题考核的是索赔期限问题。合同条款规定，承包人按竣工结算条款的约定接受了竣工付款证书后，应被认为已无权再提出在合同工程接收证书颁发前所发生的任何索赔。换句话说，设计、施工以及竣工验收期间的索赔权利在接受了竣工付款证书后即已终止。

59. C

【解析】承包人按最终结清条款的约定提交的最终结清申请单中，只限于提出工程接收证书颁发后发生的索赔。提出索赔的期限自接受最终结清证书时终止。

60. D

【解析】合同终止时承包人的索赔权利也随之终止。承包人接受最终结清证书时合同即终止，因此承包人提出索赔的期限自接受最终结清证书时终止。

61. C

【解析】合同通用条款规定承包人应按以下程序提出索赔：索赔事件发生后 28 天内监理人提交索赔意向通知书；在发出索赔意向通知书后 28 天内正式提交索赔通知书；索赔事件具有连续影响的，承包人应按合理时间间隔继续提交延续索赔通知；索赔事件影响结束后的 28 天内提交最终索赔通知书。应注意的是，在提交有关索赔通知书时应附必要的记录和证明材料。

62. A

【解析】合同条款规定，监理人收到承包人提交的索赔通知书后，应及时审查索赔通知书的内容、查验承包人的记录和证明材料，必要时监理人可要求承包人提交全部原始记录副本。监理人应按合同商定或确定追加的付款和(或)延长的工期，并在收到上述索赔通知书或有关索赔的进一步证明材料后的 42 天内，将索赔处理结果答复承包人。

63. C

【解析】设计施工总承包合同通用条款规定，监理人收到承包人提交的索赔通知书后应及时审查索赔通知书的内容，查验有关记录和证明材料，按合同商定或确定追加的付款和(或)延长的工期，并在收到上述索赔通知书或有关索赔的进一步证明材料后的 42 天内，将索赔处理结果答复承包人。监理人在上述 42 天内不予答复的，视为认可索赔。

64. C

【解析】设计施工总承包合同通用条款规定，承包人接受索赔处理结果的，发包人应在做出索赔处理结果答复后 28 天内完成赔付。承包人不接受索赔处理结果的，按合同争议约定执行。

65. D

【解析】设计施工总承包合同通用条款1.6.2规定,发包人未能按要求提供有关文件而造成合同进度计划工作延误的,应给承包人延长工期和(或)增加费用,并支付合理利润。换句话说,在这种情况下,承包人可获得工期、费用和利润补偿。

66. D

【解析】设计施工总承包合同通用条款1.13规定,因发包人要求中的错误而造成合同进度计划工作延误的,应给承包人延长工期和(或)增加费用,并支付合理利润。换句话说,在这种情况下,承包人可获得工期、费用和利润补偿。另外,发包人要求违法、监理人的指示延误和错误等原因而造成合同进度计划工作延误的,均应给承包人延长工期和(或)增加费用,并支付合理利润。

67. C

【解析】设计施工总承包合同通用条款3.5.2规定,争议评审组对监理人确定的修改而造成合同进度计划工作延误的,承包人可获得工期和费用补偿。换言之,在此情况下应给承包人延长工期和(或)增加费用。

68. C

【解析】设计施工总承包合同通用条款规定,发生由于承包人原因未能通过竣工试验或竣工后试验的违约情况时,按照发包人要求中的未能通过竣工(或竣工后)试验的损害进行赔偿。发生延期的,承包人应承担延期责任。

69. C

【解析】设计施工总承包合同同意条款规定,合同履行过程中发生由于承包人无法继续履行或明确表示不履行或实质上已停止履行合同的违约情况时,发包人可通知承包人立即解除合同。

70. A

【解析】设计施工总承包合同通用条款规定,承包人发生:(1)由于承包人原因未能通过竣工试验或竣工后试验,(2)由于承包人无法继续履行或明确表示不履行或实质上已停止履行合同这两项以外的其他违约情况时,监理人可向承包人发出整改通知,要求其在指定的期限内纠正。除合同条款另有约定外,承包人应承担其违约所引起的费用增加和(或)工期延误。

71. C

【解析】设计施工总承包合同通用条款规定,对于承包人的违约行为,监理人发出整改通知28天后,承包人仍不纠正违约行为的,发包人有权解除合同并向承包人发出解除合同通知。承包人收到发包人解除合同通知后14天内,承包人应撤离场地,发包人派员进驻施工场地完成现场交接手续,发包人有权另行组织人员或委托其他承包人。

72. D

【解析】设计施工总承包合同履行中由于承包人违约导致合同解除,发包人因继续完成该工程的需要,有权扣留使用承包人在现场的材料、设备和临时设施。但发包人的这一行动不免除承包人应承担的违约责任,也不影响发包人根据合同约定享有的索赔权利。

73. C

【解析】设计施工总承包合同条款规定,承包人应提前21天将申请竣工试验的通知送达监理人,并按照专用条款约定的份数,向监理人提交竣工记录、暂行操作和维修手册。监理人应在14天内,确定竣工试验的具体时间。

74. B

【解析】设计施工总承包合同通用条款规定的竣工试验程序按三阶段进行:第一阶段,承包人进行适当的检查和功能性试验,保证每一项工程设备都满足合同要求,并能安全地进入下一阶段试验;第二阶段,承包人进行试验,保证工程或区段工程满足合同要求,在所有可利用的操作条件下安全运行;第三阶段,当工程能安全运行时,承包人应通知监理人,可以进行其他竣工试验,包括各种性能测试,以证明工程符合发包人要求中列明的性能保证指标。

75. C

【解析】设计施工总承包合同条款规定,某项竣工试验未能通过时,承包人应按监理人的指示限期改正,并承担合同约定的相应责任。竣工试验通过后,承包人应按合同约定进行工程及工程设备试运行。试运行所需人员、设备、材料、燃料、电力、消耗品、工具等必要的条件以及试运行费用等按专用条款约定执行。

76. C

【解析】设计施工总承包合同通用条款规定,经验收合格工程,监理人经发包人同意后向承包人签发工程接收证书。工程接收证书中注明的实际竣工日期,以提交竣工验收申请报告的日期为准。

77. A

【解析】设计施工总承包合同条款规定,缺陷责任期内,发包人对已接收使用的工程负责日常维护工作。发包人在使用过程中,发现已接收的工程存在新的缺陷或已修复的缺陷部位或部件又遭损坏,由承包人负责修复,直至检验合格为止。

78. C

【解析】设计施工总承包合同条款规定,缺陷责任期内任何一项缺陷或损坏修复后,经检查证明其影响了工程或工程设备的使用性能,承包人应重新进行合同约定的试验和试运行,全部费用由责任方承担。

79. D

【解析】设计施工总承包合同通用条款约定,承包人不能在合理时间内修复的缺陷,发包人可自行修复或委托其他人修复,所需费用和利润由缺陷原因的责任方承担。

80. D

【解析】设计施工总承包合同条款规定,缺陷责任期内发包人在使用过程中,发现已接收的工程存在新的缺陷或已修复的缺陷部位又遭损坏的,监理人和承包人应共同查清工程缺陷或损坏的原因,属于承包人原因造成的,应由承包人承担修复和查验的费用;属于发包人原因造成的,发包人应承担修复和查验的费用,并支付承包人合理利润。

81. C

【解析】设计施工总承包合同条款规定,在缺陷责任期内由于承包人原因造成某项缺陷或损坏使某项工程或工程设备不能按原定目标使用而需要再次检查、检验和修复时,发包人有权要求承包人相应延长缺陷责任期,但缺陷责任期最长不超过2年。

82. C

【解析】根据设计施工总承包合同通用条款的约定,对于大型工程,为了检验承包人的设计、设备选型和运行情况等的技术指标是否满足合同的约定,通常在缺陷责任期内工程稳定运行一段时间后,在专用条款约定的时间内进行竣工后试验。

83. D

【解析】设计施工总承包合同条款规定,通常在缺陷责任期内工程稳定运行一段时间后,在专用条款约定的时间内进行竣工后试验。竣工后试验按专用条款的约定由发包人或承包人进行。

84. C

【解析】根据设计施工总承包合同通用条款的规定,由于工程已投入正式运行,因此,无论专用条款约定发包人进行竣工后试验还是承包人进行竣工后试验,发包人都应将竣工后试验的日期提前21天通知承包人。如果是发包人进行竣工后试验,则承包人未能在该日期出席竣工后试验,发包人可自行进行试验,承包人应对检验数据予以认可;如果是承包人进行竣工后试验,则承包人应在发包人在场的情况下,进行竣工后试验。

85. D

【解析】承包人原因造成某项竣工后试验未能通过,承包人应按照合同约定进行赔偿,或者承包人提出修复建议,在发包人指示的合理期限内改正,并承担合同约定的相应责任。

86. C

【解析】根据民法典·合同编的规定,在合同争议的诸多解决方式中,仲裁和诉讼是不能同时采用的。换言之,当事人只能在仲裁和诉讼两种方式中选择一种,除此之外,其他的方式均可同时采用。

二、多项选择题

1. ABC

【解析】设计施工总承包合同文件的组成包括合同协议书、中标通知书、投标函及投标函附录、专用合同条款、通用合同条款、发包人要求、承包人建议书、价格清单、其他合同文件。

2. ACDE

【解析】对于发包人来说采用设计施工总承包合同方式的优点主要包括:(1)单一的合同责任;(2)固定工期、固定费用;(3)可以缩短建设周期;(4)减少设计变更;(5)减少承包人的索赔。

3. ABCD

【解析】(1)由于承包人对项目实施的全过程进行一体化管理,不必等工程的全部设计完成后再开始施工,单位工程的施工图设计完成并通过评审后即可开始该单位工程的施工。设计与施工在时间上可以进行合理的搭接,缩短项目实施的总时间。(2)承包的范围内包括设计、招标、施工、试运行的全部工作内容,可减少设计变更。设计在满足招标人要求的前提下,可以充分体现施工的专利技术、专有技术在施工中的应用,达到设计与施工的紧密衔接。(3)发包人仅承担签订合同阶段承包人无法合理预见的重大风险,单一的合同责任减少了大量的索赔处理工作,使投资和工期得到保障。

4. AE

【解析】总承包方式对发包人而言也有一些不利因素,其主要缺陷包括:(1)设计不一定是最优方案:由于在招标文件中发包人仅对项目的建设提出具体要求,实际方案由承包人提出,设计可能受到实施者利益影响,对工程实施成本的考虑往往会影响到设计方案的优化。工程选用的质量标准只要满足发包人要求即可,不会采用更高的质量标准。(2)减弱了实施阶段发包人对承包人的监督和检查:虽然设计和施工过程中,发包人也聘请监理人(或发包人代表),但由于设计方案和质量标准均出自承包人,监理人对项目实施的监督力度相比发包人委托设计再由承包人施工的管理模式,对设计的细节和施工过程的控制能力降低。

5. ACDE

【解析】标准设计施工总承包合同通用条款中对工程分包做了如下的规定:(1)承包人不得将其承包的全部工程转包给第三人,也不得将其承包的全部工程肢解后以分包的名义分别转包给第三人。(2)分包工作需要征得发包人同意。除发包人已同意投标文件中说明的分包外,合同履行过程中承包人还需要分包的工作,仍应征得发包人同意。(3)承包人不得将设计和施工的主体、关键性工作分包给第三人。要求承包人是具有实施工程设计和施工能力的合格主体,而非皮包公司。(4)分包人的资格能力应与其分包工作的标准和规模相适应,其资质能力的材料应经监理人审查。(5)发包人同意分包的工作,承包人应向发包人和监理人提交分包合同副本。

6. ABDE

【解析】(1)监理人受发包人委托,享有合同约定的权力,其所发出的任何指示应视为已得到发包人的批准。(2)发包人应在发出开始工作通知前将总监理工程师的任命通知承包人。(3)总监理工程师更换时,应提前14天通知承包人。(4)总监理工程师超过2天不能履行职责的,应委派代表代行其职责,并通知承包人。(5)总监理工程师可以授权其他监理人员负责执行其指派的一项或多项监理工作。总监理工程师应将被授权监理人员的姓名及其授权范围通知承包人。(6)被授权的监理人员在授权范围内发出的指示视为已得到总监理工程师的同意,与总监理工程师发出的指示具有同等效力。(7)总监理工程师不应将合同约定由总监理工程师作出决定的权力授权或委托给其他监理人员。

7. ACDE

【解析】标准设计施工总承包合同通用条款规定,履行合同过程中,构成对发包人和承包人有约束力合同的组成文件包括:(1)合同协议书;(2)中标通知书;(3)投标函及投标函附录;(4)专用合同条款;(5)通用合同条款;(6)发包人要求;(7)承包人建议书;(8)价格清单;(9)其他合同文件——经合同当事人双方确认构成合同文件的其他文件。合同的各文件中出现含义或内容的矛盾时,如果专用条款没有另行约定,以上合同文件序号为优先解释的顺序。

8. ABCE

【解析】设计施工总承包合同文件中的发包人要求是承包人进行工程设计和施工的基础文件,应尽可能清晰准确。标准设计施工总承包合同规定,发包人要求文件应说明11个方面的内容:(1)功能要求;(2)工程范围;(3)工艺安排或要求;(4)时间要求;(5)技术要求;(6)竣工试验;(7)竣工验收;(8)竣工后试验(如有);(9)文件要求;(10)工程项目管理规定;

(11)其他要求。

9. ABCE

【解析】发包人要求是设计施工总承包合同文件组成之一。发包人要求应说明11个方面的内容,其中功能要求包括:工程的目的;工程规模;性能保证指标(性能保证表)和产能保证指标。

10. ABC

【解析】发包人要求应说明的工程范围包括:(1)承包工作:永久工程的设计、采购、施工范围;临时工程的设计与施工范围;竣工验收工作范围;技术服务工作范围;培训工作范围和保修工作范围。(2)工作界区说明。(3)发包人的配合工作:提供的现场条件(施工用电、用水和施工排水);提供的技术文件(发包人的需求任务书和已完成的设计文件)。

11. ABDE

【解析】在发包人要求应说明的工程范围中规定的承包工作包括:(1)永久工程的设计、采购、施工范围;(2)临时工程的设计与施工范围;(3)竣工验收工作范围;(4)技术服务工作范围;(5)培训工作范围和保修工作范围。

12. BD

【解析】在发包人要求应说明的工程范围中规定的发包人的配合工作包括:(1)提供的现场条件(施工用电、用水和施工排水);(2)提供的技术文件(发包人的需求任务书和已完成的设计文件)。

13. BCDE

【解析】设计施工总承包合同文件发包人要求中规定的时间要求包括:开始工作时间;设计完成时间;进度计划;竣工时间;缺陷责任期和其他时间要求。

14. ABCD

【解析】设计施工总承包合同文件发包人要求中的技术要求应规定:(1)设计阶段和设计任务;(2)设计标准和规范;(3)技术标准和要求;(4)质量标准;(5)设计、施工和设备监造、试验;(6)样品;(7)发包人提供的其他条件,如发包人或其委托的第三人提供的设计、工艺包、用于试验检验的工器具等,以及据此对承包人提出的予以配套的要求等。

15. ABDE

【解析】设计施工总承包合同文件发包人要求中规定的文件要求包括:(1)设计文件,及其相关审批、核准、备案要求;(2)沟通计划;(3)风险管理计划;(4)竣工文件和工程的其他记录;(5)操作和维修手册以及其他承包人文件。

16. ABCD

【解析】设计施工总承包合同文件发包人要求中的工程项目管理规定包括:质量、进度、支付、健康、安全与环境管理体系、沟通、变更等。

17. ABCD

【解析】设计施工总承包合同文件发包人要求中规定的其他要求包括:对承包人的主要人员资格要求;相关审批、核准和备案手续的办理;对项目业主人员的操作培训;分包;设备供应商;缺陷责任期的服务要求等。

18. ACE

【解析】承包人建议书是设计施工总承包合同文件的内容组成之一。承包人建议书的内容包括:承包人的工程设计方案和设备方案的说明;分包方案;对发包人要求中的错误说明等。

19. ABCD

【解析】设计施工总承包合同通用合同条款对“承包人文件”的定义是:由承包人根据合同应提交的所有图纸、手册、模型、计算书、软件和其他文件。承包人文件中最主要的是设计文件,需在专用条款约定承包人向监理人陆续提供文件的内容、数量和时间。专用条款内还需约定监理人对承包人提交文件应批准的合理期限。项目实施过程中,监理人未在约定的期限内提出否定的意见,视为已获批准,承包人可以继续进行后续工作。不论是监理人批准或视为已批准的承包人文件,按照设计施工总承包合同对承包人义务的规定,均不影响监理人在以后否定该项工作的权力。

20. ABCE

【解析】专用条款内应明确约定由发包人提供的文件的内容、数量和期限。发包人提供的文件,可能包括项目前期工作相关文件、环境保护、气象水文、地质条件资料等。应注意的是,在工程实践中,勘察工作也可以包括在设计施工总承包范围内,则环境保护的具体要求和气象资料由承包人收集,地形、水文、地质资料由承包人探明。因此专用条款内需要明确约定发包人提供文件的范围和内容。

21. AD

【解析】在设计施工总承包合同中关于发包人是否负责提供工程材料和设备,在通用条款中给出两种不同供选择的条款:(1)由承包人包工包料承包,发包人不提供工程材料和设备;(2)发包人负责提供主材料和工程设备的包工部分包料承包方式。对于后一种情况,应在专用条款内写明材料和工程设备的名称、规格、数量、价格、交货方式、交货地点等。

22. AD

【解析】设计施工总承包合同通用条款中对承包人在投标阶段,按照发包人在价格清单中给出的计日工和暂估价的报价均属于暂列金额内支出项目。通用条款内分别列出两种可选用的条款:一种是计日工费和暂估价均已包括在合同价格内,实施过程中不再另行考虑;另一种是实际发生的费用另行补偿的方式。订立合同时应明确本合同采用哪个条款的规定。

23. ABDE

【解析】设计施工总承包合同通用条款规定承包人应办理或投保的保险包括:(1)设计和工程保险。承包人按照专用条款的约定向双方同意的保险人投保建设工程设计责任险、建筑工程一切险或安装工程一切险。(2)第三者责任保险。承包人按照专用条款约定投保第三者责任险。(3)工伤保险。承包人应为其履行合同所雇佣的全部人员投保工伤保险,并要求分包人也投保此项保险。(4)人身意外伤害保险。承包人应为其履行合同所雇佣的全部人员投保人身意外伤害保险,并要求分包人也投保此项保险。(5)其他保险。承包人应为其施工设备、进场的材料和工程设备等办理保险。

24. ABCD

【解析】设计施工总承包合同条款规定:不论何种原因造成工程的实际进度与合同进度计划不符时,承包人可以在专用条款约定的期限内向监理人提交修订合同进度计划的申请报告,并附有关措施和相关资料,报监理人批准。监理人也可以直接向承包人发出修订合同进度计划的指示,承包人应按该指示修订合同进度计划,报监理人批准。监理人审查并获得发包人同意后,应在专用条款约定的期限内批复。

25. ABDE

【解析】设计施工总承包合同通用条款规定,除非专用条款约定合同工程采用固定总价承包的情况外,应以实际完成的工作量作为支付的依据。有关设计施工总承包合同价格的组成应注意以下几点:(1)合同价格包括签约合同价以及按照合同约定进行的调整;(2)合同价格包括承包人依据法律规定或合同约定应支付的规费和税金;(3)价格清单列出的任何数量仅为估算的工作量,不视为要求承包人实施工程的实际或准确工作量。在价格清单中列出的任何工作量和价格数据应仅用于变更和支付的参考资料,而不能用于其他目的。

26. ABCD

【解析】承包人应根据价格清单的价格构成、费用性质、款项计划发生的时间和相应工作量等因素,对拟支付的款项进行分解并编制支付分解表。

27. ABDE

【解析】设计施工总承包合同拟支付款项可分解为:(1)勘察设计费;(2)材料和工程设备费;(3)技术服务培训费;(4)其他工程价款。以上分解的各项费用计算并汇总后,便形成了月度支付的分解报告。

28. ACDE

【解析】承包人应根据价格清单的价格构成、费用性质、款项计划发生时间和相应工作量等因素,对拟支付的款项进行分解并编制支付分解表。拟支付款项分类和分解原则是:(1)勘察设计费。按照提交勘察设计阶段性成果文件的时间、对应的工作量进行分解。(2)材料和工程设备费。分别按订立采购合同、进场验收合格、安装就位、工程竣工等阶段和专用条款约定的比例进行分解。(3)技术服务培训费。按照价格清单中的单价,结合合同进度计划对应的工作量进分解。(4)其他工程价款。按照价格清单中的价格,结合合同进度计划拟完成的工程量或者比例进行分解。以上的分解计算并汇总后,形成月度支付的分解报告。

29. ABCD

【解析】监理人的变更指示应说明合同变更的目的、范围、变更内容以及变更的工程量及其进度和技术要求,并附有关图纸和文件。承包人收到变更指示后,应按变更指示进行变更工作。

30. ACE

【解析】设计施工总承包合同履行过程中的变更,可能涉及发包人要求变更、监理人发给承包人文件中的内容构成变更和发包人接受承包人提出的合理化建议三种情况。

31. AB

【解析】设计施工总承包合同通用条款规定,发包人要求变更的实施程序为:监理人发出变更意向书—承包人同意变更时,提交变更实施方案—监理人审查、发包人同意变更实施方案—监理人发出变更指示;或承包人不同意变更时,应通知监理人,说明原因并附详细依据—监理人与承包人和发包人协商后,确定撤销、改变或不改变原变更意向书。

32. AB

【解析】监理人发出文件的内容构成变更的实施程序为:承包人向监理人提出书面变

更建议—监理人与发包人共同研究后,确认存在变更—监理人向承包人发出变更指示;或监理人与发包人共同研究后,不同意作为变更的—监理人书面答复承包人。

33. ACE

【解析】设计施工总承包合同条款就确定变更价格规定的基本原则为监理人应按照合同商定或确定变更价格,变更价格应包括合理的利润,并应考虑承包人提出的合理化建议。

34. BCE

【解析】根据设计施工总承包合同通用条款规定,因不可预见物质条件,异常恶劣气候条件,行政审批延误,发包人提供的材料、工程设备不符合要求,工程现场挖掘出有价值的文物、化石,争议评审组对监理人确定的修改等造成合同进度计划工作延误的,承包人只能获得工期和费用补偿,但不能获得利润补偿。而选项 B、C、E 造成合同进度计划工作延误的,承包人可同时获得工期、费用和利润补偿。

35. ABCE

【解析】设计施工总承包合同通用条款规定,合同履行过程中发包人原因未能按时发出开始工作通知,发包人原因的工期延误,发包人原因指示的暂停工作,发包人原因造成承包人暂停工作,发包人原因承包人无法复工,发包人原因造成质量不合格,隐蔽工程的重新检查证明质量合格,重新试验表明材料,工程设备及工程质量合格,发包人提前接收区段对承包人工作产生影响等造成合同进度计划工作延误的,承包人可同时获得工期、费用和利润补偿。发包人要求提前交货、为他人提供方便等造成合同进度计划工作延误的,承包人只能获得费用补偿。

36. ABDE

【解析】设计施工总承包合同通用条款规定,合同履行过程中下列情形属于承包人违约:(1)承包人的设计、承包人文件、实施和竣工的工程不符合法律以及合同约定;(2)承包人违反禁止转包的合同约定,私自将合同的全部或部分权利转让给其他人或私自将合同的全部或部分义务转移给其他人;(3)承包人违反对设施和材料的管理约定,未经监理人批准,私自将已按合同约定进入施工场地的施工设备、临时设施或材料撤离施工场地;(4)承包人违反合同约定使用了不合格材料或工程设备,工程质量达不到标准要求又拒绝清除不合格工程;(5)承包人未能按合同进度计划及时完成合同约定的工作,造成工期延误;(6)由于承包人原因未能通过竣工试验或竣工后试验;(7)承包人在缺陷责任期内,未能对工程接收证书所列的缺陷清单的内容或缺陷责任期内发生的缺陷进行修复,而又拒绝按监理人指示再进行修补;(8)承包人无法继续履行或明确表示不履行或实质上已停止履行合同;(9)承包人不按合同约定履行义务的其他情况。

37. BCDE

【解析】设计施工总承包合同通用条款规定,因承包人违约解除合同,发包人发出解除合同通知后因继续完成该工程需要,有权扣留使用承包人在现场的材料、设备和临时设施。但发包人的这一行动不免除承包人应承担的违约责任,也不影响发包人根据合同约定享有的索赔权利。为结清全部合同款项,发包人有权暂停对承包人的一切付款,查清各项付款和已扣款金额,包括承包人应支付的违约金;因承包人违约解除合同的,发包人有权要求承包人将其为实施合同而签订的材料和设备的订货协议或任何服务协议利益转让给发包人,并在承包人收到解除合同通知后的 14 天内,依法办理转让手续。发包人有权使用承包人文件和由承包人或以其名义编制的其他设计文件。

38. ABCE

【解析】根据设计施工总承包合同通用条款的规定,在履行合同过程中,发包人违约情况包括:(1)发包人未能按合同约定支付价款,或拖延、拒绝批准付款申请和支付凭证,导致付款延误。(2)发包人原因造成停工。(3)监理人无正当理由没有在约定期限内发出复工指示,导致承包人无法复工。(4)发包人无法继续履行或明确表示不履行或实质上已停止履行合同。(5)发包人不履行合同约定其他义务。

39. ABCE

【解析】因发包人违约而解除合同的,发包人应在解除合同后28天内向承包人支付下列款项,承包人应在此期限内及时向发包人提交要求支付下列金额的有关资料和凭证:(1)承包人发出解除合同通知前所完成工作的价款。(2)承包人为该工程施工订购并已付款的材料、工程设备和其他物品的金额。发包人付款后,该材料、工程设备和其他物品归发包人所有。(3)承包人为完成工程所发生的,而发包人未支付的金额。(4)承包人撤离施工场地以及遣散承包人人员的金额。(5)因解除合同造成的承包人损失。(6)按合同约定在承包人发出解除合同通知前应支付给承包人的其他金额。发包人应按本项约定支付上述金额并退还质量保证金和履约担保,但有权要求承包人支付应偿还给发包人的各项金额。

40. ABCE

【解析】设计施工总承包合同通用条款规定的工程竣工应满足的条件包括:(1)除监理人同意列入缺陷责任期内完成的尾工(甩项)工程和缺陷修补工作外,合同范围内的全部区段工程以及有关工作,包括合同要求的试验和竣工试验均已完成,并符合合同要求;(2)已按合同约定的内容和份数备齐了符合要求的竣工文件;(3)已按监理人的要求编制了在缺陷责任期内完成的尾工(甩项)工程和缺陷修补工作清单以及相应施工计划;(4)已完成监理人要求在竣工验收前应完成的其他工作;(5)已按监理人要求提交竣工验收资料清单。

41. ABDE

【解析】合同通用条款约定,发包人和承包人在履行合同中发生争议的,可以友好协商解决或者提请争议评审组评审。合同当事人友好协商解决不成、不愿提请争议评审或者不接受争议评审组意见的,可在专用合同条款中约定下列一种方式解决:(1)向约定的仲裁委员会申请仲裁;(2)向有管辖权的人民法院提起诉讼。

42. BDE

【解析】根据有关法律及合同条款的规定:(1)合同争议的解决方式有:协商、争议评审(调解)、申请仲裁和提起诉讼。(2)在提请争议评审、仲裁或者诉讼前,以及在争议评审、仲裁或诉讼过程中,发包人和承包人均可共同努力友好协商解决争议。(3)采用争议评审的,发包人和承包人应在开工日后的28天内或在争议发生后,协商成立争议评审组。首先由申请人向争议评审组提交一份详细的评审申请报告并附必要的文件、图纸和证明材料,申请人还应将上述报告的副本同时提交给被申请人和监理人。被申请人在收到申请人评审申请报告副本后的28天内,向争议评审组提交一份答辩报告,并附证明材料。被申请人应将答辩报告的副本同时提交给申请人和监理人。争议评审组在收到合同双方报告后的14天内,邀请双方代表和有关人员举行调查会向双方调查争议细节,必要时争议评审组可要求双方进一步提供补充材料。在调查会结束后的14天内,争议评审组应在不受任何干扰的情况下进行独立、公正的评审,作出书面评审意见,并说明理由。在争议评审期间,争议双方暂按总监理工程师的决定执行。发包人和承包人接受评审意见的,由监理人根据评审意见拟定执行协议,经争议双方签字后作为合同的补充文件,并遵照执行。发包人或承包人不接受评审意见,并要求提交仲裁或提起诉讼的,应在收到评审意见后的14天内将仲裁或起诉意向书面通知另一方,并抄送监理人,但在仲裁或诉讼结束前应暂按总监理工程师的确定执行。

第八章　建设工程材料设备采购合同管理

习 题 精 练

一、单项选择题

1. 建设工程材料设备采购合同的买受人即采购人是(　　)。
   A. 发包人　　B. 承包人　　C. 监理人　　D. 发包人或承包人
2. 建设工程材料设备采购合同的出卖人即供货人是(　　)。
   A. 发包人　　B. 生产厂家
   C. 承包人　　D. 生产厂家或从事物资流转业务的供应商
3. 建筑材料采购合同的条款一般限于(　　)阶段,主要涉及交接程序、检验方式、质量要求和合同价款的支付等。
   A. 物资使用　　B. 物资交货　　C. 物资生产　　D. 物资质量检验
4. 建设工程材料采购合同采购的材料是指(　　)。
   A. 建筑材料　　B. 建筑设备
   C. 建筑设备配件、备件　　D. 建筑材料或用于建筑设备的材料
5. 建设工程设备采购合同采购的设备是指(　　)。
   A. 安装于工程中的设备
   B. 施工设备或试验设备
   C. 施工过程中使用的设备
   D. 安装于工程中的设备或施工过程中使用的设备
6. 下列建设工程材料采购合同解释合同文件的优先顺序正确的是(　　)。
   A. ①合同协议书;②投标函;③专用合同条款;④通用合同条款;⑤分项报价表;⑥供货要求;⑦中标材料质量标准的详细描述;⑧商务和技术偏差表;⑨相关服务计划
   B. ①合同协议书;②投标函;③分项报价表;④专用合同条款;⑤通用合同条款;⑥中标材料质量标准的详细描述;⑦供货要求;⑧相关服务计划;⑨商务和技术偏差表
   C. ①合同协议书;②投标函;③商务和技术偏差表;④专用合同条款;⑤通用合同条款;⑥供货要求;⑦分项报价表;⑧中标材料质量标准的详细描述;⑨相关服务计划
   D. ①合同协议书;②投标函;③专用合同条款;④通用合同条款;⑤供货要求;⑥分项报价表;⑦商务和技术偏差表;⑧相关服务计划;⑨中标材料质量标准的详细描述
7. 下列建设工程设备采购合同解释合同文件的优先顺序正确的是(　　)。
   A. ①合同协议书;②投标函;③中标设备技术性能指标的详细描述;④专用合同条款;

⑤通用合同条款；⑥供货要求；⑦商务和技术偏差表；⑧分项报价表；⑨技术服务和质保期服务计划

B. ①合同协议书；②投标函；③专用合同条款；④通用合同条款；⑤供货要求；⑥分项报价表；⑦商务和技术偏差表；⑧技术服务和质保期服务计划；⑨中标设备技术性能指标的详细描述

C. ①合同协议书；②投标函；③分项报价表；④专用合同条款；⑤通用合同条款；⑥中标设备技术性能指标的详细描述；⑦供货要求；⑧技术服务和质保期服务计划；⑨商务和技术偏差表

D. ①合同协议书；②投标函；③商务和技术偏差表；④专用合同条款；⑤通用合同条款；⑥供货要求；⑦分项报价表；⑧中标设备技术性能指标的详细描述；⑨技术服务和质保期服务计划

8. 建设工程材料采购合同通用条款规定，供货周期不超过(　　)个月的，合同协议书中载明的签约合同价为固定价格。

A. 6　　B. 12　　C. 18　　D. 24

9. 建设工程材料采购合同条款规定，预付款支付条件之一是卖方向买方提交经审核无误的(　　)。

A. 预付款支付申请单一份

B. 应付预付款金额的财务收据正本一份

C. 预付款金额的增值税发票正本一份

D. 材料生产商出具的质量合格证正本一份

10. 建设工程材料采购合同条款规定，合同生效后，买方在收到卖方开具的注明应付预付款金额的财务收据正本一份并经审核无误后(　　)日内，向卖方支付签约合同价的(　　)作为预付款。

A. 14；5%　　B. 21；5%　　C. 28；10%　　D. 35；10%

11. 建设工程材料采购合同通用条款规定，卖方按照合同约定的进度交付合同材料并提供相关服务后，买方在收到卖方提交的相关单据并经审核无误后(　　)日内，应向卖方支付进度款，进度款支付至该批次合同材料的合同价格的(　　)。

A. 14；90%　　B. 21；95%　　C. 28；95%　　D. 35；90%

12. 建设工程材料采购合同通用条款规定，全部合同材料质量保证期届满后，买方在收到卖方提交的由买方签署的质量保证期届满证书并经审核无误后(　　)日内，向卖方支付合同价格(　　)的结清款。

A. 14；10%　　B. 28；5%　　C. 21；10%　　D. 35；5%

13. 建设工程材料采购合同条款规定，卖方应在合同材料预计启运(　　)日前，将合同装运材料名称、数量、运输方式、预计交付日期和材料在装卸、保管中的注意事项等预通知买方，并在合同材料启运后(　　)小时之内正式通知买方。

A. 5；6　　B. 9；12　　C. 7；24　　D. 3；24

14. 建设工程材料采购合同条款规定，卖方应根据合同的约定在施工场地卸货后将合同材料交付给买方，买方对卖方交付的合同材料的外观及件数进行清点核验后应签发(　　)。

A. 验收证书　　B. 收货清单
C. 预付款支付证书　　D. 结清款支付证书

15. 建设工程材料采购合同条款规定,买方对卖方交付的合同材料应进行清点核验。清点核验的内容主要是(　　)。
A. 包装及标记　　B. 件数及质量
C. 外观及件数　　D. 件数及技术资料

16. 建设工程材料采购合同条款规定,合同材料的所有权和风险自(　　)时起由卖方转移至买方。
A. 合同订立　　B. 合同生效　　C. 材料交付　　D. 材料检验合格

17. 建设工程材料采购合同条款规定,买方如果发现技术资料存在短缺和(或)损坏,卖方应在收到买方的通知后(　　)日内免费补齐短缺和(或)损坏的部分。
A. 3　　B. 5　　C. 7　　D. 9

18. 建设工程材料采购合同条款规定,合同材料交付前,卖方应对其进行全面检验,并在交付合同材料时向买方提交合同材料的(　　)。
A. 检验报告　　B. 生产许可证
C. 质量管理体系认证书　　D. 质量合格证书

19. 建设工程材料采购合同通用条款规定,合同材料交付后,买方应在专用合同条款约定的期限内对合同材料进行检验,检验的内容主要是(　　)。
A. 数量、质量　　B. 外包装完整性、质量
C. 规格、质量　　D. 包装、标记

20. 建设工程材料采购合同条款规定,买方应在检验日期(　　)日前将检验的时间和地点通知卖方,卖方应自负费用派遣代表参加检验。
A. 1　　B. 3　　C. 5　　D. 7

21. 建设工程材料采购合同条款规定,买方在全部合同材料交付后(　　)个月内未安排检验和验收,卖方可签署进度款支付函提交买方,如买方在收到后(　　)日内未提出书面异议,则进度款支付函自签署之日起生效。
A. 1;3　　B. 2;5　　C. 3;7　　D. 4;9

22. 建设工程材料采购合同条款规定,合同材料经检验合格,(　　)应签署合同材料验收证书一式二份,双方各持一份。
A. 买方　　B. 卖方　　C. 买卖双方　　D. 监理人

23. 建设工程材料采购合同条款规定,若合同材料经检验达到了合同约定的最低质量标准的,视为材料符合质量标准,买方应验收材料,但卖方应按专用合同条款的约定(　　)。
A. 进行减价　　B. 向买方支付补偿金
C. 向买方支付违约金　　D. 对材料进行减价或向买方支付补偿金

24. 建设工程材料采购合同通用条款规定,卖方未能按时交付合同材料的,应向买方支付迟延交付违约金。迟延交付违约金计算方法为(　　)。
A. 迟延交付违约金 = 迟延交付材料金额 ×0.08%
B. 迟延交付违约金 = 迟延交付材料金额 ×0.05% ×迟延交货天数

C. 迟延交付违约金 = 迟延交付材料金额 ×0.08% ×迟延交货天数

D. 迟延交付违约金 = 迟延交付材料数量 ×0.08% ×迟延交货天数

25. 建设工程材料采购合同通用条款规定，买方未能按合同约定支付合同价款的，应向卖方支付延迟付款违约金。迟延付款违约金的计算方法为(　　)。

A. 迟延付款违约金 = 合同价格 ×0.02%

B. 迟延付款违约金 = 迟延付款金额 ×0.08% ×迟延付款天数

C. 迟延付款违约金 = 合同价格 ×0.08% ×迟延付款天数

D. 迟延付款违约金 = 迟延付款金额 ×0.02%

26. 建设工程设备采购合同通用条款规定，除专用合同条款另有约定外，设备采购合同的签约合同价为(　　)。

A. 可调整价格　　B. 固定价格　　C. 协商价格　　D. 部分变动价格

27. 建设工程设备采购合同通用条款规定，合同生效后，买方在收到卖方开具的注明应付预付款金额的财务收据正本一份并经审核无误后(　　)日内，向卖方支付签约合同价的(　　)作为预付款。

A. 7；4%　　B. 14；6%　　C. 21；8%　　D. 28；10%

28. 建设工程设备采购合同通用条款规定，卖方按合同约定交付全部合同设备后，买方在收到卖方提交的有关单据并经审核无误后(　　)日内，向卖方支付合同价格的(　　)。

A. 14；60%　　B. 14；95%　　C. 28；60%　　D. 28；95%

29. 根据建设工程设备采购合同条款的规定，合同验收款支付应具备的条件是(　　)。

A. 卖方已提交合同设备验收证书或已生效的并经审核无误的验收款支付函正本一份

B. 卖方已提交并经审核无误的设备考核合格证书正本一份

C. 卖方已提交并经审核无误的制造商出具的出厂质量合格证正本一份

D. 卖方已提交并经审核无误的验收款金额的增值税发票正本一份

30. 建设工程设备采购合同通用条款规定，买方在收到卖方提交的买卖双方签署的合同设备验收证书或已生效的验收款支付函正本一份并经审核无误后(　　)日内，向卖方支付合同价格的(　　)。

A. 14；25%　　B. 14；35%　　C. 28；35%　　D. 28；25%

31. 按照建设工程设备采购合同条款的规定，合同结清款支付应具备的条件一般为(　　)。

A. 卖方已提交并经审核无误的制造商出具的出厂质量合格证正本一份

B. 卖方已提交并经审核无误的合同设备验收证书正本一份

C. 卖方已提交并经审核无误的质量保证期届满证书或已生效的结清款支付函正本一份

D. 卖方已提交并经审核无误的结清款金额的增值税发票正本一份

32. 建设工程设备采购合同通用条款规定，买方在收到卖方提交的买方签署的质量保证期届满证书或已生效的结清款支付函正本一份，并经审核无误后(　　)日内，向卖方支付合同价格的(　　)的结清款。

A. 14；5%　　B. 21；15%　　C. 28；5%　　D. 35；15%

33. 建设工程设备采购合同专用合同条款约定买方对合同设备进行监造的，卖方应提前(　　)日将需要买方监造人员现场监造事项通知买方。

A. 3　　B. 5　　C. 7　　D. 9

34. 建设工程设备采购合同专用合同条款约定买方对合同设备进行监造的，买方监造人员对合同设备的监造，(　　)对合同设备质量的确认。

A. 应视为　　B. 由监理人确定是否视为

C. 不视为　　D. 合同双方协商确定是否视为

35. 建设工程设备采购合同专用合同条款约定买方参与交货前检验的，卖方应提前(　　)日将需要买方代表检验事项通知买方，以便买方参与交货前检验。

A. 3　　B. 5　　C. 7　　D. 14

36. 建设工程设备采购合同条款规定，卖方应在合同设备预计启运(　　)日前，将合同设备名称、数量、运输方式、预计交付日期和设备在运输、装卸、保管中的注意事项等预通知买方，并在合同设备启运后(　　)小时之内正式通知买方。

A. 3;6　　B. 5;12　　C. 7;24　　D. 14;36

37. 建设工程设备采购合同条款规定，买方对卖方在施工场地交付的设备进行清点核验的内容主要指设备的(　　)。

A. 外观及件数　　B. 件数及性能　　C. 外观及性能　　D. 件数及质量

38. 建设工程设备采购合同条款规定，卖方应根据合同约定将合同设备交付给买方。买方对卖方交付的包装的合同设备的外观及件数进行清点核验后应签发(　　)，并自负风险和费用进行卸货。

A. 验收证书　　B. 收货清单

C. 交货款支付证书　　D. 验收款支付证书

39. 建设工程设备采购合同条款规定，合同设备的所有权和风险自(　　)起由卖方转移至买方。

A. 合同生效时　　B. 设备验收后　　C. 设备交付时　　D. 预付款支付后

40. 建设工程设备采购合同通用条款规定，买方如果发现技术资料存在短缺和(或)损坏，卖方应在收到买方通知后(　　)日内免费补齐短缺和(或)损坏的部分。

A. 3　　B. 5　　C. 7　　D. 14

41. 建设工程设备采购合同通用条款规定，合同设备交付后买方应进行开箱检验。开箱检验是指对合同设备(　　)检验。

A. 数量及质量　　B. 外观及质量　　C. 数量及性能　　D. 数量及外观

42. 建设工程设备采购合同条款规定，买方的开箱检验如不在合同设备交付时进行，买方应在开箱检验(　　)日前将开箱检验的时间和地点通知卖方。

A. 3　　B. 5　　C. 7　　D. 9

43. 建设工程设备采购合同条款规定，开箱检验由(　　)进行。

A. 卖方　　B. 买方　　C. 买卖双方共同　　D. 监理人

44. 建设工程设备采购合同规定，设备的开箱检验由买卖双方共同进行。在开箱检验中，(　　)应签署数量、外观检验报告。

A. 卖方 B. 买方 C. 监理人 D. 买卖双方

45. 建设工程设备采购合同条款规定,如开箱检验不在合同设备交付时进行,则合同设备交付以后到开箱检验之前,应由( )负责按交货时外包装原样对合同设备进行妥善保管。

A. 买方 B. 卖方 C. 买卖双方 D. 监理人

46. 建设工程设备采购合同规定,除专用合同条款另有约定外,安装、调试中合同设备运行需要的用水、用电、其他动力和原材料(如需要)等由( )承担。

A. 买方 B. 卖方

C. 买卖双方共同 D. 负责设备安装、调试的一方

47. 建设工程设备采购合同规定,合同设备安装、调试完成后,双方应对合同设备进行( ),以确定合同设备是否达到合同约定的技术性能考核指标。

A. 验收 B. 考核 C. 试运行 D. 重新检验

48. 建设工程设备采购合同条款规定,在对合同设备进行考核时,由于卖方原因设备未能达到技术性能考核指标时,为卖方进行考核的机会不超过( )次。

A. 1 B. 2 C. 3 D. 4

49. 建设工程设备采购合同条款规定,合同设备在考核中达到或视为达到技术性能考核指标,则买卖双方应在考核完成后( )日内或专用合同条款另行约定的时间内签署合同设备( )证书一式二份,双方各持一份。

A. 3;考核合格 B. 5;接收

C. 7;验收 D. 14;交接

50. 建设工程设备采购合同条款规定,合同设备在考核中达到技术性能考核指标的,则买卖双方应在合同规定的时间内签署合同设备验收证书。验收日期应为( )的日期。

A. 签署验收证书 B. 设备达到技术性能考核指标

C. 设备考核 D. 设备安装、调试完成

51. 建设工程设备采购合同条款规定,由于买方原因合同设备在三次考核中均未能达到技术性能考核指标,买卖双方应在考核结束后( )日内或专用合同条款另行约定的时间内签署( )。

A. 3;不予验收函 B. 5;设备不合格函

C. 7;验收款支付函 D. 14;延长质保期确认函

52. 建设工程设备采购合同条款规定,由于买方原因设备未能达到技术性能考核指标,则卖方有义务在验收款支付函签署后( )个月内应买方要求提供相关技术服务,协助买方采取一切必要措施使合同设备达到技术性能考核指标。

A. 3 B. 6 C. 9 D. 12

53. 建设工程设备采购合同条款规定,如由于买方原因在最后一批合同设备交货后( )个月内未能开始考核,则买卖双方应在上述期限届满后( )日内或专用合同条款另行约定的时间内签署( )。

A. 3;3;验收款支付函 B. 4;5;验收未通过函

C. 6;7;验收款支付函 D. 9;14;验收未通过函

二、多项选择题

1. 建设工程材料设备采购合同属于买卖合同。下列有关买卖合同特点的说法中,正确的有(　　)。

A. 出卖人与买受人订立买卖合同,是以转移财产所有权为目的

B. 买卖合同的买受人取得财产所有权,必须支付相应的价款;出卖人转移财产所有权,必须以买受人支付价款为对价

C. 合同双方互负一定义务,出卖人应当保质、保量、按期交付合同订购的物资、设备,买受人应当按合同约定的条件接收货物并及时支付货款

D. 买卖合同必须以实物的交付为合同成立的条件,即买受人取得财产所有权合同成立

E. 买卖合同是诺成合同,当事人之间意思表示一致,买卖合同即可成立,并不以实物的交付为合同成立的条件

2. 建设工程施工中使用的建筑材料采购通常分为三类方式,它们是(　　)。

A. 发包人负责采购供应

B. 第三方负责采购供应

C. 承包人负责采购,包工包料承包

D. 发包人与承包人共同负责采购

E. 大宗建筑材料由发包人采购供应,当地材料和数量较少材料则由承包人负责采购

3. 建设工程大型设备采购合同的条款通常涉及(　　)等方面的条款约定。

A. 设备生产制造阶段　　B. 设备交货阶段

C. 设备安装调试阶段　　D. 设备设计阶段

E. 设备性能达标检验和保修

4. 下列有关建设工程材料设备采购合同特点的说法中,正确的有(　　)。

A. 建设工程材料设备采购合同的出卖人即供货人,可以是生产厂家,也可以是从事物资流转业务的供应商

B. 合同的标的品种繁多,供货条件差异较大

C. 视标的的特点,合同涉及的条款繁简程度差异较大

D. 大宗建筑材料由承包人采购供应,当地材料和数量较少的材料由发包人负责采购供应

E. 合同的履行与施工进度密切相关,采购人非常愿意供货人提前交货

5. 按照履行时间的不同,建设工程材料设备采购合同可以分为(　　)。

A. 即时买卖合同　　B. 非即时买卖合同

C. 试用买卖合同　　D. 分期交付买卖合同

E. 分期付款买卖合同

6. 建设工程材料设备采购一般采用非即时买卖合同。非即时买卖合同在建设工程材料设备采购中比较常见的形式包括(　　)。

A. 货样买卖　　B. 试用买卖　　C. 分期交付买卖　　D. 先交付后付款买卖

E. 分期付款买卖

7. 下列有关非即时买卖合同特点的说法中，正确的有（　　）。

A. 货样买卖，是指当事人双方按照货样或样本所显示的质量进行交易。凭样品买卖的当事人应当封存样品，并可以对样品质量予以说明

B. 试用买卖的买受人在试用期内可以购买标的物，也可以拒绝购买。试用期间届满，买受人对是否购买标的物未作表示的，视为购买

C. 出卖人分批交付标的物的，出卖人对其中一批标的物不交付或者交付不符合约定，致使该批标的物不能实现合同目的的，买受人可以就该批标的物解除

D. 分期付款买卖的出卖人解除合同的，可以向买受人要求支付该标的物的使用费

E. 分期付款的买受人未支付到期价款的金额达到全部价款的三分之一的，出卖人可以要求买受人支付全部价款或者解除合同

8. 九部委材料、设备采购合同文本的构成包括（　　）。

A. 投标人须知　　B. 通用合同条款

C. 投标函及投标函附录　　D. 专用合同条款

E. 合同附件格式

9. 九部委材料、设备采购合同文本合同附件格式包括（　　）。

A. 合同协议书格式　　B. 预付款担保格式

C. 投标函及投标函附录格式　　D. 履约保证金格式

E. 投标保证金格式

10. 建设工程材料采购合同文件的组成包括（　　）。

A. 供货要求　　B. 分项报价表

C. 投标人须知　　D. 商务和技术偏差表

E. 中标材料质量标准的详细描述

11. 建设工程设备采购合同文件的组成包括（　　）。

A. 投标人须知　　B. 商务和技术偏差表

C. 技术服务和质保期服务计划　　D. 供货要求

E. 中标设备技术性能指标的详细描述

12. 根据建设工程材料采购合同条款的规定，预付款支付应具备的条件包括（　　）。

A. 材料采购合同生效

B. 材料已启运

C. 材料已交付

D. 材料已经检验合格

E. 卖方已提交并经审核无误的应付预付款金额的财务收据正本一份

13. 建设工程设备采购合同条款规定，买方在向卖方支付进度款的条件之一就是卖方应向买方提交相关的单据，这些单据包括（　　）。

A. 卖方出具的交货清单正本一份

B. 买方签署的收货清单正本一份

C. 制造商出具的出厂质量合格证正本一份

D. 合同材料验收证书或进度款支付函正本一份

E. 合同价格 95% 金额的增值税发票正本一份

14. 根据建设工程材料采购合同条款的规定,进度款支付应具备的条件包括(　　)。

A. 卖方按合同约定的进度交付材料

B. 卖方按合同约定提供相关的服务

C. 卖方提交并经审核无误的交货清单正本一份及收货清单正本一份

D. 卖方提交并经审核无误的制造商出具的出厂质量合格证正本一份

E. 卖方提交并经审核无误的应付进度款金额的财务收据正本一份

15. 根据建设工程材料采购合同条款的规定,结清款支付应具备的条件包括(　　)。

A. 全部合同材料质量保证期已届满

B. 卖方已提交并经审核无误的质量保证期届满证书正本一份

C. 卖方已提交并经审核无误的合同材料验收证书正本一份

D. 卖方已提交并经审核无误的结清款支付函正本一份

E. 卖方已提交并经审核无误的合同价格 100% 金额的增值税发票正本一份

16. 建设工程材料采购合同价款的支付包括(　　)。

A. 预付款　　B. 进度款　　C. 交货款　　D. 验收款

E. 结清款

17. 建设工程材料采购合同条款规定,合同材料交付后,买方应在专用合同条款约定的期限内安排对合同材料的规格、质量等进行检验。买方的检验方式包括(　　)。

A. 买方检验

B. 专用合同条款约定的拥有资质的第三方检验机构检验

C. 卖方检验

D. 专用合同条款约定的其他方式

E. 卖方委托第三方检验

18. 建设工程材料采购合同条款规定,合同一方不履行合同义务、履行合同义务不符合约定或者违反合同项下所作保证的应向对方承担(　　)等违约责任。

A. 采取补救措施　　B. 继续履行　　C. 变更合同　　D. 赔偿损失

E. 支付违约金

19. 根据建设工程设备采购合同条款的规定,合同预付款支付应具备的基本条件包括(　　)。

A. 设备采购合同已生效

B. 卖方已提交应付预付款金额的财务收据正本一份

C. 卖方已提交交货清单正本一份

D. 卖方已提交制造商出具的出厂质量合格证正本一份

E. 卖方已提交预付款金额的增值税发票正本一份

20. 根据建设工程设备采购合同条款的规定,合同交货款支付应具备的条件包括(　　)。

A. 卖方已按合同约定交付全部合同设备

B. 卖方已提交并经审核无误的交货清单正本一份和收货清单正本一份

C. 卖方已提交并经审核无误的制造商出具的出厂质量合格证正本一份

D. 卖方已提交并经审核无误的交货款支付函正本一份

E. 卖方已提交并经审核无误的合同价格 100% 金额的增值税发票正本一份

21. 建设工程设备采购合同价款的支付内容包括(　　)。

A. 预付款　　B. 交货款　　C. 验收款　　D. 进度款

E. 结清款

22. 建设工程设备采购合同通用条款规定,当卖方应向买方支付合同项下的违约金或赔偿金时,买方有权从中予以直接扣除和(或)兑付履约保证金的应付款包括(　　)。

A. 预付款　　B. 交货款　　C. 验收款　　D. 结清款

E. 技术服务费

23. 建设工程设备采购合同规定,卖方应对合同设备进行妥善包装。每个独立包装箱内应附(　　)等资料。

A. 装箱清单　　B. 质量合格证　　C. 装配图　　D. 交货前检验记录

E. 说明书、操作指南

24. 建设工程设备采购合同条款规定,卖方应在合同设备启运前和启运后合同规定的时间内预通知和正式通知买方的事项主要包括(　　)。

A. 运输方式、预计交付日期　　B. 箱数、每箱尺寸、总体积

C. 设备清单、合同价格　　D. 装运设备总金额

E. 设备在运输、装卸、保管中的注意事项

25. 建设工程设备采购合同条款规定,买方对卖方交付的合同设备进行开箱检验的时间为(　　)

A. 设备启运前　　B. 设备交付时

C. 设备交付后一定期限内　　D. 设备运输过程中

E. 设备运抵施工现场

26. 建设工程设备采购合同条款规定,开箱检验完成后,双方应对合同设备进行安装、调试。安装、调试应采用的方式包括(　　)。

A. 卖方按照合同约定完成合同设备的安装、调试工作

B. 卖方安排第三方负责合同设备的安装、调试工作,卖方提供技术服务

C. 买方负责合同设备的安装、调试工作,卖方提供技术服务

D. 买方安排第三方负责合同设备的安装、调试工作,卖方提供技术服务

E. 买卖双方共同负责合同设备的安装、调试工作

27. 建设工程设备采购合同条款规定,如果由于卖方原因,合同设备未能达到合同约定的技术性能考核指标,但达到合同中约定的或双方在考核中另行达成的合同设备的最低技术性能考核指标的,买方应接受合同设备,但卖方应按合同专用条款的约定(　　)。

A. 向买方支付违约金　　B. 对设备进行减价

C. 向买方支付补偿金　　D. 延长质保期

E. 延长缺陷责任期

28. 根据建设工程设备采购合同条款的规定,卖方未能按时交付合同设备的,应向买方支付迟延交付违约金。下列有关迟延交付违约金计算方法的说法中,正确的有(　　)。

A. 从迟交的第一周到第四周,每周迟延交付违约金为迟交合同设备价格的 0.5%

B. 从迟交的第五周到第八周,每周迟延交付违约金为迟交合同设备价格的 1%

C. 从迟交的第九周起,每周迟延交付违约金为迟交合同设备价格的 1.5%

D. 在计算迟延交付违约金时,迟交不足一周的按一周计算

E. 迟延交付违约金的总额不得超过合同价格的 5%

29. 根据建设工程设备采购合同条款的规定,买方未能按合同约定支付合同价款的,应向卖方支付迟延付款违约金。下列有关迟延付款违约金计算方法的说法中,正确的有(　　)。

A. 从迟付的第一周到第四周,每周迟延付款违约金为迟延付款金额的 0.5%

B. 从迟付的第五周到第八周,每周迟延付款违约金为迟延付款金额的 1%

C. 从迟付的第九周起,每周迟延付款违约金为迟延付款金额的 1.5%

D. 在计算迟延付款违约金时,迟付不足一周的不予计算

E. 迟延付款违约金的总额不得超过合同价格的 10%

习题答案及解析

一、单项选择题

1. D

【解析】建设工程材料设备采购合同的买受人即采购人,可以是发包人,也可能是承包人,依据合同的承包方式来确定。永久工程的大型设备一般情况下由发包人采购。施工中使用的建筑材料采购责任,按照施工合同专用条款的约定执行。

2. D

【解析】采购合同的出卖人即供货人,可以是生产厂家,也可以是从事物资流转业务的供应商。

3. B

【解析】建设工程材料设备采购合同视标的的特点,合同涉及的条款繁简程度差异较大。建筑材料采购合同的条款一般限于物资交货阶段,主要涉及交接程序、检验方式、质量要求和合同价款的支付等,合同内容相对简单。

4. D

【解析】材料采购合同采购的材料主要是指建筑材料,如用于建筑和土木工程领域的各种钢材、木材、玻璃、水泥、涂料等。材料采购合同也可采购用于建筑设备的材料,如电线、水管等。

5. D

【解析】设备采购合同采购的设备,既可能是安装于工程中的设备,如安装在电力工程中的发电机、发动机等,也包括在施工过程中使用的设备,如塔式起重机等。

6. C

【解析】组成合同的各项文件应互相解释,互为说明。除专用合同条款另有约定外,材料采购合同解释合同文件的优先顺序如下:(1)合同协议书;(2)中标通知书;(3)投标函;

(4)商务和技术偏差表;(5)专用合同条款;(6)通用合同条款;(7)供货要求;(8)分项报价表;(9)中标材料质量标准的详细描述;(10)相关服务计划;(11)其他合同文件。

7.D

【解析】除专用合同条款另有约定外,设备采购合同解释合同文件的优先顺序如下:(1)合同协议书;(2)中标通知书;(3)投标函;(4)商务和技术偏差表;(5)专用合同条款;(6)通用合同条款;(7)供货要求;(8)分项报价表;(9)中标设备技术性能指标的详细描述;(10)技术服务和质保期服务计划;(11)其他合同文件。

8.B

【解析】合同协议书中载明的签约合同价包括卖方为完成合同全部义务应承担的一切成本、费用和支出以及卖方的合理利润。除专用合同条款另有约定外,供货周期不超过12个月的签约合同价为固定价格。供货周期超过12个月且合同材料交付时材料价格变化超过专用合同条款约定的幅度的,双方应按照专用合同条款中约定的调整方法对合同价格进行调整。

9.B

【解析】材料采购合同生效后,买方在收到卖方开具的注明应付预付款金额的财务收据正本一份并经审无误后28日内,向卖方支付签约合同价的10%作为预付款。

10.C

【解析】合同生效后,买方在收到卖方开具的注明应付预付款金额的财务收据正本一份并经审无误后28日内,向卖方支付签约合同价的10%作为预付款。买方支付预付款后,如卖方未履行合同义务,则买方有权收回预付款;如卖方依约履行了合同义务,则预付款抵作进度款。

11.C

【解析】卖方按照合同约定的进度交付合同材料并提供相关服务后,买方在收到卖方按合同规定提交的相关单据并经审核无误后28日内,应向卖方支付进度款,进度款支付至该批次合同材料的合同价格的95%。

12.B

【解析】全部合同材料质量保证期届满后,买方在收到卖方提交的由买方签署的质量保证期届满证书并经审核无误后28日内,向卖方支付合同价格5%的结清款。

13.C

【解析】卖方应自行选择适宜的运输工具及线路安排合同材料运输。除专用合同条款另有约定外,卖方应在合同材料预计启运7日前,将合同材料名称、装运材料数量、质量、体积(用m^3表示)、合同材料单价、总金额、运输方式、预计交付日期和合同材料在装卸、保管中的注意事项等预通知买方,并在合同材料启运后24小时之内正式通知买方。

14.B

【解析】除专用合同条款另有约定外,卖方应根据合同约定的交付时间和批次在施工场地卸货后将合同材料交付给买方,买方对卖方交付的合同材料的外观及件数进行清点核验后应签发收货清单。买方签发收货清单不代表对合同材料的接受,双方还应按合同约定进行后续的检验和验收。

15. C

【解析】卖方应根据合同约定的交付时间和批次在施工场地卸货后将合同材料交付给买方,买方对卖方交付的合同材料的外观及件数进行清点核验后应签发收货清单。

16. C

【解析】合同材料的所有权和风险自交付时起由卖方转移至买方,合同材料交付给买方之前包括运输在内的所有风险均由卖方承担。

17. C

【解析】除专用合同条款另有约定外,买方如果发现技术资料存在短缺和(或)损坏,卖方应在收到买方的通知后7日内免费补齐短缺和(或)损坏的部分。如果买方发现卖方提供的技术资料有误,卖方应在收到买方通知后7日内免费替换。如由于买方原因导致技术资料丢失和(或)损坏,卖方应在收到买方的通知后7日内补齐丢失和(或)损坏的部分,但买方应向卖方支付合理的复制、邮寄费用。

18. D

【解析】合同双方都必须对合同材料进行检验。只不过卖方的检验在材料交付前,而买方的检验在材料交付后。因此合同材料交付前,卖方应对其进行全面检验,并在交付合同材料时向买方提交合同材料的质量合格证书。

19. C

【解析】合同材料交付后,买方应在专用合同条款约定的期限内安排对合同材料的规格、质量等进行检验。买方对合同材料的检验应按照专用合同条款约定的方式进行。

20. B

【解析】买方应在检验日期3日前将检验的时间和地点通知卖方,卖方应自负费用派遣代表参加检验。若卖方未按买方通知到场参加检验,则检验可正常进行,卖方应接受对合同材料的检验结果。

21. C

【解析】除专用合同条款另有约定外,买方在全部合同材料交付后3个月内未安排检验和验收,卖方可签署进度款支付函提交买方,如买方在收到后7日内未提出书面异议,则进度款支付函自签署之日起生效。进度款支付函的生效不免除卖方继续配合买方进行检验和验收的义务,合同材料验收后双方应签署合同材料验收证书。

22. C

【解析】建设工程材料采购合同通用合同条款规定,合同材料经检验合格,买卖双方应签署合同材料验收证书一式二份,双方各持一份。

23. D

【解析】若合同约定了合同材料的最低质量标准,且合同材料经检验达到了合同约定的最低质量标准的,视为合同材料符合质量标准,买方应验收合同材料,但卖方应按专用合同条款的约定对材料进行减价或向买方支付补偿金。

24. C

【解析】卖方未能按时交付合同材料的,应向买方支付迟延交付违约金。卖方支付迟延交付违约金,不能免除其继续交付合同材料的义务。除专用合同条款另有约定外,迟延交付违约金计算方法如下:迟延交付违约金 = 迟延交付材料金额 ×0.08% ×迟延交货天数。迟延交付违约金的最高限额为合同价格的10%。

25. B

【解析】买方未能按合同约定支付合同价款的,应向卖方支付迟延付款违约金。除专用合同条款另有约定外,延迟付款违约金的计算方法如下:延迟付款违约金 = 迟延付款金额 ×0.08% ×迟延付款天数。迟延付款违约金的总额不得超过合同价格的10%。

26. B

【解析】合同协议书中载明的签约合同价包括卖方为完成合同全部义务应承担的一切成本、费用和支出以及卖方的合理利润。除专用合同条款另有约定外,签约合同价为固定价格。

27. D

【解析】合同生效后,买方在收到卖方开具的注明应付预付款金额的财务收据正本一份并经审核无误后28日内,向卖方支付签约合同价的10%作为预付款。买方支付预付款后,如卖方未履行合同义务,则买方有权收回预付款;如卖方依约履行了合同义务,则预付款抵作合同价款。

28. C

【解析】卖方按合同约定交付全部合同设备后,买方在收到卖方提交的下列全部单据并经审核无误后28日内,向卖方支付合同价格的60%:(1)卖方出具的交货清单正本一份;(2)买方签署的收货清单正本一份;(3)制造商出具的出厂质量合格证正本一份;(4)合同价格100%金额的增值税发票正本一份。

29. A

【解析】建设工程设备采购合同通用合同条款规定,买方在收到卖方提交的买卖双方签署的合同设备验收证书或已生效的验收款支付函正本一份并经审核无误后,向卖方支付验收款。

30. D

【解析】买方在收到卖方提交的买卖双方签署的合同设备验收证书或已生效的验收款支付函正本一份并经审核无误后28日内,向卖方支付合同价格的25%。

31. C

【解析】建设工程设备采购合同条款规定,买方在收到卖方提交的买方签署的质量保证期届满证书或已生效的结清款支付函正本一份,并经审核无误后,向卖方支付结清款。

32. C

【解析】买方在收到卖方提交的买方签署的质量保证期届满证书或已生效的结清款支付函正本一份,并经审核无误后28日内,向卖方支付合同价格的5%的结清款。如果依照合同约定,卖方应向买方支付费用的,买方有权从结清款中直接扣除该笔费用。除专用合同条款另有约定外,在买方向卖方支付验收款的同时或其后的任何时间内,卖方可在向买方提交买方可接受的金额为合同价格5%的合同结清款保函的前提下,要求买方支付合同结清款,买方不得拒绝。

33. C

【解析】建设工程设备采购合同专用合同条款约定买方对合同设备进行监造的,卖方应提前7日将需要买方监造人员现场监造事项通知买方。如买方监造人员未按通知出席,不影响合同设备及其关键部件的制造或检验,但买方监造人员有权事后了解、查阅、复制相关制造或检验记录。

34. C

【解析】建设工程设备采购合同专用合同条款约定买方对合同设备进行监造的,买方监造人员对合同设备的监造,不视为对合同设备质量的确认,不影响卖方交货后买方依照合同约定对合同设备提出质量异议和(或)退货的权利,也不免除卖方依照合同约定对合同设备所应承担的任何义务或责任。

35. C

【解析】建设工程设备采购合同专用合同条款约定买方参与交货前检验的,卖方应提前7日将需要买方代表检验事项通知买方;如买方代表未按通知出席,不影响合同设备的检验。若卖方未依照合同约定提前通知买方而自行检验,则买方有权要求卖方暂停发货并重新进行检验,由此增加的费用和(或)造成的延误由卖方负责。

36. C

【解析】卖方应自行选择适宜的运输工具及线路安排合同设备运输。除专用合同条款另有约定外,卖方应在合同设备预计启运7日前,将合同设备名称、数量、箱数、总毛重、总体积(用 m^3 表示)、每箱尺寸(长×宽×高)、装运合同设备总金额、运输方式、预计交付日期和合同设备在运输、装卸、保管中的注意事项等预通知买方,并在合同设备启运后24小时之内正式通知买方。

37. A

【解析】卖方应根据合同约定的交付时间和批次在施工场地车面上将合同设备交付给买方。买方对卖方交付的包装的合同设备的外观及件数进行清点核验后应签发收货清单,并自负风险和费用进行卸货。

38. B

【解析】除专用合同条款另有约定外,卖方应根据合同约定的交付时间和批次在施工场地车面上将合同设备交付给买方。买方对卖方交付的包装的合同设备的外观及件数进行清点核验后应签发收货清单,并自负风险和费用进行卸货。买方签发收货清单不代表对合同设备的接受,双方还应按合同约定进行后续的检验和验收。

39. C

【解析】合同设备的所有权和风险自交付时起由卖方转移至买方,合同设备交付给买方之前包括运输在内的所有风险均由卖方承担。

40. C

【解析】除专用合同条款另有约定外,买方如果发现技术资料存在短缺和(或)损坏,卖方应在收到买方的通知后7日内免费补齐短缺和(或)损坏的部分。如果买方发现卖方提供的技术资料有误,卖方应在收到买方通知后7日内免费替换。如由于买方原因导致技术资料丢失和(或)损坏,卖方应在收到买方的通知后7日内补齐丢失和(或)损坏的部分,但买方应向卖方支付合理的复制、邮寄费用。

41. D

【解析】建设工程设备采购合同通用合同条款规定,合同设备交付后买方应进行开箱检验,即合同设备数量及外观检验。

42. A

【解析】建设工程设备采购合同条款规定,开箱检验应在设备交付时,或设备交付后一定的期限内进行。如果开箱检验不在设备交付时进行,买方应在开箱检验 3 日前将开箱检验的时间和地点通知卖方。

43. C

【解析】除专用合同条款另有约定外,合同设备的开箱检验应在施工场地进行。开箱检验由买卖双方共同进行,卖方应自负费用派遣代表到场参加开箱检验。

44. D

【解析】设备的开箱检验由买卖双方共同进行。在开箱检验中,买方和卖方应共同签署数量、外观检验报告,报告应列明检验结果,包括检验合格或发现的任何短缺、损坏或其他与合同约定不符的情形。如果卖方代表未能依约或按买方通知到场参加开箱检验,买方有权在卖方代表未在场的情况下进行开箱检验,并签署数量、外观检验报告,对于该检验报告和检验结果,视为卖方已接受,但卖方确有合理理由且事先与买方协商推迟开箱检验时间的除外。

45. A

【解析】如开箱检验不在合同设备交付时进行,则合同设备交付以后到开箱检验之前,应由买方负责按交货时外包装原样对合同设备进行妥善保管。

46. A

【解析】除专用合同条款另有约定外,安装、调试中合同设备运行需要的用水、用电、其他动力和原材料(如需要)等均由买方承担。另外,安装、调试完成后,对合同设备进行考核时,合同设备运行需要的用水、用电、其他动力和原材料(如需要)等也均由买方承担。

47. B

【解析】合同设备安装、调试完成后,双方应对合同设备进行考核,以确定合同设备是否达到合同约定的技术性能考核指标。除专用合同条款另有约定外,考核中合同设备运行需要的用水、用电、其他动力和原材料(如需要)等均由买方承担。

48. C

【解析】(1)由于卖方原因合同设备在考核中未能达到合同约定的技术性能考核指标,则卖方应在双方同意的期限内采取措施消除设备中存在的缺陷,并在缺陷消除后尽快进行再次考核。由于卖方原因合同设备未能达到技术性能考核指标时,为卖方进行考核的机会不超过三次。(2)如由于买方原因合同设备在考核中未能达到合同约定的技术性能考核指标,则卖方应协助买方安排再次考核。由于买方原因未能达到技术性能考核指标时,为买方进行考核的机会也不超过三次。

49. C

【解析】合同设备在考核中达到或视为达到技术性能考核指标,则买卖双方应在考核完成后 7 日内或专用合同条款另行约定的时间内签署合同设备验收证书一式二份,双方各持一份。

50. B

【解析】建设工程设备采购合同条款规定,合同设备在考核中达到或视为达到技术性能考核指标的,则买卖双方应在合同规定的时间内签署合同设备验收证书。验收日期应为合同设备在考核中达到或视为达到技术性能考核指标的日期。

51. C

【解析】如由于买方原因合同设备在三次考核中均未能达到技术性能考核指标,买卖双方应在考核结束后 7 日内或专用合同条款另行约定的时间内签署验收款支付函。

52. D

【解析】由于买方原因合同设备在三次考核中均未能达到技术性能考核指标,买卖双方应在考核结束后 7 日内或专用合同条款另行约定的时间内签署验收款支付函。除专用合同条款另有约定外,卖方有义务在验收款支付函签署后 12 个月内应买方要求提供相关技术服务,协助买方采取一切必要措施使合同设备达到技术性能考核指标。买方应承担卖方因此产生的全部费用。

53. C

【解析】除专用合同条款另有约定外,如由于买方原因在最后一批合同设备交货后 6 个月内未能开始考核,则买卖双方应在上述期限届满后 7 日内或专用合同条款另行约定的时间内签署验收款支付函。除专用合同条款另有约定外,卖方有义务在验收款支付函签署后 6 个月内应买方要求提供不超出合同范围的技术服务,协助买方采取一切必要措施使合同设备达到技术性能考核指标,且买方无须因此向卖方支付费用。在上述 6 个月的期限内如合同设备经过考核达到或视为达到技术性能考核指标,则买卖双方应签署合同设备验收证书。

二、多项选择题

1. ABCE

【解析】建设工程材料设备采购合同属于买卖合同,具有买卖合同的一般特点。(1) 出卖人与买受人订立买卖合同,是以转移财产所有权为目的。(2) 买卖合同的买受人取得财产所有权,必须支付相应的价款;出卖人转移财产所有权,必须以买受人支付价款为对价。(3) 买卖合同是双务、有偿合同。所谓双务有偿是指合同双方互负一定义务,出卖人应当保质、保量、按期交付合同订购的物资、设备,买受人应当按合同约定的条件接收货物并及时支付货款。(4) 买卖合同是诺成合同。除了法律有特殊规定的情况外,当事人之间意思表示一致,买卖合同即可成立,并不以实物的交付为合同成立的条件。

2. ACE

【解析】建设工程施工中使用的建筑材料采购责任,通常分为三类:(1) 发包人负责采购供应;(2) 承包人负责采购,包工包料承包;(3) 大宗建筑材料由发包人采购供应,当地材料和数量较少的材料由承包人负责。

3. ABCE

【解析】大型设备的采购,除了交货阶段的工作外,往往还需包括设备生产制造阶段、设备安装调试阶段、设备试运行阶段、设备性能达标检验和保修等方面的条款约定,合同内容较复杂。

4. ABC

【解析】(1)建设工程材料采购通常有三种方式:发包人负责采购供应;承包人负责采购,包工包料承包;大宗建筑材料由发包人采购供应,当地材料和数量较少的材料由承包人负责采购。(2)建设工程材料设备采购合同的履行与施工进度密切相关。出卖人(供货人)必须严格按照合同约定的时间交付订购的货物。延误交货将导致工程施工的停工待料,不能使建设项目及时发挥效益。提前交货通常买受人(采购人)也不同意接受,一方面货物将占用施工现场有限的场地影响施工,另一方面增加了买受人的仓储保管费用。

5. AB

【解析】按照履行时间的不同,建设工程材料设备采购合同可以分为即时买卖合同和非即时买卖合同。即时买卖合同是指当事人双方在买卖合同成立的同时,就履行了全部义务,即移转了材料设备的所有权、价款的占有权。即时买卖合同以外的合同就是非即时买卖合同。由于建设工程材料设备采购合同的标的数量较大,一般都采用非即时买卖合同。

6. ABCE

【解析】由于建设工程材料设备采购合同的标的数量较大,一般都采用非即时买卖合同。非即时买卖合同的表现有很多种。在建设工程材料设备采购合同中比较常见的是货样买卖、试用买卖、分期交付买卖和分期付款买卖等。

7. ABCD

【解析】(1)货样买卖,是指当事人双方按照货样或样本所显示的质量进行交易。凭样品买卖的当事人应当封存样品,并可以对样品质量予以说明。出卖人交付的标的物应当与样品及其说明的质量相同。(2)试用买卖,是指出卖人允许买受人试验其标的物、买受人认可后再支付价款的交易。试用买卖的买受人在试用期内可以购买标的物,也可以拒绝购买。试用期间届满,买受人对是否购买标的物未作表示的,视为购买。(3)分期交付买卖,是指购买的标的物要分批交付。出卖人分批交付标的物的,出卖人对其中一批标的物不交付或者交付不符合约定,致使该批标的物不能实现合同目的的,买受人可以就该批标的物解除。出卖人不交付其中一批标的物或者交付不符合约定,致使今后其他各批标的物的交付不能实现合同目的,买受人可以就该批以及今后其他各批标的物解除。买受人如果就其中一批标的物解除,该批标的物与其他各批标的物相互依存的,可以就已经交付和未交付的各批标的物解除。(4)分期付款买卖,是指买受人分期支付价款。分期付款的买受人未支付到期价款的金额达到全部价款的五分之一的,出卖人可以要求买受人支付全部价款或者解除合同。出卖人解除合同的,可以向买受人要求支付该标的物的使用费。

8. BDE

【解析】九部委材料、设备采购合同文本均由通用合同条款、专用合同条款和合同附件格式构成。九部委材料、设备采购合同文本适用于依法必须招标的与工程建设有关的材料、设备采购项目。"专用合同条款"可对"通用合同条款"进行补充、细化,但除"通用合同条款"明确规定可以作出不同约定外,"专用合同条款"补充和细化的内容不得与"通用合同条款"相抵触,否则抵触内容无效。九部委材料、设备采购合同文本合同附件包括合同协议书和履约保证金格式。

9. AD

【解析】九部委材料、设备采购合同文本均由通用合同条款、专用合同条款和合同附件格式构成。其中,合同附件格式包括合同协议书和履约保证金格式。

10. ABDE

【解析】建设工程材料采购合同文件的组成包括:(1)合同协议书;(2)中标通知书;(3)投标函;(4)商务和技术偏差表;(5)专用合同条款;(6)通用合同条款;(7)供货要求;(8)分项报价表;(9)中标材料质量标准的详细描述;(10)相关服务计划;(11)其他合同文件。

11. BCDE

【解析】建设工程设备采购合同文件的组成包括:(1)合同协议书;(2)中标通知书;(3)投标函;(4)商务和技术偏差表;(5)专用合同条款;(6)通用合同条款;(7)供货要求;(8)分项报价表;(9)中标设备技术性能指标的详细描述;(10)技术服务和质保期服务计划;(11)其他合同文件。

12. AE

【解析】根据建设工程材料采购合同条款的规定,合同生效后,买方在收到卖方开具的注明应付预付款金额的财务收据正本一份并经审无误后28日内,向卖方支付签约合同价的10%作为预付款。买方支付预付款后,如卖方未履行合同义务,则买方有权收回预付款;如卖方依约履行了合同义务,则预付款抵作进度款。

13. ABCD

【解析】买方在收到卖方提交的下列单据并经审核无误后28日内,应向卖方支付进度款,进度款支付至该批次合同材料的合同价格的95%:(1)卖方出具的交货清单正本一份;(2)买方签署的收货清单正本一份;(3)制造商出具的出厂质量合格证正本一份;(4)合同材料验收证书或进度款支付函正本一份;(5)合同价格100%金额的增值税发票正本一份。

14. ABCD

【解析】建设工程材料采购合同条款规定,卖方按照合同约定的进度交付合同材料并提供相关服务后,买方在收到卖方提交的下列单据并经审核无误后28日内,应向卖方支付进度款:(1)卖方出具的交货清单正本一份;(2)买方签署的收货清单正本一份;(3)制造商出具的出厂质量合格证正本一份;(4)合同材料验收证书或进度款支付函正本一份;(5)合同价格100%金额的增值税发票正本一份。

15. AB

【解析】建设工程材料采购合同条款规定,全部合同材料质量保证期届满后,买方在收到卖方提交的由买方签署的质量保证期届满证书并经审核无误后28日内,向卖方支付合同结清款。

16. ABE

【解析】建设工程材料采购合同价款支付的内容包括预付款、进度款和结清款。选项C和D则是设备采购合同价款支付的两项内容。

17. ABD

【解析】合同材料交付后,买方应在专用合同条款约定的期限内安排对合同材料的规格、质量等进行检验,检验按照专用合同条款约定的下列一种方式进行:(1)由买方对合同材料进行检验;(2)由专用合同条款约定的拥有资质的第三方检验机构对合同材料进行检验;

(3)专用合同条款约定的其他方式。

18. ABDE

【解析】《中华人民共和国民法典》第三编合同规定的合同违约责任包括支付违约金、赔偿损失、定金罚则、继续履行、解除合同等。因此,合同一方不履行合同义务、履行合同义务不符合约定或者违反合同项下所作保证的应向对方承担继续履行、采取补救措施或者赔偿损失等违约责任。

19. AB

【解析】建设工程设备采购合同条款规定,合同生效后,买方在收到卖方开具的注明应付预付款金额的财务收据正本一份并经审核无误后28日内,向卖方支付预付款。

20. ABCE

【解析】建设工程设备采购合同条款规定,卖方按合同约定交付全部合同设备后,买方在收到卖方提交的下列全部单据并经审核无误后,向卖方支付交货款:(1)卖方出具的交货清单正本一份;(2)买方签署的收货清单正本一份;(3)制造商出具的出厂质量合格证正本一份;(4)合同价格100%金额的增值税发票正本一份。

21. ABCE

【解析】建设工程设备采购合同价款的支付包括:(1)预付款(合同价款的10%);(2)交货款(合同价款的60%);(3)验收款(合同价款的25%);(4)结清款(合同价款的5%)。选项D进度款则为材料采购合同价款支付内容之一。

22. ABCD

【解析】当卖方应向买方支付合同项下的违约金或赔偿金时,买方有权从预付款、交货款、验收款、结清款等任何一笔应付款中予以直接扣除和(或)兑付履约保证金。

23. ABCE

【解析】卖方应对合同设备进行妥善包装,以满足合同设备运至施工场地及在施工场地保管的需要。每个独立包装箱内应附装箱清单、质量合格证、装配图、说明书、操作指南等资料。除专用合同条款另有约定外,买方无须将包装物退还给卖方。

24. ABDE

【解析】卖方应在合同设备预计启运7日前,将合同设备名称、数量、箱数、总毛重、总体积(用m^3表示)、每箱尺寸(长×宽×高)、装运合同设备总金额、运输方式、预计交付日期和合同设备在运输、装卸、保管中的注意事项等预通知买方,并在合同设备启运后24小时之内正式通知买方。

25. BC

【解析】开箱检验在专用合同条款约定的下列任一种时间进行:(1)合同设备交付时;(2)合同设备交付后的一定期限内。

26. ACD

【解析】开箱检验完成后,双方应对合同设备进行安装、调试,以使其具备考核的状态。安装、调试应按照专用合同条款约定的下列任一种方式进行:(1)卖方按照合同约定完成合同设备的安装、调试工作;(2)买方或买方安排第三方负责合同设备的安装、调试工作,卖方提供技术服务。

27. BC

【解析】如果由于卖方原因,三次考核均未能达到合同约定的技术性能考核指标,则买卖双方应就合同的后续履行进行协商,协商不成的,买方有权解除合同。但如合同中约定了或双方在考核中另行达成了合同设备的最低技术性能考核指标,且合同设备达到了最低技术性能考核指标的,视为合同设备已达到技术性能考核指标,买方无权解除合同,且应接受合同设备,但卖方应按专用合同条款的约定进行减价或向买方支付补偿金。

28. ABCD

【解析】卖方未能按时交付合同设备(包括仅迟延交付技术资料但足以导致合同设备安装、调试、考核、验收工作推迟的)的,应向买方支付迟延交付违约金。除专用合同条款另有约定外,迟延交付违约金的计算方法如下:(1)从迟交的第一周到第四周,每周迟延交付违约金为迟交合同设备价格的0.5%;(2)从迟交的第五周到第八周,每周迟延交付违约金为迟交合同设备价格的1%;(3)从迟交的第九周起,每周迟延交付违约金为迟交合同设备价格的1.5%。在计算迟延交付违约金时,迟交不足一周的按一周计算。迟延交付违约金的总额不得超过合同价格的10%。

29. ABCE

【解析】买方未能按合同约定支付合同价款的,应向卖方支付迟延付款违约金。除专用合同条款另有约定外,迟延付款违约金的计算方法如下:(1)从迟付的第一周到第四周,每周迟延付款违约金为迟延付款金额的0.5%;(2)从迟付的第五周到第八周,每周迟延付款违约金为迟延付款金额的1%;(3)从迟付的第九周起,每周迟延付款违约金为迟延付款金额的1.5%。在计算迟延付款违约金时,迟付不足一周的按一周计算。迟延付款违约金的总额不得超过合同价格的10%。

第九章　国际工程常用合同条件

习 题 精 练

一、单项选择题

1. FIDIC《施工合同条件》中的“不可预见”是指一个有经验的承包人在(　　)前不能合理预见的风险。

A. 提交投标书日期　B. 订立合同　C. 合同生效　D. 工程施工

2. FIDIC《施工合同条件》规定，如果承包人在工程实施中遇到不可预见的物质条件，则承包人应尽快通知工程师，并采用在此物质条件下合适的措施继续实施工程。承包人因此遭受的损失可提出索赔，此时索赔的内容为(　　)。

A. 工期索赔　B. 费用索赔和利润索赔

C. 费用索赔　D. 工期索赔和费用索赔

3. FIDIC《施工合同条件》规定，工程照管责任自(　　)之日起由承包人移交给业主。

A. 承包人提交工程竣工验收申请报告

B. 颁发工程接收证书

C. 竣工验收

D. 颁发缺陷责任期终止证书

4. FIDIC《施工合同条件》规定，承包人可在其认为工程即将竣工并做好接收准备的日期前不少于(　　)天，向工程师发出申请接收证书的通知。

A. 7　B. 14　C. 21　D. 28

5. FIDIC《施工合同条件》规定，当工程具备接收条件时，工程师在收到承包人申请接收证书通知后(　　)天内，应向承包人颁发接收证书，注明工程或分项工程按照合同要求竣工的日期。

A. 14　B. 21　C. 28　D. 35

6. 根据 FIDIC《施工合同条件》的规定，如果承包人提交接收申请 28 天内，工程师仍未答复，则若工程达到接收条件时，即视为工程已在工程师收到承包人的申请通知后的第(　　)天竣工，且被视为已颁发了接收证书。

A. 7　B. 14　C. 21　D. 28

7. FIDIC《施工合同条件》规定，如果承包人认为，根据合同承包人有权得到竣工时间的延长期和(或)任何追加付款，承包人应在察觉或应已察觉该事件或情况后(　　)天内发出索赔(意向)通知。

A. 14　　B. 21　　C. 28　　D. 35

8. 根据 FIDIC《施工合同条件》的规定,合同争端可按照规定,由争端裁决委员会裁决。(　　)应在规定的日期前任命争端裁决委员会。

A. 业主　　B. 承包人　　C. 工程师　　D. 业主和承包人双方

9. FIDIC《施工合同条件》规定,如果双方发生争端,任一方可将争端事项提交给 DAAB,委托其做出决定。DAAB 应在收到委托事项后(　　)天内或在双方认可的其他期限内,提出其有理由的决定。

A. 70　　B. 77　　C. 84　　D. 91

10. FIDIC《施工合同条件》规定,DAAB 对双方的争端作出决定后,如果任一方对 DAAB 的决定不满,可以在收到该决定通知后(　　)天内,将其不满向另一方发出通知。

A. 14　　B. 21　　C. 28　　D. 35

11. 根据 FIDIC《设计采购施工(EPC)/交钥匙合同条件》的规定,下列合同文件的优先次序正确的是(　　)。

A. ①投标书;②明细表;③业主要求;④通用合同条款;⑤专用合同条款;⑥合同协议书

B. ①合同协议书;②业主要求;③专用合同条款;④通用合同条款;⑤投标书;⑥明细表

C. ①合同协议书;②专用合同条款;③通用合同条款;④业主要求;⑤明细表;⑥投标书

D. ①合同协议书;②明细表;③专用合同条款;④通用合同条款;⑤业主要求;⑥投标书

12. 在 FIDIC《设计采购施工(EPC)/交钥匙合同条件》模式中,作为合同的重要组成文件,“业主要求”的内容中不包括(　　)。

A. 工程目标、范围　　B. 设计和技术标准

C. 合同价格及支付　　D. 按合同所作的补充和修改

13. 在 FIDIC《设计采购施工(EPC)/交钥匙合同条件》模式中,业主方应委派(　　),代表业主进行日常管理工作,实现合同目标。

A. 工程师　　B. 助理人员　　C. 业主代表　　D. 项目经理

14. 在 FIDIC《设计采购施工(EPC)/交钥匙合同条件》模式中,如果业主方希望替换任何已任命的业主代表,应在不少于(　　)天前将替换人员的姓名、地址、职责、权力及任命日期通知给承包人。

A. 7　　B. 14　　C. 21　　D. 28

15. 在 FIDIC《设计采购施工(EPC)/交钥匙合同条件》模式中,承包人应任命一名“承包人代表”,专职管理项目实施工作。如未在合同中事先指定承包人代表,则承包人应在(　　)将其拟任命为承包人代表的人选及资料提交给业主,以征得同意。

A. 合同生效后　　B. 合同成立后

C. 开工日期前　　D. 订立合同后

16. FIDIC《设计采购施工(EPC)/交钥匙合同条件》专用合同条款对分包人有要求时,承

包人需在不少于(　　)天前向业主通知相关事项。

A. 7　　B. 14　　C. 21　　D. 28

17. FIDIC《设计采购施工(EPC)/交钥匙合同条件》规定,承包人应在开工日期后(　　)天内向业主提交一份进度计划。

A. 7　　B. 14　　C. 21　　D. 28

18. FIDIC《设计采购施工(EPC)/交钥匙合同条件》规定,承包人应编制并向业主提交月进度报告。月进度报告在每次报告期最后一天后(　　)日内报出。

A. 3　　B. 5　　C. 7　　D. 9

19. FIDIC《设计采购施工(EPC)/交钥匙合同条件》规定,在任何时候只要实际工程进度对于在竣工时间内完工过于迟缓、实际进度落后于现行进度计划,则承包人有义务向业主提交(　　)。

A. 修订的进度计划　　B. 施工方案说明

C. 建议采用的赶工方案　　D. 修订的进度计划和建议采用的赶工方案

20. 对于工程的期中付款,FIDIC《设计采购施工(EPC)/交钥匙合同条件》规定,业主应在收到承包人提交的期中付款报表和证明文件后的(　　)天内向承包人发出关于报表中业主不同意支付的任何项目的通知,并附详细说明。

A. 14　　B. 21　　C. 28　　D. 35

21. 关于最终支付,FIDIC《设计采购施工(EPC)/交钥匙合同条件》规定,业主在收到经双方商定的最终支付报表和书面结清证明后(　　)天内,向承包人支付应付的最终款额。

A. 21　　B. 28　　C. 35　　D. 42

22. 工程施工合同(ECC)的组成内容不包括(　　)。

A. 核心条款　　B. 非核心条款　　C. 主要选项条款　D. 次要选项条款

23. AIA 针对不同项目管理模式和合同各方关系颁布了多个系列的合同和文件,可供使用者根据需要选择,其中 A 系列为(　　)。

A. 业主与施工承包人、CM 承包人、供应商,以及总承包人与分包人之间的标准合同文件

B. 建筑师与专业咨询人员之间的标准合同文件

C. 业主与建筑师之间的标准合同文件

D. 建筑师企业与项目管理中使用的文件

24. 下列有关 CM 模式分类及 CM 承包人工作内容的说法中,不正确的是(　　)。

A. 依据业主委托管理范围和责任的不同,CM 模式分为代理型 CM 模式和风险型 CM 模式

B. 代理型 CM 承包人只为业主对设计和施工阶段的有关问题提供咨询服务,不负责工程分包的发包,与分包单位的合同由业主直接签订

C. 代理型 CM 承包人的工作内容包括施工前阶段的咨询服务和施工阶段的组织管理工作

D. 代理型 CM 模式中,CM 承包人不承担项目实施的风险

25. 风险型 CM 合同采用(　　)的计价方式。

A. 单价　　B. 固定总价　　C. 调值总价　　D. 成本加酬金

26. 下列关于风险型 CM 特点及计价的说法中,不正确的是(　　)。

A. CM 承包人签订的每一个分包合同均对业主公开

B. 业主可以参与分包合同谈判

C. 业主按分包合同约定的价格支付

D. CM 承包人要赚取总包与分包合同之间的差价

27. 风险型 CM 承包人按保证工程最大费用(GMP)的限制制定计划并组织施工,对施工阶段的工作承担直接经济责任。当工程实际总费用超过 GMP 时,超过部分由(　　)承担。

A. 业主　　B. 分包人

C. CM 承包人　　D. 业主与 CM 承包人共同

28. 下列有关 IPD 模式的说法中,不正确的是(　　)。

A. IPD 模式,即集成项目交付模式,亦称为综合项目交付模式或一体化项目交付模式

B. IPD 是一种将人力资源、工程系统、业务架构和实践经验集成为一个集成过程的项目交付模式

C. 在 IPD 集成过程中,参与项目各方充分利用自身的技能与知识通过包括设计、制造、施工等项目全寿命周期各阶段的通力合作,使项目效益最大化,为业主创造更大价值并减少浪费

D. 应协商明确参与各方的索赔权利、依据及索赔程序

二、多项选择题

1. FIDIC《施工合同条件》(2017 年第 2 版)适用范围包括(　　)。

A. 传统的"设计—招标—建造"模式

B. 各类大型或较复杂的工程或房建项目

C. 投资金额相对较小、工期短或技术简单,或重复性的工程项目

D. "设计—建造"模式

E. 业主设计或承包人设计的工程项目

2. FIDIC《施工合同条件》(2017 年第 2 版)的特点包括(　　)。

A. 适用于传统的"设计—招标—建造"模式

B. 承包人按照业主提供的设计进行施工

C. 采用工程量清单计价

D. 采用总价合同

E. 业主委托工程师管理合同,由工程师监管施工并签证支付

3. FIDIC《土木工程施工合同条件》(1992 年修订版)主要特点包括(　　)。

A. 适合于承包人按发包人设计进行施工的房屋建筑和土木工程的施工项目

B. 由业主委派工程师管理合同

C. 采用工程量清单计价,单价可调整

D. 适合于由承包人根据业主要求进行设计和施工的工程项目

E. 采用总价合同

4. FIDIC《施工合同条件》模式下，项目主要参与方为（　　）。

A. 业主　　B. 承包人　　C. 设计人　　D. 工程师

E. 检测机构

5. FIDIC《施工合同条件》约定的业主的主要责任和义务包括（　　）。

A. 承担大部分或全部设计工作并及时向承包人提供设计图纸

B. 向承包人及时提供信息、指示、同意、批准及发出通知

C. 确定确认合同款支付、工程变更、试验、验收等事项

D. 避免可能干扰或阻碍工程进展的行为

E. 在必要时指定专业分包人和供应商

6. FIDIC《施工合同条件》约定的承包人的主要责任和义务包括（　　）。

A. 应按照合同规定及工程师的指示对工程进行设计、施工和竣工并修补缺陷

B. 为工程的设计、施工、竣工及修补缺陷提供所需的设备、文件、人员、物资和服务

C. 对所有现场作业和施工方法的完备性、稳定性和安全性负责，并保护环境

D. 在必要时指定专业分包人和供应商

E. 提供工程执行和竣工所需的各类计划、实施情况、意见和通知

7. FIDIC《施工合同条件》中约定的工程师的主要责任和义务包括（　　）。

A. 执行业主委托的施工项目质量、进度、费用、安全、环境等目标监控和日常管理工作，包括协调、联系、指示、批准和决定等

B. 提供工程执行和竣工所需的各类计划、实施情况、意见和通知

C. 确定确认合同款支付、工程变更、试验、验收等专业事项等

D. 无权修改合同，无权解除任何一方依照合同具有的职责、义务或责任

E. 提供竣工文件以及操作和维护手册

8. 下列有关 FIDIC《施工合同条件》约定的材料、工程设备及工程检验的说法中，正确的有（　　）。

A. 包括工程师在内的业主方人员在一切合理的时间内应完全能进入现场及获得自然材料的所有场所

B. 工程师有权在生产、制造和施工期间对材料和工艺进行审核、检查、测量与检验

C. 工程师有权对永久设备的制造进度和材料的生产加工进度进行审查

D. 承包人应向业主方人员提供一切机会配合检查，但此类活动并不解除承包人的任何义务和责任

E. 工程师无权进入不属于承包人的车间或场所进行检查与检验

9. 下列有关 FIDIC《施工合同条件》约定的承包人试验的说法中，正确的有（　　）。

A. 对于除竣工试验外的永久设备、材料和工程的试验，承包人应提供所有试验所需的仪器、文件资料、电力、装置、燃料、工具、材料与人员

B. 承包人应与工程师商定试验的时间和地点

C. 工程师应提前至少 72 小时将其参加试验的意向通知承包人

D. 如果工程师未在商定的时间和地点参加试验，除非工程师另有指令，承包人不可自行进行试验

E. 承包人应立即向工程师提交正式的试验报告。当规定的试验通过后,工程师应签署承包人的试验证书。如工程师未能参加试验,他应被视为对试验数据的准确性予以认可

10. FIDIC《施工合同条件》规定,尽管先前已经通过了试验或颁发了证书,工程师仍可以指示承包人(　　)。

A. 将不符合合同规定的永久设备或材料从现场移走并进行更换

B. 对不符合合同规定的任何工作进行返工

C. 实施任何因事故、不可预见事件等导致的为保护工程安全而急需的工作

D. 对不符合合同规定的任何工作进行返工,但应补偿承包人相应的费用

E. 对因业主要求变更的工程进行拆除重建,费用承包人承担

11. 下列有关 FIDIC《施工合同条件》约定的工程计量及计量方法的说法中,正确的有(　　)。

A. 采用工程量清单计价模式

B. 当工程师要求对工程量进行计量时,应提前通知承包人代表,承包人应派员及时协助工程师进行测量并提供工程师所要求的详细资料

C. 如果承包人不同意工程量测量记录,应通知工程师并说明记录中不准确之处,工程师应予以修改

D. 永久工程每项工程计量方法应按合同数据表中规定的方法,若无规定,则按符合工程量表或其他适用的明细表中的规定

E. 对永久工程每项工程应以实际完成的净值计算,不考虑膨胀、收缩或浪费

12. FIDIC《施工合同条件》规定,调整合同中某项工作的费率或价格需满足的条件包括(　　)。

A. 此项工作测量的工程量比工程量表或其他报表中规定的工程量的变动超过 10%

B. 工程量的变动与费率的乘积超过了中标合同额的 0.01%

C. 工程量的变动直接导致该项工作每单位成本的变动超过 1%

D. 此项工作测量的工程量比工程量表或其他报表中规定的工程量的变动超过 15%

E. 合同中没有规定此项工作为固定费率

13. 根据 FIDIC《施工合同条件》的规定,业主接收工程应具备的条件包括(　　)。

A. 工程已按合同竣工,并通过竣工试验

B. 对承包人按合同要求提交的竣工记录没有给出反对通知

C. 承包人完成了合同要求的培训工作

D. 合同价款已全部支付

E. 签发了接收证书或被视为签发了接收证书

14. FIDIC《施工合同条件》规定,如果在接收证书颁发前业主确实使用了工程的任何部分,则下列说法中正确的有(　　)。

A. 该使用的部分应视为自开始使用之日起已被业主接收

B. 承包人应从该开始使用之日起停止对该部分的照管责任,转由业主责任

C. 业主不得继续使用该部分工程

D. 如承包人提出要求,工程师应为此部分颁发接收证书

E. 如果因业主接收或使用该部分工程而使承包人招致了费用，承包人应通知工程师并有权提出费用及利润索赔

15. FIDIC《设计采购施工/交钥匙工程合同条件》的特点包括(　　)。

A. 适用于"设计—采购—施工"总承包模式，也称作交钥匙工程

B. 该模式下业主只选定一个承包人

C. 由承包人根据合同要求，承担建设项目的设计、采购、施工及试运行，向业主交付一个建成完好的工程设施并保证正常投入运营

D. 采用工程量清单计价，单价可调整，由业主委派工程师管理合同

E. 该模式尤其适于提供设备、工厂或类似设施，或基础设施工程及 BOT 等类型项目

16. 下列有关业主选择 EPC 合同模式理由的说法中，正确的有(　　)。

A. 期望工程总造价固定、不超过投资限额，项目风险大部分由承包人承担

B. 期望工期确定，使项目能在预定的时间投产运行

C. 业主缺乏经验或人员有限，需要一揽子将项目发包给一个承包人，由其负责组织完成整个项目

D. 业主可采用比较宽松的管理方式，按里程碑方式支付

E. 业主可委托工程师管理合同、监管施工并签证支付

17. FIDIC《设计采购施工(EPC)/交钥匙工程合同条件》约定的业主的主要责任和义务包括(　　)。

A. 向承包人提供现场进入权和占用权

B. 做好项目资金安排；向承包人支付工程款

C. 向承包人发出根据合同履行义务所需要的指示；发出变更通知

D. 审核承包人文件；为承包人提供协助和配合；颁发工程接收证书

E. 负责核实和解释现场数据

18. FIDIC《设计采购施工(EPC)/交钥匙工程合同条件》约定的承包人的主要责任和义务包括(　　)。

A. 按照合同进行设计、实施和完成工程，并修补工程中的缺陷

B. 应提供合同规定的生产设备和承包人文件，以及设计、施工、竣工和修补缺陷所需的人员、物资和服务

C. 做好项目资金安排；提供现场进入权和占用权

D. 提供履约担保证；负责核实和解释现场数据

E. 建立质量保证体系；编制提交月进度报告；办理工程保险

19. FIDIC《设计采购施工(EPC)/交钥匙合同条件》规定的合同文件的组成包括(　　)。

A. 业主要求　　B. 明细表　　C. 投标书　　D. 工程量清单

E. 联合体保证(如投标人为联合体)

20. FIDIC《设计采购施工(EPC)/交钥匙合同条件》规定，当专用合同条款对分包人有要求时，承包人需在不少于 28 天前向业主通知以下事项(　　)。

A. 拟雇用的分包人，并附包括其相关经验的详细资料

B. 分包人的人员、设备状况以及财务状况

C. 分包人承担工作的拟定开工日期

D. 分包人承担现场工作的拟定开工日期

E. 分包人实施工程的计划

21. 根据 FIDIC《设计采购施工(EPC)/交钥匙合同条件》的规定,业主应对“业主要求”中提出的数据、标准、资料等正确性承担责任的部分包括(　　)。

A. 在合同中规定的由业主负责或不可改变的部分、数据和资料

B. 对工程的预期目标的说明

C. 工程竣工的试验和性能的标准

D. 工程的设计标准和计算

E. 承包人不能核实的部分、数据和资料,除非合同另有规定

22. 下列有关 FIDIC《设计采购施工(EPC)/交钥匙合同条件》中“不可预见的困难(Unforeseeable difficulties)”条款的表述中,正确的有(　　)。

A. 承包人应被认为已取得了对工程可能产生影响和作用的有关风险、意外事件和其他情况的全部必要资料

B. 通过签署合同,承包人接受对预见到的为顺利完成工程的所有困难和费用的全部职责

C. 合同价格对任何不可预见的困难或费用不应考虑给予调整

D. 工程实施中遇到不可预见的物质条件时,可以要求业主补偿承包人由此遭受的损失

E. 合同价格对任何不可预见的困难或费用应考虑给予调整

23. 根据 FIDIC《设计采购施工(EPC)/交钥匙合同条件》的规定,承包人有权提出要求延长竣工时间的索赔的情形包括(　　)。

A. 根据合同变更的规定调整竣工时间

B. 根据合同条件承包人有权获得工期顺延

C. 由业主或在现场的业主的其他承包人造成的延误或阻碍

D. 异常不利的气候条件造成的工程延误

E. 由于流行病或政府行为导致的不可预见的人员或货物短缺造成的延误

24. 英国土木工程师学会(ICE)颁布的新工程合同(NEC)系列合同条件主要包括(　　)等。

A. 工程施工合同(ECC)　　B. 工程施工分包合同

C. 专业服务合同　　D. 裁决人合同

E. 设计施工和运营合同

25. 下列有关工程施工合同(ECC)核心条款的说法中,正确的有(　　)。

A. 核心条款是施工合同(ECC)的主要共性条款

B. 核心条款构成了施工合同(ECC)的基本构架

C. 核心条款包括总则、承包人的主要责任、工期、测试和缺陷、付款、补偿事件、所有权、风险和保险、争端和合同终止等 9 条

D. 核心条款适用于施工承包、施工分包等模式

E. 核心条款适用于施工承包、设计施工总承包和交钥匙工程承包等不同模式

26. 下列关于工程施工合同(ECC)主要选项条款的说法中,正确的有(   )。

A. 主要选项条款是对核心条款的补充和细化,使用者应根据需要选择适用的条款

B. 对于主要选项条款,可在6个不同合同计价模式中选择一个适用模式(且只能选择一项),将其纳入合同条款之中

C. 标价合同适用于在签订合同时价格已经确定的合同

D. 目标合同适用于在签订合同时工程范围尚未确定,合同双方先约定合同的目标成本,当实际费用节支或超支时,双方按合同约定的方式分摊

E. 主要选项条款包括履约保证、工期延误赔偿费、法律的变化等

27. 下列关于工程施工合同(ECC)主要选项条款中不同合同计价模式适用性的说法,正确的有(   )。

A. 成本补偿合同适用于工程范围很不确定且急需尽早开工的项目,工程成本部分实报实销,再根据合同确定承包人酬金的取值比例或计算方法

B. 目标合同适用于在签订合同时工程范围尚未确定,合同双方先约定合同的目标成本,当实际费用节支或超支时,双方按合同约定的方式分摊

C. 标价合同适用于在签订合同时价格已经确定的合同

D. 管理合同适用于施工管理承包,管理承包人与业主签订管理承包合同,但不直接承担施工任务,以管理费用和估算的分包合同总价报价,管理承包人与若干施工分包人订立分包合同,分包合同费用由业主支付

E. 标价合同适用于在签订合同时合同价格尚未确定,合同双方先协商一个暂估价格,当实际费用节支或超支时,双方按合同约定的方式分摊

28. 工程施工合同(ECC)中的次要选项条款包括(   )等。

A. 履约保证;母公司担保　　B. 支付承包人预付款;多种货币

C. 区段竣工;工期延误赔偿费　　D. 争端和合同终止

E. 保留金;功能欠佳赔偿费

29. 在ECC合同模式中,一个内容约定完备的工程施工合同文件的组成包括(   )。

A. 核心条款　　B. 工程量清单　　C. 主要选项条款　D. 工程报价表

E. 次要选项条款

30. 下列有关ECC合同模式中合作伙伴管理理念的说法中,正确的有(   )。

A. 鼓励当事人采取合作,而不是采取对抗行为,是ECC合同的典型特点

B. ECC试图以共同愿景减少冲突、降低风险,明细职能和责任,激励各方充分发挥各自的作用

C. 有预见地以合作的态度管理项目各方之间的交往可以减少工程项目内在的风险,合同每道程序的制定在实施时应该有助于而不是降低工程的有效管理

D. ECC通过建立以早期警告和补偿事件为特征的合作机制,让项目各方致力于提高整个工程项目的管理水平

E. 传统施工合同中由索赔条款实现的功能在ECC中由早期警告和补偿事件两项程序来实现

31. 下列有关ECC合同中早期警告程序的说法,正确的有(   )。

A. 早期警告程序是 ECC 共同预警的最重要的机制

B. ECC 条款规定,一经察觉发现可能出现诸如增加合同价款、拖延竣工、工程使用功能降低等问题,项目经理或承包人均应向对方发出早期警告

C. ECC 条款规定,项目经理和承包人都可要求对方出席早期警告会议,每一方都可在对方同意后要求其他人员出席该会议

D. 一经察觉合同组成文件中存在歧义和矛盾,项目经理或承包人均应立即通知对方,项目经理应发出指令解决此种歧义和矛盾

E. 设立早期警告的目的在于可以使当事人提前做好索赔工作

32. 下列有关 ECC 合同中补偿事件的说法,正确的有(　　)。

A. ECC 条款中的补偿事件是一些非承包人的过失原因而引起的事件

B. 承包人有权根据事件对合同价款及工期的影响要求补偿,包括获得额外的付款和工期延长

C. ECC 规定,项目双方均可通知补偿事件,鼓励各方及早相互告知,有利于减小事件的不利影响

D. 通过补偿事件明确了业主和承包人的风险划分

E. 通过项目经理通知补偿事件,体现了业主就补偿事件对承包人给予补偿的主动性,反映了业主和承包人之间的相互体察与合作,有利于项目良性发展

33. 下列有关 ECC 合同中补偿事件的说法,正确的有(　　)。

A. 对于影响过于不明确以致无法合理预测的补偿事件,在现有信息条件下通过做出假定,先快速处理事件,若后来发现假定有误,再予修改,利于问题的快速灵活解决

B. ECC 规定,为消除歧义和矛盾而变更工程信息所发的指令属补偿事件

C. 若变更由业主提供的工程信息,则该补偿事件的影响按对承包人最有利的解释进行计价;若变更由承包人提供的工程信息,则按对业主最有利的解释计价

D. 补偿事件条款的设置可鼓励双方相互提供真实可靠的工程信息(而不是对己方最有利的信息)

E. 根据补偿事件条款可以使承包人在索赔时处于更加主动、有利的地位

34. ECC 合同通过早期警告和补偿事件等条款的设置,在很大程度上体现了合作伙伴管理所倡导的(　　)的管理机制及合作共赢的理念。

A. 信任　　B. 协调　　C. 包容　　D. 沟通

E. 激励

35. 美国建筑师学会(AIA)制定的系列合同条件主要用于私营的房屋建筑工程,该合同条件下确定工程管理模式包括(　　)等。

A. 传统模式　　B. 设计—建造模式　　C. CM 模式　　D. EPC 模式

E. 集成化管理模式

36. 下列有关 CM 模式的说法中,正确的有(　　)。

A. 所谓 CM 模式,是指由业主委托一家 CM 单位承担项目管理工作

B. CM 单位以承包单位的身份进行施工管理,并在一定程度上影响工程设计活动

C. CM 单位可组织快速路径的生产方式,使工程项目实现有条件的边设计边施工

D. CM 模式尤其适用于实施周期短、工期要求紧的小型复杂工程

E. 与传统总分包模式下施工总承包人对分包合同的管理不同,CM 合同属于管理承包合同

37. 下列有关风险型 CM 模式工作特点的说法中,正确的有(　　)。

A. CM 承包人的工作内容包括施工前阶段的咨询服务和施工阶段的组织管理工作

B. CM 承包人在工程设计阶段就应介入,为设计者提供建议,帮助减少施工期间的设计变更

C. 当部分工程设计完成后 CM 承包人即可选择分包人施工,而不必等到设计全部完成后才开始施工,通过快速路径方式缩短项目建设周期

D. CM 承包人对业主委托范围的工作,可以自己承担部分施工任务,也可以全部由分包人实施

E. CM 承包人自己施工的部分属于施工承包,它也属于 CM 的工作范围

38. 风险型 CM 合同采用成本加酬金的计价方式,CM 承包人获取约定的酬金。CM 承包人的酬金约定方式包括(　　)。

A. 固定酬金

B. 按分包合同价的百分比取费

C. 按实际发生的变更费用的百分比取费

D. 按分包合同实际发生工程费用的百分比取费

E. 随工程进度按不同系数取费

39. 下列有关 IPD 模式特点的说法中,正确的有(　　)。

A. 在争端处理方面,该模式下任何一方提出的争议应提交到由业主、设计单位、承包人等参与方的高层代表和项目中立人所组成的争议处理委员会协商解决,项目中立人由参与各方共同指定

B. 在索赔方面,参与各方应放弃任何对其他参与方的索赔(故意违约等情形除外)

C. IPD 模式在报酬激励方面,参与各方应各自确定项目目标实现的报酬金额

D. 若实际成本小于目标成本,则业主应将结余资金按合同约定的比例支付给其他参与方作为激励报酬

E. 若项目实际成本超出目标成本,根据合同约定,业主可选择偿付工程的所有成本,包括设计单位和承包人的人员工资,也可选择不再偿付任何单位的人员成本,只支付材料、设备和分包成本

习题答案及解析

一、单项选择题

1. A

【解析】FIDIC《施工合同条件》中的“不可预见(Unforeseeable)”,指一个有经验的承包

人在提交投标书日期前不能合理预见的风险。"不可预见"的风险分配方式使承包人在投标时将风险限制在"可预见的"范围内,业主获得的应是承包人未考虑不可预见风险的正常标价和施工方案。

2. D

【解析】如果承包人遇到其认为不可预见的物质条件,则承包人应尽快通知工程师,并说明其认为是不可预见的原因。承包人应继续实施工程,采用在此物质条件下合适的措施,并应遵守工程师给予的任何指示。如果承包人因此遭受了工期延误或费用增加,承包人有权提出工期和费用(但不包括利润)索赔。工程师则应在收到通知并对该物质条件进行检验核实后,确定是否属于不可预见、影响程度如何,并处理承包人提出的索赔。

3. B

【解析】承包人应从开工日期起,承担照管工程、货物、承包人文件的工程照管责任,直到颁发工程接收证书之日止,这时工程照管责任应移交给业主。如果对某分项工程或部分工程已颁发或视为已颁发接收证书,则对该分项工程或部分工程的照管责任应移交给业主。在照管责任按上述规定移交给业主后,承包人仍应对其扫尾工作承担照管责任,直到扫尾工作完成。如合同发生终止,则从终止之日起,承包人不再承担工程照管责任。

4. B

【解析】承包人可在其认为工程即将竣工并做好接收准备的日期前不少于 14 天,向工程师发出申请接收证书的通知。如工程分成若干个分项工程,承包人可类似地为每个分项工程申请接收证书。

5. B

【解析】(1)当工程具备接收条件时,工程师在收到承包人申请接收证书通知后 28 天内,应向承包人颁发接收证书,注明工程或分项工程按照合同要求竣工的日期,对工程或分项工程预期使用无实质影响的少量收尾工作和缺陷(直到或当收尾工作和缺陷修补完成时)除外;(2)当工程不具备接收条件时,工程师在收到承包人申请接收证书通知后 28 天内应拒绝申请,说明理由,并指出在能够颁发接收证书前承包人需要做的工作。承包人应在再次发出申请通知前,完成此项工作。

6. B

【解析】如果承包人提交接收申请 28 天内,工程师仍未答复,则若工程达到了上述前四个条件,即视为工程已在工程师收到承包人的申请通知后的第 14 天竣工,且被视为已颁发了接收证书。

7. C

【解析】如果承包人认为,根据合同承包人有权得到竣工时间的延长期和(或)任何追加付款,承包人应向工程师发出通知,说明引起索赔的事件或情况。该通知应在承包人察觉或应已察觉该事件或情况后 28 天内发出。承包人还应在规定期限内,向工程师递交一份充分详细的索赔报告,包括索赔的依据、要求延长时间和(或)追加付款的全部详细资料。工程师在收到索赔报告或证明资料后 42 天内,或在工程师可能建议并经承包人认可的其他期限内,做出回应。

8. D

【解析】合同争端可按照规定,由争端避免/裁决委员会(简称 DAAB)(或争端裁决委员会)裁决。业主和承包人双方应在规定的日期前联合任命 DAAB。DAAB 由具有适当资格的一人或三人组成。DAAB 成员与业主、承包人及工程师没有利害关系,由业主、承包人双方联合任命、分摊酬金成为真正意义上的第三方,鼓励 DAAB 成员在日常非正式地参与处理合同双方潜在的问题及分歧,及早化解争端。

9. C

【解析】如果双方发生争端,任一方可将争端事项提交给 DAAB,委托其做出决定。DAAB 应在收到委托事项后 84 天内或在双方认可的其他期限内,提出其有理由的决定。该决定对双方具有约束力。

10. C

【解析】如果任一方对 DAAB 的决定不满,可以在收到该决定通知后 28 天内,将其不满向另一方发出通知。如双方均未发出表示不满的通知,则该决定应作为最终的对双方有约束力的决定。如果任一方已按照上述规定发出了表示不满的通知,双方还应在着手仲裁前,尽力以友好协商的方式解决争端。

11. C

【解析】FIDIC《设计采购施工(EPC)/交钥匙合同条件》规定的解释合同文件的优先次序是:(1)合同协议书;(2)专用合同条款;(3)通用合同条款;(4)业主要求;(5)明细表;(6)投标书;(7)联合体保证(如投标人为联合体);(8)其他组成合同的文件。

12. C

【解析】在 FIDIC《设计采购施工(EPC)/交钥匙合同条件》模式中,作为合同的重要组成文件,“业主要求”包括合同中业主提出的工程目标、范围、设计和技术标准,以及按合同所作的补充和修改。其优先次序仅次于合同协议书和合同条件。

13. C

【解析】根据合同条款的规定,业主方应任命一名“业主代表”,代表业主进行日常管理工作,业主方应将业主代表的姓名、地址、职责和权力通知给承包人。业主代表应行使业主方授予的权力,履行职责、完成受托的任务,除非业主方另行通知,业主代表应被认为具有业主方根据合同规定的全部权力(终止合同的权力除外)。

14. B

【解析】如果业主方希望替换任何已任命的业主代表,应在不少于 14 天前将替换人员的姓名、地址、职责、权力及任命日期通知给承包人。承包人有权对替换人选提出反对,但需要给出合理的理由。

15. C

【解析】承包人应任命一名“承包人代表”,并授予其代表承包人履行合同所需的全部权力。如未在合同中事先指定承包人代表,则承包人应在开工日期前将其拟任命为承包人代表的人选及资料提交给业主,以征得同意。承包人代表应以现场为基地,专职管理项目实施工作,代表承包人受理业主发出的有关承包人根据合同履行义务所需的各项书面指示。

16. D

【解析】只有在专用合同条款中对分包人有要求的,承包人才需在不少于28天前向业主通知拟雇用的分包人,及其相关经验的详细资料和分包人承担工作的拟定开工日期等事项。

17. D

【解析】银皮书规定,承包人应在开工日期后28天内向业主提交一份进度计划。进度计划应包括承包人计划实施工程的工作顺序,包括工程各主要阶段的预期时间安排、各项检验和试验的顺序和时间安排。当原定进度计划与实际进度不相符时,承包人还应提交一份修订的进度计划。承包人应按照该进度计划进行工作,业主人员有权依照该进度计划安排其活动。

18. C

【解析】承包人应编制并向业主提交月进度报告,第一次报告应自开工日期起至当月的月底止。以后应每月报告一次,在每次报告期最后一天后7日内报出。

19. D

【解析】如果在任何时候实际工程进度对于在竣工时间内完工过于迟缓、实际进度落后于现行进度计划,承包人有义务向业主提交一份修订的进度计划及为在竣工时间内完工建议采取的赶工方案。

20. C

【解析】对工程的期中付款,银皮书规定,承包人应在合同规定的支付期限末(如每月的月末),按业主要求的格式向业主提交报表,详细说明承包人认为有权得到的款额以及相关的证明文件。业主应在收到有关报表和证明文件后的28天内向承包人发出关于报表中业主不同意支付的任何项目的通知,并附详细说明,对符合合同要求的应付款项,则不应扣发。业主在收到承包人的报表和证明文件后的56天内支付每期报表的应付款额。

21. D

【解析】对于工程的最终付款,FIDIC《设计采购施工(EPC)/交钥匙合同条件》规定,业主在收到经双方商定的最终报表和书面结清证明后42天内,向承包人支付应付的最终款额。

22. B

【解析】工程施工合同(ECC)的组成内容主要包括:(1)核心条款;(2)主要选项条款;(3)次要选项条款。

23. A

【解析】AIA针对不同项目管理模式和合同各方关系颁布了多个系列的合同和文件,可供使用者根据需要选择,具体如下:(1)A系列:业主与施工承包人、CM承包人、供应商,以及总承包人与分包人之间的标准合同文件;(2)B系列:业主与建筑师之间的标准合同文件;(3)C系列:建筑师与专业咨询人员之间的标准合同文件;(4)D系列:建筑师行业内部使用的文件;(5)E系列:合同和办公管理中使用的文件;(6)F系列:财务管理报表;(7)G系列:建筑师企业与项目管理中使用的文件。其中,A201《施工合同通用条件》是AIA系列合同中的核心文件。

24. C

【解析】依据业主委托管理范围和责任的不同,CM 模式分为代理型 CM 模式和风险型 CM 模式。对于代理型 CM 模式,CM 承包人只为业主对设计和施工阶段的有关问题提供咨询服务,不负责工程分包的发包,与分包单位的合同由业主直接签订,CM 承包人不承担项目实施的风险。选项 C 属于风险型 CM 承包人的工作内容。

25. D

【解析】风险型 CM 合同采用成本加酬金的计价方式,成本部分由业主承担,CM 承包人获取约定的酬金。

26. D

【解析】CM 承包人签订的每一个分包合同均对业主公开,业主可以参与分包合同谈判,业主按分包合同约定的价格支付,CM 承包人不赚取总包与分包合同之间的差价。

27. C

【解析】随着设计工作的深化,CM 承包人要陆续编制工程各部分的工程预算。施工图设计完成后,CM 承包人将按照最终的工程预算提出保证工程最大费用(GMP),并与业主协商达成一致后,按 GMP 的限制制定计划并组织施工,对施工阶段的工作承担直接经济责任。当工程实际总费用超过 GMP 时,超过部分由 CM 承包人承担,体现了 CM 管理承包的风险性,也使业主方造价控制风险大大降低。约定 GMP 后,在实施过程中发生与 CM 承包人确定 GMP 时不一致使得工程费用增加的情况,CM 承包人可以与业主协商调整 GMP。

28. D

【解析】(1)IPD 模式,即集成项目交付模式,亦称为综合项目交付模式或一体化项目交付模式,是近年来一种新型项目组织和管理模式。(2)根据美国建筑师协会(AIA)的定义,IPD 是一种将人力资源、工程系统、业务架构和实践经验集成为一个集成过程的项目交付模式;在这一集成过程中,参与项目各方充分利用自身的技能与知识通过包括设计、制造、施工等项目全寿命周期各阶段的通力合作,使项目效益最大化,为业主创造更大价值并减少浪费。(3)在 IPD 模式中,参与各方应放弃任何对其他参与方的索赔(故意违约等情形除外)。

二、多项选择题

1. AB

【解析】FIDIC《施工合同条件》(1999 年第 1 版,2017 年第 2 版),又称“新红皮书”,适用于各类大型或较复杂的工程或房建项目,尤其适用于传统的“设计—招标—建造”模式。

2. ABCE

【解析】FIDIC《施工合同条件》(2017 年第 2 版)适用于各类大型或较复杂的工程或房建项目,尤其适用于传统的“设计—招标—建造”模式,承包人按照业主提供的设计进行施工,采用工程量清单计价,业主委托工程师管理合同,由工程师监管施工并签证支付。

3. ABC

【解析】FIDIC《土木工程施工合同条件》(1977 年第 3 版、1987 年第 4 版、1992 年修订版),又称“红皮书”,适合于承包人按发包人设计进行施工的房屋建筑和土木工程的施工项目,采用工程量清单计价,单价可调整,由业主委派工程师管理合同。

4. ABD

【解析】《施工合同条件》是FIDIC系列合同条件中最具代表性的文本。在《施工合同条件》模式下，项目主要参与方为业主、承包人和工程师。其中，工程师受业主委托授权为业主开展项目日常管理工作，相当于国内的监理工程师；工程师属于业主方人员，应履行合同中赋予的职责，行使合同中明确规定的或必然隐含的赋予的权力，但应保持公平的态度处理施工过程中的问题。工程师的人员包括具备资格的工程师及其他有能力履行职责的专业人员。

5. ABDE

【解析】FIDIC《施工合同条件》约定业主的主要责任和义务包括：(1)委托任命工程师代表业主进行合同管理；(2)承担大部分或全部设计工作并及时向承包人提供设计图纸；(3)给予承包人现场占有权；(4)向承包人及时提供信息、指示、同意、批准及发出通知；(5)避免可能干扰或阻碍工程进展的行为；(6)提供业主方应提供的保障、物资；(7)在必要时指定专业分包人和供应商；(8)做好项目资金安排；(9)在承包人完成相应工作时按时支付工程款；(10)协助承包人申办工程所在国法律要求的相关许可等。

6. ABCE

【解析】FIDIC《施工合同条件》中约定承包人的主要责任和义务包括：(1)应按照合同规定及工程师的指示对工程进行设计、施工和竣工并修补缺陷；(2)为工程的设计、施工、竣工及修补缺陷提供所需的设备、文件、人员、物资和服务；(3)对所有现场作业和施工方法的完备性、稳定性和安全性负责，并保护环境；(4)提供工程执行和竣工所需的各类计划、实施情况、意见和通知；(5)提交竣工文件以及操作和维修手册；(6)办理工程保险；(7)提供履约担保证书；(8)履行承包人日常管理职能等。

7. ACD

【解析】FIDIC《施工合同条件》中约定工程师的主要责任和义务包括：(1)执行业主委托的施工项目质量、进度、费用、安全、环境等目标监控和日常管理工作，包括协调、联系、指示、批准和决定等；(2)确定确认合同款支付、工程变更、试验、验收等专业事项等；(3)工程师还可以向助手指派任务和委托部分权力，但工程师无权修改合同，无权解除任何一方依照合同具有的职责、义务或责任。

8. ABCD

【解析】FIDIC《施工合同条件》主张采取事前控制和事中控制，重视从原料到生产、施工全过程的质量检验。条款规定：包括工程师在内的业主方人员在一切合理的时间内：(1)应完全能进入现场及获得自然材料的所有场所，包括不属于承包人的车间或场所；(2)有权在生产、制造和施工期间对材料和工艺进行审核、检查、测量与检验，并对永久设备的制造进度和材料的生产加工进度进行审查。承包人应向业主方人员提供一切机会配合检查，但此类活动并不解除承包人的任何义务和责任。

9. ABCE

【解析】(1)对于除竣工试验外的永久设备、材料和工程的试验，承包人应提供所有试验所需的仪器、文件资料、电力、装置、燃料、工具、材料与人员。承包人应与工程师商定试验的时间和地点。(2)工程师应提前至少72小时将其参加试验的意向通知承包人。(3)如果工程师未在商定的时间和地点参加试验，除非工程师另有指令，承包人可自行进行试验，并视为是在工程师在场的情况下进行的。(4)承包人应立即向工程师提交正式的试验报告。当规定的试验通过后,工程师应签署承包人的试验证书。如工程师未能参加试验,他应被视为对试验数据的准确性予以认可。因此,工程师应确保切实履行及时通知、指示并准时到场见证试验的职责。

10. ABC

【解析】FIDIC《施工合同条件》规定尽管先前已经通过了试验或颁发了证书,工程师仍可以指示承包人:(1)将不符合合同规定的永久设备或材料从现场移走并进行更换;(2)对不符合合同规定的任何工作进行返工;(3)实施任何因事故、不可预见事件等导致的为保护工程安全而急需的工作。承包人应立即或在指示规定的期限内执行该指示。如果是业主方原因等导致的,承包人有权提出索赔;如果承包人未能遵守该指示,则业主有权雇用其他人来实施工作。如果是承包人原因造成的,则相关费用由承包人承担。

11. ABDE

【解析】(1)工程计量:FIDIC《施工合同条件》采用工程量清单计价模式。当工程师要求对工程量进行计量时,应提前通知承包人代表,承包人应派员及时协助工程师进行测量并提供工程师所要求的详细资料。如果承包人不同意工程量测量记录,应通知工程师并说明记录中不准确之处,工程师应予以确认或修改。如果承包人在被要求对测量记录进行审查后14天内未向工程师发出此类通知,则视为记录准确予以认可。如果承包人未能派人到场,则工程师的记录应视为准确并予认可。(2)计量方法:无论当地有何惯例,在计量上:①永久工程每项工程计量方法应按合同数据表中规定的方法,若无规定,则按符合工程量表或其他适用的明细表中的规定;②对永久工程每项工程应以实际完成的净值计算,不考虑膨胀、收缩或浪费。

12. ABCE

【解析】同时满足以下4个条件的,可对合同中某项工作规定的费率或价格进行调整:(1)此项工作测量的工程量比工程量表或其他报表中规定的工程量的变动超过10%;(2)工程量的变动与费率的乘积超过了中标合同额的0.01%;(3)工程量的变动直接导致该项工作每单位成本的变动超过1%;(4)合同中没有规定此项工作为固定费率。

13. ABCE

【解析】当工程达到下列5项条件,即认为业主接收了工程:(1)工程已按合同竣工,并通过竣工试验;(2)对承包人按合同要求提交的竣工记录没有给出反对通知;(3)对承包人按合同要求提交的操作与维护手册没有给出反对通知;(4)承包人完成了合同要求的培训工作;(5)根据本条款签发了接收证书或被视为签发了接收证书。

14. ABDE

【解析】如果在接收证书颁发前业主确实使用了工程的任何部分,则:(1)该使用的部分应视为自开始使用之日起已被业主接收;(2)承包人应从该开始使用之日起停止对该部分的照管责任,转由业主责任;(3)如承包人提出要求,工程师应为此部分颁发接收证书;(4)如果因业主接收或使用该部分工程而使承包人招致了费用,承包人应通知工程师并有权提出费用及利润索赔。

15. ABCE

【解析】FIDIC《设计采购施工/交钥匙工程合同条件》(又称“银皮书”),适用于“设计—采购—施工”(EPC)总承包模式,也称作交钥匙工程,该模式下业主只选定一个承包人,由承包人根据合同要求,承担建设项目的设计、采购、施工及试运行,向业主交付一个建成完好的工程设施并保证正常投入运营。尤其适于提供设备、工厂或类似设施,或基础设施工程及BOT等类型项目。该模式中没有“工程师”这一角色,而是由业主方委派“业主代表”代替业主负责工程管理工作,实现合同目标。

16. ABCD

【解析】业主选择EPC合同多有如下考虑:期望工程总造价固定、不超过投资限额,项目风险大部分由承包人承担;期望工期确定,使项目能在预定的时间投产运行;业主缺乏经验或人员有限,需要一揽子将项目发包给一个承包人,由其负责组织完成整个项目;业主采用比较宽松的管理方式,按里程碑方式支付;严格竣工检验以保证工程完工的质量,使项目发挥预期效益。该模式中没有“工程师”这一角色,而是由业主方委派“业主代表”代替业主负责工程管理工作,实现合同目标。承包人应接受业主或业主代表提出的指令。在工程款支付上,由业主根据承包人的报表直接支付,而没有工程师开具支付证书这个中间环节。

17. ABCD

【解析】FIDIC《设计采购施工(EPC)/交钥匙工程合同条件》约定的业主的主要责任和义务包括:向承包人提供工程资料和数据;向承包人提供现场进入权和占用权;委派业主代表;做好项目资金安排;向承包人支付工程款;向承包人发出根据合同履行义务所需要的指示;发出变更通知;审核承包人文件;为承包人提供协助和配合;准备并负责业主设备;颁发工程接收证书等。选项E则是承包人的责任和义务。

18. ABDE

【解析】FIDIC《设计采购施工(EPC)/交钥匙工程合同条件》约定承包人的主要责任和义务包括:按照合同进行设计、实施和完成工程,并修补工程中的缺陷;工程完工后应满足合同规定的预期目标;应提供合同规定的生产设备和承包人文件,以及设计、施工、竣工和修补缺陷所需的人员、物资和服务;为工程的完备性、稳定性和安全性承担责任并保护环境;提供履约担保证;负责核实和解释现场数据;遵守安全程序;建立质量保证体系;编制提交月进度报告;办理工程保险;负责承包人设备;负责现场保安;照管工程和货物;编制和提交竣工文件;对业主人员进行工程操作和维修培训等。

19. ABCE

【解析】FIDIC《设计采购施工(EPC)/交钥匙合同条件》合同文件的组成包括:(1)合同协议书;(2)专用合同条款;(3)通用合同条款;(4)业主要求;(5)明细表;(6)投标书;(7)联合体保证(如投标人为联合体);(8)其他组成合同的文件。

20. ACD

【解析】只有当专用合同条款中对分包人有要求时,承包人才需在不少于28天前向业主通知以下事项:(1)拟雇用的分包人,并附包括其相关经验的详细资料;(2)分包人承担工作的拟定开工日期;(3)分包人承担现场工作的拟定开工日期。

21. ABCE

【解析】根据银皮书规定,业主应对“业主要求”及业主提供信息的下列部分的正确性负责:(1)在合同中规定的由业主负责或不可改变的部分、数据和资料;(2)对工程的预期目标的说明;(3)工程竣工的试验和性能的标准;(4)承包人不能核实的部分、数据和资料,除非合同另有规定。除上述情况外,业主不应对原包括在合同内的业主要求的任何错误、不准确或疏漏负责。换句话说,业主只对"业主要求"中的部分内容的正确性负责。承包人应负责工程的设计,并在除上述业主应负责的部分外,对业主要求(包括设计标准和计算)的正确性负责。承包人应被视为在基准日期前已仔细审查了业主要求。承包人从业主或其他方面收到任何数据和资料,并不能解除承包人对设计和实施工程所承担的责任。

22. ABC

【解析】银皮书在"不可预见的困难(Unforeseeable difficulties)"的条款中规定:(1)承包人应被认为已取得了对工程可能产生影响和作用的有关风险、意外事件和其他情况的全部必要资料;(2)通过签署合同,承包人接受对预见到的为顺利完成工程的所有困难和费用的全部职责;(3)合同价格对任何不可预见的困难或费用不应考虑给予调整;(4)合同中另有规定的除外。由此可见,本款的规定基本上排除了承包人以外界物质条件不可预见为理由向业主提出费用索赔的机会,因而承包人要清醒认识所承担的不可预见的困难,并采取相应的防范措施。选项D、E则是FIDIC《施工合同条件》中的规定,这也是这两个合同条件不同之处。

23. ABC

【解析】根据银皮书规定,承包人有权提出要求延长竣工时间的索赔的情形只有下列3种:(1)根据合同变更的规定调整竣工时间;(2)根据合同条件承包人有权获得工期顺延;(3)由业主或在现场的业主或其他承包人造成的延误或阻碍。比较而言,FIDIC《施工合同条件》中承包人可进行工期索赔的情形还有:异常不利的气候条件;由于流行病或政府行为导致的不可预见的人员或货物的短缺。在银皮书中这两种情形的后果均由承包人承担,承包人的风险明显加大。

24. ABCD

【解析】英国土木工程师学会(ICE)颁布的新工程合同(New Engineering Contract, NEC)系列合同条件主要包括:(1)工程施工合同(ECC),用于业主和总承包人之间的主合同,也被用于总包管理的一揽子合同。(2)工程施工分包合同(ECS),用于总承包人与分包人之间的合同。(3)专业服务合同(PSC),用于业主与项目管理人监理人、设计人、测量师、律师、社区关系咨询师等之间的合同。(4)裁决人合同,用于业主和承包人共同与裁决人订立的合同,也可用于分包和专业服务合同。而选项E则是FIDIC系列合同条件组成之一。

25. ABCE

【解析】核心条款是施工合同(ECC)的主要共性条款,包括总则承包人的主要责任、工期、测试和缺陷、付款、补偿事件、所有权、风险和保险、争端和合同终止等9条,构成了施工合同的基本构架,适用于施工承包、设计施工总承包和交钥匙工程承包等不同模式。

26. ABCD

【解析】主要选项条款是对核心条款的补充和细化,使用者应根据需要选择适用的条款。对于主要选项条款,可在如下6个不同合同计价模式中选择一个适用模式(且只能选择一项),将其纳入合同条款之中:选项A:带有分项工程表的标价合同;选项B:带有工程量清单的标价合同;选项C:带有分项工程表的目标合同;选项D:带有工程量清单的目标合同;选项E:成本补偿合同。本题备选项E是次要选项条款的内容。

27. ABCD

【解析】标价合同适用于在签订合同时价格已经确定的合同;目标合同适用于在签订合同时工程范围尚未确定,合同双方先约定合同的目标成本,当实际费用节支或超支时,双方按合同约定的方式分摊;成本补偿合同适用于工程范围很不确定且急需尽早开工的项目,工程成本部分实报实销,再根据合同确定承包人酬金的取值比例或计算方法;管理合同适用于施工管理承包,管理承包人与业主签订管理承包合同,但不直接承担施工任务,以管理费用和估算的分包合同总价报价,管理承包人与若干施工分包人订立分包合同,分包合同费用由业主支付。

28. ABCE

【解析】在主要选项条款之后,ECC 合同还提供了十多项可供选择的次要选项条款,包括履约保证;母公司担保;支付承包人预付款;多种货币;区段竣工;承包人对其设计所承担的责任只限运用合理的技术和精心设计;通货膨胀引起的价格调整;保留金;提前竣工奖金;工期延误赔偿费;功能欠佳赔偿费;法律的变化等。本题备选项 D 属于核心条款。

29. ACE

【解析】按照 ECC 合同模式,对于具体工程项目建设使用的施工合同,使用者可以根据其项目模式特点和自身需要,在核心条款的基础上,加上选定的主要选项条款和次要选项条款,就可以组合形成一个内容约定完备的合同文件。

30. ABCD

【解析】(1)鼓励当事人采取合作,而不是采取对抗行为,是 ECC 合同的典型特点。(2)ECC合同核心条款的总则中第一条即提出业主、承包人、项目经理(指业主方项目经理)和工程师在工作中相互信任、相互合作的工作原则。ECC 试图以共同愿景减少冲突、降低风险,明细职能和责任,激励各方充分发挥各自的作用。(3)合同设计基于这样的考虑:有预见地以合作的态度管理项目各方之间的交往可以减少工程项目内在的风险,合同每道程序的制定在实施时应该有助于而不是降低工程的有效管理。(4)ECC 通过建立以早期警告和补偿事件为特征的合作机制,让项目各方致力于提高整个工程项目的管理水平。可以说,传统施工合同中由索赔条款实现的功能在 ECC 中由早期警告和补偿事件两项程序加以优化并解决。

31. ABCD

【解析】早期警告程序是 ECC 共同预警的最重要的机制。(1)ECC 条款规定,一经察觉发现可能出现诸如增加合同价款、拖延竣工、工程使用功能降低等问题,项目经理或承包人均应向对方发出早期警告。该条款的目的在于鼓励项目经理和承包人对可能影响工程的事件及早发出警告,防范未来风险的发生或降低其不利影响。(2)ECC 条款还规定,项目经理和承包人都可要求对方出席早期警告会议,每一方都可在对方同意后要求其他人员出席该会议。这类会议体现了合作伙伴讨论会的功能。(3)早期警告机制还体现在 ECC 其他条款中,如:承包人应在获得和提供与合同工程有关的信息方面同其他方合作。一经察觉合同组成文件中存在歧义和矛盾,项目经理或承包人均应立即通知对方,项目经理应发出指令解决此种歧义和矛盾。一经察觉在工程信息中有不合法和不可行的要求时,承包人应立即通知项目经理,若项目经理同意,应发出指令适当变更工程信息。

32. ABCDE

【解析】(1)ECC条款中的补偿事件是一些非承包人的过失原因而引起的事件。(2)承包人有权根据补偿事件对合同价款及工期的影响要求补偿,包括获得额外的付款和工期延长。(3)通过补偿事件明确了业主和承包人的风险划分。(4)ECC规定,项目双方均可通知补偿事件,鼓励各方及早相互告知,有利于减小事件的不利影响。通过项目经理通知补偿事件,体现了业主就补偿事件对承包人给予补偿的主动性,反映了业主和承包人之间的相互体察与合作,有利于项目良性发展。

33. ABCD

【解析】(1)ECC规定,若项目经理作出决定,认为某一补偿事件的影响过于不明确以致无法合理预测,在现有信息条件下通过做出假定,先快速处理事件,若后来发现假定有误,再予修改,利于问题的快速灵活解决。(2)ECC还规定,为消除歧义和矛盾而变更工程信息所发的指令属补偿事件,计价原则是:若变更由业主提供的工程信息,则该补偿事件的影响按对承包人最有利的解释进行计价;若变更由承包人提供的工程信息,则按对业主最有利的解释计价。鼓励双方相互提供真实可靠的工程信息(而不是对己方最有利的信息)。

34. ABDE

【解析】ECC合同通过早期警告和补偿事件等条款的设置,在很大程度上体现了合作伙伴管理所倡导的信任、协调、沟通和激励的管理机制及合作共赢的理念。

35. ABCE

【解析】美国建筑师学会(AIA)制定的系列合同条件主要用于私营的房屋建筑工程,该合同条件下确定了传统模式、设计—建造模式、CM(Construction Management)模式和集成化管理模式等不同类型的工程管理模式。

36. ABCE

【解析】(1)所谓CM模式,是指由业主委托一家CM单位承担项目管理工作,该CM单位以承包单位的身份进行施工管理,并在一定程度上影响工程设计活动,组织快速路径的生产方式,使工程项目实现有条件的边设计边施工。(2)CM模式尤其适用于实施周期长、工期要求紧的大型复杂工程。与传统总分包模式下施工总承包人对分包合同的管理不同,CM合同属于管理承包合同。

37. ABCD

【解析】(1)风险型CM承包人的工作内容包括施工前阶段的咨询服务和施工阶段的组织管理工作。(2)CM承包人在工程设计阶段就应介入,为设计者提供建议,同时帮助减少施工期间的设计变更。(3)当部分工程设计完成后CM承包人即可选择分包人施工,而不必等到设计全部完成后才开始施工,通过快速路径方式缩短项目建设周期。(4)CM承包人对业主委托范围的工作,可以自己承担部分施工任务,也可以全部由分包人实施。(5)其自己施工的部分属于施工承包,不属于CM的工作范围。(6)CM承包人的工作是负责对自己选择的施工分包人和供货商,以及与业主签订合同交由CM负责管理的承包人和指定分包人的工作进行组织、协调和管理,保证承包管理的工程能够按合同要求顺利完成。因此,CM承包人应熟悉施工工艺、了解费用构成,具备良好的施工管理经验和组织协调能力。

38. ABD

【解析】CM承包人的酬金约定通常可选用如下方式:固定酬金;按分包合同价的百分

比取费;按分包合同实际发生工程费用的百分比取费。

39. ABDE

【解析】(1)IPD 模式合同将整个项目实施过程分为 8 个阶段。(2)在报酬激励方面,参与各方共同商定项目目标实现的报酬金额,若实际成本小于目标成本,则业主应将结余资金按合同约定的比例支付给其他参与方作为激励报酬。若项目实际成本超出目标成本,根据合同约定,业主可选择偿付工程的所有成本,包括设计单位和承包人的人员工资,也可选择不再偿付任何单位的人员成本,只支付材料、设备和分包成本。(3)在索赔方面,参与各方应放弃任何对其他参与方的索赔(故意违约等情形除外)。(4)在争端处理方面,该模式下任何一方提出的争议应提交到由业主、设计单位、承包人等参与方的高层代表和项目中立人所组成的争议处理委员会协商解决,项目中立人由参与各方共同指定。可见,IPD 模式通过建立项目参与各方各阶段密切协同合作的组织管理机制,共同管控项目目标、共担项目风险、共享分配收益,力争实现项目利益最大化。

模拟试卷及参考答案

模拟试卷一

一、单项选择题(共50题,每题1分。每题的备选项中,只有1个最符合题意)

1. 在市场化、法制化不断完善的条件下,(　　)越来越成为建设工程得以顺利实施的依托和保障,并对保护各方合法权益、维护社会经济秩序、推动建筑市场健康发展起着重要作用。

A. 目标控制　　B. 技术管理　　C. 合同管理　　D. 政府监督

2. 招标采购阶段的管理任务,首先是应根据项目(　　),对整个项目的采购工作做出总体策划安排。

A. 寿命周期　　B. 风险大小　　C. 目标要求　　D. 组织要求

3. 单价合同又可分为固定单价合同和可变单价合同两种形式。其中固定单价合同对承包人而言,存在较大的(　　)。

A. 技术风险　　B. 报价风险　　C. 组织风险　　D. 环境风险

4. 采用固定总价计价的施工合同,(　　)几乎承担了工作量及价格变动的全部风险。

A. 建设单位　　B. 施工单位　　C. 监理单位　　D. 设计单位

5. 通过合同评审,保证与合同履行紧密关联的合同条件、技术标准、技术资料、外部环境条件、自身履约能力等条件满足合同履行要求,这称之为合同的(　　)。

A. 合法性、合规性评审　　B. 合理性、可行性评审

C. 严密性、完整性评审　　D. 不确定性、风险性评审

6. 建立健全合同管理制度是合同管理的重要任务之一。建设工程施工合同管理制度不包括(　　)。

A. 合同目标管理制度　　B. 合同评审会签制度

C. 合同交底与报告制度　　D. 合同管理机构与人员审查制度

7. 按照相关法律规定,合同法律关系的客体不包括(　　)。

A. 物　　B. 行为　　C. 客观事实　　D. 智力成果

8. 合同法律关系的内容是指合同约定和法律规定的合同法律关系主体的(　　)。

A. 社会地位　　B. 权利和义务

C. 法定身份　　D. 法律关系

9. 下列事件,不能够引起合同法律关系产生、变更、消灭的有(　　)。

A. 战争、罢工　　B. 合同一方当事人法定代表人发生变更

C. 雷击引起的火灾　　D. 地震、台风

10. 委托代理授权采用书面形式的,授权委托书应当载明的内容不包括(　　)。

A. 代理人的姓名或者名称　　B. 代理事项

C. 代理费用及支付方式　　D. 权限和期间

11.《中华人民共和国担保法》规定的担保方式不包括(　　)。

A. 保证　　B. 留置　　C. 订金　　D. 质押

12. 保证合同中当事人对保证担保的范围没有约定或者约定不明确的,保证人应当(　　)。

A. 对全部债务承担责任　　B. 对部分债务承担责任

C. 对合同债务不承担责任　　D. 与债权人协商确定应承担的债务责任

13. 履约保证金的目的是担保承包人完全履行合同,主要担保(　　)。

A. 承包人不发生违约行为　　B. 合同能按约定的工期履行

C. 发包人实现订立合同的目的　　D. 工期和质量符合合同的约定

14. 保险合同管理的主要内容之一就是保险决策。保险决策主要表现在(　　)。

A. 选择风险对策　　B. 进行分析评价

C. 是否投保和选择保险人　　D. 进行分析预测

15. 下列合同法律关系中,建筑材料可以成为合同客体的是(　　)。

A. 施工合同　　B. 设计合同　　C. 买卖合同　　D. 勘察合同

16. 下列投标人资格预审的内容,属于初步审查内容的是( )

A. 联合体投标的,是否具备联合体协议

B. 资质条件

C. 类似项目的业绩

D. 项目经理资格

17. 在建设工程设计合同中,属于设计人责任的是(　　)。

A. 解决施工中出现的设计问题　　B. 提供现场开展工作的必要条件

C. 负责工程项目外部协调工作　　D. 支付设计合同的定金

18. 关于《标准施工招标文件》合同文本及条款的说法,正确的是(　　)。

A. 通用合同条款和专用合同条款应当不加修改地引用

B. 通用合同条款可以约定专用合同条款补充、细化时,允许与通用合同条款不一致

C. 各行业编制的标准施工招标文件的通用合同条款,可结合施工项目的具体特点进行补充、细化

D. 通用合同条款与专用合同条款相互矛盾时,合同无效

19. 下列合同文件中,属于《标准施工招标文件》中施工合同文本的合同文件,在专用条款没有另行约定的情况下,其正确的解释次序是(　　)。

A. 中标通知书、专用合同条款、通用合同条款、合同协议书

B. 合同协议书、通用合同条款、专用合同条款、中标通知书

C. 合同协议书、中标通知书、专用合同条款、通用合同条款

D. 中标通知书、合同协议书、专用合同条款、通用合同条款

20. 根据《标准施工招标文件》的施工合同文本通用合同条款,"不利气候条件"对施工的影响应当属于(　　)承担的风险。

A. 发包人　　B. 承包人

C. 发包人和承包人共同　　D. 由专用条款约定的一方

21. 根据《标准施工招标文件》的施工合同文本通用合同条款,支付管理中的"合同价格"是指(　　)。

A. 协议书中的签约合同价格

B. 承包人最终完成全部施工和保修义务后应得的全部合同价款

C. 中标通知书中的中标价格

D. 承包人的投标报价

22. 关于《标准施工招标文件》施工合同文本通用合同条款中"进度款付款证书"的说法,正确的是(　　)。

A. 监理人收到承包人进度款付款申请单并核查后,向承包人出具进度款付款证书

B. 监理人有权扣除质量不合格部分的工程款

C. 监理人出具进度款付款证书,视为监理人批准了承包人完成的该部分工作

D. 承包人对监理人出具的进度款付款证书出现的漏项无权申请重新修正

23. 根据《标准施工招标文件》的施工合同文本通用合同条款,竣工验收管理程序中,监理人审查竣工验收申请报告的各项内容,认为工程尚不具备竣工验收条件时,应当在收到竣工申请报告后(　　)天内通知承包人。

A. 28　　B. 30　　C. 56　　D. 60

24. 根据《标准施工招标文件》的施工合同文本通用合同条款,缺陷责任期满(包括期限终止)后14天内,应当向承包人出具缺陷任期终止证书,该证书应(　　)。

A. 发包人出具经监理人审核　　B. 监理人出具经发包人签认

C. 发包人和监理人共同签认　　D. 监理人签认

25. 下列有关简明施工合同特点的说法中,不正确的是(　　)。

A. 简明施工合同适用于工期在12个月内的中小工程施工

B. 简明施工合同是对标准施工合同简化的文本

C. 适用于简明施工合同的工程通常由承包人负责材料和设备的供应

D. 简明施工合同通用条款包括17条共计69款

26. 根据标准施工合同通用条款规定,下列解释合同的优先次序正确的是(　　)。

A. ①通用合同条款;②投标函;③技术标准和要求;④合同协议书

B. ①合同协议书;②已标价的工程量清单;③专用合同条款;④投标函

C. ①合同协议书;②技术标准和要求;③专用合同条款;④中标通知书

D. ①合同协议书;②投标函;③专用合同条款;④技术标准和要求

27. 关于货样买卖合同的说法,正确的是(　　)。

A. 货样买卖适用于即时买卖合同

B. 货样买卖应当封存样品

C. 样品是交付标的物时的质量参考

D. 样品存在隐蔽瑕疵的,交货时的瑕疵风险由买受人承担

28. 施工合同履行期间市场价格浮动对施工成本造成的影响是否允许调整合同价格,要视

(　　)来决定。

A. 价格浮动的幅度　　B. 价格浮动的绝对值

C. 合同工期的长短　　D. 对施工成本造成影响的程度

29. 通常情况下，进场材料和工程设备保险应由(　　)负责办理相应的保险。

A. 发包人　　B. 承包人

C. 材料和工程设备的采购方　　D. 发包人和承包人共同

30. 当施工进度受到非承包人责任原因的干扰后，判定是否应给承包人顺延合同工期的主要依据是(　　)。

A. 施工组织设计　B. 专项施工方案　C. 施工工艺　D. 合同进度计划

31. 监理人向承包人发出开工通知的条件为(　　)。

A. 承包人的开工准备工作已完成

B. 承包人的开工准备工作已完成且临近约定的开工日期

C. 发包人的开工前期工作已完成

D. 发包人的开工前期工作已完成且临近约定的开工日期

32. 根据有关法律规定，建设工程开工通知发出后，尚不具备开工条件的，则开工日期为(　　)。

A. 开工通知载明的开工日期　　B. 开工条件具备的时间

C. 发包人确定的时间　　D. 实际进场施工时间

33. 合同工期，是指承包人在(　　)内承诺完成合同工程的时间期限，以及按照合同条款通过变更和索赔程序应给予顺延工期的时间之和。

A. 合同协议书　B. 投标函　C. 施工进度计划　D. 中标通知书

34. 在建设工程施工合同管理中，用于判定承包人是否按期竣工的标准是(　　)。

A. 施工进度计划　B. 合同工期　C. 施工组织设计　D. 专项施工方案

35. 某建设工程土方填筑工程的施工因异常恶劣气候条件导致停工 8 天，则承包人(　　)获得合同工期的顺延。

A. 有权　B. 无权　C. 不一定能　D. 一定能

36. 监理人对承包人的试验和检验结果有疑问，或为查清承包人试验和检验成果的可靠性要求承包人重新试验和检验时，该试验和检验应由(　　)进行。

A. 承包人　B. 发包人　C. 监理人　D. 监理人与承包人共同

37. 设计施工总承包合同文件发包人要求中规定的竣工试验采用(　　)。

A. 一阶段试验　B. 二阶段试验　C. 三阶段试验　D. 四阶段试验

38. 设计施工总承包合同文件中对“发包人要求”的响应文件是(　　)。

A. 投标函及投标函附录　　B. 价格清单

C. 合同协议书　　D. 承包人建议书

39. 下列有关设计施工总承包合同价格清单的说法中，错误的是(　　)。

A. 价格清单是指承包人按投标文件中规定的格式和要求填写，并标明价格的报价单

B. 价格清单由发包人依据设计图纸的概算量提出工程量清单，经承包人填写单价后计算出完成项目的计划费用

C. 价格清单是承包人完成所提投标方案计算的设计、施工、竣工、试运行、缺陷责任期各阶段的计划费用

D. 清单价格费用的总和为签约合同价

40. 设计施工总承包合同履行过程中承包人完成的设计工作成果和建造完成的建筑物，以及建筑物形象使用收益等其他知识产权均归(　　)享有。

A. 发包人　　B. 承包人

C. 发包人和承包人共同　　D. 合同担保人

41. 订立设计施工总承包合同时，承包人应认真阅读、复核发包人要求，发现错误的，应及时书面通知发包人。发包人应对其中的错误进行修改，发包人对错误的修改，按(　　)对待。

A. 违约　　B. 索赔　　C. 变更　　D. 分包

42. 设计施工总承包合同规定，因发包人原因造成监理人未能在合同签订之日起 90 天内发出开始工作通知，承包人有权提出(　　)。

A. 价格调整要求　　B. 解除合同

C. 工程变更要求　　D. 价格调整要求，或者解除合同

43. 标准设计施工总承包合同规定，设计过程中因发包人原因影响了设计进度，则应(　　)。

A. 要求承包人修正设计进度计划　　B. 按发包人要求办理

C. 按变更对待　　D. 要求承包人加快设计进度

44. 标准设计施工总承包合同规定，自监理人收到承包人的设计文件之日起，对承包人的设计文件审查期限不超过(　　)天。

A. 7　　B. 14　　C. 21　　D. 28

45. 建设工程材料采购合同采购的材料是指(　　)。

A. 建筑材料　　B. 建筑设备

C. 建筑设备配件、备件　　D. 建筑材料或用于建筑设备的材料

46. 建设工程材料采购合同条款规定，预付款支付条件之一是卖方向买方提交经审核无误的(　　)。

A. 预付款支付申请单一份

B. 应付预付款金额的财务收据正本一份

C. 预付款金额的增值税发票正本一份

D. 材料生产商出具的质量合格证正本一份

47. 建设工程材料采购合同条款规定，买方对卖方交付的合同材料应进行清点核验。清点核验的内容主要是(　　)。

A. 包装及标记　　B. 件数及质量

C. 外观及件数　　D. 件数及技术资料

48. 建设工程材料采购合同条款规定，若合同材料经检验达到了合同约定的最低质量标准的，视为材料符合质量标准，买方应验收材料，但卖方应按专用合同条款的约定(　　)。

A. 进行减价　　B. 向买方支付补偿金

C. 向买方支付违约金　　D. 对材料进行减价或向买方支付补偿金

49. 根据 FIDIC《施工合同条件》，关于工程师地位的说法，正确的是(　　)。

A. 工程师不属于雇主人员
B. 工程师在合同履行期间独立工作
C. 工程师的权力并不来自雇主
D. 工程师应当尽力帮助承包人解决问题

50. 根据《英国工程施工合同文本》(ECC),如果采用固定价格承包,则应该选择(　　)。
A. 带有分项工程表的标价合同　　B. 带有工程量清单的标价合同
C. 带有分项工程表的目标合同　　D. 带有工程量清单的目标合同

二、多项选择题(共30题,每题2分。每题的备选项中,有2个或2个以上符合题意,至少有1个错项。错选,本题不得分;少选,所选的每个选项得0.5分)

51. 合同法律关系包含的要素有(　　)。
A. 主体　　B. 内容　　C. 法律规范　　D. 法律事实
E. 客体

52. 采用单价计价方式的施工合同,其特点包括(　　)等。
A. 需要在施工过程中协调工作内容
B. 需要在施工过程中测量核实完成的工程量
C. 实际应付工程款可能超过估算
D. 控制投资难度较大
E. 施工单位承担的风险远远大于建设单位

53. 在合同订立前,合同主体相关各方应组织做好合同评审工作。合同评审的主要内容包括(　　)。
A. 合法性、合规性评审　　B. 合理性、可行性评审
C. 严密性、完整性评审　　D. 与产品或过程有关要求的评审
E. 经济效益与履行便利性评审

54. 建设工程施工合同变更管理工作所涉及的主要事项包括(　　)等。
A. 变更依据与变更范围　　B. 变更管理人员的确定
C. 变更程序　　D. 变更措施的制定和实施
E. 变更的检查和信息反馈

55. 按照相关法律规定,可以成为合同法律关系主体的有(　　)。
A. 自然人　　B. 法人　　C. 建筑物　　D. 非法人组织
E. 运输工具

56. 按照相关法律规定,可以成为合同法律关系客体的有(　　)。
A. 建筑物　　B. 建筑设备　　C. 建筑材料　　D. 自然人
E. 货币

57. 下列行为,能够引起法律关系发生、变更和消灭的有(　　)。
A. 当事人订立合法有效的合同
B. 建设行政管理部门依法对建设活动进行的管理活动
C. 建设工程合同当事人违约

D. 发生法律效力的法院判决、裁定以及仲裁机构发生法律效力的裁决
E. 建设工程施工合同当事人依法履行合同

58. 下列抵押物,应当办理抵押登记的有(　　)。
A. 建筑物和其他土地附着物
B. 建设用地使用权
C. 正在建造的建筑物
D. 生产设备、原材料、半成品、产品
E. 以招标、拍卖、公开协商方式取得的荒地等土地承包经营权的土地使用权

59. 下列有关工程勘察设计招标特征的表述中,正确的有(　　)。
A. 勘察设计是工程建设项目前期最为重要的工作内容
B. 勘察设计招标是专业服务性质的招标,设计工作对技术要求很高,常常只有数量有限的单位满足要求
C. 勘察设计招标通常只能向潜在投标人提供项目概况、功能要求等工程前期的初步性基础资料
D. 工程建设项目的设计可以按设计工作深度的不同,分期进行招标
E. 设计招标通常是按规定的工程量清单填报报价后算出总价

60. 按照不同的分类形式,工程勘察设计招标方式包括(　　)。
A. 公开招标和邀请招标
B. 一次性招标和分阶段招标
C. 设计方案招标和设计团队招标
D. 补偿性招标和非补偿性招标
E. 传统招标和电子招标

61. 建设工程勘察和设计招标项目在招标公告或投标邀请书中应列明的内容包括(　　)。
A. 招标条件和投标人资格要求
B. 项目概况与招标范围
C. 招标文件的获取
D. 技术成果经济补偿
E. 招标项目评标方法与评标标准

62. 根据有关规定,工程设计单位的工程设计资质可分为(　　)。
A. 工程设计综合资质
B. 工程设计行业资质
C. 工程设计专业资质
D. 工程设计专项资质
E. 工程设计劳务资质

63. “发包人要求”是工程勘察设计招标文件组成之一,其内容包括(　　)。
A. 勘察或设计要求
B. 适用规范标准
C. 成果文件要求
D. 勘察人或设计人财产清单
E. 发包人提供的便利条件

64. 工程设计服务是设计人按照合同约定履行的服务。“工程设计服务”包括(　　)。
A. 查明、分析和评估地质特征和工程条件
B. 编制工程量清单
C. 编制设计文件和设计概算、预算
D. 提供技术交底、施工配合等服务
E. 参加竣工验收或发包人委托的其他服务

65. 下列施工招标项目,评标委员会中的专家成员由招标人从依法组建的专家库中直接确定的有(　　)。

A. 一般招标项目　　B. 技术复杂、专业性强的招标项目

C. 自然环境条件复杂的招标项目　　D. 国家有特殊要求的招标项目

E. 质量要求高、施工周期长的招标项目

66. 根据有关规定,评标委员会成员应当回避的情形包括(　　)。

A. 投标人或者投标人主要负责人的近亲属

B. 项目主管部门或者行政监督部门的人员

C. 项目设计团队的主要人员

D. 与投标人有经济利益关系,可能影响对投标公正评审的

E. 曾因在招标、评标以及其他与招标投标有关活动中从事违法行为而受过行政处罚或刑事处罚的

67. 适用于采用最低评标价法评标的工程施工项目包括(　　)。

A. 工程规模较小、技术含量较低的项目

B. 技术特别复杂的项目

C. 具有通用技术、性能标准的项目

D. 招标人对其技术、性能有专门要求的招标项目

E. 招标人对其技术、性能标准没有特殊要求的项目

68.《标准设计施工总承包招标文件》在投标人须知中提出了有关设计工作方面的要求,主要包括(　　)。

A. 质量标准　　B. 投标人资格要求

C. 设计成果补偿　　D. 价格清单

E. 施工建议

69.《标准设计施工总承包招标文件》规定,承包人应按规定的格式和要求填写价格清单。价格清单包括(　　)。

A. 勘察设计费清单　　B. 安全与环保费清单

C. 建筑安装工程费清单　　D. 技术服务费清单

E. 投标报价汇总表

70. 根据有关规定,工程设计施工总承包招标的评标办法包括(　　)。

A. 技术方案评标法　　B. 技术评分合理标价法

C. 综合评估法　　D. 设计与施工分别评标法

E. 经评审的最低投标价法

71. 国家九部委联合颁发的《标准材料采购招标文件》规定,材料采购招标文件的内容包括(　　)。

A. 评标办法　　B. 合同条款及格式

C. 供货要求　　D. 工程量清单

E. 投标文件格式

72. 根据《机电产品国际招标标准招标文件(试行)》,机电产品采购招标采用综合评估法

评标时,可将招标项目的评价因素分成第一级评价因素和第二级评价因素。其中,第一级评价因素主要包括(　　)。

A. 价格　　B. 商务　　C. 技术　　D. 服务

E. 交货期

73. 建设工程勘察合同履约保证金的担保有效期自发包人与勘察人签订的合同生效之日起至发包人签收最后一批勘察成果文件之日起,以下说法错误是(　　)。

A. 21 日后失效　　B. 28 日后失效　　C. 35 日后失效　　D. 42 日后失效

E. 50 日后失效

74. 建设工程设计合同文本合同文件的组成包括(　　)。

A. 中标通知书　　B. 投标函和投标函附录

C. 发包人要求　　D. 工程量清单

E. 设计方案

75. 建设工程设计合同条款规定设计人的一般义务包括(　　)。

A. 遵守法律　　B. 依法纳税

C. 完成全部设计工作　　D. 审核专项施工方案

E. 提供设计文件及相关服务

76. 下列有关建设工程材料设备采购合同特点的说法中,正确的有(　　)。

A. 建设工程材料设备采购合同的出卖人即供货人,可以是生产厂家,也可以是从事物资流转业务的供应商

B. 合同的标的品种繁多,供货条件差异较大

C. 视标的的特点,合同涉及的条款繁简程度差异较大

D. 大宗建筑材料由承包人采购供应,当地材料和数量较少的材料由发包人负责采购供应

E. 合同的履行与施工进度密切相关,采购人非常愿意供货人提前交货

77. 建设工程材料采购合同文件的组成包括(　　)。

A. 供货要求　　B. 分项报价表

C. 投标人须知　　D. 商务和技术偏差表

E. 中标材料质量标准的详细描述

78. 建设工程材料采购合同条款规定,合同材料交付后,买方应在专用合同条款约定的期限内安排对合同材料的规格、质量等进行检验。买方的检验方式包括(　　)。

A. 买方检验

B. 专用条款约定的拥有资质的第三方检验机构检验

C. 卖方检验

D. 专用合同条款约定的其他方式

E. 卖方委托第三方检验

79. 下列有关工程施工合同(ECC)核心条款的说法中,正确的有(　　)。

A. 核心条款是施工合同(ECC)的主要共性条款

B. 核心条款构成了施工合同(ECC)的基本构架

C. 核心条款包括总则、承包人的主要责任、工期、测试和缺陷、付款、补偿事件、所有权、风险和保险、争端和合同终止等9条

D. 核心条款适用于施工承包、施工分包等模式

E. 核心条款适用于施工承包、设计施工总承包和交钥匙工程承包等不同模式

80. 下列有关风险型CM模式工作特点的说法中，正确的有(　　)。

A. CM承包人的工作内容包括施工前阶段的咨询服务和施工阶段的组织管理工作

B. CM承包人在工程设计阶段就应介入，为设计者提供建议，帮助减少施工期间的设计变更

C. 当部分工程设计完成后CM承包人即可选择分包人施工，而不必等到设计全部完成后才开始施工，通过快速路径方式缩短项目建设周期

D. CM承包人对业主委托范围的工作，可以自己承担部分施工任务，也可以全部由分包人实施

E. CM承包人自己施工的部分属于施工承包，它也属于CM的工作范围

模拟试卷一参考答案及解析

一、单项选择题

1. C

【解析】在市场化、法制化不断完善的大背景下，合同管理越来越成为建设工程得以顺利实施的依托和保障，并对保护各方合法权益、维护社会经济秩序、推动建筑市场健康发展起着重要作用。

2. C

【解析】具体而言，首先应根据项目目标要求，对整个项目的采购工作做出总体策划安排，要明确项目需要采购哪些工程、服务和物资。

3. B

【解析】单价合同又可分为固定单价合同和可变单价合同两种形式。固定单价合同在实施过程中通常是不允许调整单价的，施工单位的报价是否准确完整对于其经济利益会产生重大影响。因此，固定单价合同对承包人而言，存在较大的报价风险。

4. B

【解析】总价合同包括固定总价和可调总价两种形式。采用固定总价合同，承包人几乎承担了工作量及价格变动的全部风险，如项目漏报、工作量计算错误、费用价格上涨等，因此，承包人在报价时应对价格变动因素以及不可预见因素做充分的估计。

5. C

【解析】在合同订立前，合同主体相关各方应组织做好合同评审工作。合同严密性、完整性评审，即保证与合同履行紧密关联的合同条件、技术标准、技术资料、外部环境条件、自身履约能力等条件满足合同履行要求。

6. D

【解析】合同相关各方应加强合同管理体系和制度建设，做好合同管理机构设置和合同归口管理工作，配备合同管理人员，制定并有效执行合同管理制度。施工合同管理制度包括：合同目标管理制度、合同评审会签制度、合同交底制度、合同报告制度、合同文件资料归档保管制度、合同管理评估和绩效考核制度等。

7. C

【解析】合同法律关系客体，是指参加合同法律关系的主体享有的权利和承担的义务所共同指向的对象。合同法律关系的客体主要包括物(包括货币)、行为、智力成果。

8. B

【解析】合同法律关系的内容是指合同约定和法律规定的合同法律关系主体的权利和义务。合同法律关系的内容是合同的具体要求，决定了合同法律关系的性质，它是连接主体的纽带。

9. B

【解析】事件是指不以合同法律关系主体的主观意志为转移而发生的，能够引起合同法律关系产生、变更、消灭的客观现象。这些客观事件的出现与否，是当事人无法预见和控制的。事件可分为自然事件和社会事件两种。自然事件是指由于自然现象所引起的客观事实，如地震、台风等。社会事件是指由于社会上发生了不以个人意志为转移的、难以预料的重大事件所形成的客观事实，如战争、罢工、禁运等。无论自然事件还是社会事件，它们的发生都能引起一定的法律后果，即导致合同法律关系的产生或者迫使已经存在的合同法律关系发生变化。

10. C

【解析】委托代理关系的产生，需要在代理人与被代理人之间存在基础法律关系，如委托合同关系、合伙合同关系、工作隶属关系等，但只有在被代理人对代理人进行授权后，这种委托代理关系才真正建立。委托代理授权采用书面形式的，授权委托书应当载明代理人的姓名或者名称、代理事项、权限和期间，并由被代理人签名或者盖章。

11. C

【解析】我国《担保法》规定的担保方式为保证、抵押、质押、留置和定金。这里需要正确区分定金和订金。定金是一种担保方式，而订金则不是担保，而是一种预付金。

12. A

【解析】保证合同生效后，保证人就应当在合同规定的保证范围和保证期间承担保证责任。当事人对保证担保的范围没有约定或者约定不明确的，保证人应当对全部债务承担责任。

13. D

【解析】履约保证金的目的是担保承包人完全履行合同，主要担保工期和质量符合合同的约定。承包人顺利履行完毕自己的义务，招标人必须全额返还承包人。履约保证金的功能，在于承包人违约时，赔偿招标人的损失，也即如果承包人违约将丧失收回履约保证金的权利，并且不以此为限。

14. C

【解析】保险决策主要表现在两个方面：是否投保和选择保险人。针对工程建设的风险，可以自留也可以转移。当决定对工程建设的风险进行转移时，则需要决策是否投保以及选择保险人。在进行选择保险人决策时，一般至少应当考虑安全、服务、成本这三项因素。

15. C

【解析】本题考核的是合同的客体。施工合同、设计合同和勘察合同是发包人将工程建设的勘察、设计、施工等任务发包给一个承包人的合同。建筑材料通过采购合同来达成买卖协议。

16. A

【解析】本题考核的是投标人的资格预审。资格审查委员会按照初步审查和详细审查两个阶段进行。初步审查主要审查内容包括：(1)提供资料的有效性；(2)提供资料的完整性。详细审查主要审查内容包括：(1)资质条件；(2)财务状况；(3)类似项目的业绩；(4)信誉;(5)项目经理资格;(6)承接本招标项目的实施能力。

17. A

【解析】本题考核的是设计合同双方当事人的责任。发包人的责任:(1)提供必要的现场开展工作条件;(2)外部协调工作;(3)其他相关工作;(4)保护设计人的知识产权;(5)遵循合理设计周期的规律。设计人的责任:(1)保证设计质量;(2)开展各设计阶段的工作任务;(3)对外商的设计资料进行审查;(4)配合施工的义务(负责向发包人及施工单位进行设计交底、解决施工中出现的设计问题和参加竣工验收);(5)保护发包人的知识产权。

18. B

【解析】本题考核的是施工合同标准文本。《标准施工合同》和《简明施工合同》的通用条款广泛适用于各类建设工程。各行业编制的标准施工招标文件中的"专用合同条款"可结合施工项目的具体特点,对标准的"通用合同条款"进行补充、细化。除"通用合同条款"明确"专用合同条款"可做出不同约定外,补充和细化的内容不得与"通用合同条款"的规定相抵触,否则抵触内容无效。

19. C

【解析】本题考核的是合同文件的组成及优先解释次序。《标准施工合同》的通用条款中规定,合同的组成文件包括:(1)合同协议书;(2)中标通知书;(3)投标函及投标函附录;(4)专用合同条款;(5)通用合同条款;(6)技术标准和要求;(7)图纸;(8)已标价的工程量清单;(9)经合同当事人双方确认构成合同的其他文件。组成合同的各文件中出现含义或内容的矛盾时,如果专用条款没有另行的约定,以上合同文件序号为优先解释的顺序。

20. B

【解析】本题考核的是订立合同时需要明确的内容。"异常恶劣的气候条件"属于发包人的责任,"不利气候条件"对施工的影响则属于承包人应承担的风险,因此应当根据项目所在地的气候特点,在专用条款中明确界定不利于施工的气候和异常恶劣的气候条件之间的界限,如多少毫米以上的降水、多少级以上的大风、多少温度以上的超高温或超低温天气等,以明确合同双方对气候变化影响施工的风险责任。

21. B

【解析】本题考核的是通用条款中涉及支付管理的几个概念。签约合同价指签订合同时合同协议书中写明的,包括了暂列金额、暂估价的合同总金额,即中标价。合同价格指承包人按合同约定完成了包括缺陷责任期内的全部承包工作后,发包人应付给承包人的金额。合同价格即承包人完成施工、竣工、保修全部义务后的工程结算总价,包括履行合同过程中按合同约定进行的变更、价款调整、通过索赔应予补偿的金额。二者的区别表现为:签约合同价是写在协议书和中标通知书内的定数额,作为结算价款的基数;而合同价格是承包人最终完成全部施工和保修义务后应得的全部合同价款,包括施工过程中按照合同相关条款的约定,在签约合同价基础上应给承包人补偿或扣减的费用之和。因此只有在最终结算时,合同价格的具体金额才可以确定。

22. B

【解析】本题考核的是工程进度款的支付。监理人在收到承包人进度付款申请单以及相应的支持性证明文件后的14天内完成核查,提出发包人到期应支付给承包人的金额以及相应的支持性材料。经发包人审查同意后,由监理人向承包人出具经发包人签认的进度付款证书,选项A错误。监理人有权扣发承包人未能按照合同要求履行任何工作或义务的相应金额,如扣除质量不合格部分的工程款等,选项B正确。通用条款规定,监理人出具的进度付款证书,不应视为监理人已同意、批准或接受了承包人完成的该部分工作,选项C错误。在对以往历次已签发的进度付款证书进行汇总和复核中发现错、漏或重复的,监理人有权予以修正,承包人也有权提出修正申请,选项D错误。

23. A

【解析】本题考核的是监理人审查竣工验收报告的时限。考生一定要清楚竣工验收管理中的两个“28天内”和两个“56天内”的区别,考试时会互为干扰。

24. B

【解析】本题考核的是缺陷责任期管理。考试时也可能会把“14天内”设置为选项让考生选择。考生还要明确一点,颁发缺陷责任期终止证书,意味着承包人已按合同约定完成了施工、竣工和缺陷修复责任的义务。

25. C

【解析】由于简明施工合同适用于工期在12个月内的中小工程施工,是对标准施工合同简化的文本,通常由发包人负责材料和设备的供应,承包人仅承担施工义务,因此合同条款较少。简明施工合同通用条款包括17条共计69款。其中各条的标题分别为:一般约定;发包人义务;监理人;承包人;施工控制网;工期;工程质量;试验和检验;变更;计量与支付;竣工验收;缺陷责任与保修责任;保险;不可抗力;违约;索赔;争议的解决。各条中与标准施工合同对应条款规定的管理程序和合同责任相同。

26. D

【解析】组成合同的各文件中出现含义或内容的矛盾时,合同文件优先解释的顺序如下:(1)合同协议书;(2)中标通知书;(3)投标函及投标函附录;(4)专用合同条款;(5)通用合同条款;(6)技术标准和要求;(7)图纸;(8)已标价的工程量清单;(9)其他合同文件,即经合同当事人双方确认构成合同的其他文件。

27. B

【解析】本题考核的是货样买卖合同。非即时买卖合同的表现有很多种,在建设工程材料设备采购合同比较常见的是货样买卖、试用买卖、分期交付买卖和分期付款买卖等。货样买卖,是指当事人双方按照货样或样本所显示的质量进行交易。凭样品买卖的当事人应当封存样品,并可以对样品质量予以说明。出卖人交付的标的物应当与样品及其说明的质量相同。凭样品买卖的买受人不知道样品有隐蔽瑕疵的,即使交付的标的物与样品相同,出卖人交付的标的物质量仍然应当符合同种物的通常标准。

28. C

【解析】施工合同履行期间市场价格浮动对施工成本造成的影响是否允许调整合同价格,要视合同工期的长短来决定。

29. C

【解析】由当事人双方具体约定,在专用合同条款内写明。通常情况下,应是谁采购的材料和工程设备,由谁办理相应的保险。

30. D

【解析】合同进度计划的作用主要表现在两个方面:首先它是控制合同工程进度的依据。合同进度计划的另一重要作用是,施工进度受到非承包人责任原因的干扰后,判定是否应给承包人顺延合同工期的主要依据。

31. D

【解析】当发包人的开工前期工作已完成且临近约定的开工日期时,应委托监理人按专用条款约定的时间向承包人发出开工通知。以下两种情况需注意:(1)如果约定的开工已届至,但发包人应完成的开工配合义务尚未完成(如现场移交延误),由于监理人不能按时发出开工通知,则要顺延合同工期并赔偿承包人的相应损失。(2)如果发包人开工前的配合工作已完成且约定的开工日期已届至,但承包人的开工准备还不满足开工条件,监理人仍应按时发出开工的指示,合同工期不予顺延。

32. B

【解析】《最高人民法院关于审理建设工程施工合同纠纷案件适用法律问题的解释(二)》(法释〔2018〕20号)规定,当事人对建设工程开工日期有争议的,人民法院应当分别按照以下情形予以认定:开工日期为发包人或者监理人发出的开工通知载明的开工日期;开工通知发出后,尚不具备开工条件的,以开工条件具备的时间为开工日期;因承包人原因导致开工时间推迟的,以开工通知载明的时间为开工日期。

33. B

【解析】合同工期,是指承包人在投标函内承诺完成合同工程的时间期限,以及按照合同条款通过变更和索赔程序应给予顺延工期的时间之和。

34. B

【解析】合同工期,是指承包人在投标函内承诺完成合同工程的时间期限,以及按照合同条款通过变更和索赔程序应给予顺延工期的时间之和。合同工期的作用是判定承包人是否按期竣工的标准。

35. C

【解析】监理人处理气候条件对施工进度造成不利影响的事件时,还应注意异常恶劣气候条件导致的停工是否影响总工期。如果异常恶劣气候条件导致的停工是进度计划中的关键工作,则承包人有权获得合同工期的顺延。如果被迫暂停施工的工作不在关键线路上且总时差多于停工天数,仍然不必顺延合同工期,但对施工成本的增加可以获得补偿。

36. D

【解析】标准施工合同通用条款规定,监理人对承包人的试验和检验结果有疑问,或为查清承包人试验和检验成果的可靠性要求承包人重新试验和检验时,由监理人与承包人共同进行。

37. C

【解析】设计施工总承包合同文件发包人要求中规定的竣工试验包括:(1)第一阶段,如对单车试验等的要求,包括试验前准备;(2)第二阶段,如对联动试车、投料试车等的要求,包括人员、设备、材料、燃料电力、消耗品、工具等必要条件;(3)第三阶段,如对性能测试及其他竣工试验的要求,包括产能指标、产品质量标准运营指标、环保指标等。

38. D

【解析】承包人建议书是对“发包人要求”的响应文件,其内容包括承包人的工程设计方案和设备方案的说明、分包方案、对发包人要求中的错误说明等内容。

39. B

【解析】设计施工总承包合同的价格清单,指承包人按投标文件中规定的格式和要求填写,并标明价格的报价单。与施工招标由发包人依据设计图纸的概算量提出工程量清单,经承包人填写单价后计算价格的方式不同。由于由承包人提出设计的初步方案和实施计划,因此价格清单是指承包人完成所提投标方案计算的设计、施工、竣工、试运行、缺陷责任期各阶段的计划费用,清单价格费用的总和为签约合同价。

40. A

【解析】有关设计施工总承包合同的知识产权问题应注意以下3点:(1)承包人完成的设计工作成果和建造完成的建筑物,除署名权以外的著作权以及建筑物形象使用收益等其他知识产权均归发包人享有(专用合同条款另有约定除外)。(2)承包人在投标文件中采用专利技术的,专利技术的使用费包含在投标报价内。(3)承包人在进行设计,以及使用任何材料、承包人设备、工程设备或采用施工工艺时因侵犯专利权或其他知识产权所引起的责任,由承包人自行承担。

41. C

【解析】承包人应认真阅读、复核设计施工总承包合同文件内容组成中的发包人要求,发现错误的,应及时书面通知发包人。发包人对错误的修改,按变更对待。

42. D

【解析】因发包人原因造成监理人未能在合同签订之日起90天内发出开始工作通知,承包人有权提出价格调整要求,或者解除合同。发包人应当承担由此增加的费用和(或)工期延误,并向承包人支付合理利润。

43. C

【解析】承包人应按照发包人要求,在合同进度计划中专门列出设计进度计划,报发包人批准后执行。设计过程中因发包人原因影响了设计进度,如改变发包人要求文件中的内容或提供的原始基础资料有错误,应按变更对待。

44. C

【解析】承包人的设计文件提交监理人后,发包人应组织设计审查,按照发包人要求文件中约定的范围和内容审查是否满足合同要求。为了不影响后续工作,自监理人收到承包人的设计文件之日起,对承包人的设计文件审查期限不超过21天。

45. D

【解析】材料采购合同采购的材料主要是指建筑材料,如用于建筑和土木工程领域的各种钢材、木材、玻璃、水泥、涂料等。材料采购合同也可采购用于建筑设备的材料,如电线、水管等。

46. B

【解析】材料采购合同生效后,买方在收到卖方开具的注明应付预付款金额的财务收据正本一份并经审无误后28日内,向卖方支付签约合同价的10%作为预付款。

47. C

【解析】卖方应根据合同约定的交付时间和批次在施工场地卸货后将合同材料交付给买方,买方对卖方交付的合同材料的外观及件数进行清点核验后应签发收货清单。

48. D

【解析】若合同约定了合同材料的最低质量标准,且合同材料经检验达到了合同约定的最低质量标准的,视为合同材料符合质量标准,买方应验收合同材料,但卖方应按专用合同条款的约定对材料进行减价或向买方支付补偿金。

49. B

【解析】本题考核的是工程师的地位。工程师属于雇主人员,但不同于雇主雇佣的人员,在施工合同履行期间独立工作。处理施工过程中有关问题时应保持公平的态度,非FIDIC上一版本《土木工程施工合同条件》要求的公正处理原则。工程师可以行使施工合同中规定的或必然隐含的权力,雇主只是授予工程师独立作出决定的权限。

50. A

【解析】本题考核的是工程施工合同(ECC)的主要选项条款。标价合同适用于签订合同时价格已经确定的合同,选项A适用于固定价格承包,选项B适用于采用综合单价计量承包;目标合同(选项C、选项D)适用于拟建工程范围在订立合同时还没有完全界定或预测风险较大的情况,承包人的投标价作为合同的目标成本,当工程费用超支或节省时,雇主与承包人按合同约定的方式分摊。

二、多项选择题

51. ABE

【解析】本题考核的是合同法律关系的要素。合同法律关系是指由合同法律规范所调整的、在民事流转过程中所产生的权利义务关系。合同法律关系包括合同法律关系主体、合同法律关系客体、合同法律关系内容三个要素。这三要素构成了合同法律关系,缺少其中任何一个要素都不能构成合同法律关系,改变其中的任何一个要素就改变了原来设的法律关系。

52. ABCD

【解析】单价合同,需要在施工过程中协调工作内容、测量核实完成的工程量,且实际应付工程款可能超过估算,控制投资难度较大。合同双方承担的工程风险基本平衡。

53. ABCD

【解析】合同评审主要包括下列内容:(1)合法性、合规性评审:保证合同条款不违反法律、行政法规、地方性法规的强制性规定,不违反国家标准、行业标准、地方标准的强制性条文。(2)合理性、可行性评审:保证合同权利和义务公平合理,不存在对合同条款的重大误解,不存在合同履行障碍。(3)合同严密性、完整性评审:保证与合同履行紧密关联的合同条件、技术标准、技术资料、外部环境条件、自身履约能力等条件满足合同履行要求。(4)与产品或过程有关要求的评审:保证合同内容没有缺项漏项,合同条款没有文字歧义、数据不全、条款冲突等情形,合同组成文件之间没有矛盾。通过招投标方式订立合同的,合同内容还应当符合招标文件和中标人的投标文件的实质性要求和条件。(5)合同风险评估:保证合同履行过程中可能出现的经营风险、法律风险处于可以接受的水平。

54. ACDE

【解析】合同变更管理包括变更依据、变更范围、变更程序、变更措施的制定和实施，以及对变更的检查和信息反馈工作。合同相关各方应按照规定实施合同变更的管理工作，将变更文件和要求传递至相关人员。

55. ABD

【解析】合同法律关系主体是参加合同法律关系，享有相应权利、承担相应义务的自然人、法人和非法人组织，即为合同当事人。因此，可以成为合同法律关系主体的有自然人、法人、非法人组织。

56. ABCE

【解析】合同法律关系的客体主要包括物（包括货币）、行为、智力成果。这里所说的物，是指可为人们控制并具有经济价值的生产资料和消费资料，可以分为动产和不动产、流通物与限制流通物、特定物与种类物等。如建筑材料、建筑设备、建筑物等都可能成为合同法律关系的客体，如材料设备采购合同的客体即为物。货币作为一般等价物也是法律意义上的物，可以作为合同法律关系的客体，如借款合同等。

57. ABCD

【解析】行为是指法律关系主体有意识的活动，能够引起法律关系发生、变更和消灭的行为包括作为和不作为两种表现形式。行为还可分为合法行为和违法行为。凡符合国家法律规定或为国家法律所认可的行为是合法行为，如：在建设活动中，当事人订立合法有效的合同，会产生建设工程合同关系；建设行政管理部门依法对建设活动进行的管理活动，会产生建设行政管理关系。凡违反国家法律规定的行为是违法行为，如：建设工程合同当事人违约，会导致建设工程合同关系的变更或者消灭。此外，行政行为和发生法律效力的法院判决、裁定以及仲裁机构发生法律效力的裁决等，也是一种法律事实，也能引起法律关系的发生、变更、消灭。

58. ABCE

【解析】当事人以建筑物和其他土地附着物，建设用地使用权，以招标、拍卖、公开协商等方式取得的荒地等土地承包经营权的土地使用权，正在建造的建筑物抵押的，应当办理抵押登记。抵押权自登记时设立。

59. ABCD

【解析】(1)在招标标的物特征上，勘察设计是工程建设项目前期最为重要的工作内容，设计阶段是决定建设项目性能，优化和控制工程质量及工程造价最关键、最有利的阶段，设计成果将对工程建设和项目交付使用后的综合效益起重要作用。(2)在招标工作性质上，勘察设计招标是专业服务性质的招标，设计工作对技术要求高，常常只有数量有限的单位满足要求。(3)在招标条件上，勘察设计招标通常只能向潜在投标人提供项目概况、功能要求等工程前期的初步性基础资料，更多还要依赖投标单位专业设计人员发挥技术专长和创造力，提供智力成果。(4)在招标阶段划分上，工程建设项目的设计可以按设计工作深度的不同，分期进行招标，例如对建设项目的方案设计、初步设计、施工图设计分阶段招标，逐步细化落实设计成果，并强调设计进度计划需要满足总体投资计划及配合施工安装和采购工作的要求。(5)在投标书编制要求上,设计投标首先提出设计构思和初步方案,并论述该方案的优点和实施计划,在此基础上进一步提出报价。而不像施工招标,是按规定的工程量清单填报报价后算出总价。

60. ABCE

【解析】按照不同的分类形式,工程勘察设计招标可分为如下方式:(1)公开招标和邀请招标:建设工程勘察设计发包依法实行招标发包或直接发包,多以公开招标或邀请招标方式择优确定承担单位。(2)一次性招标和分阶段招标:招标人可以依据工程建设项目的不同特点,实行勘察设计一次性总体招标;也可以在保证项目完整性、连续性的前提下,按照技术要求实行分段或分项招标。(3)设计方案招标和设计团队招标:根据住房和城乡建设部发布的《建筑工程设计招标投标管理办法》,对建筑工程设计招标,招标人可以根据项目特点和实际需要,选择采用设计方案招标或设计团队招标。(4)传统招标和电子招标:工程勘察设计招投标可以沿用传统的招投标模式,即发放纸质招标文件,各投标人编纸质投标文件。从发展趋势看,国家鼓励利用信息网络进行电子招标投标,所谓电子招标投标是指以数据电文形式,依托电子招标投标系统完成的全部或者部分招标投标交易活动,数据电文形式与纸质形式的招标投标活动具有同等法律效力。

61. ABCD

【解析】根据国家九部委2017年联合印发的《标准勘察招标文件》和《标准设计招标文件》,勘察和设计招标项目在招标公告或投标邀请书中应列明如下内容:(1)招标条件。(2)项目概况与招标范围。(3)投标人资格要求。(4)技术成果经济补偿:对设计招标,应写明本次招标是否对未中标投标人投标文件中的技术成果给予经济补偿;给予经济补偿的,应写明支付经济补偿费的标准。(5)招标文件的获取。(6)投标文件的递交。(7)联系方式。(8)时间。

62. ABCD

【解析】根据住房和城乡建设部2018年修改后的《建设工程勘察设计资质管理规定》,工程设计资质分为工程设计综合资质、工程设计行业资质、工程设计专业资质和工程设计专项资质。

63. ABCE

【解析】“发包人要求”是勘察设计招标文件中十分重要的内容,应尽可能清晰准确。“发包人要求”通常包括但不限于以下内容:(1)勘察或设计要求;(2)适用规范标准;(3)成果文件要求;(4)发包人财产清单;(5)发包人提供的便利条件;(6)勘察人或设计人需要自备的工作条件;(7)发包人的其他要求。

64. CDE

【解析】工程设计服务是工程设计人按照合同约定履行的服务。“工程设计服务”包括:(1)编制设计文件和设计概算、预算;(2)提供技术交底、施工配合服务;(3)参加竣工验收或发包人委托的其他服务。

65. BD

【解析】评标委员会的专家成员应当从依法组建的专家库,采取随机抽取或者直接确定的方式确定评标专家。一般项目,可以采取随机抽取的方式;技术复杂、专业性强或者国家有特殊要求的招标项目,采取随机抽取方式确定的专家难以保证胜任的,可以由招标人直接确定。

66. ABDE

【解析】评标委员会成员有下列情形之一的，应当回避：(1)投标人或者投标人主要负责人的近亲属；(2)项目主管部门或者行政监督部门的人员；(3)与投标人有经济利益关系，可能影响对投标公正评审的；(4)曾因在招标、评标以及其他与招标投标有关活动中从事违法行为而受过行政处罚或刑事处罚的。

67. ACE

【解析】最低评标价法一般适用于具有通用技术、性能标准或者招标人对其技术、性能标准没有特殊要求的招标项目，或者工程规模较小、技术含量较低的项目。而综合评估法则一般适用于招标人对其技术、性能有专门要求的招标项目。

68. ABC

【解析】与《标准施工招标文件》相比较，《标准设计施工总承包招标文件》在投标人须知中提出了有关设计工作方面的要求：(1)质量标准：包括设计要求的质量标准；(2)投标人资格要求：项目经理应当具备工程设计类或者工程施工类注册执业资格，设计负责人应当具备工程设计类注册执业资格；(3)设计成果补偿：招标人对符合招标文件规定的未中标人的设计成果进行补偿的，按投标人须知前附表规定给予补偿，并有权免费使用未中标人设计成果等。

69. ACDE

【解析】价格清单指构成合同文件组成部分的由承包人按规定的格式和要求填写并标明价格的清单，它包括勘察设计费清单、工程设备费清单、必备的备品备件费清单、建筑安装工程费清单、技术服务费清单、暂估价清单、其他费用清单和投标报价汇总表。总承包招标文件编制的价格清单包含的内容与施工合同的投标报价的内容有所不同，总承包招标编制的价格清单还包括有关勘察设计费等内容。

70. CE

【解析】《标准设计施工总承包招标文件》和《标准施工招标文件》规定的评标办法都包括综合评估法和经评审的最低投标价法两种。

71. ABCE

【解析】招标人应根据所采购材料的特点和需要编制招标文件，国家发展改革委员会等九部委联合印发的《标准材料采购招标文件》规定，材料采购招标文件的内容包括：(1)招标公告或投标邀请书；(2)投标人须知；(3)评标办法；(4)合同条款及格式；(5)供货要求；(6)投标文件格式；(7)投标人须知前附表规定的其他资料。

72. ABCD

【解析】根据《机电产品国际招标标准招标文件(试行)》，机电产品采购招标采用综合评估法评标时，可将招标项目的评价因素分成价格、商务、技术、服务等第一级评价因素，并可再将第一级评价因素细分为若干第二级评价因素。选项 E 是第一级评价因素商务因素的第二级评价因素。

73. ACDE

【解析】勘察合同履约保证金格式要求，如采用银行保函，应当提供无条件地、不可撤销担保。履约保证金的担保有效期自发包人与勘察人签订的合同生效之日起至发包人签收最后一批勘察成果文件之日起 28 日后失效。

74. ABCE

【解析】建设工程设计合同文本合同文件的组成包括：合同协议书、中标通知书、投标函和投标函附录、专用合同条款、通用合同条款、发包人要求、设计费用清单、设计方案，以及其他构成合同组成部分的文件。

75. ABCE

【解析】建设工程设计合同条款规定的设计人的一般义务包括：(1)遵守法律。(2)依法纳税。(3)完成全部设计工作。(4)提供设计文件及相关服务。(5)设计人应履行合同约定的其他义务。

76. ABC

【解析】(1)建设工程材料采购通常有三种方式：发包人负责采购供应；承包人负责采购，包工包料承包；大宗建筑材料由发包人采购供应，当地材料和数量较少的材料由承包人负责采购。(2)建设工程材料设备采购合同的履行与施工进度密切相关。出卖人(供货人)必须严格按照合同约定的时间交付订购的货物。延误交货将导致工程施工的停工待料，不能使建设项目及时发挥效益。提前交货通常买受人(采购人)也不同意接受，一方面货物将占用施工现场有限的场地影响施工，另一方面增加了买受人的仓储保管费用。

77. ABDE

【解析】建设工程材料采购合同文件的组成包括：(1)合同协议书；(2)中标通知书；(3)投标函；(4)商务和技术偏差表；(5)专用合同条款；(6)通用合同条款；(7)供货要求；(8)分项报价表；(9)中标材料质量标准的详细描述；(10)相关服务计划；(11)其他合同文件。

78. ABD

【解析】合同材料交付后，买方应在专用合同条款约定的期限内安排对合同材料的规格、质量等进行检验，检验按照专用合同条款约定的下列一种方式进行：(1)由买方对合同材料进行检验；(2)由专用合同条款约定的拥有资质的第三方检验机构对合同材料进行检验；(3)专用合同条款约定的其他方式。

79. ABCE

【解析】核心条款是施工合同(ECC)的主要共性条款，包括总则；承包人的主要责任、工期、测试和缺陷、付款、补偿事件、所有权、风险和保险、争端和合同终止等9条，构成了施工合同的基本构架，适用于施工承包、设计施工总承包和交钥匙工程承包等不同模式。

80. ABCD

【解析】(1)风险型CM承包人的工作内容包括施工前阶段的咨询服务和施工阶段的组织管理工作。(2)CM承包人在工程设计阶段就应介入，为设计者提供建议，同时帮助减少施工期间的设计变更。(3)当部分工程设计完成后CM承包人即可选择分包人施工，而不必等到设计全部完成后才开始施工，通过快速路径方式缩短项目建设周期。(4)CM承包人对业主委托范围的工作，可以自己承担部分施工任务，也可以全部由分包人实施。(5)其自己施工的部分属于施工承包，不属CM的工作范围。(6)CM承包人的工作是负责对自己选择的施工分包人和供货商，以及与业主签订合同交由CM负责管理的承包人和指定分包人的工作进行组织、协调和管理，保证承包管理的工程能够按合同要求顺利完成。因此，CM承包人应熟悉施工工艺、了解费用构成，具备良好的施工管理经验和组织协调能力。

模拟试卷二

一、单项选择题(共50题,每题1分。每题的备选项中,只有1个最符合题意)

1. 在工程项目建设中(　　)贯穿于工程项目全过程,是工程项目管理的核心。

A. 组织管理　　B. 经济管理　　C. 目标控制　　D. 合同管理

2. 代理具有的特征中不包括(　　)。

A. 代理人对代理行为承担民事责任

B. 代理人必须在代理权限范围内实施代理行为

C. 代理人以被代理人的名义实施代理行为

D. 代理人在被代理人的授权范围内独立地表现自己的意志

3. 下列组织或机构中,不能成为合同主体的是(　　)。

A. 政府机关　　B. 企业法人　　C. 项目监理机构　　D. 社会团体

4. 施工企业授权项目经理全面负责履行某施工合同,项目经理以施工企业名义采购材料的属于(　　)。

A. 职务代理　　B. 法定代理　　C. 指定代理　　D. 委托代理

5. 下列关于法人应当具备的条件的说法中,正确的是(　　)。

A. 法人应在政府主管部门备案　　B. 法人应具有规定数额的经费

C. 法人应有自己的组织机构　　D. 法人应抵押与经营规模相适应的财产

6. 下列关于法律事实的说法中,正确的是(　　)。

A. 法律事实不包括事件

B. 罢工属于法律事实中的行为

C. 法院判决不属于法律事实中的行为

D. 合同当事人违约属于法律事实中的行为

7. 下列关于保证人资格的说法中,正确的是(　　)。

A. 公民个人不得作为保证人

B. 企业法人的职能部门一律不得作为保证人

C. 企业法人的分支机构一律不得作为保证人

D. 学校在一定条件下可以作为保证人

8. 保证合同生效后,(　　)应该在合同规定的保证范围和保证期间承担保证责任。

A. 担保人　　B. 保证人　　C. 出质人　　D. 代理人

9. 合同法律关系客体的智力成果指的是(　　)。

A. 建筑物　　B. 设计工作

C. 技术秘密　　D. 工艺技术设备

10. 建设单位委托招标代理机构招标的,招标代理机构在授权范围内代理行为的法律责任由(　　)承担。

A. 招标代理机构　　B. 建设单位

C. 政府监管机构　　D. 项目评标委员会

11. 根据《中华人民共和国招标投标法实施条例》,投标人提交的投标保证金不得超过招标项目估算价的(　　)。

A. 2%　　B. 3%　　C. 5%　　D. 10%

12. 根据《中华人民共和国招标投标法实施条例》,建设工程项目招标结束后,招标人退还投标保证金时间限定在(　　)。

A. 与中标人签订书面合同后的 15 日内

B. 与中标人签订书面合同后的 5 日内

C. 招投标结束后的 30 日内

D. 招投标结束后的 15 日内

13. 关于担保方式的说法,不正确的是(　　)。

A. 保证是指保证人和债权人约定,当债务人不履行债务时,保证人按照约定履行债务或者承担责任的行为

B. 留置是指当事人双方为了保证债务的履行,约定由当事人一方先行支付给对方一定数额的货币作为担保

C. 抵押是指债务人或者第三人向债权人以不转移占有的方式提供一定的财产作为抵押物用以担保债务履行的担保方式

D. 质押是指债务人或者第三人将其动产或权利移交债权人占有,用以担保债权履行的担保

14. 下列财产中,不得作为抵押物的是(　　)。

A. 土地所有权

B. 抵押人所有的机器、交通运输工具

C. 抵押人依法有权处分的国有土地使用权

D. 抵押人所有的房屋和其他地上定着物

15. 投标保证金有效期应当与投标有效期一致,投标有效期从(　　)之日起算。

A. 提交投标文件的截止　　B. 中标人的确定

C. 建设工程的开始　　D. 担保人进行担保

16. 所谓单价合同,即根据(　　),在合同中明确每项工作内容的单位价格,实际支付时用每项工作实际完成工程量乘以该项工作的单位价格计算出该项工作的应付工程款。

A. 计划工程内容　　B. 估算工程量

C. 工程内容和建设市场供求关系　　D. 计划工程内容和估算工程量

17. 采用单价计价方式的施工合同,在施工工程(　　)方面的风险分配对合同双方均显公平。

A. 工程价款和工程量　　B. 工程内容和工程量

C. 工程质量和工程量　　D. 工程工期和工程价款

18. 建设工程施工合同签订及履行阶段合同管理的任务不包括(　　)。

A. 组织做好合同评审工作,制定完善的合同管理制度和实施计划

B. 落实细化合同交底工作,及时进行合同跟踪、诊断和纠偏

C. 合理选择适合建设工程特点的合同计价方式,及时签订合同文件

D. 灵活规范应对处理合同变更问题,开发和应用信息化合同管理系统

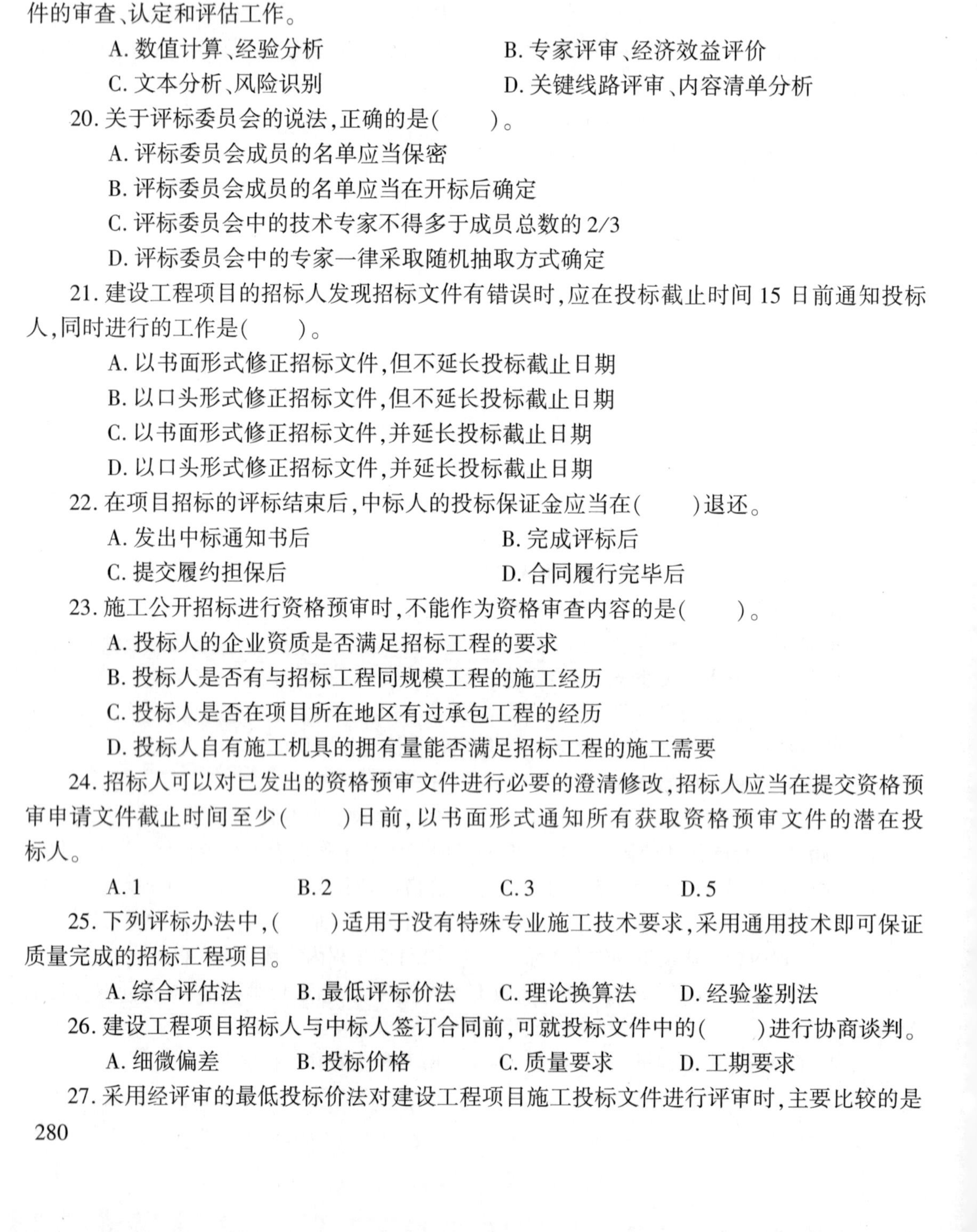

19. 在建设工程施工合同订立前,合同主体相关各方应采用(　　)等方法完成对合同条件的审查、认定和评估工作。

A. 数值计算、经验分析　　B. 专家评审、经济效益评价

C. 文本分析、风险识别　　D. 关键线路评审、内容清单分析

20. 关于评标委员会的说法,正确的是(　　)。

A. 评标委员会成员的名单应当保密

B. 评标委员会成员的名单应当在开标后确定

C. 评标委员会中的技术专家不得多于成员总数的 2/3

D. 评标委员会中的专家一律采取随机抽取方式确定

21. 建设工程项目的招标人发现招标文件有错误时,应在投标截止时间 15 日前通知投标人,同时进行的工作是(　　)。

A. 以书面形式修正招标文件,但不延长投标截止日期

B. 以口头形式修正招标文件,但不延长投标截止日期

C. 以书面形式修正招标文件,并延长投标截止日期

D. 以口头形式修正招标文件,并延长投标截止日期

22. 在项目招标的评标结束后,中标人的投标保证金应当在(　　)退还。

A. 发出中标通知书后　　B. 完成评标后

C. 提交履约担保后　　D. 合同履行完毕后

23. 施工公开招标进行资格预审时,不能作为资格审查内容的是(　　)。

A. 投标人的企业资质是否满足招标工程的要求

B. 投标人是否有与招标工程同规模工程的施工经历

C. 投标人是否在项目所在地区有过承包工程的经历

D. 投标人自有施工机具的拥有量能否满足招标工程的施工需要

24. 招标人可以对已发出的资格预审文件进行必要的澄清修改,招标人应当在提交资格预审申请文件截止时间至少(　　)日前,以书面形式通知所有获取资格预审文件的潜在投标人。

A. 1　　B. 2　　C. 3　　D. 5

25. 下列评标办法中,(　　)适用于没有特殊专业施工技术要求,采用通用技术即可保证质量完成的招标工程项目。

A. 综合评估法　　B. 最低评标价法　　C. 理论换算法　　D. 经验鉴别法

26. 建设工程项目招标人与中标人签订合同前,可就投标文件中的(　　)进行协商谈判。

A. 细微偏差　　B. 投标价格　　C. 质量要求　　D. 工期要求

27. 采用经评审的最低投标价法对建设工程项目施工投标文件进行评审时,主要比较的是

(　　)。

A. 项目总报价

B. 分部分项工程报价

C. 对某些量化因素进行价格折算后的总价

D. 投标人优惠后的总价

28. 工程设计招标与工程施工招标相比较,具有的特点是(　　)。

A. 开标形式相同,评标原则不同

B. 招标文件内容相同,评标原则相同

C. 投标书的编制要求不同,开标形式相同

D. 评标原则不同,招标文件内容不同

29. 关于建筑材料采购招标的说法,错误的是(　　)。

A. 同类材料可以一次招标分期交货,投标人对应供货总量报价

B. 不同材料分几个合同包一次招标,投标人可自主选择一个或几个合同包报价

C. 一个合同包内含有几种类型的材料,允许投标人只针对其一种类型材料报价

D. 不同材料可以分阶段招标,投标人仅针对本次招标报价

30. 大型设备采购招标包括设备及伴随服务,投标人的伴随服务内容之一是(　　)。

A. 申请设备使用许可　　B. 设备的技术指标改进

C. 设备的调试　　D. 设备运抵现场的保管

31. 下列关于建设工程勘察任务发承包的说法,正确的是(　　)。

A. 工程勘察任务,不需要通过招标方式发包

B. 使用特定专有技术的工程勘察任务可直接发包

C. 工程勘察任务的承包人可以是自然人

D. 工程勘察任务只能发包给一家勘察单位

32. 根据《标准施工合同》,合同协议书中除明确规定合同组成文件外,双方在订立合同时还必须填写的内容包括(　　)。

A. 结算方式　　B. 预付款支付时间

C. 质量标准　　D. 合同争议解决方式

33. 根据《标准施工合同》,工程预付款担保采用的形式是(　　)。

A. 第三方保证　　B. 动产质押

C. 既有建筑物抵押　　D. 银行保函

34. 根据《标准施工合同》,当投标函、合同协议书和通用合同条款出现含义或内容矛盾时,优先解释的顺序是(　　)。

A. 投标函→合同协议书→通用合同条款

B. 投标函→通用合同条款→合同协议书

C. 合同协议书→投标函→通用合同条款

D. 合同协议书→通用合同条款→投标函

35. 根据《标准施工合同》,担保"建筑工程一切险"和"第三者责任险"的正确做法是(　　)。

A. 分别自发包人和承包人负责担保

B. 均自发包人负责担保

C. 分别自承包人和发包人负责担保

D. 均自承包人负责担保

36. 根据《标准施工合同》,承包人在工程施工准备阶段的义务是(　　)。

A. 办理出入施工现场的道路通行手续

B. 建立施工现场质量管理体系

C. 确定施工测量的基准点和基准线

D. 收集地下管线和地下设施相关资料

37. 根据《标准施工合同》,监理人征得发包人同意后,应在开工日期(　　)天前向承包人发出开工通知。

A. 7　　B. 14　　C. 21　　D. 28

38. 根据《标准施工合同》,施工期的结束日期是指(　　)。

A. 发包人组织的工程竣工验收合格日

B. 工程施工合同由双方约定的完工日

C. 工程接收证书中写明的实际竣工日

D. 承包人施工任务的实际完工日

39. 根据《标准施工合同》,对于未达到必须招标规模或标准的项目,可自监理人在暂估价内直接确定价格的是(　　)。

A. 临时设施　　B. 建筑材料　　C. 工程设备　　D. 专业工程

40. 根据《标准施工合同》,工程施工中承包人有权得到费用和工期补偿,但无利润补偿的情形是(　　)。

A. 发包人提供图纸延误　　B. 不利的物质条件

C. 隐蔽工程重新检验质量合格　　D. 监理人指示错误

41. 根据《标准施工合同》,监理人收到承包人提交的工程竣工验收申请报告后,经审查认为已具备竣工验收条件时,应在收到工程竣工验收申请报告后的(　　)天内提请发包人进行工程验收。

A. 7　　B. 14　　C. 21　　D. 28

42. 建设工程采用设计施工总承包模式的不利因素是(　　)。

A. 监理人对工程实施的监督力度降低

B. 承包人的工程索赔增多

C. 工程投资控制难度增加

D. 发包人的工程风险加大

43. 根据《标准设计施工总承包招标文件》中的《合同条款及格式》,"发包人要求"中竣工试验的第一阶段应对(　　)提出要求。

A. 单车试验　　B. 联动试车　　C. 投料试车　　D. 性能测试

44. 根据《标准设计施工总承包招标文件》中的《合同条款及格式》,对于施工中遇到的不可预见物质条件风险,正确的处理方式是(　　)。

A. 由发包人承担风险　　B. 在合同中明确风险承担方

C. 由承包人承担风险　　D. 由合同双方共担风险

45. 根据《标准设计施工总承包招标文件》中的《合同条款及格式》，承包人应按照专用条款约定投保建设工程设计责任险和工程保险，需要变动保险合同条款时，承包人的正确做法是(　　)。

A. 事先征得监理人同意，并通知设计人

B. 事先征得监理人同意，并通知发包人

C. 事先征得设计人同意，并通知监理人

D. 事先征得发包人同意，并通知监理人

46. 根据《标准设计施工总承包招标文件》中的《合同条款及格式》，在合同履行过程中，承包人提出合理化建议时，正确的处理程序是(　　)。

A. 承包人向监理人提出→监理人与发包人协商→监理人向承包人发出变更指示

B. 承包人向监理人提出→监理人向发包人报告→发包人与承包人协商合同变更

C. 承包人向发包人提出→发包人与监理人协商→监理人向承包人发出变更指示

D. 承包人向发包人提出→发包人通知监理人→监理人向承包人发出变更指示

47. 材料在采购合同订立前已为买受人所占有时，材料采购合同的生效时间是(　　)。

A. 材料交付日　　B. 材料价款支付日

C. 采购合同备案日　　D. 合同当事人签字日

48. 材料采购合同中，关于货款结算的正确处理方式是(　　)。

A. 先明确货款结算方式，再约定支付条件和时间

B. 先明确货款支付次数，再约定支付条件和方式

C. 先明确货款支付方式，再约定结算方式和次数

D. 先明确货款支付条件，再约定结算方式和时间

49. 根据 FIDIC《施工合同条件》，工程师颁发工程接收证书后，雇主应将(　　)返还承包人。

A. 保留金的 50%　　B. 保留金的 70%

C. 保留金的 90%　　D. 全部保留金

50. 根据 NEC《工程施工合同》，当项目经理认为承包人未就使其受到损害的事件发生过早期警告，则关于承包人合同价款补偿的说法正确的是(　　)。

A. 可以适当减少承包人损失的补偿　　B. 承包人应依据合同约定获得全额补偿

C. 承包人只能通过诉讼方式申请补偿　　D. 承包人无权提出补偿请求

二、多项选择题(共 30 题，每题 2 分。每题的备选项中，有 2 个或 2 个以上符合题意，至少有 1 个错项。错选，本题不得分；少选，所选的每个选项得 0.5 分)

51. 工程建设活动中合同明确规定了相关各方的(　　)。

A. 责任、权利和义务　　B. 工作内容、工作流程

C. 风险分担　　D. 内部管理流程

E. 工作要求

52. 建设工程合同管理涵盖(　　)等多个阶段。

A. 招标采购　B. 合同策划　C. 合同签订　D. 合同解释

E. 合同履行

53. 工程招标采购阶段合同管理的任务包括(　　)。

A. 开展建设工程项目招标采购的总体策划

B. 根据标准文本编制招标文件和合同条件

C. 细化项目参建各相关方的合同界面管理

D. 合理选择适合建设工程特点的合同计价方式

E. 依法签订合同、依法履行合同

54. 保证合同的担保范围包括(　　)。

A. 主债权及利息　B. 债权人的间接损失

C. 违约金　D. 债权人实现债权的费用

E. 保证合同另有约定的财产损失

55. 同一财产向两个以上的债权人抵押的,正确处理变卖抵押财产价款的清偿顺序是(　　)。

A. 抵押权已登记的,按登记的先后顺序清偿

B. 抵押权登记的顺序相同的,先主张权利的先清偿

C. 抵押权已登记的先于未登记的先清偿

D. 抵押权都未登记的,按照债权比例清偿

E. 抵押权都未登记的,先保全的先清偿

56. 建筑工程一切险中,保险人对(　　)原因造成的损失不负责赔偿。

A. 设计错误引起的损失和费用

B. 因原材料缺陷或工艺不善引起的保险财产本身的损失以及为换置、修理或矫正这些缺点错误所支付的费用

C. 外力引起的机械或电气装置的本身损失

D. 盘点时发现的短缺

E. 除非另有约定,在保险工程开始以前已经存在或形成的位于工地范围内或其周围的属于被保险人的财产的损失

57. 关于保证方式的说法,不正确的有(　　)。

A. 保证方式有一般保证和连带责任保证

B. 当事人没有约定保证方式,则为一般保证

C. 当事人没有约定保证方式,则为连带责任保证

D. 一般保证是指债务人没有按约定履行债务时,债权人可直接要求保证人履行

E. 一般保证是指债权人必须首先要求债务人履行

58. 关于保险索赔的表述中,正确的有(　　)。

A. 工程投保人在进行保险索赔时,必须提供必要的、有效的证明作为索赔的依据

B. 证据应当能够证明索赔对象及索赔人的索赔资格,证明索赔能够成立且属于保险人的保险责任

C. 索赔的证据包括保单、建设工程合同、事故照片、鉴定报告、保单中规定的证明文件

D. 投保人应当及时提出保险索赔

E. 如果财产虽然没有全部毁损或者灭失，但其损坏程度已经达到无法修理，或者虽然能够修理但修理费将超过赔偿金额，都无法按照全损进行索赔

59. 根据《中华人民共和国招标投标法实施条例》的规定，可以采用邀请招标的情形有(　　)。

A. 技术复杂、有特殊要求的

B. 招标后没有供应商投标的

C. 没有合格标的，或者重新招标未能成立的

D. 所需费用占项目合同金额的比例过大的

E. 因采购不确定不能事先计算出价格总额的

60. 建设工程施工招标投标过程中，招标人有权没收投标人投标保证金的情形包括(　　)。

A. 投标人在投标有效期内撤销其投标文件的

B. 投标人在投标有效期内修改其投标文件的

C. 中标人在收到中标通知书后，无正当理由拒签合同协议书的

D. 部分投标人对评标结果有异议的

E. 投标人在投标有效期内，未按招标文件规定提交履约担保的

61. 下列关于确定中标人的说法中，正确的有(　　)。

A. 如果招标人授权评标委员会确定中标人，评标委员会可将排序第一的投标人定为中标人，提交发包人请其与中标人签订施工合同

B. 招标人依据评标报告的推荐投标人名单排序第一的候选中标人进行签约前的谈判主要针对评标报告中提出的签订合同前要处理的事宜进行协商

C. 评标委员会是招标人聘请的咨询专家团，仅是按照预定的评审要素和方法对各投标书进行比较，因此大多数情况下由评标委员会专家确定中标人

D. 排名第一的中标候选人放弃中标的，招标人只能重新招标

E. 排名第一的中标候选人不按照招标文件要求提交履约保证金，或者被查实存在影响中标结果的违法行为等情形，不符合中标条件的，招标人可以按照评标委员会提出的中标候选人名单排序依次确定其他中标候选人为中标人

62. 设计招标文件应当包括(　　)。

A. 设计范围

B. 设计费用支付方式

C. 招标通知书

D. 评标标准和方法

E. 评标结果

63. 建设工程设计投标的评标标准大致可以归纳为(　　)等方面。

A. 设计资历和社会信誉

B. 设计进度快慢

C. 设计方案的优劣

D. 招标单位能力的高低

E. 投入、产出经济效益比较

64. 关于综合评估价法中，初步评审的表述，正确的有(　　)。

A. 初步评审分为形式评审、资格评审(适用于资格后审)和响应性评审三个方面，主要检查投标书是否满足招标文件的要求

B. 审查内容和评审重点与经评审的最低投标价法完全不同

C. 投标报价有算术错误的，评标委员会按相关原则对投标报价进行修正，修正的价格经投标人书面确认后具有约束力

D. 投标报价有算术错误，但投标人不接受修正价格的，投标作废标处理

E. 总价金额与依据单价计算出的结果不一致的，以总价金额为准

65. 关于材料设备采购评标的说法，正确的有(　　)。

A. 建设工程项目材料设备采购招标评标，不仅要看报价的高低，还要考虑招标人在货物运抵现场过程中可能要支付的其他费用

B. 采购机组、车辆等大型设备时，较多用综合评估法

C. 材料设备采购评标，只能从评标价法或综合评估法中任选一种方法进行评标，不得将两者结合使用

D. 技术简单或技术规格、性能、制作工艺要求统一的设备材料，一般采用经评审的综合评估法进行评标

E. 技术复杂或技术规格、性能、技术要求难以统一的，一般采用最低投标价法进行

66. 施工合同当事人有(　　)。

A. 业主　　B. 项目经理　　C. 发包人　　D. 承包人

E. 监理人

67. 施工准备阶段，为了保障承包人按约定的时间顺利开工，发包人的义务有(　　)。

A. 提供施工场地　　B. 现场查勘　　C. 组织设计交底　　D. 编制施工实施计划

E. 约定开工时间

68. 下列(　　)情况属于发包人责任暂停施工的原因。

A. 地方法规要求某一段时间内不允许施工

B. 同时在现场的几个独立承包人之间出现施工交叉干扰

C. 施工过程中出现设计缺陷

D. 发包人订购的设备已运抵施工现场

E. 施工遇到了有考古价值的文物或古迹需要进行现场保护

69. 在施工过程中，由于(　　)情况，承包人承担暂停施工的责任。

A. 施工质量不合格　　B. 施工人员数量不够

C. 为保障安全所必需的暂停施工　　D. 发生不可抗力

E. 擅自暂停施工

70. 工程事故发生后，(　　)应立即组织人员和设备进行紧急抢救和抢修，减少人员伤亡和财产损失，防止事故扩大，并保护事故现场。

A. 发包人　　B. 当事人　　C. 监理人　　D. 担保人

E. 承包人

71. 根据《建设工程施工合同(示范文本)》的规定，导致现场发生暂停施工的下列情形承包人在执行监理工程师暂停施工的指示后，可以要求发包人追加合同价款并顺延工期的包括(　　)。

A. 施工作业方法可能危及邻近建筑物的安全

B. 施工中遇到了与地质报告不一致的软弱层
C. 发包人订购的设备不能按时到货
D. 施工机械设备进行维修
E. 发包人未能按时移交后续施工的现场

72. 监理人对施工专业分包工程的管理职责有(　　)。
A. 批准分包工程部位　　B. 审查分包人资质
C. 协调分包工程的施工　　D. 检查分包工程使用的材料
E. 参与计量分包人完成的永久工程

73. 设计合同履行过程中,发包人的责任包括(　　)。
A. 保证设计质量　　B. 配合施工的义务
C. 外部协调工作　　D. 提供必要的现场开展工作条件
E. 遵循合理设计周期的规律

74.《标准施工合同》中给出的合同附件格式,是订立合同时采用的规范化文件,包括(　　)。
A. 工程设备表　　B. 合同协议书　　C. 履约保函　　D. 项目经理任命书
E. 预付款保函

75. 关于建设工程施工合同中,物价浮动合同价格调整的说法,正确的有(　　)。
A. 通用条款规定的基准日期指投标截止日前第 28 天
B. 承包人以基准日期前的市场价格编制工程报价,长期合同中调价公式中的可调因素价格指数来源于基准日的价格
C. 合同履行期间市场价格浮动对施工成本造成的影响是否允许调整合同价格,要视合同成本高低来决定
D. 适用于工期在 12 个月以内的《简明施工合同》的通用条款应设有调价条款
E. 工期 12 个月以上的施工合同,由于承包人在投标阶段不可能合理预测一年以后的市场价格变化,因此应设有调价条款,由发包人和承包人共同分担市场价格变化的风险

76. 下列关于供货方不能按期交货的说法中,正确的有(　　)。
A. 供货方逾期交货,应补偿采购方的额外损失
B. 供货方提前交货,采购方可拒绝提前提货
C. 采购方可因供货方逾期交货而解除合同
D. 采购方因供货方提前交货而应提前付款
E. 逾期交货的,供货方承担违约责任

77. 在材料采购合同的履行过程中,因供货方的原因逾期交付货物,(　　)。
A. 供货方应赔偿因此造成的额外损失
B. 采购方可通知供货方办理解除合同手续
C. 如采购方仍需要,供货方可继续发货照数补齐,不承担逾期交货责任
D. 供货方有义务发出发货协商通知
E. 采购方接到发货通知后的 15 天内不予答复的视为同意供货方继续发货

78. 设备采购合同中卖方所承担的与供货有关的伴随服务包括(　　)。

A. 运输　B. 安装　C. 提供技术援助　D. 保险

E. 按时交付货物

79. 关于施工合同履行中缺陷责任期的说法,正确的有(　　)。

A. 缺陷责任期从工程接收证书中写明的竣工日开始起算

B. 缺陷责任期限视具体工程的性质和使用条件的不同在专用条款内约定(一般为2年)

C. 由于承包人拥有施工技术、设备和施工经验,缺陷责任期内工程运行期间出现的工程缺陷,承包人应负责修复,直到检验合格为止

D. 承包人责任原因产生的较大缺陷或损坏,致使工程不能按原定目标使用,经修复后需要再行检验或试验时,发包人即不得再要求延长该部分工程或设备的缺陷责任期

E. 影响工程正常运行的有缺陷工程或部位,在修复检验合格日前已经过的时间归于无效,重新计算缺陷责任期,但包括延长时间在内的缺陷责任期最长时间不得超过2年

80. 监理人对施工分包合同的管理内容有(　　)。

A. 审查分包人编制的专业工程施工方案

B. 对分包工程进行巡视检查

C. 监督检查分包人的施工现场质量保证体系

D. 监督检查分包工程施工现场的质量安全行为

E. 负责分包工程施工现场的协调管理工作

模拟试卷二参考答案及解析

一、单项选择题

1. D

【解析】合同管理贯穿于工程项目全过程，是工程项目管理的核心，工程建设质量、投资、进度目标设置及其管控，都是以合同为依据确立的，可以说，做好项目就是履行好合同。

2. A

【解析】代理具有以下特征：(1)代理人必须在代理权限范围内实施代理行为；(2)代理人以被代理人的名义实施代理行为；(3)代理人在被代理人的授权范围内独立地表现自己的意志；(4)被代理人对代理行为承担民事责任。

3. C

【解析】本题考核的是合同的主体。根据相关法律规定，可以成为合同主体的包括法人、自然人和非法人组织。项目监理机构既不是自然人，也不是法人和非法人组织，它是工程监理单位设立的驻地项目管理机构，当然不能成为合同主体。

4. D

【解析】在建设工程中涉及的代理主要是委托代理，如项目经理作为施工企业的代理人，总监理工程师作为监理单位的代理人等，授权行为是由单位的法定代表人代表单位完成的。

5. C

【解析】法人应当具备以下条件：(1)依法成立；(2)有必要的财产或者经费；(3)有自己的名称、组织机构和场所；(4)能够独立承担民事责任。

6. D

【解析】法律事实包括行为和事件；罢工属于法律事实中的事件，不属于行为；发生法律效力的法院判决属于行为；合同当事人违约属于法律事实中的行为。

7. B

【解析】具有代为清偿债务能力的法人、其他组织或者公民，可以作为保证人。但是，以下组织不能作为保证人：(1)企业法人的分支机构、职能部门。企业法人的分支机构有法人书面授权的，可以在授权范围内提供保证。(2)国家机关。经国务院批准为使用外国政府或者国际经济组织贷款进行转贷的除外。(3)学校、幼儿园、医院等以公益为目的的事业单位、社会团体。

8. B

【解析】保证合同生效后，保证人就应该在合同规定的保证范围和保证期间承担保证责任。

9. C

【解析】本题考核的是智力成果。智力成果是通过人的智力活动所创造出的精神成果,包括知识产权、技术秘密及在特定情况下的公知技术。

10. B

【解析】本题考核的是委托代理法律责任的承担。在委托人的授权范围内,招标代理机构从事的代理行为,其法律责任由发包人承担。

11. A

【解析】本题考核的是投标保证金的数额。投标保证金除现金外,可以是银行出具的银行保函、保兑支票、银行汇票或现金支票。投标人应提交规定金额的投标保证金,并作为其投标书的一部分,数额不得超过招标项目估算价的2%。

12. B

【解析】本题考核的是施工投标保证。招标人最迟应当在书面合同签订后5日内向中标人和未中标的投标人退还投标保证金及银行同期存款利息。

13. B

【解析】留置是指债权人按照合同约定占有对方(债务人)的财产,当债务人不能按照合同约定期限履行债务时,债权人有权依照法律规定留置该财产并享有处置该财产得到优先受偿的权利。故选项B错误。

14. A

【解析】下列财产不得抵押:(1)土地所有权;(2)耕地、宅基地、自留地、自留山等集体所有的土地使用权,但法律规定可以抵押的除外;(3)学校、幼儿园、医院等以公益为目的的事业单位、社会团体的教育设施、医疗卫生设施和其他社会公益设施;(4)所有权、使用权不明或者有争议的财产;(5)依法被查封、扣押、监管的财产;(6)依法不得抵押的其他财产。

15. A

【解析】投标保证金有效期应当与投标有效期一致,投标有效期从提交投标文件的截止之日起算。

16. D

【解析】所谓单价合同,就是根据计划工程内容和估算工程量,在合同中明确每项工作内容的单位价格,实际支付时用每项工作实际完成工程量乘以该项工作的单位价格计算出该项工作的应付工程款。

17. A

【解析】由于单价合同是根据工程量实际发生的多少而支付相应的工程款,发生的多则多支付,发生的少则少支付,这使得在施工工程"价"和"量"方面的风险分配对合同双方均显公平。

18. C

【解析】建设工程施工合同签订及履行阶段合同管理的任务主要包括:(1)组织做好合同评审工作;(2)制定完善的合同管理制度和实施计划;(3)落实细化合同交底工作;(4)及时进行合同跟踪、诊断和纠偏;(5)灵活规范应对处理合同变更问题;(6)开发和应用信息化合同管理系统;(7)正确处理合同履行中的索赔和争议;(8)开展合同管理评价与经验教训总结;

(9)倡导构建合同各方合作共赢机制。

19. C

【解析】在合同订立前,合同主体相关各方应组织工程管理、经济、技术和法律方面的专业人员进行合同评审,应用文本分析、风险识别等方法完成对合同条件的审查、认定和评估工作。采用招标方式订立合同时,还应对招标文件和投标文件进行审查、认定和评估。

20. A

【解析】本题考查的是评标、决标阶段的工作。选项 B 错误,评标委员会成员一般应于开标前确定;选项 C 错误,评标委员会由招标人或其委托的招标代理机构熟悉相关业务的代表,以及有关技术、经济等方面的专家组成,成员人数为五人以上单数,其中技术、经济等方面的专家不得少于成员总数的2/3;选项 D 错误,评标委员会的专家应当从评标专家库内相关专业的专家名单中随机抽取,但对技术复杂、专业性强或者国家有特殊要求的招标项目,采取随机抽取方式确定的专家难以保证胜任评标工作时,可以由招标人直接确定。

21. A

【解析】本题考核的是招标文件的补充或修改。如果招标人发现招标文件中的错误,或要对招标文件中的部分内容进行修改,应在投标截止时间 15 日前,以书面形式修改招标文件,并通知所有已购买招标文件的投标人。如果修改招标文件的时间距投标截止时间不足 15 日,相应延长投标截止时间。

22. C

【解析】中标的投标人在签订合同时,向业主提交履约担保后,招标人退还其投标保证金。

23. C

【解析】资格审查的内容应在申请人附表内说明资质条件、财务要求、业绩要求、信管要求,项目经理资格和其他要求的具体规定。

24. C

【解析】招标人可以对已发出的资格预审文件进行必要的澄清修改,招标人应当在提交资格预审申请文件截止时间至少 3 日前,以书面形式通知所有获取资格预审文件的潜在投标人。

25. B

【解析】最低评标价法适用于没有特殊专业施工技术工程项目采用通用技术即可保证质量完成的招标工程项目。

26. A

【解析】本题考核的是确定中标人。招标人依据评标报告的推荐投标人名单排序第一的候选中标人进行签约前的谈判,主要针对评标报告中提出的签订合同前要处理的事宜进行协商,通常为投标文件中存在的细微偏差,如进一步加强质量安全措施等。

27. C

【解析】本题考核的是经评审的最低投标价法。量化比较,评标委员会按规定的量化因素和标准进行价格折算,计算出评标价并编制价格比较一览表。

28. D

【解析】本题考核的是工程设计招标程序。设计招标与其他招标在程序上的主要区别有如下几个方面:(1)招标文件的内容不同;(2)对投标书的编制要求不同;(3)开标形式不同;(4)评标原则不同。

29. C

【解析】本题考核的是划分合同包装的基本原则。建设工程所需的材料和中小型设备采购应按实际需要的时间安排招标,同类材料、设备通常为一次招标分期交货,不同设备材料可以分阶段采购。每次招标时,可依据设备材料的性质只发1个合同包或分成几个合同包同时招标。投标的基本单位是合同包,投标人可以投1个或其中的几个合同包,但不能仅对1个合同包中的某几项进行投标。

30. C

【解析】本题考核的是设备采购招标的特点。采购招标包括设备和伴随服务。伴随服务的内容一般包括:(1)实施所供货物的现场组装和试运行;(2)提供货物组装和维修所需的专用工具;(3)为所供货物的每一适当的单台设备提供详细的操作和维护手册;(4)在双方商定的一定期限(保修期)内对所供货物实施运行或监督或维护或修理,但前提条件是该服务并不能免除卖方在合同保证期内所承担的义务;(5)在卖方厂家和/或在项目现场就所供货物的组装、试运行、运行、维护和/或修理;(6)对买方的运行、管理和维修人员进行培训。

31. B

【解析】本题考核的是建设工程勘察设计合同的发包方式。建设工程勘察、设计发包依法实行招标发包或者直接发包。故A选项错误。直接发包仅适合特殊工程项目和特定情况下建设工程勘察、设计业务的发包。下列建设工程的勘察、设计,经有关部门批准,可以直接发包:(1)采用特定的专利或者专有技术的;(2)建筑艺术造型有特殊要求的;(3)国务院规定的其他建设工程的勘察、设计。故B选项正确。C选项"自然人"的错误较为明显。发包方可以将整个建设工程的勘察、设计发包给一个勘察、设计单位;也可以将建设工程的勘察、设计分别发给几个勘察、设计单位。故D选项错误。

32. C

【解析】本题考核的是合同协议书。《标准施工合同》中规定了应用格式。除了明确规定对当事人双方有约束力的合同组成文件外,具体招标工程项目订立合同时需要明确填写的内容仅包括发包人和承包人的名称;施工的工程或标段;签约合同价;合同工期;质量标准和项目经理的人选。

33. D

【解析】本题考核的是预付款担保。《标准施工合同》规定的预付款担保采用银行保函形式。

34. C

【解析】本题考核的是合同的组成文件及其优先解释顺序。《标准施工合同》的通用条款中规定,合同的组成文件包括:(1)合同协议书;(2)中标通知书;(3)投标函及投标函附录;(4)专用合同条款;(5)通用合同条款;(6)技术标准和要求;(7)图纸;(8)已标价的工程量清单;(9)其他合同文件经合同当事人双方确认构成合同的其他文件。组成合同的各文件中出现含义或内容的矛盾时,如果专用条款没有另行的约定,以上合同文件序号为优先解释的顺序。

35. D

【解析】本题考核的是办理保险的责任。《标准施工合同》和《简明施工合同》的通用条款中考虑到承包人是工程施工的最直接责任人,因此均规定由承包人负责投保“建筑工程一切险”“安装工程一切险”和“第三者责任保险”,并承担办理保险的费用。

36. B

【解析】本题考核的是施工准备阶段发包人与承包人的义务。发包人应根据合同工程的施工需要,负责办理取得出入施工场地的专用和临时道路的通行权,以及取得为工程建设所需修建场外设施的权利,并承担有关费用。故A选项错误。承包人依据监理人提供的测量基准点、基准线和水准点及其书面资料,根据国家测绘基准、测绘系统和工程测量技术规范以及合同中对工程精度的要求,测设施工控制网,并将施工控制网点的资料报送监理人审批。故C选项错误。发包人应按专用条款约定及时向承包人提供施工场地范围内地下管线和地下设施等有关资料。故D选项错误。B选项属于承包人在工程施工准备阶段的义务。

37. A

【解析】本题考核的是发出开工通知的时间。监理人征得发包人同意后,应在开工日期7天前向承包人发出开工通知,合同工期自开工通知中载明的开工日起计算。

38. C

【解析】本题考核的是施工期。施工期是指承包人施工期从监理人发出的开工通知中写明的开工日起算,至工程接收证书中写明的实际竣工日止。

39. D

【解析】本题考核的是暂估价。暂估价内的工程材料、设备或专业工程施工,属于依法必须招标的项目,施工过程中由发包人和承包人以招标的方式选择供应商或分包人,按招标的中标价确定。未达到必须招标的规模或标准时,材料和设备由承包人负责提供,经监理人确认相应的金额;专业工程施工的价格由监理人进行估价确定。与工程量清单中所列暂估价的金额差以及相应的税金等其他费用列入合同价格。

40. B

【解析】本题考核的是《标准施工合同》中应给承包人补偿的条款。发包人提供图纸延误可以获得工期、费用和利润的补偿。不利的物质条件可以获得工期和费用的补偿。隐蔽工程重新检验质量合格可以获得工期、费用和利润的补偿。监理人的指示延误或错误指示可以获得工期、费用和利润的补偿。

41. D

【解析】本题考核的是监理人审查竣工验收报告。监理人审查后认为已具备竣工验收条件,应在收到竣工验收申请报告后的28天内提请发包人进行工程验收。

42. A

【解析】本题考核的是总承包方式的缺点。总承包方式对发包人而言也有一些不利的因素:(1)设计不一定是最优方案;(2)减弱实施阶段发包人对承包人的监督和检查。虽然设计和施工过程中,发包人也聘请监理人(或发包人代表),但由于设计方案和质量标准均出自承包人,监理人对项目实施的监督力度比发包人委托设计再由承包人施工的管理模式,对设计的细节和施工过程的控制能力降低。

43. A

【解析】本题考核的是合同文件。竣工试验:(1)第一阶段,如对单车试验等的要求,包括试验前准备;(2)第二阶段,如对联动试车、投料试车等的要求,包括人员、设备材料、燃料、电力、消耗品、工具等必要条件;(3)第三阶段,如对性能测试及其他竣工试验的要求,包括产能指标、产品质量标准、运营指标、环保指标等。

44. B

【解析】本题考核的是不可预见物质条件。不可预见物质条件涉及的范围与《标准施工合同》相同,但通用条款中对风险责任承担的规定有两个供选择的条款:一是此风险由承包人承担;二是由发包人承担。双方应当明确本合同选用哪一条款的规定。

45. D

【解析】本题考核的是保险合同条款的变动。承包人需要变动保险合同条款时,应事先征得发包人同意,并通知监理人。对于保险人做出的变动,承包人应在收到保险人通知后立即通知发包人和监理人。

46. A

【解析】本题考核的是承包人提出的合理化建议。履行合同过程中,承包人可以书面形式向监理人提交改变“发包人要求”文件中有关内容的合理化建议书。监理人应与发包人协商是否采纳承包人的建议。建议被采纳并构成变更,由监理人向承包人发出变更指示。

47. A

【解析】本题考核的是产品的交付。产品交付的法律意义是,一般情况下,交付导致采购材料的所有权发生转移。如果材料在订立合同之前已为买受人占有的,合同生效的时间为交付时间。

48. D

【解析】合同内需明确是验单付款还是验货后付款,然后再约定结算方式和结算时间。

49. A

【解析】本题考核的是保留金的返还。《标准施工合同》中规定质量保证金在缺陷责任期满后返还给承包人。FIDIC《施工合同条件》规定保留金在工程师颁发工程接收证书和颁发履约证书后分两次返还。颁发工程接收证书后,将保留金的50%返还承包人。

50. A

【解析】本题考核的是合作伙伴管理理念早期警告。在核心条款“补偿事件”标题下规定,项目经理发出的指令或变更导致合同价款的补偿时,如果项目经理认为承包人未就此事件发出过一个有经验的承包人应发出的早期警告,可适当减少承包人应得的补偿。

二、多项选择题

51. ABCE

【解析】合同不仅规定了相关各方的责任、权利和义务,还约定了各方的工作内容、工作流程和工作要求,同时也划定了各方的风险分担。

52. ABCE

【解析】建设工程合同管理包括对勘察、设计、材料设备采购、施工承包、设计施工总承包等多种不同类型合同的管理,涵盖招标采购、合同策划、合同签订、合同履行等多个阶段,明确各阶段合同管理的目标任务、掌握并灵活应用适合的合同管理方法,是做好项目管理作的基本要求。

53. ABCD

【解析】工程招标采购阶段合同管理的任务主要包括:(1)开展建设工程项目招标采购的总体策划;(2)根据标准文本编制招标文件和合同条件;(3)细化项目参建各相关方的合同界面管理;(4)合理选择适合建设工程特点的合同计价方式。

54. ACDE

【解析】本题考核的是保证担保的范围。保证担保的范围包括主债权及利息、违约金、损害赔偿金及实现债权的费用。保证合同另有约定的,按照约定。

55. ACD

【解析】同一财产向两个以上债权人抵押的,拍卖变卖抵押财产所得的价款依照下列规定清偿:(1)抵押权已登记的,按照登记的先后顺序清偿;顺序相同的,按照债权比例清偿;(2)抵押权已登记的先于未登记的受偿;(3)抵押权未登记的,按照债权比例清偿。

56. ABDE

【解析】保险人对下列各项原因造成的损失不负责赔偿:(1)设计错误引起的损失和费用;(2)自然磨损、内在或潜在缺陷物质本身变化、自燃、自热、氧化、锈蚀、渗漏、鼠咬、虫蛀、大气(气候或气温)变化、正常水位变化或其他渐变原因造成的保险财产自身的损失和费用;(3)因原材料缺陷或工艺不善引起的保险财产本身的损失以及为换置、修理或矫正这些缺点错误所支付的费用;(4)非外力引起的机械或电气装置的本身损失,或施工用机具、设备、机械装置失灵造成的本身损失;(5)维修保养或正常检修的费用;(6)档案、文件、账簿、票据、现金、各种有价证券、图表资料及包装物料的损失;(7)盘点时发现的短缺;(8)领有公共运输行驶执照的,或已由其他保险予以保障的车辆、船舶和飞机的损失;(9)除非另有约定,在保险工程开始以前已经存在或形成的位于工地范围内或其周围的属于被保险人的财产的损失;(10)除非另有约定,在本保险单保险期服终止以前,保险财产中已由工程所有人签发完工验收证书或验收合格或实际占有或使用或接受的部分。

57. BD

【解析】保证的方式有两种,即一般保证和连带责任保证,故选项 A 正确;在具体合同中,担保方式由当事人约定,如果当事人没有约定或者约定不明确的,则按照连带责任保证承担保证责任,故选项 B 错误、选项 C 正确;一般保证的保证人在主合同纠纷未经审判或者仲裁,并就债务人财产依法强制执行仍不能履行债务前,对债权人可以拒绝承担担保责任,故选项 D 错误、选项 E 正确。

58. ABCD

【解析】工程投保人在进行保险索赔时,必须提供必要的、有效的证明作为索赔的依据。证据应当能够证明索赔对象及索赔人的索赔资格,证明索赔能够成立且属于保险人的保险责任。索赔的证据包括保单、建设工程合同、事故照片、鉴定报告、保单中规定的证明文件。投保人应当及时提出保险索赔。如果保险单上载明的保险财产全部损失,则应当按照全损进行保险索赔。如果财产虽然没有全部毁损或者灭失,但其损坏程度已经达到无法修理,或者虽然能够修理但修理费将超过赔偿金额,都应当按照全损进行索赔。

59. AD

【解析】根据《中华人民共和国招标投标法实施条例》的规定,进行招标的项目,应当采用公开招标。但有下列情形之一的,可以邀请招标:(1)技术复杂、有特殊要求或者受自然环境限制,只有少量潜在投标人可供选择;(2)采用公开招标方式的费用占项目合同金额的比例过大。

60. ABC

【解析】招标过程中出现下列情形之一时招标人有权没收该投标人的投标保证金:(1)投标人在投标有效期内撤销或修改其投标文件;(2)中标人在收到中标通知书后,无正当理由拒签合同协议书或未按招标文件规定提交履约担保。

61. ABE

【解析】如果招标人授权评标委员会确定中标人,评标委员会可将排序第一的投标人定为中标人,提交发包人请其与中标人签订施工合同。评标委员会是招标人聘请的咨询专家团,仅是按照预定的评审要素和方法对各投标书进行比较,因此大多数情况下由招标人确定中标人。招标人依据评标报告的推荐投标人名单排序第一的候选中标人进行签约前的谈判,主要针对评标报告中提出的签订合同前要处理的事宜进行协商,通常为投标文件中存在的细微偏差。排名第一的中标候选人放弃中标、因不可抗力不能履行合同、不按照招标文件要求提交履约保证金,或者被查实存在影响中标结果的违法行为等情形,不符合中标条件的,招标人可以按照评标委员会提出的中标候选人名单排序依次确定其他中标候选人为中标人,也可以重新招标。

62. ABD

【解析】设计招标文件应当包括下列内容:(1)投标须知,包含所有对投标要求有关的事项;(2)投标文件格式及主要合同条款;(3)项目说明书,包括资金来源情况;(4)设计范围,对设计进度、阶段和深度要求;(5)设计依据的基础资料;(6)设计费用支付方式,对未中标人是否给予补偿及补偿标准;(7)投标报价要求;(8)对投标人资格审查的标准;(9)评标标准和方法;(10)投标有效期;(11)招标可能涉及的其他有关内容。

63. ABCE

【解析】建设工程设计招标的评标标准大致可以归纳为以下5个方面:(1)设计方案的优劣;(2)投入、产出经济效益比较;(3)设计进度快慢;(4)设计资历和社会信誉;(5)报价的合理性。

64. ACD

【解析】本题考核的是综合评估价法中的初步评审。初步评审分为形式评审、资格评审(适用于资格后审)和响应性评审三个方面,主要检查投标书是否满足招标文件的要求。审查内容和评审重点与经评审的最低投标价法相同。投标报价有算术错误的,评标委员会按以下原则对投标报价进行修正,修正的价格经投标人书面确认后具有约束力。投标人不接受修正价格的,投标作废标处理。(1)投标文件中的大写金额与小写金额不一致的,以大写金额为准;(2)总价金额与依据单价计算出的结果不一致的,以单价金额为准修正总价,但单价金额小数点有明显错误的除外。

65. AB

【解析】材料设备采购评标,一般采用评标价法或综合评估法,也可以将二者结合使用。技术简单或技术规格、性能、制作工艺要求统一的设备材料,一般采用经评审的最低评标价法进行评标。技术复杂或技术规格、性能、技术要求难以统一的,一般采用综合评估法进行评标。

66. CD

【解析】施工合同当事人是发包人和承包人,双方按照所签订合同约定的义务,履行相应的责任。

67. ACE

【解析】施工准备阶段发包人的义务有:(1)提供施工场地;(2)组织设计交底;(3)约定开工时间。

68. ABCE

【解析】发包人责任的暂停施工大致有几类原因:(1)发包人未履行合同规定的义务。包括自身未能尽到管理责任,如发包人采购的材料未能按时到货致使停工待料等;也可能源于第三者责任原因,如施工过程中出现设计缺陷导致停工等待变更的图纸等。(2)不可抗力。不可抗力的停工损失属于发包人应承担的风险,如施工期间发生地震、泥石流等自然灾害导致暂停施工。(3)协调管理原因。同时在现场的两个承包人发生施工干扰,监理人从整体协调考虑,指示某一承包人暂停施工。(4)行政管理部门的指令。某些特殊情况下可能执行政府行政管理部门的指示,暂停一段时间的施工。选项D是正常的施工活动,无须暂停施工。

69. ABCE

【解析】承包人责任引起的暂停施工的原因包括:(1)承包人违约引起的暂停施工;(2)由于承包人原因为工程合理施工和安全保障所必需的暂停施工;(3)承包人擅自暂停施工;(4)承包人其他原因引起的暂停施工;(5)专用合同条款约定由承包人承担的其他暂停施工。

70. AE

【解析】工程事故发生后,发包人和承包人应立即组织人员和设备进行紧急抢救和抢修,减少员伤亡和财产损失,防止事故扩大,并保护事故现场。需要移动现场物品时,应做出标记和书面记录,要善保管有关证据。

71. BCE

【解析】由非承包人原因既造成了拖延工期,又带来了经济上的损失,承包人可以要求发包人追加合同价款并顺延工期,选项C、E为发包人的原因,选项B为客观情况,均为非承包人原因,且带来时间上的拖延以及经济上的支出或损失。

72. BD

【解析】监理人接受发包人委托,仅对发包人与第三者订立合同的履行负责监督、协调和管理。因此对分包人在现场的施工不承担协调管理义务,然而分包工程仍属于施工总承包合同的一部分,仍需履行监督义务,包括对分包人的资质进行审查;对分包人使用的材料、施工工艺,工程质量进行监督;确认完成的工程量等。

73. CDE

【解析】本题考核的是设计合同履行过程中,发包人的责任。设计合同履行过程中,发包人的责任包括:(1)提供必要的现场开展工作条件;(2)外部协调工作;(3)其他相关工作;(4)保护设计人的知识产权;(5)遵循合理设计周期的规律。

74. BCE

【解析】《标准施工合同》中给出的合同附件格式,是订立合同时采用的规范化文件,包括合同协议书、履约保函和预付款保函三个文件。

75. ABE

【解析】通用条款规定的基准日期指投标截止日前第28天。规定基准日期的作用是划分该日后由于政策法规的变化或市场物价浮动对合同价格影响的责任。承包人以基准日期前的市场价格编制工程报价,长期合同中调价公式中的可调因素价格指数来源于基准日的价格。合同履行期间市场价格浮动对施工成本造成的影响是否允许调整合同价格,要视合同工期的长短来决定。适用于工期在12个月以内的《简明施工合同》的通用条款没有调价条款,承包人在投标报价中合理考虑市场价格变化对施工成本的影响,合同履行期间不考虑市场价格变化调整合同价款。工期12个月以上的施工合同,由于承包人在投标阶段不可能合理预测一年以后的市场价格变化因此应设有调价条款,由发包人和承包人共同分担市场价格变化的风险。

76. ABCE

【解析】逾期交货,对约定由采购方自提货物而不能按期交付时,若发生采购方的其他额外损失,这笔实际开支的费用应由供货方承担,如果采购方认为不再需要,有权在接到发货协商通知后15天内解除合同,提前交货,采购方在接到通知后,可拒绝提前提货。

77. ABDE

【解析】不论合同内规定由供货方将货物送达指定地点交接,还是采购方去自提,均要按照合同约定依据逾期交货部分货款总价计算违约金,对约定由采购方自提货物而不能按期交付的,若发生采购方的其他额外损失,这笔实际开支的费用也应由供货方承担,供货方有义务发出发货协商通知,采购方接到通知后的15天内不予答复视为同意供货方继续发货。

78. ABCD

【解析】伴随服务系指根据本合同规定卖方承担与供货有关的辅助服务,如运输、保险、安装、调试、提供技术援助、培训和合同中规定卖方应承担的其他义务。

79. ACE

【解析】缺陷责任期从工程接收证书中写明的竣工日开始起算,期限视具体工程的性质和使用条件的不同在专用条款内约定(一般为1年)。由于承包人拥有施工技术、设备和施工经验,缺陷责任期内工程运行期间出现的工程缺陷,承包人应负责修复,直到检验合格为止。承包人责任原因产生的较大缺陷或损坏,致使工程不能按原定目标使用,经修复后需要再行检验或试验时,发包人有权要求延长该部分工程或设备的缺陷责任期。影响工程正常运行的有缺陷工程或部位,在修复检验合格日前已经过的时间归于无效,重新计算缺陷责任期,但包括延长时间在内的缺陷责任期最长时间不得超过2年。

80. BD

【解析】监理人接受发包人委托,仅对发包人与第三者订立合同的履行负责监督、协调和管理,因此对分包人在现场的施工不承担协调管理义务。然而分包工程仍属于施工总承包合同的一部分,仍需履行监督义务,包括对分包人的资质进行审查;对分包人使用的材料、施工工艺、工程质量进行监督;确认完成的工程量等。

模拟试卷三

一、单项选择题(共50题,每题1分。每题的备选项中,只有1个最符合题意)

1. 工程建设活动是通过(　　)这一纽带结成了项目各方之间的供需关系、经济关系和工作关系。

A. 组织　　B. 合同　　C. 管理　　D. 协调

2. 招标采购阶段的管理任务,首先应根据项目(　　),对整个项目的采购工作做出总体策划安排。

A. 寿命周期　　B. 风险大小　　C. 目标要求　　D. 组织要求

3. 为了建立能够独立承担民事责任的主体制度,在工程建设领域推行的管理制度是(　　)。

A. 项目法人责任制　　B. 招标投标制

C. 工程监理制　　D. 合同管理制

4. 关于代理行为,下列说法不正确的是(　　)。

A. 无权代理行为的后果由被代理人决定是否有效

B. 无权代理在被代理人追认前,行为人可以撤销

C. 代理人只能在代理权限内实施代理行为

D. 无权代理的法律后果由被代理人承担

5. 下列合同属于按照承发包的不同范围和数量进行划分的是(　　)。

A. 建设工程勘察合同　　B. 建设工程设计施工总承包合同

C. 建设工程设计合同　　D. 建设工程施工合同

6. 下列合同主体中,属于建设工程合同主体的是(　　)。

A. 设计单位　　B. 工程咨询单位

C. 监理单位　　D. 材料设备供应单位

7. 关于抵押的说法,正确的是(　　)。

A. 抵押物只能由债务人提供　　B. 正在建造的建筑物可用于抵押

C. 提单可用于抵押　　D. 抵押物应当转移占有

8. 招标人应当合理确定提交资格预审申请文件的时间,自资格预审文件停止发售之日起不得少于(　　)日。

A. 3　　B. 5　　C. 7　　D. 10

9. 在任何情况下,建筑工程一切险保险人承担损害赔偿义务的期限不超过(　　)。

A. 保险单列明的建筑期保险终止日

B. 工程所有人对全部工程验收合格之日

C. 工程所有人实际占用全部工程之日

D. 工程所有人使用全部工程之日

10. 工程监理单位授权总监理工程组织完成监理任务而产生的代理属于(　　)。

A. 法定代理　　B. 委托代理　　C. 指定代理　　D. 延伸代理

11. 根据《中华人民共和国招标投标法实施条例》,建设工程项目招标文件中,若要求中标人提供履约保证金的,其额度不应超过合同价格的(　　)。

A. 5%　　B. 10%　　C. 20%　　D. 30%

12. 履约担保书是由保险公司、信托公司、证券公司、实体公司或社会上担保公司出具担保书,担保额度是合同价格的(　　)。

A. 10%　　B. 20%　　C. 30%　　D. 40%

13. 根据《标准施工招标文件》,"投标人须知前附表"的目的是(　　)。

A. 列明"通用合同条款"

B. 明确"投标人须知"正文中的未尽事宜

C. 明确"投标人须知"的修改内容

D. 判明评标的方法和因素

14. 关于施工招标项目标底的说法,正确的是(　　)。

A. 施工招标项目必须有标底

B. 标底应当在开标时公布

C. 标底应当作为评标的依据

D. 一个项目可以有几个不同的标底

15. 关于设计招标内容的说法,正确的是(　　)。

A. 设计招标无法提出具体的工作量

B. 设计招标无法要求完成的时间

C. 设计招标无法限定工作范围

D. 设计招标无法提出技术指标

16. 在投标有效期内出现特殊情况,招标人以书面形式通知投标人延长投标有效期时,投标人的正确做法是(　　)。

A. 同意延长,并相应延长投标保证金的有效期

B. 同意延长,并要求修改投标文件

C. 同意延长,但拒绝延长投标保证金的有效期

D. 拒绝延长,但无权收回投标保证金

17. 设计招标文件一经发出后,需要进行必要的澄清或者修改时,应当在提交投标文件截止日期(　　)天前,书面通知所有招标文件收受人。

A. 7　　B. 15　　C. 21　　D. 30

18. 某工程设计招标项目,项目估算价为 200 万元,则投标保证金额不得超过(　　)万元。

A. 2　　B. 4　　C. 10　　D. 20

19. 为了保证设计指导思想连续地贯彻于设计的各个阶段,一般多采用技术设计招标或施工图设计招标,不单独进行(　　)招标。

A. 勘察　　B. 技术设计　　C. 初步设计　　D. 施工图设计

20. 下列关于设备采购招标特点的表述,不正确的是(　　)。

A. 采购标的属于加工承揽

B. 采购标的不包括伴随服务

C. 投标人可以是生产厂家或贸易公司

D. 对招标设备的技术要求允许投标人有一定的偏差

21. 根据《标准设计施工总承包招标文件》中的《合同条款及格式》,工程竣工试验分三个阶段,其中第二阶段进行的是(　　)。

A. 性能测试　　B. 联动试车　　C. 单车试验　　D. 系统联调

22. 关于建设工程设计合同当事人的说法,正确的是(　　)。

A. 发包人只能是建设单位

B. 特殊情况下,承包人可以没有设计资质

C. 承包人的综合资质只设甲级

D. 承包人的行业资质只设甲级

23. 关于建设工程设计合同履行的说法,正确的是(　　)。

A. 保证设计质量是发包人的责任

B. 保护双方知识产权是双方的共同责任

C. 外部协调工作应由承包人自行完成

D. 设计人不承担参加工程验收的责任

24.《标准施工招标文件》的适用范围是(　　)。

A. 大型复杂的工程项目

B. 多元投资主体的工程项目

C. 工期在一年之内的工程项目

D. 跨行业的工程项目

25. 设计合同的发包人,根据工程实际情况需要修改设计文件时,应按照法定程序进行变更,即(　　)。

A. 由原设计合同承包人完成设计修改

B. 发包人报原审批机关批准,选择设计单位设计

C. 发包人经审批机关批准后、自行修改

D. 发包人报原审批机关批准,由原设计单位修改后,报有关部门审批

26. 发包人应按合同规定的金额和时间向设计人支付设计费,每逾期支付 1 天,应承担支付金额(　　)的逾期违约金,且设计人提交设计文件的时间顺延。

A. 1%　　B. 0.1%　　C. 2%　　D. 0.2%

27. 关于履约保函标准格式的表述中,不正确的是(　　)。

A. 担保期限自发包人和承包人签订合同之日起,至提交竣工验收申请报告日止

B. 没有采用国际招标工程或使用世界银行贷款建设工程的担保期限至缺陷责任期满止的规定,即担保人对承包人保修期内履行合同义务的行为不承担担保责任

C. 采用无条件担保方式,即持有履约保函的发包人认为承包人有严重违约情况时,即

可凭保函向担保人要求予以赔偿、不需要承包人确认

D. 无条件担保有利于当出现承包人严重违约情况，由于解决合同争议而影响后续工程的施工

28. 监理人未能按合同约定发出指示、指示延误或指示错误而导致承包人施工成本增加和(或)工期延误，由(　　)承担赔偿责任。

A. 设计人　　B. 发包人　　C. 监理人　　D. 发包人和监理人共同

29. 订立施工合同时需要明确的内容不包括(　　)。

A. 施工现场范围　　B. 施工临时占地

C. 发包人提供的材料　　D. 花费资金的预算

30. 根据《标准施工合同》通用合同条款，建筑工程一切险应由(　　)负责投保，并承担保险费用。

A. 发包人　　B. 承包人

C. 发包人和承包人　　D. 监理人

31.《标准施工合同》通用合同条款规定的"基准日期"是指(　　)。

A. 投标截止日　　B. 开标之日

C. 中标通知书发出之日　　D. 投标截止日 28 天

32. 根据《标准施工合同》，工程保险可以采用不足额投保方式，即工程受到保险事件损害时，保险公司赔偿损失后的不足部分，按合同约定由(　　)负责补偿。

A. 发包人　　B. 承包人

C. 事件的风险责任人　　D. 监理人

33. 根据《标准施工合同》，监理人在施工准备阶段的职责是(　　)。

A. 按专用条款约定的时间向承包人无条件发出开工通知

B. 在开工日期 15 日前向承包人发出开工通知

C. 批准或要求修改承包人报送的施工进度计划

D. 组织编制施工"合同进度计划"

34.《标准施工合同》中的"合同工期"是指(　　)。

A. 承包人完成工程从开工之日起至实际竣工日经历的期限

B. 合同协议书中写明的施工总日历天数

C. 承包人从监理人发出的开工通知中写明的开工日起，至工程接收证书中写明的实际竣工日止的期限

D. 承包人在投标函内承诺完成工程的时间期限，以及按照合同条款通过变更和索赔程序应给予的顺延工期时间之和

35. 根据《标准施工合同》，下列引起暂停施工的情形中，属于承包人责任的是(　　)。

A. 施工技术事故　　B. 异常恶劣天气

C. 不可抗力　　D. 因设计缺陷导致的设计变更

36. 根据《标准施工合同》，关于监理人对质量检验和试验的说法，正确的是(　　)。

A. 监理人收到承包人共同检验的通知，未按时参加检验，承包人单独检验，该检验无效

B. 监理人对承包人的检验结果有疑问,要求承包人重新检验时,由监理人和第三方检测机构共同进行

C. 监理人对承包人已覆盖的隐蔽工程部分质量有疑问时,有权要求承包人对已覆盖的部位进行揭开重新检验

D. 重新检验结果证明质量符合合同要求的,因此增加的费用由发包人和监理人共同承担

37. 根据《标准施工合同》,履约担保的期限自发包人和承包人订立合同之日起至(　　)之日止。

A. 工程竣工验收　　B. 工程缺陷责任期满

C. 签发工程移交证书　　D. 签发最终结清证书

38. 下列关于监理人的合同管理地位和职责的说法,正确的是(　　)。

A. 在合同规定的权限范围内,监理人可独立处理变更估价、索赔等事项

B. 监理人向承包人发出的指示,承包人征得发包人批准后执行

C. 发包人可不通过监理人直接向承包人发出工程实施指令

D. 监理人的指示错误给承包人造成损失,由发包人和监理人承担连带责任

39. 施工组织设计完成后,按专用条款的约定,将施工进度计划和施工方案说明报送(　　)审批。

A. 承包人　　B. 发包人　　C. 设计人　　D. 监理人

40. 经(　　)批准的施工进度计划称为“合同进度计划”。

A. 承包人　　B. 发包人　　C. 监理人　　D. 分包人

41. 缺陷责任期从工程接收证书中写明的竣工日开始起算,期限视具体工程的性质和使用条件的不同在专用条款内约定,一般为(　　)。

A. 6 个月　　B. 1 年　　C. 18 个月　　D. 2 年

42. 某工程在缺陷责任期内,因施工质量问题出现重大缺陷,发包人通知承包人进行维修,承包人不能在合理时间内进行维修,发包人委托其他单位进行修复,修复费用由(　　)承担。

A. 发包人　　B. 承包人　　C. 使用人　　D. 以上都不正确

43. 暂停施工期间由(　　)负责妥善保护工程并提供安全保障。

A. 发包人　　B. 监理单位　　C. 承包人　　D. 发包人和承包人共同

44. 根据《标准施工合同》的规定,关于暂估价的说法,不正确的是(　　)。

A. 暂估价是签约合同价的组成部分

B. 暂估价内的专业工程不一定实施

C. 暂估价的内容在投标时难以确定准确价格

D. 暂估价的内容不包括计日工

45. 根据《标准施工合同》,关于“暂列金额”的说法,正确的是(　　)。

A. 暂列金额未包括在签约合同价内

B. 暂列金额不可以计日工方式支付

C. 暂列金额可能全部使用或部分使用

D. 暂列金额应按合同规定全部支付给承包人

46. 根据《设计施工总承包合同》，关于工程分包的说法，正确的是(　　)。

A. 承包人不得将其承包的全部工程转包给第三人

B. 承包人经发包人批准，可将设计任务主体工作分包给有资质的合格主体

C. 发包人同意分包的工作，由发包人和承包人共同承担责任

D. 分包人的资格能力应由发包人审核

47.《设计施工总承包合同》的“价格清单”是指(　　)。

A. 承包人按照发包人提出的工程量清单而计算的报价单

B. 承包人按发包人的设计图纸概算量，填入单价后计算的合同价格

C. 承包人按其提出的投标方案计算的设计、施工、竣工、试运行、缺陷责任期各阶段的计划费用

D. 承包人向发包人的投标报价

48. 如果索赔事件的影响持续存在，承包人应在该项索赔事件(　　)，提出最终索赔通知书，说明最终要求索赔的追加付款金额和延长的工期，并附必要的记录和证明材料。

A. 发生后的 28 天内　　B. 全部消除后

C. 影响结束后的 14 天内　　D. 影响结束后的 28 天内

49. FIDIC《施工合同条件》是以(　　)来划分不可抗力的后果责任。

A. 不可抗力事件发生的时点

B. 施工现场因不可抗力受损害的人员归属

C. 施工现场因不可抗力受损害的财产归属

D. 承包人投标时能否合理预见

50. 风险型 CM 合同中，关于保证工程最大费用值(GMP)的说法，正确的是(　　)。

A. GMP 为合同承包总价

B. 节约的 GMP 全部归 CM 承包人

C. 节约的 GMP 全部归业主

D. 工程实际总费用超过 GMP 的部分由 CM 承包人承担

二、多项选择题(共 30 题，每题 2 分。每题的备选项中，有 2 个或 2 个以上符合题意，至少有 1 个错项。错选，本题不得分；少选，所选的每个选项得 0.5 分)

51. 我国工程建设领域推行的各类招标合同示范文本的主要特点包括(　　)。

A. 结构完整　　B. 内容全面　　C. 条款严谨　　D. 权责合理

E. 应用简单

52. 在招标采购和缔约过程中，应考虑选用适合工程项目需要的标准招标文件及合同示范文本。选用标准招标文件及标准合同示范文本的作用包括(　　)。

A. 有利于当事人了解并遵守有关法律法规，确保建设工程招标和合同文件中的各项内容符合法律法规的要求

B. 可以帮助当事人正确拟定招标和合同文件条款，保证各项内容的完整性和准确性，避免缺款漏项，防止出现显失公平的条款，保证交易安全

C. 有助于降低交易成本，提高交易效率，降低合同条款协商和谈判缔约工作的复杂性

D. 有利于当事人履行合同的规范和顺畅，也有利于审计机构、相关行政管理部门对合同的审计和监督

E. 有利于降低合同管理的复杂性，降低或避免合同风险，提高招标采购效益

53. 工程建设项目参建各方之间的合同界面关系包括(　　)。

A. 工作范围界面　B. 风险界面　C. 组织界面　D. 费用界面

E. 技术界面

54. 根据《中华人民共和国担保法》的规定，不得抵押的财产有(　　)。

A. 建设用地使用权　B. 正在建造的建筑物

C. 宅基地的土地使用权　D. 原材料

E. 公立学校的教育设施

55. 在工程项目建设过程中，不可以采用的保证方式有(　　)。

A. 投标人提供投标保函

B. 中标人提供担保公司出具的履约担保书

C. 发包人提供的在建工程股权质押担

D. 发包人提供的在建工程留置权担保

E. 承包人提交的预付款保函

56. 建设工程合同的特征有(　　)。

A. 合同主体的严格性　B. 合同订立的短暂性

C. 合同标的的特殊性　D. 合同履行期限的长期性

E. 合同形式的非要式性

57. 下列合同法律关系主体中，属于法人的有(　　)。

A. 某商业银行北京分行　B. 某股份有限公司

C. 尚未完成改制的某国有企业　D. 某项目经理部

E. 某施工企业法定代表人

58. 设计工作内容的变更可能涉及的原因有(　　)。

A. 设计人的工作　B. 委托任务范围内的设计变更

C. 承包人原因的重大设计变更　D. 发包人原因的重大设计变更

E. 委托其他设计单位完成的变更

59. 国家九部委颁布的《标准施工合同》中合同附件格式包括(　　)等文件。

A. 专用合同条款　B. 合同条款　C. 合同协议书　D. 预付款保函

E. 履约保函

60. 关于保证担保方式的说法，正确的有(　　)。

A. 保证可分为一般保证和连带责任保证两种方式

B. 当事人没有约定保证方式的，按一般保证承担保证责任

C. 以公益为目的的事业单位不能作为保证人

D. 连带责任保证的责任重于一般保证的责任

E. 保证担保的范围仅限于违约金和损害赔偿金

61. 关于《标准设计施工总承包招标文件》适用范围的说法，正确的有(　　)。

A. 适用于设计—施工一体化的总承包项目
B. 适用于依法强制监理的项目
C. 适用于所有招标项目
D. 只适用于公开招标的设计施工总承包项目
E. 适用于依法必须进行招标的设计施工总承包项目

62. 承包人应根据价格清单的(　　)因素,对拟支付的款项进行分解并编制支付分解表。
A. 价格构成　　B. 费用性质　　C. 计划发生时间　D. 相应工作量
E. 勘察设计

63. 下列关于供货方不能按期交货的说法中,正确的有(　　)。
A. 供货方逾期交货,应补偿采购方的额外损失
B. 供货方提前交货,采购方可拒绝提前提货
C. 采购方可因供货方逾期交货而解除合同
D. 采购方因供货方提前交货而应提前付款
E. 逾期交货的,供货方承担违约责任

64. 在材料采购合同的履行过程中,因供货方的原因逾期交付货物,(　　)。
A. 供货方应赔偿因此造成的额外损失
B. 采购方可通知供货方办理解除合同手续
C. 如采购方仍需要,供货方可继续发货照数补齐,不承担逾期交货责任
D. 供货方有义务发出发货协商通知
E. 采购方接到发货通知后的 15 天内不予答复的视为同意供货方继续发货

65. 关于投标有效期的说法,正确的有(　　)。
A. 投标有效期从投标截止日期开始起算
B. 投标有效期对投标人有约束力
C. 招标人在投标有效期内完成评标即可
D. 投标有效期内应完成合同签订工作
E. 投标有效期在合同订立后自动终止

66. 根据《中华人民共和国招标投标法实施条例》,投标保证金不予退还的情形有(　　)。
A. 投标人撤回已提交的投标文件
B. 投标人撤销已提交的投标文件
C. 投标人拒绝延长投标有效期
D. 中标人拒绝订立合同
E. 中标人拒绝提交履约保证金

67. 关于工程设计招标范围的说法,正确的有(　　)。
A. 所有设计招标都分为初步设计招标和施工图设计招标两部分
B. 不能对施工图设计单独进行招标
C. 可以采用设计全过程总发包的一次性招标
D. 可以采用分单项的设计任务发包招标
E. 勘察与设计应当分开招标

68. 关于工程设计招标方式的说法,正确的有(　　)。

A. 所有的工程设计都应当通过招标发包

B. 所有的工程设计都应当通过邀请招标发包

C. 依法必须招标的工程设计,都应当公开招标

D. 工程设计邀请招标的,应当邀请三个以上单位参加投标

E. 依法应当公开招标的工程设计,对技术复杂只有少量潜在投标人可供选择的,可以邀请招标

69. 根据《标准施工合同》,承包人在施工准备阶段的主要义务有(　　)。

A. 提出开工申请

B. 办理临时道路通行审批手续

C. 编制施工组织设计

D. 提交工程质量保证措施文件

E. 负责管理施工控制网点

70. 根据《标准施工合同》,关于监理人地位的说法,正确的有(　　)。

A. 监理人是受发包人委托的发包人代表

B. 监理人是受发包人聘请的管理人

C. 监理人属于施工合同履行管理的独立第三方

D. 监理人属于遵守发包人指示的发包人一方人员

E. 监理人是受发包人委托对合同履行实施管理的法人或其他组织

71.《标准施工合同》通用合同条款规定的合同组成文件包括(　　)。

A. 招标文件　　B. 投标函及投标函附录

C. 中标通知书　　D. 已标价工程量清单

E. 合同协议书

72. 根据《标准设计施工总承包招标文件》,关于联合体的说法,正确的有(　　)。

A. 总承包合同的承包人可以是联合体

B. 联合体协议经联合体成员协商一致可以修改

C. 联合体协议为总承包合同的附件

D. 监理人在合同履行中仅与联合体牵头人或授权代表联系协调工作

E. 联合体成员的内部分工不是总承包合同内容

73. 根据《设计施工总承包合同》通用合同条款。发包人可以对承包人补偿工期和费用,但不包括利润的情形有(　　)。

A. 发包人未能按时提供文件　　B. 发现文物

C. 行政审批延误　　D. 发包人原因造成工期延误

E. 出现异常恶劣气候条件

74. 质量保证金用于约束承包人在(　　),均必须按照合同要求对施工的质量和数量承担约定的责任。

A. 施工准备阶段　　B. 施工阶段　　C. 竣工阶段　　D. 缺陷责任期内

E. 保修期内

75. 按照《标准施工合同》通用合同条款的约定,外部原因引起的合同价格调整的情况包括(　　)。

A. 发包人责任造成工期延误　　B. 市场物价浮动

C. 承包人责任造成的暂停施工　　D. 不可抗力造成的工期延误

E. 法律法规的变化

76.《标准施工合同》通用合同条款规定的变更范围和内容包括(　　)。

A. 取消合同中任何一项工作,且被取消的工作转由发包人或其他人实施

B. 改变合同中任何一项工作的质量或其他特性

C. 改变合同工程的基线、高程、位置或尺寸

D. 改变合同中任何一项工作的施工时间或改变已批准的施工工艺或顺序

E. 为完成工程需要追加的额外工作

77. 根据《标准施工合同》通用合同条款的约定,下列有关不可抗力风险责任分担的说法中,正确的有(　　)。

A. 永久工程,包括已运至施工场地的材料和工程设备的损害,以及因工程损害造成的第三者人员伤亡和财产损失由发包人和承包人共同承担

B. 承包人设备的损坏由承包人承担

C. 发包人和承包人各自承担其人员伤亡和其他财产损失及其相关费用

D. 停工损失由承包人承担,但停工期间应监理人要求照管工程和清理、修复工程的金额由发包人承担

E. 不能按期竣工的,应合理延长工期,承包人不需要支付逾期竣工违约金

78. 根据《标准设计施工总承包招标文件》,关于竣工后试验的说法,正确的有(　　)。

A. 应当在工程竣工后、移交前进行

B. 应当在工程移交后的缺陷责任期内进行

C. 试验所必需的电力由发包人提供

D. 在专用合同条款中只能约定应当由发包人负责

E. 在专用合同条款中只能约定应当由承包人负责

79. 关于材料采购合同交货期限确定的说法中,正确的有(　　)。

A. 材料采购合同当事人可以约定明确的交货期限,也可以约定交货的一段期间

B. 如约定明确的交货期限,出卖人应当按照约定的期限交付标的物

C. 如约定交付期间的,出卖人可以在该交付期间内的任何时间交付

D. 当事人没有约定标的物的交付期限或者约定不明确的,可以协议补充

E. 当事人没有约定标的物的交付期限或者约定不明确的,债权人可以随时要求债务人立即履行

80. 根据《英国工程施工合同文本》(ECC),属于核心条款的有(　　)。

A. 承包人的主要责任　　B. 工期

C. 通货膨胀引起的价格调整　　D. 法律的变化

E. 履约保证

模拟试卷三参考答案及解析

一、单项选择题

1. B

【解析】工程建设活动是通过合同这一纽带结成了项目各方之间的供需关系、经济关系和工作关系。

2. C

【解析】具体而言，首先应根据项目目标要求，对整个项目的采购工作做出总体策划安排，要明确项目需要采购哪些工程、服务和物资。

3. A

【解析】本题考查的是建设工程合同管理的目标。我国建设领域推行项目法人负责制、招标投标制、工程监理制和合同管理制。项目法人责任制是要建立能够独立承担民事责任的主体制度。

4. D

【解析】根据民法通则的规定，无权代理行为只有经过"被代理人"的追认，被代理人才承担民事责任。未经追认的行为，由行为人承担民事责任，但"本人知道他人以自己的名义实施民事行为而不做否认的，视为同意"。

5. B

【解析】从承发包的不同范围和数量进行划分，可以将建设工程分为建设工程设计施工总承包合同、工程施工承包合同、施工分包合同。选项 A、C、D 属于按照完成承包的内容进行划分的。

6. A

【解析】本题考核的是建设工程合同主体。按完成承包的内容进行划分，建设工程合同可以分为建设工程勘察合同、建设计合同和建设工程施工合同三类。因此，合同主体为建设单位、勘察单位、设计单位和施工单位。监理合同、咨询合同、材料设备采购合同属于与建设工程相关的合同。

7. B

【解析】本题考查的是担保方式。选项 A 错误，债务人或者第三人都可以提供抵押物；选项 C 错误，提单可用于质押；选项 D 错误，抵押物不转移占有。

8. B

【解析】本题考查的是申请人须知。招标人应当合理确定提交资格预审申请文件的时间，自资格预审文件停止发售之日起不得少于 5 日。

9. A

【解析】本题考查的是工程建设涉及的主要险种。在任何情况下，保险人承担损害赔偿义务的期限不超过保险单明细表中列明的建筑期保险终止日。

10. B

【解析】在工程建设中涉及的代理主要是委托代理,如项目经理作为施工企业的代理人、总监理工程师作为监理单位的代理人等,当然,授权行为是由单位的法定代表人代表单位完成的。项目经理、总监理工程师作为施工企业、监理单位的代理人,应当在授权范围内行使代理权。

11. B

【解析】本题考核的是履约担保金的限额。履约担保金可用保兑支票、银行汇票或现金支票,一般情况下额度为合同价格的10%。

12. C

【解析】履约担保书是由保险公司、信托公司、证券公司、实体公司或社会上担保公司出具担保书,担保额度是合同价格的30%。

13. B

【解析】本题考查的是标准施工招标文件概述。“投标人须知前附表”是针对本次招标项目在“投标人须知”对应款项中需要明确或说明的具体要求予以明确,附表中的内容不得与正文中内容相抵触,使投标人阅读时一目了然。

14. B

【解析】本题考查的是招标准备阶段的工作。标底说明属于招标文件的投标人须知中的内容,招标人可以自行决定是否编制标底,一个招标项目只能有一个标底。若招标项目设有标底,应当在开标时公布。标底只能作为评标的参考,不得以投标报价是否接近标底作为中标条件,也不得以投标报价超过标底上下浮动的某一范围作为否决投标的条件。

15. A

【解析】本题考查的是工程设计招标概述。设计招标文件中仅提出设计依据、工程项目应达到的技术指标、项目限定的工作范围、项目所在地的基本资料、要求完成的时间等内容,而无具体的工作量。

16. A

【解析】本题考核的是投标有效期。出现特殊情况需要延长投标有效期时,招标人应以书面形式通知所有投标人延长投标有效期。投标人同意延长,应相应延长其投标保证金的有效期,但不得要求或被允许修改或撤销其投标文件;投标人拒绝延长,则失去竞争资格,但有权收回其投标保证金。

17. B

【解析】招标文件一经发出后,需要进行必要的澄清或者修改时,应当在提交投标文件截止日期15天前,书面通知所有招标文件收受人。

18. B

【解析】投标保证金有效期与投标有效期一致,金额不得超过招标项目估算价的2%。则本题投标保证金 $=200\times 2\% =4$(万元)。

19. C

【解析】为了保证设计指导思想连续地贯彻于设计的各个阶段,一般多采用技术设计招标或施工图设计招标,不单独进行初步设计招标,由中标的设计单位承担初步设计任务。

20. B

【解析】设备采购招标的特点包括:(1)采购标的属于加工承揽;(2)对招标设备的技术要求允许投标人有一定的偏差;(3)投标人可以是生产厂家或贸易公司;(4)采购标的包括设备和伴随服务。

21. B

【解析】本题考核的是合同文件。竣工试验:(1)第一阶段,如对单车试验等的要求,包括试验前准备;(2)第二阶段,如对联动试车、投料试车等的要求,包括人员、设备材料、燃料、电力、消耗品、工具等必要条件;(3)第三阶段,如对性能测试及其他竣工试验的要求,包括产能指标、产品质量标准、运营指标、环保指标等。

22. C

【解析】本题考查的是建设工程设计合同的内容和合同当事人。选项 A 错误,发包人通常也是工程建设项目的业主(建设单位)或者项目管理部门(如工程总承包单位);选项 B 错误,承包人是设计人,设计人须为具有相应设计资质的企业法人;选项 D 错误,工程设计行业资质、工程设计专业资质、工程设计专项资质设甲级、乙级。

23. B

【解析】本题考查的是设计合同履行管理。选项 A 错误,保证设计质量是设计人的责任;选项 C 错误,外部协调工作是发包人的责任;选项 D 错误,为了保证建设工程的质量,设计人应按合同约定参加工程验收工作。

24. A

【解析】本题考查的是施工合同标准文本。国家九部委联合颁发的适用于大型复杂工程项目的《标准施工招标文件》(2007 年版)中包括施工合同标准文本(以下简称"标准施工合同")。

25. D

【解析】如果发包人根据工程的实际需要确定修改建设工程勘察、设计文件时,应当首先报经原审批机关批准,然后由原建设工程勘察、设计单位修改,经修改的设计文件仍需按设计管理程序经有关部门审批后使用。

26. D

【解析】发包人应按合同规定的金额和时间向设计人支付设计费,每逾期支付 1 天,应承担支付金额 0.2% 的逾期违约金,且设计人提交设计文件的时间顺延。

27. A

【解析】担保期限自发包人和承包人签订合同之日起,至签发工程移交证书日止,没有采用国际招标工程或使用世界银行贷款建设工程的担保期限至缺陷责任期满止的规定,即担保人对承包人保修期内履行合同义务的行为不承担担保责任。采用无条件担保方式,即持有履约保函的发包人认为承包人有严重违约情况时,即可凭保函向担保人要求予以赔偿,不需要承包人确认。无条件担保有利于当出现承包人严重违约情况,由于解决合同争议而影响后续工程的施工。

28. B

【解析】《标准施工合同》通用合同条款规定监理人未能按合同约定发出指示、指示延误或指示错误面导致承包人施工成本增加和(或)工期延误,由发包人承担赔偿责任。

29. D

【解析】订立施工合同时需要明确的内容包括:施工现场范围和施工临时占地、发包人提供图纸的期限和数量、发包人提供的材料和工程设备、异常恶劣的气候条件范围、物价浮动的合同价格调整等。

30. B

【解析】本题考查的是明确保险责任。由承包人负责投保“建筑工程一切险”“安装工程一切险”和“第三者责任保险”,并承担办理保险的费用。

31. D

【解析】本题考查的是订立合同时需要明确的内容。通用合同条款规定的基准日期指投标截止日前第28天。

32. C

【解析】本题考查的是明确保险责任。如果投保工程一切险的保险金额少于工程实际价值,工程受到保险事件的损害时,不能从保险公司获得实际损失的全额赔偿,则损失赔偿的不足部分按合同相应条款的约定,由该事件的风险责任方负责补偿。

33. C

【解析】本题考查的是监理人的职责。选项B,监理人征得发包人同意后,应在开工日期7天前向承包人发出开工通知;选项D,经监理人批准的施工进度计划称为“合同进度计划”。

34. D

【解析】本题考查的是合同履行涉及的几个时间期限。“合同工期”指承包人在投标函内承诺完成合同工程的时间期限,以及按照合同条款通过变更和索赔程序应给予顺延工期的时间之和。

35. A

【解析】本题考查的是索赔管理。选项A,施工技术事故属于承包人的责任;选项B,异常恶劣天气承包人可以索赔工期;选项C,不可抗力不能按期竣工时承包人可以索赔工期,不可抗力停工期间的照管和后续清理承包人可以索赔费用;选项D,因设计缺陷导致的设计变更承包人可以索赔工期、费用和利润。

36. C

【解析】本题考查的是施工质量管理。选项A错误,监理人收到承包人共同检验的通知后,监理人既未发出变更检验时间的通知,又未按时参加,承包人为了不延误施工可以单独进行检查和试验,将记录送交监理人后可继续施工,此次检查或试验视为监理人在场情况下进行,监理人应签字确认;选项B错误,监理人对承包人的试验和检验结果有疑问,或为查清承包人试验和检验成果的可靠性要求承包人重新试验和检验时,由监理人与承包人共同进行;选项D错误,重新试验和检验结果证明符合合同要求,由发包人承担由此增加的费用和(或)工期延误,并支付承包人合理利润。

37. C

【解析】本题考查的是施工合同标准文本。担保期限自发包人和承包人签订合同之日起,至签发工程移交证书日止。

38. A

【解析】本题考查的是施工合同管理有关各方的职责。选项B错误,承包人收到监理人发出的任何指示,视为已得到发包人的批准,应遵照执行;选项C错误,为了使工程施工顺利开展,避免指令冲突及尽量减少合同争议,发包人对施工工程的任何想法通过监理人的协调指令来实现;选项D错误,如果监理人的指示错误或失误给承包人造成损失,则由发包人负责赔偿。

39. D

【解析】施工组织设计完成后,按专用合同条款的约定,将施工进度计划和施工方案说明报送监理人审批。

40. C

【解析】经监理人批准的施工进度计划称为"合同进度计划"。

41. B

【解析】缺陷责任期从工程接收证书中写明的竣工日开始起算,期限视具体工程的性质和使用条件的不同在专用条款内约定,一般为1年。

42. B

【解析】在缺陷责任期内,如果承包人不能在合理时间内修复缺陷,发包人可以自行修复或委托其他人修复,修复费用由缺陷原因的责任方承担。

43. C

【解析】暂停施工期间由承包人负责妥善保护工程并提供安全保障。

44. B

【解析】暂估价指发包人在工程量清单中给出的,用于支付必然发生但暂时不能确定价格的材料、设备以及专业工程的金额。该笔款项属于签约合同价的组成部分。

45. C

【解析】本题考查的是工程款支付管理。"暂列金额"指已标价工程量清单中所列的一笔款项,用于在签订协议书时尚未确定或不可预见变更的施工及其所需材料、工程设备、服务等的金额,包括以计日工方式支付的款项。签约合同价内约定的"暂列金额"可能全部使用或部分使用,因此承包人不一定能够全部获得支付。

46. A

【解析】本题考查的是设计施工总承包合同管理有关各方的职责。选项B错误,承包人不得将设计和施工的主体、关键性工作的施工分包给第三人。要求承包人是具有实施工程设计和施工能力的合格主体,而非皮包公司;选项C错误,发包人同意分包的工作,承包人应向发包人和监理人提交分包合同副本;选项D错误,分包人的资格能力应与其分包工作的标准和规模相适应,其资质能力的材料应经监理人审查。

47. C

【解析】本题考查的是合同文件。设计施工总承包合同的"价格清单",指承包人按投标文件中规定的格式和要求填写,并标明价格的报价单。与施工招标由发包人依据设计图纸的概算量提出工程量清单,经承包人填写单价后计算价格的方式不同。由于由承包人提出设计的初步方案和实施计划,因此"价格清单"是指承包人完成所提投标方案计算的设计、施工、竣工、试运行、缺陷责任期各段的计划费用,清单价格费用的总和为签约合同价。

48. D

【解析】对于具有持续影响的索赔事件,承包人应按合理时间间隔陆续递交延续的索赔通知,说明连续影响的实际情况和记录,列出累计的追加付款金额和(或)工期延长天数,在索赔事件影响结束后的28天内,承包人应向监理人递交最终索赔通知书,说明最终要求索赔的追加付款金额和延长的工期并附必要的记录和证明材料。

49. D

【解析】本题考核的是不可抗力事件后果的责任。FIDIC《施工合同条件》是以承包人投标时能否合理预见来划分风险责任的归属,即由于承包人的中标合同价内未包括不可抗力损害的风险费用,因此对不可抗力的损害后果不承担责任。

50. D

【解析】本题考查的是美国AIA合同文本。选项A错误,GMP费用不是合同承包总价;选项B、C错误,对于工程节约的费用归雇主,CM承包人可以按合同约定的一定百分比获得相应的奖励。

二、多项选择题

51. ABCD

【解析】我国工程建设领域推行招标合同示范文本制度,近年来国务院及地方各级行政管理部门、行业组织颁布了不同系列的招标合同示范文本,如国家发展和改革委员会等九部委联合印发的《标准勘察招标文件》《标准设计招标文件》《标准施工招标文件》《标准材料采购招标文件》《标准设备采购招标文件》,以及《简明标准施工招标文件》《标准设计施工总承包招标文件》等,具有结构完整、内容全面、条款严谨、权责合理的特点,正得到广泛应用。

52. ABCD

【解析】在招标采购和缔约过程中,应考虑选用适合工程项目需要的标准招标文件及合同示范文本。选用标准招标文件及合同示范文本的作用主要在于:(1)有利于当事人了解并遵守有关法律法规,确保建设工程招标和合同文件中的各项内容符合法律法规的要求;(2)可以帮助当事人正确拟定招标和合同文件条款,保证各项内容的完整性和准确性,避免缺款漏项,防止出现显失公平的条款,保证交易安全;(3)有助于降低交易成本,提高交易效率,降低合同条款协商和谈判缔约工作的复杂性;(4)有利于当事人履行合同的规范和顺畅;(5)有利于审计机构、相关行政管理部门对合同的审计和监督;(6)有助于仲裁机构或人民法院裁判纠纷,最大限度维护当事人的合法权益。

53. ABCD

【解析】工程建设项目是由多方参与的复杂系统工程,应通过合同管理有效妥善地协调安排好建设单位、监理单位、勘察设计单位、施工单位、物资供应单位等项目参建各方之间的界面关系,包括工作范围界面、风险界面、组织界面、费用界面、进度界面等。

54. CE

【解析】下列财产不得抵押:(1)土地所有权;(2)耕地、宅基地、自留地、自留山等集体所有的土地使用权,但法律规定可以抵押的除外;(3)学校、幼儿园、医院等以公益为目的的事业单位、社会团体的教育设施、医疗卫生设施和其他社会公益设施;(4)所有权、使用权不明或者有争议的财产;(5)依法被查封、扣押、监管的财产;(6)依法不得抵押的其他财产。

55. CD

【解析】保证在建设工程中的应用有三种类型:施工投标保证、施工合同的履约保证和施工预付款保证。

56. ACD

【解析】本题考查的是建设工程合同的特征。建设工程合同的特征包括:(1)合同主体的严格性;(2)合同标的的特殊性;(3)合同履行期限的长期性;(4)计划和程序的严格性;(5)合同形式的特殊要求。

57. BC

【解析】本题考查的是合同法律关系的构成。法人是具有民事权利能力和民事行为能力,依法独立享有民事权利和承担民事义务的组织。法人可以分为企业法人和非企业法人两大类,非企业法人包括行政法人、事业法人、社团法人。企业法人依法经工商行政管理机关核准登记后取得法人资格。选项A,属于其他组织;选项E,法人的法定代表人是自然人。

58. ABDE

【解析】设计合同的变更,通常指设计人承接工作范围和内容的改变。按照发生原因的不同,一般可能涉及以下几个方面的原因:(1)设计人的工作;(2)委托任务范围内的设计变更;(3)委托其他设计单位完成的变更;(4)发包人原因的重大设计变更。

59. CDE

【解析】合同附件格式是订立合同时采用的规范化文件,包括合同协议书、履约保函、预付款保函三个文件。

60. ACD

【解析】本题考查的是担保方式。选项A正确,保证的方式有两种,即一般保证和连带责任保证;选项B错误,担保方式由当事人约定,如果当事人没有约定或者约定不明确的,则按照连带责任保证承担保证责任;选项C正确,以公益为目的的事业单位、企业法人不能作为保证人;选项D正确,连带责任保证的责任重于一般保证的责任;选项E错误,保证担保的范围包括主债权及利息、违约金、损害赔偿金及实现债权的费用。

61. AE

【解析】本题考查的是简明标准施工招标文件和标准设计施工总承包招标文件。标准设计施工总承包招标文件适用于设计—施工一体化的总承包项目,适用于公开招标和邀请招标。

62. ABCD

【解析】承包人应根据价格清单的价格构成、费用性质、计划发生时间和相应工作量等因素对拟支付的款项进行分解并编制支付分解表。

63. ABCE

【解析】逾期交货,对约定由采购方自提货物而不能按期交付时,若发生采购方的其他额外损失,这笔实际开支的费用应由供货方承担,如果采购方认为不再需要,有权在接到发货协商通知后15天内解除合同,提前交货,采购方在接到通知后,可拒绝提前提货。

64. ABDE

【解析】不论合同内规定由供货方将货物送达指定地点交接,还是采购方去自提,均要按照合同约定依据逾期交货部分货款总价计算违约金,对约定由采购方自提货物而不能按期交付的,若发生采购方的其他额外损失,这笔实际开支的费用也应由供货方承担,供货方有义务发出发货协商通知,采购方接到通知后的15天内不予答复视为同意供货方继续发货。

65. ABDE

【解析】本题考查的是接受投标书阶段的工作。投标有效期是对招标人和投标人均有约束力的时间期限,从投标截止日期开始起算。招标人应在有效期内完成评标、定标、签订合同的全部工作;投标人在有效期内不得要求撤销或修改其投标文件,否则将没收投标保证金。

66. DE

【解析】本题考查的是接受投标书阶段的工作。招标过程中出现下列情形之一时,招标人有权没收该投标人的投标保证金:(1)投标人在投标有效期内撤销或修改其投标文件;(2)中标人在收到中标通知书后,无正当理由拒签合同协议书或未按招标文件规定提交履约担保。

67. CD

【解析】本题考查的是工程设计招标概述。选项A,工程设计招标一般分为初步设计招标和施工图设计招标。对计划复杂而又缺乏经验的项目,在必要时还要增加技术设计阶段;选项B,可以对施工图设计单独进行招标;选项E,招标人可以依据工程建设项目的不同特点,实行勘察设计一次性总体招标。

68. DE

【解析】本题考查的是工程设计招标管理。选项A,依法规定必须招标范围内的工程必须招标,并不是所有的工程;选项B,建筑工程设计招标依法可以公开招标或者要去邀请招标;选项C,依法必须招标的工程设计满足邀请招标条件时可进行邀请招标。

69. ACDE

【解析】本题考查的是承包人的义务。选项B属于发包人的义务。

70. BE

【解析】本题考查的是施工合同管理有关各方的职责。选项A,属于受发包人聘请的管理人并不是发包人代表;选项C,在施工合同的履行管理中不是"独立的第三方",属于发包人一方的人员,但又不同于发包人的雇员;选项D,不是一切行为均遵照发包人的指示,而是在授权范围内独立工作。

71. BCDE

【解析】本题考查的是合同文件。《标准施工合同》的通用合同条款中规定,合同的组成文件包括:合同协议书;中标通知书;投标函及投标函附录;专用合同条款;通用合同条款;技术标准和要求;图纸;已标价的工程量清单;其他合同文件。

72. ACD

【解析】本题考查的是设计施工总承包合同管理有关各方的职责。选项B,联合体协议经发包人确认后已作为合同附件,因此通用合同条款规定,履行合同过程中,未经发包人同意,承包人不得擅自改变联合体的组成和修改联合体协议;选项 E,联合体的组成和内部分工是评标中很重要的评审内容,是总承包合同的内容。

73. BCE

【解析】补偿原则:(1)非承包人原因导致施工延误或暂停,可补偿工期。(2)发包人有过错导致承包人损失,可补偿费用和利润。(3)发包人无过错导致承包人损失,可补偿费用。(4)不可抗力导致承包人损失,不需要补偿费用和利润(损失自负)。选项 A、D 都可补偿利润。

74. BCD

【解析】质量保证金用于约束承包人在施工阶段、竣工阶段和缺陷责任期内,均必须按照合同要求对施工的质量和数量承担约定的责任。如果对施工期内承包人修复工程缺陷的费用从工程进度款内扣除,可能影响承包人后期施工的资金周转,因此规定质量保证金从第一次支付工程进度款时起扣。

75. BE

【解析】《标准施工合同》通用合同条款约定的外部原因引起的合同价格调整包括市场物价波动、法律法规的变化。

76. BCDE

【解析】《标准施工合同》通用合同条款规定的变更范围和内容包括:(1)取消合同中任何一项工作,但被取消的工作不能转由发包人或其他人实施;(2)改变合同中任何一项工作的质量或其他特性;(3)改变合同工程的基线、高程、位置或尺寸;(4)改变合同中任何一项工作的施工时间或改变已批准的施工工艺或顺序;(5)为完成工程需要追加的额外工作。

77. BCDE

【解析】通用合同条款规定,不可抗力造成的损失由发包人和承包人分别承担:(1)永久工程,包括已运至施工场地的材料和工程设备的损害,以及因工程损害造成的第三者人员伤亡和财产损失由发包人承担;(2)承包人设备的损坏由承包人承担;(3)发包人和承包人各自承担其人员伤亡和其他财产损失及其相关费用;(4)停工损失由承包人承担,但停工期间应监理人要求照管工程和清理、修复工程的金额由发包人承担;(5)不能按期竣工的,应合理延长工期,承包人不需要支付逾期竣工违约金。发包人要求赶工的,承包人应采取赶工措施,赶工费用由发包人承担。

78. BC

【解析】竣工后试验是指工程竣工移交在缺陷责任期内投入运行期间,对工程的各项功能的技术指标是否达到合同规定要求而进行的试验所必需的电力、设备、燃料、仪器、劳力、材料等由发包人提供。竣工后试验由谁来进行,通用合同条款给出两种可供选择的条款,订立合同时应予以明确采用哪个条款:(1)发包人负责竣工后试验;(2)承包人负责竣工后试验。

79. ABCD

【解析】本题考核的是合同交货期限的确定。材料采购合同当事人可以约定明确的交货期限,也可以约定交货的一段期间。如约定明确的交货期限,出卖人应当按照约定的期限交付标的物。如约定交付期间的,出卖人可以在该交付期间内的任何时间交付。当事人没有约定标的物的交付期限或者约定不明确的,可以补充协议;不能达成补充协议的,按照合同有关条款或者交易习惯确定。按照合同有关条款或者交易习惯仍不能确定的,债务人可以随时履行,债权人也可以随时要求履行,但应当给对方必要的准备时间。

80. AB

【解析】本题考核的是ECC的核心条款。《英国工程施工合同文本》(ECC)约定了9条核心条款、6条主要选项条款和18项可供选择的次要选项条款。